普通高等教育"十二五"规划教材

电 工 学

主　编　王贵锋　王瑞祥

主　审　曹　洁

U0291458

中国水利水电出版社
www.waterpub.com.cn

内 容 提 要

本教材是根据教育部电子电气基础课程教学指导委员会提出的"电工学教学基本要求"（草案）和培养高级工程技术应用型人才的定位编写的。本教材既注重基本理论，又力求突出工程上的实用性。全书共15章，内容包括：电路分析，电机及控制电路，模拟电子技术，数字电子技术，电力电子技术等五大部分，且各部分内容相互联系、相互渗透，有机结合、前后贯通。每章都有基本要求、重点、难点和概述，同时有大量的且有针对性的例题、习题，便于自学、易于教学。

本教材可作为独立院校本科非电类专业的教材，也可供相关大专院校选用。

图书在版编目（CIP）数据

电工学 / 王贵锋，王瑞祥主编. -- 北京 ：中国水
利水电出版社，2012.2(2021.7重印)
普通高等教育"十二五"规划教材
ISBN 978-7-5084-9487-6

Ⅰ. ①电… Ⅱ. ①王… ②王… Ⅲ. ①电工学－高等
学校－教材 Ⅳ. ①TM

中国版本图书馆CIP数据核字(2012)第024529号

书　　名	普通高等教育"十二五"规划教材 **电工学**
作　　者	主编　王贵锋　王瑞祥　　主审　曹洁
出版发行	中国水利水电出版社
	（北京市海淀区玉渊潭南路1号D座　100038）
	网址：www. waterpub. com. cn
	E-mail：sales@waterpub. com. cn
	电话：(010) 68367658（营销中心）
经　　售	北京科水图书销售中心（零售）
	电话：(010) 88383994、63202643、68545874
	全国各地新华书店和相关出版物销售网点
排　　版	中国水利水电出版社微机排版中心
印　　刷	清淞永业（天津）印刷有限公司
规　　格	184mm×260mm　16开本　27.5印张　652千字
版　　次	2012年2月第1版　2021年7月第4次印刷
印　　数	11001—14000册
定　　价	**78.00元**

凡购买我社图书，如有缺页、倒页、脱页的，本社营销中心负责调换

前　言
QIANYAN

　　"电工学"是高等工科院校非电类专业的一门技术基础课,具有很强的理论性和实践性。在信息时代的今天,电子技术已应用到各专业领域,我们必须以全新的教育理念、科学的教育方法全身心地投入,与时俱进,不断研究,才能培养出更多更好的高级工程技术应用型人才。

　　本教材是根据教育部电子电气基础课程教学指导委员会提出的"关于应用型人才培养方案"和"电工学教学基本要求"(草案),根据培养高级工程技术应用型人才的定位编写的。本教材在保证系统性的同时,注重理论联系实际,内容层次分明,叙述由浅入深,通俗易懂,概念清晰准确,符合学生的认知规律;每章都有本章的基本要求、重点、难点和概述,以此来概括该章的知识体系结构,同时有大量的且有针对性的例题、习题,便于自学、易于教学。本教材具有以下特色。

　　(1)指导思想。按照培养面向21世纪高级工程技术应用型人才的要求,以电工、电子技术在日益发展的各个工程领域的应用为背景,精选内容,保证基础,加强应用,体现先进,建立科学的课程体系,编写适应独立学院教学的实用型教材。

　　(2)内容选取。在选取电工学课程内容时,力求基础性、应用性和先进性的统一。从非电类专业应用的角度出发,考虑在电工、电子技术的诸多内容中,明确基本理论、基本知识和基本技能,增加了数字电路内容,介绍一些新技术、新器件,对某些传统的内容如电工技术和分立元件电路进行了精简或删除,有针对性地增加了系统的概念和应用系统的内容,如增加了传感器、非电量电测、工程应用典型实例、电力电子技术应用等,这些对帮助学生理解所学知识的综合应用和建立工程概念都是十分有效的。

　　(3)教材体系。作为一种探索,我们在编写本教材时,保证核心课程模块完整性、科学性的情况下,对原有课程模块进行了重组,整合了教学内容,将电工技术和电子技术相互贯通,使元器件与电路结合、电路与实际结合、典型电路与应用系统结合,以加强电子技术应用为重点,形成新的教材内容体系,使学生感到学有所用,学有兴趣。

本教材共 15 章，内容涵盖了电路分析、电机及控制电路、模拟电子技术、数字电子技术和电力电子技术五大部分。这五个部分相互联系、相互渗透，有机结合、前后贯通。由于目前"电工学"课程的授课学时数较少，一般在 70~100 学时，在课程讲授时可以根据专业的需要、学时的多少和教学大纲的要求，对标注"*"号的章节进行取舍。

本教材由王贵锋、王瑞祥任主编。其中，王贵锋编写了第 1 章、第 3 章、第 7 章和第 10 章，王瑞祥编写了第 2 章、第 8 章、第 15 章，胡亚维编写了第 4 章、第 5 章，席小卫编写了第 6 章及部分习题，吴敏编写了第 9 章及部分习题，柳莺编写了第 11 章，闫璞编写了第 12 章，陈智编写了第 13 章，杨世洲编写了第 14 章。全书由王贵锋统稿和定稿。

本教材由兰州理工大学曹洁教授担任主审，她详细地审阅了编写提纲和本教材全稿，提出了许多建设性、指导性意见，在此表示衷心的感谢。

本教材在编写过程中得到了兰州理工大学技术工程学院的大力支持，在此表示诚挚的谢意。

由于编者水平有限，加之时间仓促，难免有不妥和错误之处，殷切期望使用本书的广大师生和读者不吝赐教，多提宝贵意见，以便使本教材更加完善。

编　者

2011 年 12 月

目 录
MULU

前言

第1章 电路的基本概念和基本定律 ……………………………………………… 1

1.1 电路的作用与组成部分 ……………………………………………………… 1

1.2 电路的基本物理量 …………………………………………………………… 3

1.3 电路元件 ……………………………………………………………………… 6

1.4 电路的基本定律 ……………………………………………………………… 18

1.5 电路的工作状态 ……………………………………………………………… 23

习题 ………………………………………………………………………………… 25

第2章 电路的分析方法 …………………………………………………………… 29

2.1 等效电路分析 ………………………………………………………………… 29

2.2 支路电流法 …………………………………………………………………… 35

2.3 结点电压法 …………………………………………………………………… 37

2.4 叠加定理 ……………………………………………………………………… 38

2.5 戴维南定理和诺顿定理 ……………………………………………………… 41

习题 ………………………………………………………………………………… 45

第3章 正弦交流电路 ……………………………………………………………… 49

3.1 正弦交流电的基本概念 ……………………………………………………… 49

3.2 正弦交流电的相量表示法 …………………………………………………… 53

3.3 单一参数的交流电路 ………………………………………………………… 57

3.4 R、L、C 串联、并联交流电路 ………………………………………… 64

3.5 正弦交流电路的分析 ………………………………………………………… 70

3.6 功率因数的提高 ……………………………………………………………… 76

3.7 电路的谐振 …………………………………………………………………… 78

3.8 三相电路 ……………………………………………………………………… 83

习题 ………………………………………………………………………………… 93

第4章 电路的暂态分析 …………………………………………………………… 99

4.1 换路定则 ……………………………………………………………………… 100

4.2 RC 电路的暂态分析 ………………………………………………………… 101

4.3 一阶电路的三要素法 ………………………………………………………… 107

4.4　微分电路与积分电路 ……………………………………………………… 110

*4.5　RL 电路的暂态分析 …………………………………………………… 112

　　习题 …………………………………………………………………………… 116

第5章　磁路与变压器 ……………………………………………………… 119

5.1　磁路 ………………………………………………………………………… 119

5.2　交流铁芯线圈 ……………………………………………………………… 126

5.3　变压器 ……………………………………………………………………… 129

　　习题 …………………………………………………………………………… 138

第6章　交流电动机 …………………………………………………………… 142

6.1　三相异步电动机的构造 …………………………………………………… 142

6.2　三相异步电动机的工作原理 ……………………………………………… 146

6.3　三相异步电动机的电路分析 ……………………………………………… 151

6.4　三相异步电动机的电磁转矩与机械特性 ………………………………… 153

6.5　三相异步电动机的启动、调速和制动 …………………………………… 156

6.6　三相异步电动机的选择 …………………………………………………… 163

　　习题 …………………………………………………………………………… 166

第7章　继电—接触器控制系统 …………………………………………… 170

7.1　常用低压电器 ……………………………………………………………… 170

7.2　三相笼型异步电动机直接启动的控制电路 ……………………………… 178

7.3　三相笼型异步电动机正反转的控制电路 ………………………………… 180

　　习题 …………………………………………………………………………… 182

第8章　可编程控制器 ………………………………………………………… 185

8.1　PLC 的结构和工作方式 …………………………………………………… 185

8.2　PLC 的程序编制 …………………………………………………………… 190

*8.3　应用举例 …………………………………………………………………… 200

　　习题 …………………………………………………………………………… 204

第9章　二极管及整流滤波电路 …………………………………………… 206

9.1　半导体基础 ………………………………………………………………… 206

9.2　PN 结及其单向导电性 …………………………………………………… 209

9.3　二极管 ……………………………………………………………………… 209

9.4　整流电路 …………………………………………………………………… 216

9.5　滤波电路 …………………………………………………………………… 219

9.6　稳压管及稳压电路 ………………………………………………………… 221

　　习题 …………………………………………………………………………… 224

第10章　晶体管及基本放大电路 ………………………………………… 229

10.1　双极型晶体管 ……………………………………………………………… 229

10.2　基本放大电路 ……………………………………………………… 234

10.3　分压式偏置放大电路 ……………………………………… 244

10.4　射极输出器 ………………………………………………… 249

10.5　多级放大电路 ……………………………………………… 253

*10.6　功率放大电路 …………………………………………… 256

10.7　场效应晶体管及其放大电路 …………………………… 259

习题 ……………………………………………………………… 267

第11章　集成运算放大电路 …………………………………… 276

11.1　集成运放的概述 …………………………………………… 277

11.2　放大电路中的反馈 ………………………………………… 282

11.3　集成运放的线性运算 ……………………………………… 293

11.4　集成运放在信号处理方面的应用 ……………………… 300

11.5　集成运放在波形产生方面的应用 ……………………… 305

11.6　使用集成运放应注意的几个问题 ……………………… 307

*11.7　集成功率放大器 ………………………………………… 308

*11.8　模拟集成电路应用实例 ………………………………… 310

习题 ……………………………………………………………… 312

第12章　门电路与组合逻辑电路 ……………………………… 320

12.1　数字电路概述 ……………………………………………… 320

12.2　基本门电路及其组合 ……………………………………… 323

12.3　逻辑代数 …………………………………………………… 332

12.4　组合逻辑电路的分析和设计 …………………………… 337

12.5　常用组合逻辑电路 ………………………………………… 341

*12.6　组合逻辑电路应用实例 ………………………………… 353

习题 ……………………………………………………………… 356

第13章　触发器和时序逻辑电路 ……………………………… 363

13.1　双稳态触发器 ……………………………………………… 363

13.2　时序逻辑电路的分析 ……………………………………… 372

13.3　寄存器 ……………………………………………………… 377

13.4　计数器 ……………………………………………………… 381

13.5　555定时器及其应用 ……………………………………… 386

习题 ……………………………………………………………… 392

第14章　数字量和模拟量的转换 ……………………………… 398

14.1　D/A转换器 ………………………………………………… 399

14.2　A/D转换器 ………………………………………………… 402

*14.3　电子系统应用举例 ……………………………………… 408

习题 ………………………………………………………………… 412

第 15 章　电力电子技术及应用 ……………………………… 413

15.1　常见电力电子器件 …………………………………………… 413

15.2　晶闸管可控整流电路 ………………………………………… 419

15.3　电力电子技术应用 …………………………………………… 424

习题 ………………………………………………………………… 428

参考文献 ………………………………………………………… 430

第1章　电路的基本概念和基本定律

本章要求：

1. 了解电路的基本组成，传感器的作用，电路的三种工作状态。

2. 熟悉电路模型的概念，电路中的电流、电压、电位、功率等物理量的含义。

3. 掌握电路中电流、电压参考方向与实际方向的区别及联系，欧姆定律和基尔霍夫定律的应用。

本章难点：

1. 基尔霍夫定律在分析计算电路中的应用。

2. 电路中各点电位的计算。

电路是电工技术和电子技术的基础知识，只有掌握了这些基础知识，才能对电子电路、电机电路以及控制与测量电路进行分析与运算。

直流电路的有些内容已在物理课中学过，在此基础上，本章将综合性地讨论电路的基本概念和基本定律，以便对直流电路有比较完整而系统的认识。直流电路具有典型意义，它的基本理论和分析方法也适用于其他电路。因此，本章是学习本课程后续各章的基础。

1.1　电路的作用与组成部分

1.1.1　电路的作用

电路（Circuit）是电流的通路，它是为了某种需要由电工、电子元器件或设备按一定方式组合起来的。电路的结构和形式多种多样，但其基本作用可以概括为两大类型，通过实例说明如下。

1. 电能的传输、分配和转换

电能的传输、分配和转换应用极为广泛，最典型的例子是供电系统，其电路示意图如图 1.1 （a） 所示。

发电机是电源，是供应电能的设备，它可以把热能、水能或核能转换为电能。电池是常用的电源。电灯、电动机、电炉等都是负载，是取用电能的设备，它们分别把电能转换为光能、机械能、热能等。变压器和输电线是中间环节，是连接电源和负载的部分，它起传输和分配电能的作用。实现电能的传输、分配与转换。

2. 信号的传递和处理

信号的传递和处理应用也相当广泛，常见的例子如有线广播系统，其电路示意图如图 1.1（b）所示。

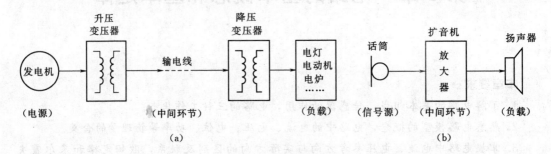

图 1.1　电路示意图
（a）供电系统；（b）有线广播系统

话筒是输出信号的设备，称为信号源，它把语言或音乐（通常称为信息）转换为相应的电信号（电压和电流）。话筒相当于电源，但与上述的发电机、电池这种电源不同，信号源输出电信号的变化规律取决于所加的信息。扬声器是接收和转换信号的设备，是负载。放大器是中间环节，由于由话筒输出的电信号比较微弱，不足以推动扬声器发音，因此要用放大器来放大。实现电能的传递和处理。

实际上，在许多电气设备中，既含有输送电能的电路，又含有传递电信号的电路，两种电路形成一个有机的整体。

1.1.2　电路的组成

无论电路的结构和作用如何，都可以看成是由电源（或信号源）、中间环节和负载三个部分组成。

实际电路都是由一些按需要起不同作用的实际电路元件或器件所组成，如发电机、变压器、电动机、电池、晶体管以及各种电阻器和电容器等，它们的电磁性质较为复杂。例

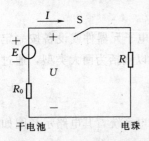

图 1.2　手电筒的电路模型

如，电灯泡的灯丝是用钨丝绕制成螺旋状的，它不仅具有电阻的性质，还具有一定电感的性质；电感线圈不仅具有电感的性质，还有一定的电阻性质等。但是，在一定条件下，忽略某些次要因素时，如电灯泡的灯丝，它的电感性很弱，就可以把它理想化为电阻元件；当电感线圈的导线足够粗，且匝数也不多时，就可以把它看成仅有电感性质的理想元件。各种电路元件用规定的图形符号表示，因此一个实际电路就可以用理想元件组合表示，由一些理想电路元件组成的电路就是实际电路的电路模型，它是对实际电路电磁性质的科学抽象和概括。例如，常用的手电筒实际电路元件有干电池、电珠、开关和筒体，电路模型如图 1.2 所示。本书分析的都是指电路模型，简称电路。

1.2 电路的基本物理量

电路中有许多物理量，其中电源的电动势 E 和电路中的电流 I、电压 U 及电位 V 是电路的基本物理量。

1.2.1 电流

电流（Current）是由电荷的定向移动形成的。当金属导体处于电场中时，自由电子受到电场力的作用，逆着电场的方向作定向移动，形成了电流。

电流的大小是指单位时间内流过导体横截面的电荷量，即

$$i = \frac{\mathrm{d}q}{\mathrm{d}t} \tag{1.1}$$

式中　q——电荷量；

　　　t——时间；

　　　i——电流，是电荷量对时间的变化率。

如果电流的大小和方向随时间作周期性变化且平均值为零，则称之为交流电流（Alternating Current，缩写为 AC），用小写字母 i 表示。如果电流的大小和方向都不随时间变化，则称之为直流电流（Direct Current，缩写为 DC），用大写字母 I 表示，式（1.1）可以改写为

$$I = \frac{q}{t} \tag{1.2}$$

电流的 SI 单位是安［培］（Ampere 缩写为 A），对于较小的电流，可以用毫安（mA）、微安（μA），其换算关系为：$1\mathrm{A} = 10^3\mathrm{mA} = 10^6\mu\mathrm{A}$。

习惯上，规定正电荷的移动方向为电流的实际方向。在外电路中，电流由正极流向负极；在内电路中，电流由负极流向正极。

在进行电路分析时，电流的方向有时事先难以确定，需要先设定一个方向，这个设定的方向称为参考方向。电流的方向用箭头或双下标表示，如图 1.3（a）所示，电流的方向用箭头或 I_{ab} 表示。根据参考方向进行计算，当计算出的电流值为正，则电流的实际方向与参考方向相同；电流值为负，则电流的实际方向与参考方向相反。

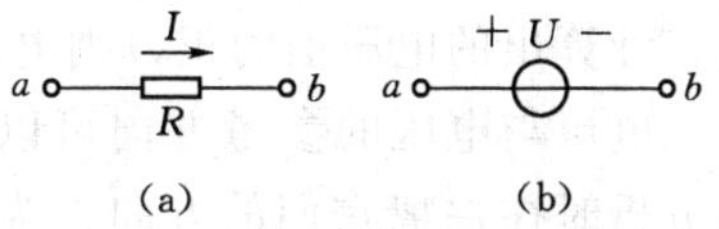

图 1.3　电压电流参考方向的表示法

1.2.2 电位、电压和电动势

1. 电位

电位（Potential）在物理学中称为电势。电场力把单位正电荷从某一点移动到无穷远（或大地）时所作的功，就是电场中该点的电位；在数值上，电路中某点的电位等于正电荷在该点所具有的能量与电荷所带电荷量的比。电位是一个相对物理量，即某点电位的极性和大小是相对参考点而言的。参考点的电位称为参考电位，通常设参考电位为零，所以参考点又叫零电位点。

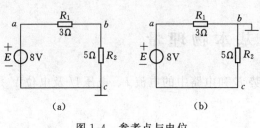

图 1.4　参考点与电位

在图 1.4（a）中，如果选 c 点为参考点，即 $V_c = 0V$，则 $V_a = E = 8V$，$V_b = IR_2 = 1 \times 5 = 5V$。

在图 1.4（b）中，如果选 b 点为参考点，即 $V_b = 0V$，则 $V_a = IR_1 = 1 \times 3 = 3V$，$V_c = -IR_2 = -1 \times 5 = -5V$。

由以上分析可见：电路中任意一点的电位等于该点与参考点之间的电压；参考点选得不同，电路中各点相应的电位也不同。但参考点一经选定，则电路中各点的电位就被确定。所以，电路中任意点电位的高低是相对的。

2. 电压

电压（Voltage）是电场力在外电路把单位正电荷从一点移到另一点所做的功，用 U 表示，即

$$U = \frac{W}{q} \tag{1.3}$$

电压也可以用电位来表示，电路中任意两点之间的电压就等于该两点之间的电位差（Potential Difference）。

在图 1.4（a）中，$U_{ab} = V_a - V_b = 8 - 5 = 3V$。

在图 1.4（b）中，$U_{ab} = V_a - V_b = 3 - 0 = 3V$。

由此可见，电路中两点间的电压值不会因选取不同的参考点而改变，电压是一个绝对量。

电压的实际方向规定为从高电位点指向低电位点，在电压的方向上电位逐渐降低。

在进行电路分析时，既要为通过元件的电流设定参考方向，也要为该元件两端的电压设定一个参考方向，电压参考方向一般用"＋"、"－"极性表示，箭头表示，有时也可以采用双下标，如图 1.3（b）所示，U_{ab} 表示电压方向由 a 点指向 b 点。在设定参考方向后，计算出的电压值为正，则电压的实际方向与参考方向一致，否则相反。

电流与电压的参考方向可以任意设定，但在电路分析时往往把它们的方向设为一致，称为关联参考方向，如图 1.5（a）所示。若不一致，则称为非关联参考方向，如图 1.5（b）所示。

参考方向具有实际意义。例如，在测量电流时，已经设定了电流的参考方向是由红表笔经过电流表指向黑表笔，在数字电流表中显示的正负值就是在此参考方向下的值。同理，测量电压时已经确定了参考极性是红表笔为高电位端。

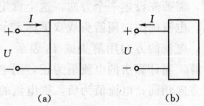

图 1.5　参考方向
（a）关联参考方向；（b）非关联参考方向

3. 电动势

电动势（Electromotive Force）是电源的非电场力（如化学力、机械力等）在电源内部把单位正电荷从负极移到正极所做的功，用 E 表示。

电动势的方向规定为从低电位点指向高电位点，即由负极指向正极。

电位、电压和电动势的 SI 单位均为伏［特］（Voltage，缩写为 V），此外，还有毫伏（mV）、微伏（μV），其换算为关系为：$1V=10^3mV=10^6\mu V$。

1.2.3 电功率

电功率（Power）表示单位时间内电场力所做的功，即

$$P=\frac{W}{t}=\frac{UIt}{t}=UI \tag{1.4}$$

电功率的 SI 单位为瓦［特］（Watt，缩写为 W），此外，还有千瓦（kW）、毫瓦（mW），其换算关系为：$1kW=1\times10^3W=1\times10^6mW$。

在实际电路中某元件是电源还是负载，可根据电压与电流的参考方向判断，也可根据电压与电流的实际方向判断。当元件上电压与电流的参考方向一致时，若功率大于零，则该元件为负载，吸收功率；若功率小于零，则该元件为电源，发出功率。当元件上电压与电流的参考方向相反时，若功率大于零，则该元件为电源；若功率小于零，则该元件为负载。若元件上电压与电流的实际方向一致，则该元件为负载；若元件上电压与电流的实际方向相反，则该元件为电源。

【例 1.1】 已知图 1.5（a）中，$U=10V$，$I=-2A$，求该元件吸收的功率，并判别它是电源还是负载。

【解】 因为电压与电流参考方向一致，则

$$P=UI=10\times(-2)=-20\ (W)$$

所以该元件为电源，它吸收的功率为 $-20W$（实际上发出功率 20W）。

【例 1.2】 已知图 1.5（b）中，元件发出的功率是 10W，电压 $U=-5V$，求电流 I。

【解】 首先把元件当成负载对待，它吸收的功率为 $P=-10W$，因为 U、I 是非关联参考方向，$P=-UI$，则

$$I=\frac{P}{-U}=\frac{-10}{-(-5)}=-2\ (A)$$

各种电气设备的电压、电流和功率都有一个额定值。额定值（Rated Value）是在给定工作条件下正常运行而规定的允许值。电压、电流、功率的额定值用 U_N、I_N、P_N 表示。通常情况下电气设备不一定总是工作在额定状态，它有三种运行状态：当 $I=I_N$，$P=P_N$ 时，为额定工作状态（也称满载状态），此时最经济、合理、安全可靠；当 $I>I_N$，$P>P_N$ 时，为过载（超载）状态，此时设备易损坏；当 $I<I_N$，$P<P_N$ 时，为欠载（轻载）状态，此时不经济。

【例 1.3】 有一个额定功率 1W，阻值为 100Ω 的电阻器，它的额定电流是多少？在使用时通入 500mA 的电流，是否安全？

【解】 由于 $P_N=I_N^2R$，则

$$I_N=\sqrt{\frac{P_N}{R}}=\sqrt{\frac{1}{100}}=0.1\ (A)=100\ (mA)$$

电阻器的额定电流为 100mA，若通入 500mA 电流，超出了额定值，不能安全使用。

1.3 电 路 元 件

在电路应用中有着各种类型的电路元件，进行电路分析前应很好地认识这些元件、了解这些元件的特性。常用的电路元件按其对能量的表现划分为耗能元件、储能元件、供能元件和能量控制元件几大类。

1.3.1 耗能元件——电阻元件

电阻元件是一种对电流呈现阻力的元件，有阻碍电流流动的本性，电流要流过电阻就必然要消耗电能，它将电源传输给它的电能转换为热能散发掉，生活中常见的电阻类元件如灯泡、电炉、加热器等；电阻元件（Resistance）用 R 表示。

元件端电压与流经它的电流之间关系，称为伏—安特性（Volt—Ampere Characteristic）。根据电阻元件的伏—安特性，可以将电阻元件分为两类，即线性电阻与非线性电阻。

如图 1.6（a）所示为线性电阻的图形符号及特性曲线。线性电阻的伏—安特性为一条直线，表示在电路中，线性电阻上的电压与电流成正比例关系，同时线性电阻的阻值是一个确定的数值，与电阻两端的电压及电阻中流过的电流的大小没有关系。

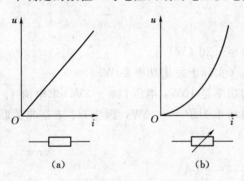

图 1.6 电阻的图形符号及特性曲线
(a) 线性电阻；(b) 非线性电阻

如图 1.6（b）所示为非线性电阻的图形符号和伏—安特性曲线。非线性电阻的伏—安特性是一条曲线，这表示在电路中，非线性电阻中流过的电流随电阻两端电压的变化按曲线规律变化，即非线性电阻的阻值是一个未知数，其数值大小是由非线性电阻两端的电压与在此电压作用下流过非线性电阻中电流数值的大小来决定的，当非线性电阻两端的电压及流过非线性电阻中的电流发生变化时，非线性电阻的阻值随即发生变化。

在电路中，电阻元件中消耗能量的表示式为

$$W = \int_0^t iu\,\mathrm{d}t = \int_0^t i^2 R\,\mathrm{d}t \tag{1.5}$$

电阻的 SI 单位是欧姆（Ohm），用 Ω 表示，此外，还有千欧姆（kΩ）和兆欧姆（MΩ），其换算关系为：$1\mathrm{M}\Omega = 10^3\mathrm{k}\Omega = 10^6\,\Omega$。

电阻的倒数就是电导，电导（Conductance）用 G 表示。

$$G = \frac{1}{R} \tag{1.6}$$

电导的 SI 单位是西门子（Siemens），用 S 表示。电导概念的引入使电路分析多了一种解题工具。

1.3.2 储能元件——动态元件

在实际的电路中，除应用以上提到的电路元件之外，还用到另一类元件，称之为动态元件（Dynamic Element）。动态元件的 $u\sim i$ 关系不能用简单的线性方程来描述，而要用 $u\sim i$ 微分关系来表征。为什么要引入动态元件呢？

（1）在实际的电路中有意接入了动态元件（如电容器、电感器等），使电路能够实现某一特定的功能。例如，电阻性电路不能完成滤波的作用，必须利用动态元件才能实现。

（2）当电路中的信号变化较快时，一些实际的部件已不能再用电阻性模型来表示。例如，白炽灯在频率较高的场合就不能只用电阻元件来表示，而必须考虑到白炽灯的磁场和电场现象，在模型中就应当增加电感、电容等动态元件来表示。

下面介绍两种常用的动态元件——电容器和电感器。电容器和电感器的基本原理在物理课中已经学过，这里只作简单介绍。

1. 电感元件

电流通过导线时，在它周围会产生磁场，如果把导线绕成线圈通入电流，在线圈内部和线圈周围也会产生磁场，其目的是增强线圈内部的磁场，称为电感器（Inductor）或电感线圈。

当电感线圈中有电流流过时，便产生磁通（Flux）φ。若磁通 φ 与 N 匝线圈相交链，则磁通链（Flux Linkage）或磁链 ψ 为

$$\psi = N\varphi \tag{1.7}$$

显然，磁链 ψ 是电流 i 的函数。线性电感的定义为：当元件周围的煤质为非铁磁物质（如空气）时，若磁链 ψ 与电流 i 成的关系由 $i\sim\psi$ 平面内的一条直线确定，则称此电感为线性电感（Inductance），用符号 L 表示，即

$$L = \frac{\psi}{i} \tag{1.8}$$

电感的 SI 单位是亨［利］（H），此外，还有毫亨（mH）、微亨（μH），其换算关系为：$1H = 10^3 mH = 10^6 \mu H$。

电感的符号、电压、电动势、电流参考方向和 $i\sim\psi$ 曲线如图 1.7 所示。

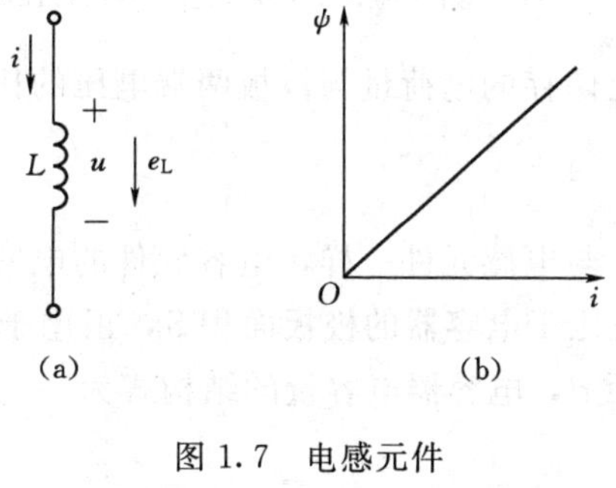

图 1.7（a）所示电压与电流取关联参考方向，设自感电动势参考方向和电压降的方向一致，假定线圈绕向与自感电动势方向符合右手螺旋定则，则

$$e_L = -\frac{d\psi}{dt} = -L\frac{di}{dt} \tag{1.9}$$

根据所设方向 $u = -e_L$，则

$$u = -e_L = L\frac{di}{dt} \tag{1.10}$$

图 1.7 电感元件

（a）电感的符号；（b）线性电感的特性曲线

由式（1.10）可见，当电感中通入直流电流时 $\frac{di}{dt} = 0$，电感上电压为零，可视为短路。

在电压与电流取关联参考方向时，电感吸收的功率为

$$P_L = ui = L\frac{\mathrm{d}i}{\mathrm{d}t}i$$

如果初始能量为零，则 $0\sim t$ 时间内所储存的能量为

$$W = \int_0^t p\mathrm{d}t = \int_0^t Li\,\mathrm{d}i = \frac{1}{2}Li^2 \tag{1.11}$$

当电感中电流增大时，磁场能量增大，电能转换为磁场能，电感从电源取用能量；当电流减小时，磁场能量减小，磁场能转换为电能。可见，电感不消耗能量，只有能量的吞吐，是储能元件。

2. 电容元件

两个相互绝缘的导体就组成了电容器，简称电容（Capacitor）。电容元件的符号及电路如图 1.8 所示，电容元件分为极性电容与无极性电容。大多数电容器是无极性电容，如云母电容、纸介与瓷介电容等，无极性电容的两根引线没有正、负极板之分，在电路连接时可以任意连接。电解电容器是极性电容，极性电容的两个极板有正、负极板之分，在电路连接时应将电解电容器的正极板连接到电路中的高电位端，如果极性电容器接线错误，将会损坏电容元件。

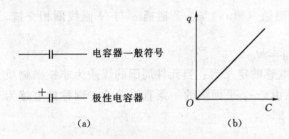

电容器在外电源作用下，两极板上储存了等量的异性电荷。电容两个极板上电压发生变化时，储存的电荷量发生变化，此时电路中就有电流产生。线性电容的定义为：如果一个电容端储存的电荷量 q 与其电压的关系由 $u\sim q$ 平面内一条直线确定，则称此电容为线性电容。电容的符号和 $u\sim q$ 曲线如图 1.8 所示。

图 1.8　电容元件
（a）电容的符号；（b）线性电容的特性曲线

定义电容元件的电容量为电容器极板上储存的电荷量与极板两端电压的比值，即

$$C = \frac{q}{u} \tag{1.12}$$

与电感元件一样，电容元件的电容量也与电容器的结构和参数有关，电容器的电容量 C 正比于电容器的极板面积 S，正比于电容器极板间介质的介电系数 ε，反比于两极板的间距 d，电容器电容量的结构式为

$$C = \frac{\varepsilon S}{d} \tag{1.13}$$

电容的 SI 单位是法［拉］（F），但 F 单位较大，一般用微法（μF）、皮法（pF），其换算关系为：$1\text{F} = 10^6\,\mu\text{F} = 10^{12}\,\text{pF}$。

在采用电压与电流关联参考方向下，可以得到

$$i = \frac{\mathrm{d}q}{\mathrm{d}t} = \frac{\mathrm{d}(Cu)}{\mathrm{d}t} = C\frac{\mathrm{d}u}{\mathrm{d}t} \tag{1.14}$$

说明流过电容元件的电流与其电压对时间的变化率成正比。如果电压恒定（直流）

$\dfrac{\mathrm{d}u}{\mathrm{d}t}=0$，则电流为零，可视为开路。

在电压与电流取关联参考方向时，电容吸收的功率为

$$p=ui=uC\dfrac{\mathrm{d}u}{\mathrm{d}t}$$

如果初始能量为零，则 $0\sim t$ 时间内所储存的能量为

$$W=\int_0^t p\,\mathrm{d}t=\int_0^t Cu\,\mathrm{d}u=\dfrac{1}{2}Cu^2 \tag{1.15}$$

当电容两端电压增加时，电场能量增大，电能转换为电场能，电容充电；当电压减少时，电场能量减小，电容放电，电场能转换为电能。可见电容不消耗能量，只有能量的吞吐，是储能元件。

1.3.3 供能元件——独立电源

电源可分为独立（Independent）电源和非独立（Dependent）电源。独立电源的电压或电流是时间函数，而非独立电源的电压或电流却是电路中其他部分的电压或电流的函数，因此，又称作受控源（Controlled Source），意思是它的电压或电流的值受到其他电压或电流的控制。为方便起见，将"独立电压源"和"独立电流源"分别称为"电压源"和"电流源"，而对于非独立的电压源或电流源，用受控源来说明。

1. 电压源

电流在纯电阻电路中流动时会不断地消耗能量，电路中必须要有能量的来源——电源，由它不断提供能量。没有电源，在一个纯电阻电路中不可能存在电流和电压。

任何一个电源，如发电机、电池或各种信号源，都含有电动势 E 和内阻 R_0。在分析与计算电路时，往往把它们分开，组成的电路模型如图 1.9（a）所示，即为电压源（Voltage Source）。图 1.9 中，U 是电源端电压，R_L 是负载电阻，I 是负载电流。

由图 1.9（a）所示的电路，可得出

$$U=E-R_0 I \tag{1.16}$$

根据式（1.16）可画出电压源的外特性曲线，如图 1.9（b）所示。当电压源开路时，$I=0$，$U=U_0=E$；当短路时，$U=0$，$I=I_S=\dfrac{E}{R_0}$。内阻 R_0 愈小，则直线愈平。

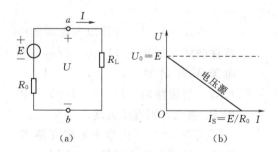

图 1.9　电压源电路及外特性曲线
(a) 电压源电路；(b) 外特性曲线

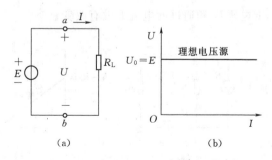

图 1.10　理想电压源电路及外特性曲线
(a) 电压源电路；(b) 外特性曲线

当 $R_0=0$ 时，电压 U 恒等于电动势 E，是一定值，而其中的电流 I 则是任意的，由负载电阻 R_L 及电压 U 本身确定。这样的电源称为理想电压源或恒压源（Ideal Voltage Source），其电路如图 1.10（a）所示。它的外特性曲线将是与横轴平行的一条直线，如图 1.10（b）所示。

理想电压源是理想的电源。如果一个电源的内阻远小于负载电阻，即 $R_0 \ll R_L$ 时，则内阻电压降 $R_0 I \ll U$，于是 $U \approx E$，基本上恒定，可以认为是理想电压源。通常用的稳压电源也可认为是一个理想电压源。

【例 1.4】 如图 1.9（a）所示，已知 $E=12V$，$R_0=2\Omega$。求该电压源的开路电压 U_0 和短路电流 I_S。

【解】 开路电压为电源电动势，即 $U_0=E=12V$。

短路电流 $$I_S=\frac{E}{R_0}=\frac{12}{2}=6 \text{（A）}$$

2. 电流源

人们比较熟悉电压源，对于电流源则较为生疏。光电池是一个电流源的例子，在具有一定照度的光线照射下，光电池将被激发产生一定值的电流，这个电流与照度成正比，换句话说，光照度不变，则电流值不变。如将式（1.16）两端除以 R_0，则得

$$\frac{U}{R_0}=\frac{E}{R_0}-I=I_S-I$$

即

$$I_S=\frac{U}{R_0}+I \tag{1.17}$$

式中　I_S——电源的短路电流，$I_S=\frac{E}{R_0}$；

　　　　I——负载电流；

　　　　$\frac{U}{R_0}$——引出的另一个电流。

如用电路图表示，则如图 1.11（a）所示。

图 1.11（a）是用电流来表示电源的电路模型，即为电流源（Current Source），两条支路并联，其中电流分别为 I_S 和 $\frac{U}{R_0}$。对负载电阻 R_L 来说，和图 1.9（a）是一样的，其上电压 U 和通过的电流 I 没有改变。

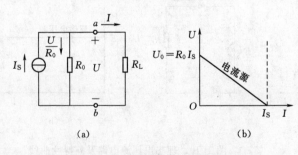

图 1.11　电流源电路及外特性曲线
(a) 电流源电路；(b) 外特性曲线

由式（1.17）可作出电流源的外特性曲线，如图 1.11（b）所示。当电流源开路时，$I=0$，$U=U_0=I_S R_0$；当短路时，$U=0$，$I=I_S$。内阻 R_0 愈大，则直线愈陡。

当 $R_0=\infty$（相当于并联支路 R_0 断开）时，电流 I 恒等于电流 I_S，其值恒定，而其两端的电压 U 则是任意的，由负载电阻 R_L 及电流 I_S 本身确

定，这样的电源称为理想电流源或恒流源（Ideal Current Source），其电路如图 1.12（a）所示。它的外特性曲线将是与纵轴平行的一条直线，如图 1.12（b）所示。

理想电流源也是理想的电源。如果一个电源的内阻远大于负载电阻，即 $R_0 \gg R_L$ 时，则 $I = I_S$，基本上恒定，可以认为是理想电流源。

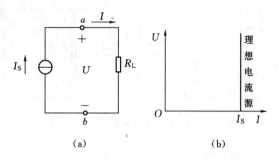

图 1.12 理想电流源电路及外特性曲线
（a）理想电流源电路；（b）外特性曲线

【例 1.5】 如图 1.12（a）所示，已知 $I_S = 2A$，分别求 $R_L = 5\Omega$、10Ω、∞ 时的电压 U 和理想电流源的输出功率 P。

【解】 （1）$R_L = 5\Omega$ 时，有

$$U = I_S R_L = 2 \times 5 = 10 \ (V)$$
$$P = -UI = -10 \times 2 = -20 \ (W)$$

理想电流源输出功率 20W。

（2）$R_L = 10\Omega$ 时，有

$$U = I_S R_L = 2 \times 10 = 20 \ (V)$$
$$P = -UI = -20 \times 2 = -40 \ (W)$$

理想电流源输出功率 40W。

（3）$R_L = \infty$ 时，有

$$U = I_S R_L = \infty$$
$$P = -UI = -\infty$$

理想电流源输出功率无穷大。

3. 电源的等效变换

电源的等效变换是指在电源模型变换前后，电源端口处对外输出的电压及电流均不发生改变。从电压源的外特性［图 1.9（b）］和电流源的外特性［图 1.11（b）］看出，它们的外特性是相同的。因此，电源的两种电路模型图［图 1.9（a）和图 1.11（a）］相互间是等效的，可以等效变换。

但是，电压源和电流源的等效关系只是对外电路而言的，对电源内部并不等效。例如，在图 1.9（a）中，当电压源开路时，$I = 0$，电源内阻 R_0 上不损耗功率；但在图 1.11（a）中，当电流源开路时，电源内部仍有电流，内阻上有功率损耗。当电压源和电流源短路时也是这样，两者对外电路等效（$U = 0$，$I_S = \dfrac{E}{R_0}$），但电源内部的功率损耗也不一样，电压源有损耗，而电流源无损耗（R_0 被短路，其中不通过电流）。

上面所讲电源的两种电路模型，实际上一种是电动势为 E 的理想电压源和内阻 R_0 串联的电路［图 1.9（a）］；一种是电流为 I_S 的理想电流源和 R_0 并联的电路［图 1.11（a）］。

一般不限于内阻 R_0，只要一个电动势为 E 的理想电压源和某个电阻 R 串联的电路，

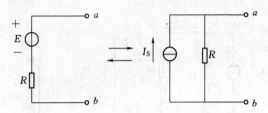

图 1.13 电压源和电流源的等效变换

都可以化为一个电流为 I_S 的理想电流源和这个电阻并联的电路（图 1.13），两者是等效的。因此得到电源两种模型的等效条件是

$$I_S = \frac{E}{R_0} \quad 或 \quad E = RI_S \quad (1.18)$$

在分析与计算电路时，也可以用这种等效变换的方法。

但是，理想电压源和理想电流源之间不能等效变换。因为对理想电压源（$R_0 = 0$）来说，其短路电流 I_S 为无穷大，对理想电流源（$R_0 = \infty$）来说，其开路电压 U_0 为无穷大，都不能得到有限的数值，故两者之间不存在等效变换的条件。

表 1.1 是将电压源和电流源作一对照。

表 1.1   **电压源和电流源对照表**

状态 \ 电源		电 压 源	电 流 源	理想电压源	理想电流源
开路	U	E	$R_0 I_S$	E	$\times$
	I	0	0	0	$\times$
短路	U	0	0	$\times$	0
	I	$\dfrac{E}{R_0}$	I_S	$\times$	I_S
等效条件		$E = R_0 I_S$	$\dfrac{E}{R_0} = I_S$	不等效	

【例 1.6】 试用电压源与电流源等效变换的方法计算图 1.14（a）所示 1Ω 电阻上的电流 I。

【解】 根据图 1.14 的变换次序，最后化简为图 1.14（f）所示电路，由此可得

$$I = \frac{2}{2+1} \times 3 = 2 \ (\text{A})$$

变换时应注意电流源电流的方向和电压源电压的极性。

【例 1.7】 如图 1.15 所示，一个理想电压源和一个理想电流源相连，试讨论它们的工作状态。

【解】 在图 1.15 所示电路中，理想电压源中的电流（大小和方向）决定于理想电流源的电流 I，理想电流源两端的电压决定于理想电压源的电压 U。

在图 1.15（a）中，电流从电压源的正端流出（U 和 I 的实际方向相反），而流进电流源的正端（U 和 I 的实际方向相同），故电压源处于电源状态，发出功率 $P = UI$，而电流源则处于负载状态，取用功率 $P = UI$。

在图 1.15（b）中，电流从电流源的正端流出（U 和 I 的实际方向相反），而流进电压源的正端（U 和 I 的实际方向相同），故电流源发出功率，处于电源状态，而电压源取用功率，处于负载状态。

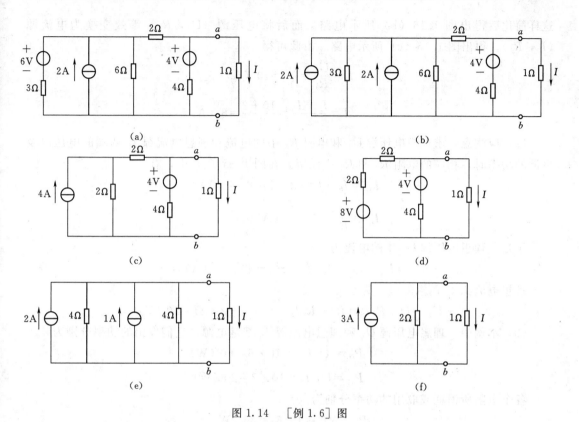

图 1.14　［例 1.6］图

【例 1.8】　如图 1.16（a）所示电路，$U_1=$
10V，$I_S=2A$，$R_1=1\Omega$，$R_2=2\Omega$，$R_3=5\Omega$，$R=1\Omega$。

（1）求电阻 R 中的电流 I。

（2）计算理想电压源 U_1 中的电流 I_{U_1} 和理想
电流源 I_S 两端的电压 U_{I_S}。

（3）分析功率平衡。

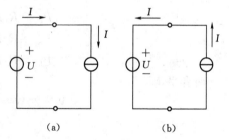

图 1.15　［例 1.7］图

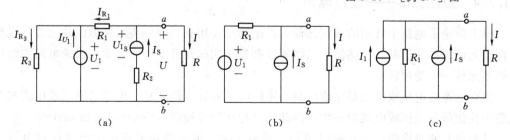

图 1.16　［例 1.8］图

【解】

（1）可将与理想电压源 U_1 并联的电阻 R_3 除去（断开），并不影响该并联电路两端的
电压 U_1；也可将与理想电流源串联的电阻 R_2 除去（短接），并不影响该支路中的电流 I_S。

这样简化后得出图 1.16（b）所示电路。而后将电压源（U_1，R_1）等效变换为电流源（I_1，R_1），得出图 1.16（c）所示电路。由此可得

$$I_1 = \frac{U_1}{R_1} = \frac{10}{1} = 10 \ (\text{A})$$

$$I = \frac{I_1 + I_\text{S}}{2} = \frac{10+2}{2} = 6 \ (\text{A})$$

（2）应注意，求理想电压源 U_1 和电阻 R_3 中的电流和理想电流源 I_S 两端的电压以及电源的功率时，相应的电阻 R_3 和 R_2 应保留。在图 1.16（a）中，有

$$I_{R_1} = I_\text{S} - I = (2-6) = -4 \ (\text{A})$$

$$I_{R_3} = \frac{U_1}{R_3} = \frac{10}{5} = 2 \ (\text{A})$$

于是，理想电压源 U_1 中的电流为

$$I_{U_1} = I_{R_3} - I_{R_1} = [2-(-4)] = 6 \ (\text{A})$$

理想电流源 I_S 两端的电压为

$$U_{I_\text{S}} = U + R_2 I_\text{S} = RI + R_2 I_\text{S} = (1\times6 + 2\times2) = 10 \ (\text{V})$$

（3）本例中，理想电压源 U_1 和理想电流源 I_S 都是电源，它们发出的功率分别为

$$P_{U_1} = U_1 I_{U_1} = 10\times6 = 60 \ (\text{W})$$

$$P_{I_\text{S}} = U_{I_\text{S}} I_\text{S} = 10\times2 = 20 \ (\text{W})$$

各个电阻所消耗或取用的功率分别为

$$P_R = RI^2 = 1\times6^2 = 36 \ (\text{W})$$

$$P_{R_1} = R_1 I_{R_1}^2 = 1\times(-4)^2 = 16 \ (\text{W})$$

$$P_{R_2} = R_2 I_\text{S}^2 = 2\times2^2 = 8 \ (\text{W})$$

$$P_{R_3} = R_3 I_{R_3}^2 = 5\times2^2 = 20 \ (\text{W})$$

两者平衡

$$60\text{W} + 20\text{W} = 36\text{W} + 16\text{W} + 8\text{W} + 20\text{W}$$

$$80\text{W} = 80\text{W}$$

*1.3.4　控能元件——受控电源

以上讨论了电路中常用的二端元件。在电路中还用到另外一类元件即四端元件，也称为耦合元件。如变压器、互感器、晶体管等都属于四端元件。下面就重点讨论电路中常用的四端元件——受控源。

独立电源的电压或电流是定值或是一定的时间函数，而非独立电源的电压或电流却是电路中其他部分电压或电流的函数，因此，又称作为受控源（Controlled Source）。

受控源有两对端钮：一对输出端和一对输入端。输入端用来控制输出电压或电流大小，施加于输入端的控制量是电压或是电流。因此，有两种受控电压源：一种控制量是电压，即"电压控制电压源"（VCVS），另一种控制量是电流，即"电流控制电压源"（CCVS）。同样，有两种受控电流源，即"电压控制电流源"（VCCS）和"电流控制电流源"（CCCS）。四种受控源的电路符号如图 1.17 所示。

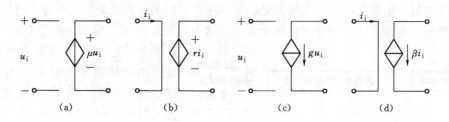

图 1.17　理想受控源的电路符号

（a）VCVS，μ 称为电压放大系数；（b）CCVS，r 称为转移电阻；

（c）VCCS，g 称为转移电导；（d）CCCS，β 称为电流放大系数

以上所述都是指理想受控电源。"理想"有两方面的含义：一方面，对受控电压源来说，其输出电阻为零，对受控电流源来说，其输出电阻为无限大；另一方面是有关输入电阻的，对电压控制的受控源来说，其输入电阻为无限大，对电流控制的受控源来说，其输入电阻为零。

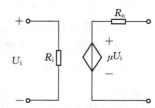

图 1.18　具有有限输入电阻和输出电阻的 VCVS

在非理想的状态下，受控源可具有有限值（即不为零或无限大）的输入电阻或输出电阻，这样的电压控制电压源（VCVS）如图 1.18 所示。

【例 1.9】　试化简图 1.19（a）所示的电路。

【解】　对含有受控源的电路进行简化时，先把受控源看做为独立电源，然后进行电源的等效变换。唯一要注意的是：在简化过程中不要把受控源的控制量消除掉。在此例中，也就是在简化过程中不要把含 I（控制量）的支路消除掉。

对受控源进行"电源的等效变换"，便可得图 1.19（b）。但还可以进一步化简，为此，写出图 1.19（b）电路中的 U 与 I 的关系式，即

$$U = 2000I - 500I + 10 = 1500I + 10$$

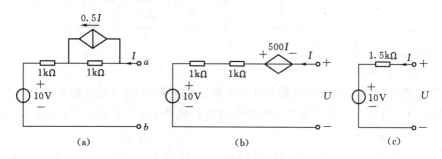

图 1.19　[例 1.9] 图

根据这一结果，可得等效电路如图 1.19（c）所示。

从本例可以看出，CCVS 在这里相当于减去一个 500Ω 的电阻。

*1.3.5　传感器

在工程实践中经常会遇到被测量的物理量是长度、位移、速度、压力、温度、湿度、

浓度等非电量。用非电的方法直接测量这些物理量不仅测量困难，精度不够，而且还不便于进行控制。通常是将各种非电量转换为电量（电动势、电压、电流、频率等），而后进行测量，这种方法称为非电量电测法。由于转换所得的电量与被测的非电量之间有一定的函数关系，因此通过对变换后所得电量的测量便可测得非电量的大小，它也被称为检测技术。

图 1.20　检测系统框图

检测系统的基本结构如图 1.20 所示，主要由传感器、测量电路、信号处理电路、记录、指示仪表或变送器等组成。

1. 传感器的作用及分类

传感器的作用是把被测的非电量变换为与其成对应关系的电量，它获得信息的准确程度直接影响到整个测量系统的精度。传感器的种类繁多，基本分类法见表 1.2。

表 1.2　　　　　　　　　　　　　传 感 器 分 类

分 类 方 法	传 感 器 的 种 类	说　　明
按用途分类	位移、速度、温度、压力、加速度传感器	传感器以被测物理量命名
按工作原理分类	应变式、电容式、电感式、压电式、磁电式、热电式传感器	传感器以工作原理命名
按物理现象分类	结构型传感器	传感器依赖其结构参数的变化实现转换
	物理型传感器	传感器依赖其敏感元件物理特性的变化实现其转换
按能量关系分类	能量转换型传感器	传感器直接将被测量的能量转换为输出量的能量
	能量控制型传感器	由外部传给传感器能量而由被测量来控制输出的能量

2. 几种常见的传感器

（1）电能量传感器。

1）热电偶传感器。热电偶传感器是基于热电效应原理的测温传感器。它具有测量范围大、测量精度高、并且具有测量信号便于远传和自动记录、结构简单、使用方便等一系列优点，因而得到广泛应用。

如图 1.21 所示，两种不同成分的导体 A 和 B 接成闭合回路，如果两个连接点温度不同（如 T、T_0），则在回路中就产生电势（热电动势），这种现象称为热电效应。导体 A 和 B 称为热电极，它们组成热电偶。两个接点，一个称为工作端（或热端），其温度为 T，另一个称为自由端（或冷端），其温度为 T_0。

热电偶产生的热电动势与两个电极的材料及两个接

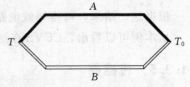

图 1.21　热电偶的工作原理示意图

点的温度有关。T 与 T_0 的温差愈大，热电偶的输出电动势愈大，因此可以用热电动势的大小衡量温度的高低。

热电偶传感器所用的两种材料要求应能输出较大的热电动势，以得到较高的灵敏度，而且电动势与温度间尽可能呈线性关系等。按照使用的材料可分为铂铑—铂热电偶、铂铑—铂铑热电偶、镍铬—镍硅热电偶、铁—康铜热电偶等。可以根据测量范围、测量精度以及价格等因素进行选择使用。

2）压电式传感器。压电式传感器是一种典型的有源传感器（发电型传感器）。它以某些电介质的压电效应为基础，在外力作用下，电介质的表面产生电荷，从而实现非电量电测的目的。

压电传感元件是力敏感元件，可用来测量最终能变换为力的那些物理量，如压力、应力、加速度等。

（2）电参数传感器。

1）电阻应变传感器。电阻应变传感器是一种利用电阻应变片将应变转换为电阻变化的传感器。任何非电量只要能设法变换为应变，都可用电阻应变片进行测量。例如，在测量力时，可将电阻应变片粘贴在能承受被测力的弹性元件上，当力作用在弹性元件上时，它将产生应变，通过粘贴胶将此应变传递给电阻应变片，从而使应变片的电阻发生变化。由于弹性元件的应变与所承受力的大小成比例，故测出电阻应变片的电阻变化即可测出力的大小。因此，电阻应变传感器的核心部分是电阻应变片和弹性元件，这两者都直接影响传感器的各种性能指标。电阻应变片如图 1.22 所示。

2）热电阻传感器。利用物质的电阻率随温度变化的特性，可以制成热电阻和热敏电阻。热电阻的热敏元件是用纯金属制成的，如铅、铜、镍等，具有温度系数大、电阻率高、化学性能稳定、材料工艺性好等优点。而制作热敏电阻的是金属氧化物半导体材料或碳化硅材料，具有电阻温度系数大、灵敏度高、体积小、响应快、测量电路简单、成本低等特点；缺点是电阻温度特性分散性大，非线性严重，在电路上要进行温度补偿，互换性较差。

3）光电阻传感器。有些半导体（如硫化镉等）在黑暗的环境下，它的电阻值很高，但当它受到光照时，光子能量将激发出电子—空穴对，从而加强了导电性能，使阻值降低，并且照射的光线愈强，阻值降得愈低。这种由于光线照射强弱而导致半导体电阻变化的现象称为光导效应。具有光导效应的导体就称为光敏电阻。光敏电阻的伏安特性曲线如图 1.23 所示。由光敏电阻为主要器件组成的传感器称为光电阻传感器。

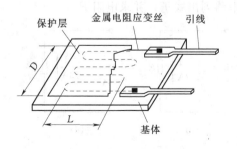

图 1.22 电阻应变片

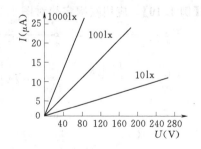

图 1.23 光敏电阻的伏安特性曲线

传感器是把非电量转换为电量的关键器件，由它转换输出的相对应的电压或电流就是电路的信号。

1.4　电路的基本定律

欧姆定律和基尔霍夫定律是电路的两个基本定律，这两个定律揭示了电路基本物理量之间的关系，是电路分析计算的基础和依据。

1.4.1　欧姆定律

欧姆定律（Ohm Law）是线性电路分析的基本定律，欧姆定律描述了线性电路中电阻元件两端的电压与流过电阻元件的电流之间的关系，如图 1.24 所示为欧姆定律应用的三种电路结构。

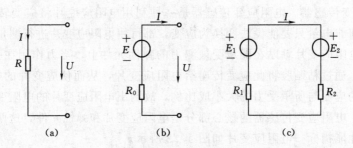

图 1.24　欧姆定律的应用电路
(a) 无源支路；(b) 含源支路；(c) 回路

首先是一段无源支路，在无源支路中只有电阻元件，电阻元件的电压与电流参考方向如图 1.24（a）所示，无源支路欧姆定律的表示式为

$$I = \pm \frac{U}{R} \tag{1.19}$$

式中，正、负号由电阻元件的电压与电流的参考方向来决定，当电阻元件的电压与电流的参考方向一致时，取正号；当电阻元件的电压与电流的参考方向相反时，取负号。按照式（1.19）计算出的电流 I 的数值是有正、负之分的，电流的正、负表示电流的实际方向与参考方向是否一致。

【例 1.10】　应用欧姆定律对图 1.25 所示电路列出式子，并求电阻 R。

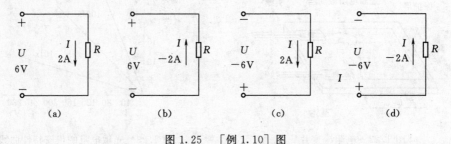

图 1.25　[例 1.10] 图

【解】

图 1.25（a）

$$R=\frac{U}{I}=\frac{6}{2}=3\ (\Omega)$$

图 1.25（b）

$$R=-\frac{U}{I}=-\frac{6}{-2}=3\ (\Omega)$$

图 1.25（c）

$$R=-\frac{U}{I}=-\frac{-6}{2}=3\ (\Omega)$$

图 1.25（d）

$$R=\frac{U}{I}=\frac{-6}{-2}=3\ (\Omega)$$

当电路为含源支路且电压、电流参考方向如图 1.24（b）所示时，含源支路欧姆定律的表示式为

$$I=\frac{\pm E\pm U}{R} \tag{1.20}$$

式中，正、负号由含源支路的端电压 U、电源电动势 E 与支路电流 I 的参考方向来决定，当 U、E 的方向与 I 的方向一致时，在公式中 U 和 E 前应取正号；当 U、E 的方向与 I 的方向相反时，在公式中 U 和 E 前应取负号，同样运算后电流 I 的正、负表示电流的实际方向与参考方向是否一致。

【例 1.11】 图 1.26 所示电路中，已知 $R=2\Omega$，$E=5\mathrm{V}$，$U=11\mathrm{V}$，求解电路的电流 I。

【解】 由含源支路的欧姆定律，可以得出

$$I=\frac{U-E}{R}=\frac{11-5}{2}=3\ (\mathrm{A})$$

电流 I 是正数，这表示电流的参考方向与其实际方向一致，电源 E 此时工作在负载状态。

如果电路结构为图 1.24（c）所示的单网孔回路并且电流的参考方向确定后，回路欧姆定律的表示式为

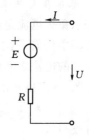

图 1.26 ［例 1.11］图

$$I=\frac{\sum E}{\sum R} \tag{1.21}$$

式中，电动势 E 的求和是代数求和，其正、负号由电动势 E 的方向与回路电流 I 的方向来决定，当 E 的方向与回路电流方向一致时，E 前应取正号；当 E 的方向与回路电流 I 方向相反时，E 前应取负号。这也就是说，在式（1.21）的两个求和运算中，分子项的求和是代数求和，在使用欧姆定律时应注意电动势 E 的正、负，而分母项的求和是算术求和，计算时将回路中的电阻直接相加即可。

【例 1.12】 已知 $E_1=10\mathrm{V}$，$E_2=5\mathrm{V}$，$R_1=8\Omega$，$R_2=2\Omega$，求解图 1.24（c）所示电路的电流 I。

【解】 由回路的欧姆定律可以得出

$$I=\frac{\sum E}{\sum R}=\frac{E_1-E_2}{R_1+R_2}=\frac{10-5}{8+2}=0.5\ (\mathrm{A})$$

1.4.2 基尔霍夫定律

基尔霍夫定律是电路分析的第二大定律，广泛应用于线性与非线性电路。基尔霍夫定律由两个定律组成：基尔霍夫电流定律（Kirchhoff's Current Law），简写为 KCL；基尔霍夫电压定律（Kirchhoff's Voltage Law），简写为 KVL。基尔霍夫电流定律应用于结点，电压定律应用于回路。

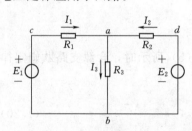

图1.27 电路举例

电路中的每一分支称为支路（Branch），一条支路流过一个电流，称为支路电流。如图 1.27 所示，该电路有三条支路。

电路中三条或三条以上支路的连接点称为结点（Node）。如图 1.27 所示电路中有两个结点：a 和 b。

由一条或多条支路组成的闭合路径称为回路（Loop）。如图 1.27 所示电路中有三个回路：$abca$，$adba$ 和 $adbca$。

内部不含支路的回路称为网孔（Mesh）。如图 1.27 所示电路中有两个网孔：$abca$ 和 $adba$。

1. 基尔霍夫电流定律（KCL）

基尔霍夫电流定律确定了连接在同一结点上的各支路电流间的关系。由于电流的连续性，电路中任何一点（包括结点在内）均不能堆积或消失电荷。因此，在任一瞬时，流入某一结点的电流之和应该等于流出该结点的电流之和。

在图 1.27 所示的电路中，对结点 a 可以写出

$$I_1 + I_2 = I_3$$

上式可改写成

$$I_1 + I_2 - I_3 = 0$$

即

$$\sum I = 0 \tag{1.22}$$

基尔霍夫电流定律可以表述为：在任一瞬时，一个结点上的电流的代数和恒等于零。规定参考方向指向结点的电流取正号，反之则取负号。

基尔霍夫电流定律也可以推广应用于任意几何封闭面，如图 1.28 所示，虚线内包含的任意复杂电路可以微缩为一个广义结点，它全部的引出线的电流的代数和等于零，即

$$I_1 + I_2 - I_3 + I_4 = 0$$

或

$$\sum I = 0$$

图1.28 基尔霍夫电流定律
的推广应用

【例1.13】 在图 1.29 中，$I_1 = 2A$，$I_2 = -3A$，$I_3 = -2A$，试求 I_4。

【解】 由基尔霍夫电流定律可列出

$$I_1 - I_2 + I_3 - I_4 = 0$$

$$2-(-3)+(-2)-I_4=0$$

得

$$I_4=3A$$

由本例可见，式中有两套正、负号，I 前的正、负号是由基尔霍夫电流定律根据电流的参考方向确定的，括号内数字前的则是表示电流本身数值的正、负。

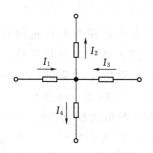

图 1.29　[例 1.13] 图

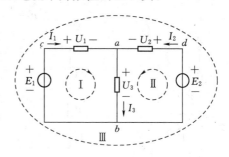

图 1.30　[例 1.14] 图

【例 1.14】　列出图 1.30 所示电路的三个回路的 KVL 方程。

【解】　根据 KVL 有：

回路 I　　　　　　　　　　　$U_1+U_3-E_1=0$

回路 II　　　　　　　　　　$U_2+U_3-E_2=0$

回路 III　　　　　　　　　$U_1-U_2+E_2-E_1=0$

应用 KVL 求解电路时，要注意两套正、负号的关系：一个是根据电压或电动势参考方向与绕行方向的关系列出公式每一项前的正、负号；另一个是每个电压或电动势数值本身的正、负。

2. 基尔霍夫电压定律（KVL）

基尔霍夫电压定律确定了回路中各段电压之间的关系。如果从回路中任意一点出发，沿回路绕行一周，则在此方向上电位降之和等于电位升之和。

在图 1.31 所示的回路（即为图 1.27 所示电路的一个回路）中，电源电动势、电流和各段电压的参考方向均已标出。按照虚线所示方向从 a 点出发，沿 a—c—b—d—a 绕行一周，可以列出

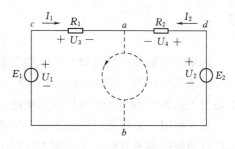

图 1.31　电路举例

$$U_1-U_2=U_3-U_4$$

或将上式改写为

$$U_1-U_2-U_3+U_4=0$$

即

$$\sum U=0 \qquad\qquad (1.23)$$

基尔霍夫电压定律可以表述为：在任一瞬时，在任一回路的绕行方向上，电位降的代数和恒等于零。如果规定沿绕行方向上的电位降取正号，则电位升取负号。

在图 1.31 所示电路中，上式可改写为

$$E_1 - E_2 - R_1 I_1 + R_2 I_2 = 0$$

或

$$E_1 - E_2 = R_1 I_1 - R_2 I_2$$

即

$$\sum E = \sum (RI) \tag{1.24}$$

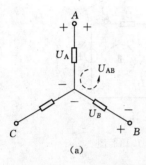
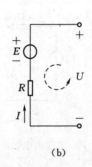

图 1.32　基尔霍夫电压定律的推广应用

式（1.24）为基尔霍夫电压定律在电阻电路中的另一种表达式，就是在任一回路绕行方向上，回路中电动势的代数和等于电阻上电压降的代数和。在这里，凡是电动势的参考方向与所选回路绕行方向相反者，则取正号，一致者则取负号。凡是电流的参考方向与回路绕行方向相反者，则该电流在电阻上所产生的电压降取正号，一致者取负号。

基尔霍夫电压定律不仅应用于闭合回路，也可以把它推广应用于回路的部分电路。现以图 1.32 所示的两个电路为例，根据基尔霍夫电压定律列出式子。

对图 1.32（a）所示电路（各支路的元件是任意的）可列出

$$\sum U = U_A - U_B - U_{AB} = 0$$
$$U_A - U_B = U_{AB}$$

对图 1.32（b）所示电路可列出

$$E - U - RI = 0$$

或

$$U = E - RI$$

这是一段有源（有电源）电路的欧姆定律的表示式。

应该指出，图 1.27 所举的是直流电阻电路，但是基尔霍夫两个定律具有普遍性，它们适用于由各种不同元件所构成的电路，也适用于任一瞬时对任何变化的电流和电压。

列方程时，不论是应用基尔霍夫定律或欧姆定律，首先都要在电路图上标出电流、电压或电动势的参考方向，因为所列方程中各项前的正、负号是由它们的参考方向决定的，如果参考方向选得相反，则会相差一个负号。

【例 1.15】　有一闭合回路如图 1.33 所示，各支路的元器件是任意的，但已知：$U_{AB} = 5V$，$U_{BC} = -4V$，$U_{DA} = -3V$。试求：

（1）U_{CD}。

（2）U_{CA}。

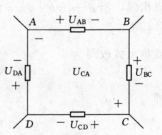

图 1.33　[例 1.15]图

【解】

（1）由基尔霍夫电压定律可列出

$$U_{AB} + U_{BC} + U_{CD} + U_{DA} = 0$$

即
$$5+(-4)+U_{CD}+(-3)=0$$

得
$$U_{CD}=2V$$

（2）$ABCA$ 不是闭合回路，也可用基尔霍夫电压定律列出
$$U_{AB}+U_{BC}+U_{CA}=0$$

即
$$5+(-4)+U_{CA}=0$$

得
$$U_{CA}=-1V$$

1.5　电路的工作状态

在电路中，负载通过导线、开关与电源相连接，当开关的位置不同时，电路就具有不同的工作状态。现以最简单的电路（图1.34）为例，分别讨论电源有载工作、开路与短路时的电流、电压和功率。

1.5.1　电源有载工作

将图1.34中的开关合上，接通电源与负载，这就是电源有载工作。下面分别讨论几个问题。

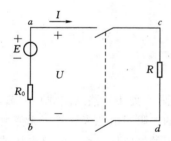

图1.34　电源的有载工作

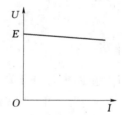

图1.35　电源的外特性曲线

1. 电压与电流

应用欧姆定律得出图1.34所示电路中的电流
$$I=\frac{E}{R_0+R} \tag{1.25}$$

负载电阻两端的电压
$$U=RI$$

由上两式可得出
$$U=E-R_0I \tag{1.26}$$

由式（1.26）可见，电源端电压小于电动势，两者之差为电流通过电源内阻所产生的电压降 R_0I。电流愈大，则电源端电压下降得愈多。表示电源端电压 U 与输出电流 I 之间关系的曲线，称为电源的外特性曲线，如图1.35所示，其斜率与电源内阻有关。电源内

阻一般很小。当 $R_0 \ll R$ 时，则

$$U \approx E$$

上式表明：当电流（负载）变动时，电源的端电压变动不大，这说明它带负载的能力强。

2. 功率

将式（1.26）两边同乘以电流 I，则得功率平衡式

$$UI = EI - R_0 I^2 \tag{1.27}$$

$$P = P_E - \Delta P$$

式中 　P_E——电源产生的功率，$P_E = EI$；

　　 ΔP——电源内阻上损耗的功率，$\Delta P = R_0 I^2$；

　　 P——电源输出的功率，$P = UI$。

在 SI 单位制中，功率的单位是瓦［特］（W）或千瓦（kW）。1s 内转换 1J 的能［量］，则功率为 1W。

【例 1.16】 有一 220V/60W 的白炽灯，接在 220V 的电源上，试求通过该灯的电流和其在 220V 电压下工作时的电阻。如果每晚用 3h，问一个月能消耗多少电能？

【解】

$$I = \frac{P}{U} = \frac{60}{220} = 0.273 \text{ （A）}$$

$$R = \frac{U}{I} = \frac{220}{0.273} = 806 \text{ （Ω）}$$

也可用 $R = \dfrac{U^2}{P}$ 或 $R = \dfrac{P}{I^2}$ 计算。

一个月消耗电能

$$W = Pt = 60 \times (3 \times 30) = 5.4 \text{ （kW·h）}$$

1.5.2 电源开路

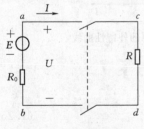

图 1.36 　电源开路

在图 1.34 所示电路中，当开关断开时，电源则处于开路（空载）状态，如图 1.36 所示。开路时外电路的电阻对电源来说等于无穷大，因此电路中电流为零。这时电源的端电压（称为开路电压或空载电压 U_0）等于电源电动势，电源不输出电能。

如上所述，电源开路时的特征可用下式表示

$$\begin{cases} I = 0 \\ U = U_0 = E \\ P = 0 \end{cases} \tag{1.28}$$

1.5.3 电源短路

在图 1.34 所示电路中，当电源的两端由于某种原因而连在一起时，则电源被短路，如图 1.37 所示。电源短路时，外电路的电阻可视为零，电流有捷径可通，不再流过负载。因为在电流的回路中仅有很小的电源内阻 R_0，所以这时的电流很大，此电流称为短路电流 I_s。短路电流可能使电源遭受机械的与热的损伤或毁坏。短路时电源所产生的电能全被内阻所消耗。

电源短路时，由于外电路的电阻为零，所以电源的端电压也为零，这时电源的电动势全部降在内阻上。

如上所述，电源短路时的特征可用下式表示

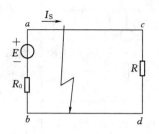

图 1.37　电源短路

$$\begin{cases} U=0 \\ I=I_{\mathrm{S}}=\dfrac{E}{R_0} \\ P_{\mathrm{E}}=\Delta P=R_0 I^2, P=0 \end{cases} \qquad (1.29)$$

短路也可以发生在负载端或线路的任何处。

短路通常是一种严重事故，应该尽力预防。产生短路的原因往往是由于绝缘损坏或接线不慎，因此经常检查电气设备和线路的绝缘情况是一项很重要的安全措施。此外，为了防止短路事故所引起的后果，通常在电路中接入熔断器或空气断路器，以便发生短路时，能迅速将故障电路自动切除。但是，有时由于某种需要，可以将电路中的某一段短路（常称为短接）或进行某种短路实验。

习　题

1. 填空题

（1）电路是_____的通路，任何一个完整的电路都必须由_____、_____和_____三个基本部分组成。电路的作用是对电能进行_____、_____和_____；对电信号进行_____、_____和_____。

（2）反映实际电路器件耗能电磁特性的理想电路元件是_____元件；反映实际电路器件储存磁场能量特性的理想电路元件是_____元件；反映实际电路器件储存电场能量特性的理想电路元件是_____元件。

（3）电路有_____、_____和_____三种工作状态。当电路中电流 $I=\dfrac{U_{\mathrm{S}}}{R_0}$、端电压 $U=0$ 时，此种状态称作_____，这种情况下电源产生的功率全部消耗在_____上。

（4）从耗能的观点上来讲，电阻元件为_____元件；电感和电容元件为_____元件。

（5）电路图上表示的电流、电压方向称为_____，假定某元件是负载时，该元件两端的电压和通过元件的电流方向应为_____方向。

（6）_____是衡量电源将非电能转换成电能本领的物理量，电动势的方向规定是在电源内部由_____指向_____。

（7）_____是指电路中某点与参考点之间的电压，参考点的电位规定为_____。

（8）全电路欧姆定律的表达式是_____。

2. 选择题

（1）在图 1.38 中，负载增加指的是（　　）。

A. 负载电阻 R 增大　　　　　B. 负载电流 I 增大

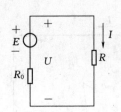

图 1.38　选择题（1）图

C. 电源端电压 U 增高　　　　D. 以上均不对

（2）如将两只额定值为 220V/100W 的白炽灯串联接在 220V 的电源上，每只灯消耗的功率为（　　）。（设灯电阻未变）

A. 100W　　　　　　　　　　B. 50W

C. 40W　　　　　　　　　　D. 25W

（3）用一只额定值为 110V/100W 的白炽灯和一只额定值为 110V/40W 的白炽灯串联后接在 220V 的电源上，当将开关闭合时，（　　）。

A. 能正常工作　　　　　　　　B. 100W 的灯丝烧毁

C. 40W 的灯丝烧毁　　　　　　D. 全部烧毁

（4）有一 220V/1000W 的电炉，今欲接在 380V 的电源上使用，可串联的变阻器是（　　）。

A. 100W　3A　　　B. 50Ω　5A　　　C. 30Ω　10A　　　D. 50W　5A

（5）一只额定功率是 1W 的电阻，电阻值为 100Ω。则允许通过的最大电流值是（　　）。

A. 100A　　　　　B. 1A　　　　　C. 0.1A　　　　　D. 0.01A

（6）关于图 1.39 电路的命题，正确的是（　　）。

A. 电压源输出功率，电流源、电阻消耗功率

B. 电流源输出功率，电压源、电阻消耗功率

C. 电压源、电流源输出功率，电阻消耗功率

D. 电阻输出功率，电压源、电流源消耗功率

（7）在图 1.40 所示的部分电路中，a、b 两端的电压 U_{ab} 为（　　）。

A. 40V　　　　　B. -40V　　　　C. -25V　　　　D. 25V

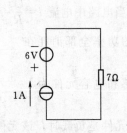

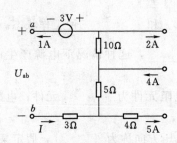

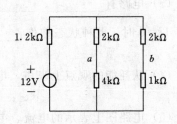

图 1.39　选择题（6）图　　　图 1.40　选择题（7）图　　　图 1.41　选择题（8）图

（8）图 1.41 所示电路中 a、b 两端的电压 U_{ab} 为（　　）。

A. 0V　　　　　　　　　　　B. 2V

C. 2.5V　　　　　　　　　　D. 4V

（9）图 1.42 所示 A、B、C、D 四点的电位与开关 S 闭合或断开状态无关的是（　　）。

A. A、B 两点　　　　　　　B. A、B、C、D 四点

C. A、B、C 三点　　　　　D. B、C、D 三点

（10）图 1.43 所示电路中 P 点电位为（　　）。

A. 2V　　　　　　B. 3V　　　　　　C. 4V　　　　　　D. 5V

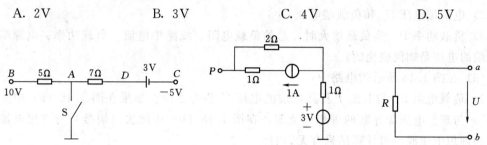

图 1.42　选择题（9）图　　　图 1.43　选择题（10）图　　图 1.44　综合题（1）图

3. 综合题

（1）如图 1.44 所示电路，当 $U = -15\text{V}$ 时，试写出 U_{ab} 和 U_{ba} 各为多少伏。

（2）有一生产车间有 100W、220V 的 50 把电烙铁，每天使用 5h，问一个月（按 30天计）用电量为多少？

（3）求图 1.45 所示电路中 A、B、C 三点的电位。

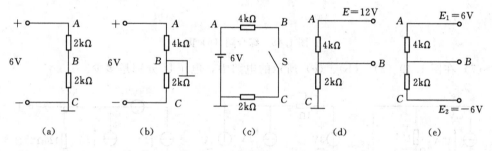

（a）　　　　　（b）　　　　　（c）　　　　　（d）　　　　　（e）

图 1.45　综合题（3）图

（4）在图 1.46 中，五个元件代表电源或负载。电流和电压的参考方向如图所示，通过实验测量，得知：$I_1 = -4\text{A}$，$I_2 = 6\text{A}$，$I_3 = 10\text{A}$，$U_1 = 140\text{V}$，$U_2 = -90\text{V}$，$U_3 = 60\text{V}$，$U_4 = -80\text{V}$，$U_5 = 30\text{V}$。

1）试标出各电流的实际方向和各电压的实际极性。

2）判断哪些元件是电源，哪些是负载。

3）计算每个元件的功率，电源发出的功率和负载取用的功率是否平衡。

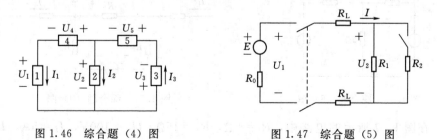

图 1.46　综合题（4）图　　　　图 1.47　综合题（5）图

（5）图 1.47 是电源有载工作的电路。电源的电动势 $E = 220\text{V}$，内阻 $R_0 = 0.2\Omega$；负载电阻 $R_1 = 10\Omega$，$R_2 = 20/3\Omega$；线路电阻 $R_L = 0.1\Omega$。试求负载电阻 R_2 并联前后：

1）电路中电流 I。

2）电源端电压 U_1 和负载端电压 U_2。

3）负载功率 P。当负载增大时，总的负载电阻、线路中电流、负载功率、电源端和负载端的电压是如何变化的？

（6）在图 1.48 所示的电路中：

1）负载电阻 R_L 的电流 I 及其两端的电压 U 各为多少？如果在图 1.48（a）中除去（断开）与理想电压源并联的理想电流源，在图 1.48（b）中除去（短接）与理想电流源串联的理想电压源，对计算结果有无影响？

2）判别理想电压源和理想电流源，何者为电源，何者为负载？

3）试分析功率平衡关系。

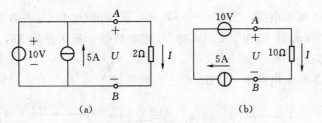

图 1.48　综合题（6）图

（7）在图 1.49（a）、（b）、（c）所示的电路中，电压 U 分别是多少？

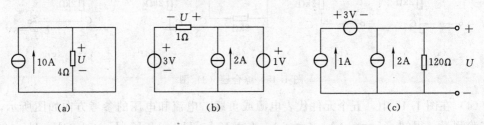

图 1.49　综合题（7）图

（8）欲使图 1.50 所示电路中的电流 $I=0$，U_S 应为多少？

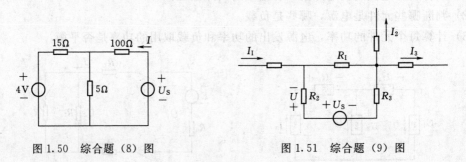

图 1.50　综合题（8）图　　　　　　图 1.51　综合题（9）图

（9）在图 1.51 所示的电路中，$R_1=5\Omega$，$R_2=15\Omega$，$U_S=100V$，$I_1=5A$，$I_2=2A$，若 R_2 电阻两端电压 $U=30V$，求电阻 R_3。

第 2 章　电 路 的 分 析 方 法

本章要求：

1. 了解电阻的 Y/△、受控源等效变换的概念及其等效互换。
2. 熟悉支路电流法，结点电压法。
3. 掌握叠加定理、戴维南定理及其应用。

本章难点：

1. 受控源的等效互换。
2. 支路电流法。
3. 戴维南定理及其应用。

　　电路分析就是利用电路的基本定律来分析已知电路的电压、电流等参数，从而了解电路的性能。最简单的电路只有一个回路，使用欧姆定律就可以进行电路分析。但是在大多数情况下，电路的回路不止一个，电路中的元件数及电源也较多，这样的电路称为复杂电路，复杂电路的分析仅使用欧姆定律是不行的，需要同时使用基尔霍夫定律。本章首先介绍电阻电路的等效变换分析方法；接着介绍电阻电路的一般分析方法，包括支路电流法、结点电压法；然后介绍电阻电路的一些基本定理，包括叠加定理、戴维南定理和诺顿定理等。

2.1　等 效 电 路 分 析

　　如图 2.1 所示，在电路分析中把一组元件当作一个整体 N，而当这个整体只有两个端子与外电路相连接，并且进出这两个端子的电流为同一电流（即 $i_1 = i_2$）时，则把由这一组元件构成的这个整体称为一端口网络，或者称为二端网络（单口网络）。

　　二端网络的等效变换：如果一个二端网络 N 的伏安特性和另一个二端网络 N' 的伏安特性完全相同，则这两个二端网络 N 和 N' 对外电路而言是等效的，即两个网络对同一外电路来说，它们具有完全相同的作用。因此，二端网络的等效电路是对外等效的。

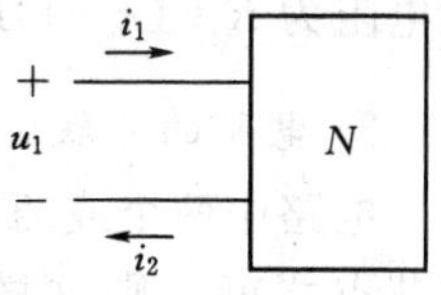

　　当网络 N 中没有独立电源时，此网络为无源二端网络（Passive Two - Terminal Network）；相反，则为有源二端网络（Active Rwo - Terminal Network）。

图 2.1　一端口网络

2.1.1　无源二端网络的等效变换

1. 电阻的串联

电路中两个或两个以上电阻按一个接一个的顺序相连，并且在这些电阻中通过同一电

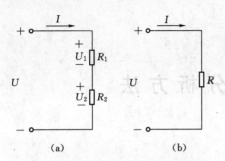

图 2.2　电阻的串联及其等效电路

(a) 电阻的串联；(b) 等效电阻

流，则这样的连接方法称为电阻的串联（Series Connection）。如图 2.2（a）所示电路是由两个电阻串联组成的。

若有 n 个电阻串联，设总电压为 U、总电流为 I、总功率为 P，则

（1）等效电阻

$$R = R_1 + R_2 + \cdots + R_n \qquad (2.1)$$

（2）分压关系

$$\frac{U_1}{R_1} = \frac{U_2}{R_2} = \cdots = \frac{U_n}{R_n} = \frac{U}{R} = I \qquad (2.2)$$

（3）功率分配

$$\frac{P_1}{R_1} = \frac{P_2}{R_2} = \cdots = \frac{P_n}{R_n} = \frac{P}{R} = I^2 \qquad (2.3)$$

在图 2.2（a）所示电路中，分压公式为

$$\begin{cases} U_1 = \dfrac{R_1}{R_1 + R_2} U \\ U_2 = \dfrac{R_2}{R_1 + R_2} U \end{cases} \qquad (2.4)$$

【例 2.1】　有一只电流表，内阻 $R_g = 1\text{k}\Omega$，满偏电流为 $I_g = 100\mu\text{A}$，要把它改成量程为 $U_n = 3\text{V}$ 的电压表，应该串联一只多大的分压电阻 R？

【解】　该电流表的电压量程为 $U_g = R_g I_g = 0.1\text{V}$，与分压电阻 R 串联后的总电压 $U_n = 3\text{V}$，即将电压量程扩大到 $n = \dfrac{U_n}{U_g} = 30$ 倍。

利用两只电阻串联的分压公式，可得

$$U_g = \frac{R_g}{R_g + R} U_n$$

则

$$R = \frac{U_n - U_g}{U_g} R_g = (n-1) R_g = 29 \ (\text{k}\Omega)$$

例 [2.1] 表明，将一只量程为 U_g、内阻为 R_g 的表头扩大到量程为 U_n，所需要的分压电阻为 $R = (n-1) R_g$，其中 $n = \dfrac{U_n}{U_g}$ 称为电压扩大倍数。

2. 电阻的并联

电路中两个或两个以上电阻连接在两个公共的节点之间，则这样的连接法称为电阻的并联（Parallel Connection）。各个并联支路（电阻）上的电压相同。如图 2.3（a）所示电路是由两个电阻并联组成的。

若有 n 个电阻并联，设总电流为 I、电压为 U、总功率为 P。

（1）等效电导　$G = G_1 + G_2 + \cdots + G_n$

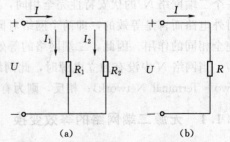

图 2.3　电阻的异联及其等效电路

(a) 电阻的并联；(b) 等效电阻

即
$$\frac{1}{R}=\frac{1}{R_1}+\frac{1}{R_2}+\cdots+\frac{1}{R_n} \tag{2.5}$$

（2）分流关系　　　$R_1 I_1 = R_2 I_2 = \cdots = R_n I_n = RI = U \tag{2.6}$

（3）功率分配　　　$R_1 P_1 = R_2 P_2 = \cdots = R_n P_n = RP = U^2 \tag{2.7}$

在图 2.3（a）所示电路中，分流公式为

$$\begin{cases} I_1 = \dfrac{R_2}{R_1+R_2}I \\[2mm] I_2 = \dfrac{R_1}{R_1+R_2}I \end{cases} \tag{2.8}$$

在实际应用中，电器设备在电路中通常都是并联运行的，属于相同电压等级的用电器必须并联在同一电路中，这样，才能保证它们都在规定的电压下正常工作。

【例 2.2】　有三盏电灯接在 220V 电源上，其额定值分别为 220V、100W，220V、60W，220V、40W，求总功率 P、总电流 I 以及通过各灯泡的电流及灯泡的等效电阻。

【解】　因外接电源符合各灯泡额定值，各灯泡正常发光，故总功率为
$$P = P_1 + P_2 + P_3 = 100 + 60 + 40 = 200 \text{（W）}$$

总电流与各灯泡电流为

$$I_1 = \frac{P_1}{U_1} = \frac{100}{220} \approx 0.45 \text{（A）}$$

$$I_2 = \frac{P_2}{U_2} = \frac{60}{220} \approx 0.27 \text{（A）}$$

$$I_3 = \frac{P_3}{U_3} = \frac{40}{220} \approx 0.18 \text{（A）}$$

$$I = \frac{P}{U} = \frac{200}{220} \approx 0.9 \text{（A）}$$

等效电阻为

$$R = \frac{U}{I} = \frac{220}{0.9} \approx 244.4 \text{（Ω）}$$

【例 2.3】　有一只微安表，$I_g = 100\mu A$，内阻 $R_g = 1k\Omega$，要改装成量程为 $I_n = 100mA$ 的电流表，试求所需分流电阻 R。

【解】　设 $n = \dfrac{I_n}{I_g}$（称为电流量程扩大倍数），根据分流公式可得

$$I_g = \frac{R}{R_g + R} I_n$$

则
$$R = \frac{R_g}{n-1} = \frac{1000}{1000-1} \approx 1 \text{（Ω）}$$

例［2.3］表明，将一只量程为 I_g，内阻为 R_g 的表头扩大到量程为 I_n，所需要的分流电阻为 $R = \dfrac{R_g}{n-1}$，其中 $n = \dfrac{I_n}{I_g}$ 称为电流扩大倍数。

3. 电阻的混联

如图 2.4（a）所示电路，既有串联的电阻又有并联的电阻，它们的连接方式为混联（Series－Parallel Connection Resistance）。其等效电阻 $R = R_1 + R_2 // (R_3 + R_4)$，等效电路

如图 2.4（b）所示。

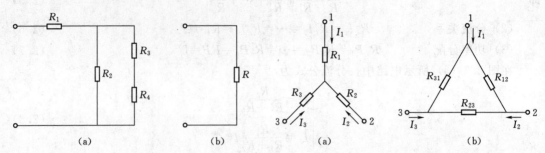

图 2.4 电阻的混联

图 2.5 电阻的 Y 形和 △ 形连接
(a) Y 形连接；(b) △ 形连接

4. 电阻的星形（Y 形）连接和三角形（△ 形）连接的等效变换

星形连接电路和三角形连接电路都是通过三个节点与外电路相连接，这两种连接方式进行等效变换的条件是必须保证它们的外特性相同，即对 Y 形连接和 △ 形连接，在图 2.5 中，两个图的端口电压和流过端子的电流之间的数学关系相同。

对 △ 形连接，如图 2.5（b）所示，根据 KCL 和欧姆定律，可得 △ 形连接端口电压和流过端子电流之间的关系为

$$
\begin{cases}
I_1 = \dfrac{U_{12}}{R_{12}} - \dfrac{U_{31}}{R_{31}} \\[2mm]
I_2 = \dfrac{U_{23}}{R_{23}} - \dfrac{U_{12}}{R_{12}} \\[2mm]
I_3 = \dfrac{U_{31}}{R_{31}} - \dfrac{U_{23}}{R_{23}}
\end{cases}
\tag{2.9}
$$

对 Y 形连接，如图 2.5（a）所示，利用 KVL 和 KCL 可得

$$
\begin{cases}
U_{12} = I_1 R_1 - I_2 R_2 \\
U_{23} = I_2 R_2 - I_3 R_3 \\
I_1 + I_2 + I_3 = 0
\end{cases}
\tag{2.10}
$$

把式（2.10）中的电压作自变量，电流作因变量，联立求解可得 Y 形连接的端口电压和流过端子的电流关系为

$$
\begin{cases}
I_1 = \dfrac{R_3 U_{12}}{R_1 R_2 + R_2 R_3 + R_3 R_1} - \dfrac{R_2 U_{31}}{R_1 R_2 + R_2 R_3 + R_3 R_1} \\[2mm]
I_2 = \dfrac{R_1 U_{23}}{R_1 R_2 + R_2 R_3 + R_3 R_1} - \dfrac{R_3 U_{12}}{R_1 R_2 + R_2 R_3 + R_3 R_1} \\[2mm]
I_3 = \dfrac{R_2 U_{31}}{R_1 R_2 + R_2 R_3 + R_3 R_1} - \dfrac{R_1 U_{23}}{R_1 R_2 + R_2 R_3 + R_3 R_1}
\end{cases}
\tag{2.11}
$$

比较式（2.10）和式（2.11），为了使 △ 形和 Y 形连接之间进行等效变换，需要两个电路图的端口电压和流过端子的电流之间数学关系相同，则必须满足

$$\begin{cases} R_{12} = \dfrac{R_1 R_2 + R_2 R_3 + R_3 R_1}{R_3} \\[2mm] R_{23} = \dfrac{R_1 R_2 + R_2 R_3 + R_3 R_1}{R_1} \\[2mm] R_{31} = \dfrac{R_1 R_2 + R_2 R_3 + R_3 R_1}{R_2} \end{cases} \tag{2.12}$$

由式（2.12）可求出

$$\begin{cases} R_1 = \dfrac{R_{31} R_{12}}{R_{12} + R_{23} + R_{31}} \\[2mm] R_2 = \dfrac{R_{12} R_{23}}{R_{12} + R_{23} + R_{31}} \\[2mm] R_3 = \dfrac{R_{23} R_{31}}{R_{12} + R_{23} + R_{31}} \end{cases} \tag{2.13}$$

式（2.12）为 Y 形变为 △ 形等效变换必须满足的条件，即 △ 形电阻为 Y 形电阻两两乘积除以 Y 形不相邻电阻。如果 Y 形三个电阻相等，则等效变换后的 △ 形电阻也相等，且等于 Y 形电阻的三倍。

式（2.13）为 △ 形变为 Y 形等效变换必须满足的条件，即 Y 形电阻为 △ 形相邻两电阻乘积除以 △ 形三个电阻之和。如果 △ 形三个电阻相等，则等效变换后的 Y 形电阻也相等，且等于 △ 形电阻的 1/3。

5. 含受控源的无源一端口网络的等效电阻

含受控源的无源一端口网络对外部电路来讲同样相当于一个电阻，此电阻叫等效电阻 R。求解此电阻的方法可根据无源一端口网络的不同组成，可以采用不同的方法来求解。

当无源一端口网络由纯电阻构成时，可用电阻的串、并联以及 Y—△ 变换求得；当无源一端口网络含有受控源时，可以采用如下两种方法求输入电阻：

第 1 种方法是外加电压法：即在端口加电压源 U_S，然后求端口电流 I，再求等效电阻 $R = \dfrac{U_S}{I}$，即为输入电阻。

第 2 种方法是外加电流法：即在端口加电流源 I_S，然后求端口电压 U，再求比值 $R = \dfrac{U}{I_S}$，即为输入电阻。

【例 2.4】　求图 2.6（a）所示电路一端口的输入电阻 R_{ab}，并求其等效电路。

【解】　先将图 2.6（a）所示电路的 ab 端外加一电压为 E 的电压源。再把 ab 右端电路进行简化，得到图 2.6（b）所示电路，由图 2.6（b）可得到

$$E = (I - 2.5I) \times 1 = -1.5I$$

因此，该一端口输入电阻为

$$R_{ab} = \frac{E}{I} = -1.5 \ (\Omega)$$

由此例可知，含受控源电阻电路的输入电阻可以是负值，也可以是零。图 2.6（a）所示电路可等效为图 2.6（c）所示电路。

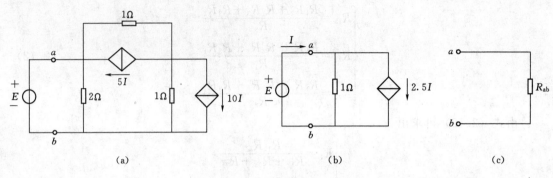

图 2.6 ［例 2.4］图

2.1.2 含源—端口网络的等效变换

1. 理想电源的等效变换

当电路中有多个恒压源串联时，如图 2.7 (a) 所示的 n 个恒压源串联为例，对于外电路来说可以等效成一个恒压源，如图 2.7 (b) 所示，即多个恒压源串联时，其等效恒压源的电动势为各个恒压源电动势的代数和。根据 KVL，有

$$E=E_1+E_2+\cdots+E_n \tag{2.14}$$

E_n 与 E 同向取正，反向取负。

对于恒压源的并联，必须满足大小相等、方向相同这一条件方可进行，并且其等效恒压源的电动势就是其中任一个恒压源的电动势。

当电路中有多个恒流源并联时，如图 2.8 (a) 所示的 n 个恒流源并联为例，对于外电路来说可以等效成一个恒流源，如图 2.8 (b) 所示，根据 KCL，有

$$I_S=I_{S1}+I_{S2}+\cdots+I_{Sn} \tag{2.15}$$

I_{Sn} 与 I_S 同向取正，反向取负。

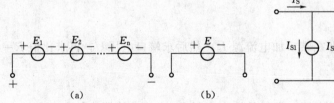
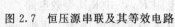
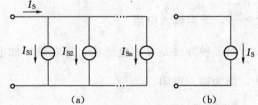

图 2.7 恒压源串联及其等效电路　　图 2.8 恒流源并联及其等效电路

对于恒流源的串联，则必须满足大小相等、方向相同这一条件，并且其等效恒流源的电流就是其中任一个恒流源的电流。

2. 实际电源的等效变换

前面所说的是理想电源，但在实际使用时，这种理想情况是不存在的，如干电池，它总是有内阻的；而实际电源的等效变换 1.3 节已介绍，本节只介绍含有受控源电源模型的等效变换，它的等效变换情况与实际电源电路的等效变换情况完全相同，只是在等效变换过程中，必须保存受控源的控制量所在支路。

【例2.5】 求图 2.9（a）所示电路中的 U_R（带受控源的电路）。

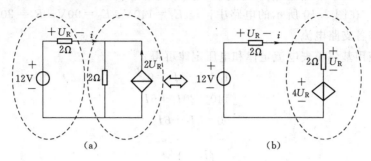

图 2.9 ［例 2.5］图

【解】 带受控源的电路进行等效变换时，要保留控制量所在的支路，如对图 2.9（a）中右边电阻与受控电流源并联部分进行等效变换，得图 2.9（b）所示电路。

根据 KVL，得
$$U_R + U_R + 4U_R = 12 \text{（V）}$$
则
$$U_R = 2V$$

2.2 支 路 电 流 法

凡不能用电阻串并联等效变换化简的电路，一般称为复杂电路。支路电流法（Branch Curreat Method）是以支路电流（电压）为求解对象，直接应用 KCL 和 KVL 列出所需方程组，而后解出各支路电流（电压）。它是计算复杂电路最基本的方法。

在图 2.10 所示的电路中，支路数 $b=3$，节点数 $n=2$，共需列出三个独立方程。电动势和电流的参考方向如图中所示。

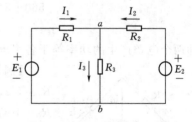

首先，应用基尔霍夫电流定律对节点 a 列出
$$I_1 + I_2 - I_3 = 0$$
对节点 b 列出
$$I_3 - I_1 - I_2 = 0$$

图 2.10 两个电源并联的电路

上面两式相同，即非独立的方程。因此，对具有两个结点的电路，应用电流定律只能列出 $2-1=1$ 个独立方程。

一般地说，对具有 n 个结点的电路应用基尔霍夫电流定律只能得到 $n-1$ 个独立方程。

其次，应用基尔霍夫电压定律列出其余 $b-(n-1)$ 个方程，通常可取网孔列出。在图 2.10 中有两个网孔。对左面的网孔可列出
$$E_1 = R_1 I_1 + R_3 I_3$$
对右面的网孔可列出
$$E_2 = R_2 I_2 + R_3 I_3$$
网孔的数目恰好等于 $b-(n-1)$。

应用基尔霍夫电流定律和电压定律一共可列出 $(n-1)+[b-(n-1)]=b$ 个独立方程，

所以能解出 b 个支路电流。

【例2.6】　在图2.10所示的电路中，设 $E_1=140\text{V}$，$E_2=90\text{V}$，$R_1=20\Omega$，$R_2=5\Omega$，$R_3=6\Omega$，试求各支路电流。

【解】　应用基尔霍夫电流定律和电压定律可得

$$\begin{cases} I_1+I_2-I_3=0 \\ 140=20I_1+6I_3 \\ 90=5I_2+6I_3 \end{cases}$$

解之，得

$$\begin{cases} I_1=4\text{A} \\ I_2=6\text{A} \\ I_3=10\text{A} \end{cases}$$

解出的结果是否正确，必要时可以验算。一般验算方法有下列两种：

（1）选用求解时未用过的回路，应用基尔霍夫电压定律进行验算。

在本例中，可对外围回路列出

$$E_1-E_2=R_1I_1-R_2I_2$$

代入已知数据可得

$$140-90\ (\text{V})=20\times4-5\times6\ (\text{V})$$
$$50\ (\text{V})=50\ (\text{V})$$

（2）用电路中功率平衡关系进行验算。

$$E_1I_1+E_2I_2=R_1I_1^2+R_2I_2^2+R_3I_3^2$$
$$140\times4+90\times6\ (\text{W})=20\times4^2+5\times6^2+6\times10^2\ (\text{W})$$
$$560+540\ (\text{W})=320+180+600\ (\text{W})$$
$$1100\ (\text{W})=1100\ (\text{W})$$

即两个电源产生的功率等于各个电阻上损耗的功率。

【例2.7】　在图2.11所示的桥式电路中，设 $E=12\text{V}$，$R_1=R_2=5\Omega$，$R_3=10\Omega$，$R_4=5\Omega$。中间支路是一检流计，其电阻 $R_G=10\Omega$。试求检流计中的电流 I_G。

【解】　这个电路的支路数 $b=6$，结点数 $n=4$。因此应用基尔霍夫定律列出下列六个方程：

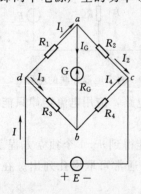

图2.11　[例2.7]图

对结点 a 　　　　$I_1-I_2-I_G=0$

对结点 b 　　　　$I_3+I_G-I_4=0$

对结点 c 　　　　$I_2+I_4-I=0$

对回路 $abda$ 　　$R_1I_1+R_GI_G-R_3I_3=0$

对回路 $acba$ 　　$R_2I_2-R_4I_4-R_GI_G=0$

对回路 $dbcd$ 　　　　$E=R_3I_3+R_4I_4$

解之，得

$$I_G=\frac{E(R_2R_3-R_1R_4)}{R_G(R_1+R_2)(R_3+R_4)+R_1R_2(R_3+R_4)+R_3R_4(R_1+R_2)}$$

将已知数代入，得

$$I_G = 0.126A$$

当 $R_2R_3 = R_1R_4$ 时，$I_G = 0$，这时电桥平衡。

综上所述，支路电流法的解题步骤为：

(1) 在图中标出各支路电流的参考方向，对选定的回路标出回路绕行方向。

(2) 应用 KCL 对节点列出 $n-1$ 个独立的节点电流方程。

(3) 应用 KVL 对回路列出 $b-(n-1)$ 个独立的回路电压方程（通常可取网孔列出）。

(4) 联立求解 b 个方程，求出各支路电流。

2.3 结点电压法

当电路的独立节点数少于回路数时，用结点电压法比较简单。结点电压法是任意选择电路中的某一节点作为参考结点，令其电位为零，其他结点到参考节点的电压称为结点电压，以结点电压为未知量［$(n-1)$ 个未知量］，根据 KCL、KVL 列方程，求出结点电压的方法。

在图 2.12 所示的电路中，只有两个节点 a、b，节点电压为 U，其参考方向由 a 指向 b。

各支路的电流可应用基尔霍夫电压定律或欧姆定律得出

$$\left.\begin{array}{l} U = E_1 - R_1I_1, \ I_1 = \dfrac{E_1 - U}{R_1} \\[2mm] U = E_2 - R_2I_2, \ I_2 = \dfrac{E_2 - U}{R_2} \\[2mm] U = E_3 + R_3I_3, \ I_3 = \dfrac{-E_3 + U}{R_3} \\[2mm] U = R_4I_4, \ I_4 = \dfrac{U}{R_4} \end{array}\right\} \qquad (2.16)$$

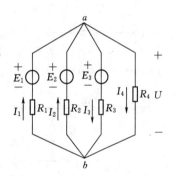

图 2.12　具有两个结点的电路

由式（2.16）可见，在已知电动势和电阻的情况下，只要先求出结点电压 U，就可计算出各支路道电流。

计算结点电压的公式可根据基尔霍夫电流定律得出

$$I_1 + I_2 - I_3 - I_4 = 0$$

将式（2.16）代入上式，则得

$$\frac{E_1 - U}{R_1} + \frac{E_2 - U}{R_2} - \frac{-E_3 + U}{R_3} - \frac{U}{R_4} = 0$$

经整理后即得出结点电压的公式

$$U = \frac{\dfrac{E_1}{R_1} + \dfrac{E_2}{R_2} + \dfrac{E_3}{R_3}}{\dfrac{1}{R_1} + \dfrac{1}{R_2} + \dfrac{1}{R_3} + \dfrac{1}{R_4}} = \frac{\sum \dfrac{E}{R}}{\sum \dfrac{1}{R}} \qquad (2.17)$$

在式（2.17）中，分母的各项总为正；分子的各项可以为正，也可以为负。当电动势和节点电压的参考方向相反时取正号，相同时则取负号，而与各支路电流的参考方向无关。

由式（2.17）求出结点电压后，即可根据式（2.16）计算各支路电流。这种计算方法就称为结点电压法。

【例 2.8】　用结点电压法计算〔例 2.6〕。

【解】　图 2.10 所示电路只有两个结点 a 和 b，结点电压为

$$U_{ab} = \frac{\frac{E_1}{R_1} + \frac{E_2}{R_2}}{\frac{1}{R_1} + \frac{1}{R_2} + \frac{1}{R_3}} = \frac{\frac{140}{20} + \frac{90}{5}}{\frac{1}{20} + \frac{1}{5} + \frac{1}{6}} = 60 \text{ (V)}$$

由此可计算出各支路电流

$$I_1 = \frac{E_1 - U_{ab}}{R_1} = \frac{140 - 60}{20} = 4 \text{ (A)}$$

$$I_2 = \frac{E_2 - U_{ab}}{R_2} = \frac{90 - 60}{5} = 6 \text{ (A)}$$

$$I_3 = \frac{U_{ab}}{R_3} = \frac{60}{6} = 10 \text{ (A)}$$

【例 2.9】　试求图 2.13 所示电路中的 U_{A0} 和 I_{A0}。

【解】　图 2.13 的电路只有两个结点：A 和参考结点 0。U_{A0} 即为结点电压，求 A 点的电压 U_{A0}。

$$U_{A0} = \frac{-\frac{4}{2} + \frac{6}{3} - \frac{8}{4}}{\frac{1}{2} + \frac{1}{3} + \frac{1}{4} + \frac{1}{4}} = \frac{-2}{\frac{4}{3}} = -1.5 \text{ (V)}$$

$$I_{A0} = -\frac{1.5}{4} = -0.375 \text{ (A)}$$

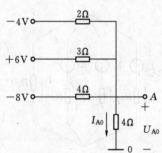

图 2.13　〔例 2.9〕电路

2.4　叠 加 定 理

叠加定理是线性电路的一个重要性质，不论是进行电路分析还是推导电路中其他定理，它都起着十分重要的作用。

在线性电路中，任意一条支路的电流，都可以看成是由电路中各个电源（电压源或电流源）单独作用时，在该支路所产生的电流的代数和，线性电路的这一特性称为叠加定理。叠加定理可以用图 2.14 来表示，其中图 2.14（a）为原电路，图 2.14（b）与图 2.14（c）为原电路的分解图，在每个分解图中只保留了一个电源，其他电源使其不作用，这样，一个多网孔的复杂电路，利用叠加定理就可以拆分为多个单一电源作用的简单电路。对于单一电源作用的简单电路，利用电阻的串并联公式、欧姆定律、分压公式、分流公式可以很快地求解出电路的电压与电流。叠加定理简化了电路的分析过程。

所谓电路中只有一个电源（电压源或电流源）单独作用，就是假设将其余电源除去

（理想电压源短路，即其电动势为零；理想电流源开路，即其电流为零），但是它们的内阻均应保留。

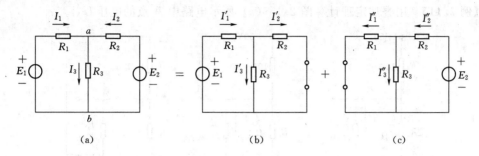

图 2.14 叠加定理示意图

(a) 原电路图；(b) E_1 单独作用；(c) E_2 单独作用

在图 2.14 中，每个分解图中只有一个电源作用，原电路中的支路电流 I 应该等于分解图中电源单独作用时该支路中的电流分量 I' 与 I'' 的叠加。使用叠加定理时应注意各分量的求和是代数求和，当分量的方向与原电路中电流的方向一致时，该分量应取正号，分量的方向与原电路中电流的方向相反时，该分量应取负号。图 2.14 所示电路的叠加公式为

$$\left. \begin{aligned} I_1 &= I' - I'' \\ I_2 &= I''_2 - I'_2 \\ I_3 &= I'_3 + I''_3 \end{aligned} \right\}$$

【例 2.10】 用叠加定理计算［例 2.6］，即图 2.14（a）所示电路中的各个电流。

【解】 图 2.14（a）所示电路的电流可以看成是由图 2.14（b）和图 2.14（c）所示两个电路的电流叠加起来的。

在图 2.14（b）中

$$I'_1 = \frac{E_1}{R_1 + \dfrac{R_2 R_3}{R_2 + R_3}} = \frac{140}{20 + \dfrac{5 \times 6}{5 + 6}} = 6.16 \ (\text{A})$$

$$I'_2 = \frac{R_3}{R_2 + R_3} I'_1 = \frac{6}{5 + 6} \times 6.16 = 3.36 \ (\text{A})$$

$$I'_3 = \frac{R_2}{R_2 + R_3} I'_1 = \frac{5}{5 + 6} \times 6.16 = 2.80 \ (\text{A})$$

在图 2.14（c）中

$$I''_2 = \frac{E_2}{R_2 + \dfrac{R_1 R_3}{R_1 + R_3}} = \frac{90}{5 + \dfrac{20 \times 6}{20 + 6}} = 9.36 \ (\text{A})$$

$$I''_1 = \frac{R_3}{R_1 + R_3} I''_2 = \frac{6}{20 + 6} \times 9.36 = 2.16 \ (\text{A})$$

$$I''_3 = \frac{R_1}{R_1 + R_3} I''_2 = \frac{20}{20 + 6} \times 9.36 = 7.20 \ (\text{A})$$

所以

$$I_1 = I'_1 - I''_1 = 6.16 - 2.16 = 4.0 \ (\text{A})$$

$$I_2 = I''_2 - I'_2 = 9.36 - 3.36 = 6.0 \ (\text{A})$$
$$I_3 = I'_3 + I''_3 = 2.80 + 7.20 = 10.0 \ (\text{A})$$

【例 2.11】 用叠加定理计算图 2.15 （a）所示电路中 A 点的电压 U_{A0}。

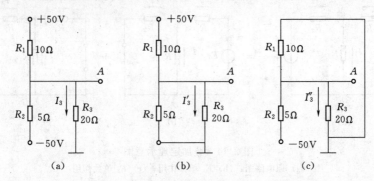

图 2.15　[例 2.11] 图

【解】 在图 2.15 中，$I_3 = I'_3 + I''_3$。

$$I'_3 = \frac{50}{R_1 + \dfrac{R_2 R_3}{R_2 + R_3}} \cdot \frac{R_2}{R_2 + R_3} = \frac{50}{10 + \dfrac{5 \times 20}{5 + 20}} \times \frac{5}{5 + 20} = 0.714 \ (\text{A})$$

$$I''_3 = \frac{-50}{R_2 + \dfrac{R_1 R_3}{R_1 + R_3}} \cdot \frac{R_1}{R_1 + R_3} = \frac{-50}{5 + \dfrac{10 \times 20}{10 + 20}} \times \frac{10}{10 + 20} = -1.43 \ (\text{A})$$

$$I_3 = I'_3 + I''_3 = 0.714 - 1.43 = -0.716 \ (\text{A})$$

于是 A 点电压为

$$U_{A0} = R_3 I_3 = -20 \times 0.716 = -14.3 \ (\text{V})$$

【例 2.12】 用叠加定理求如图 2.16 （a）所示的电桥电路中各支路电流。

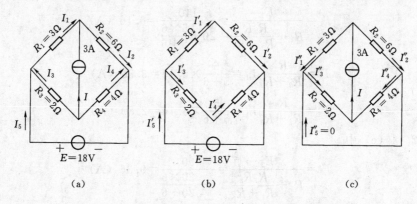

图 2.16　[例 2.12] 图

【解】 将电路分解为单一电源作用的两个电路，如图 2.16 （b）、（c）所示。
由图 2.16 （b）可得

$$I'_1 = I'_2 = \frac{E}{R_1 + R_2} = \frac{18}{3 + 6} = 2 \ (\text{A})$$

$$I'_3 = I'_4 = \frac{E}{R_3 + R_4} = \frac{18}{2+4} = 3 \ (\text{A})$$

$$I'_5 = I'_1 + I'_3 = 2 + 3 = 5 \ (\text{A})$$

在图 2.16 (c) 中，因为 $R_1 R_4 = R_2 R_3$，所以电桥平衡，$I''_5 = 0$。

则

$$I''_1 = I''_3 = \frac{3}{(R_1 + R_3) + (R_2 + R_4)}(R_2 + R_4) = \frac{3}{(3+2)+(6+4)} \times (6+4) = 2(\text{A})$$

$$I''_2 = I''_4 = I - I''_1 = (3-2) = 1(\text{A})$$

由叠加定理得

$$I_1 = I'_1 - I''_1 = 0$$

$$I_2 = I'_2 + I''_2 = 2 + 1 = 3(\text{A})$$

$$I_3 = -I'_3 - I''_3 = -3 - 2 = -5(\text{A})$$

$$I_4 = I'_4 - I''_4 = 3 - 1 = 2(\text{A})$$

$$I_5 = I'_5 - I''_5 = 5 - 0 = 5(\text{A})$$

利用叠加定理分析电路时，必须注意：

（1）叠加定理只适用于线性电路。

（2）线性电路的电流或电压均可用叠加定理计算，但功率不能用叠加原理计算。例

$$P_1 = I_1^2 R_1 = (I'_1 - I''_1)^2 R_1 \neq I_1'^2 R_1 + I_1''^2 R_1$$

（3）各个电源分别单独作用是指独立电源（电压源或电流源），而不包括受控源。在用叠加定理分析电路时，独立电源分别单独作用时，受控源在每个分解电路中一直存在；对于不作用独立电源的处理：$E = 0$，即将 E 短路；$I_S = 0$，即将 I_S 开路 。

（4）解题时要标明各支路电流、电压的参考方向。若分电流、分电压与原电路中电流、电压的参考方向相反时，叠加时相应项前要带负号。

（5）应用叠加定理时也可把电源分组求解，即每个分电路中的电源个数可以多于一个。

2.5　戴维南定理和诺顿定理

在有些情况下，只需要计算一个复杂电路中某一支路的电流，如果用前面所介绍的方法来计算时，必然会引出一些不需要的电流来。为了使计算方便，常常应用等效电源定理。任何一个有源二端网络都可以用电源模型来等效代替。如果将有源二端网络化简为电压源，就是戴维南定理；如果化简为电流源就是诺顿定理；它们统称为等效电源定理，如图 2.17 所示。

2.5.1　戴维南定理

任何一个线性有源二端网络都可以用一个电动势为 E 的理想电压源和内阻 R_0 串联的电源来等效代替（图 2.18）。等效电源的电动势 E 就是有源二端网络的开路电压 U_0，即将负载断开后 a，b 两端之间的电压。等效电源的内阻 R_0 等于有源二端网络中所有电源均

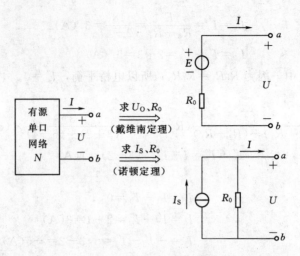

图 2.17 等效电源定理

除去（将各个理想电压源短路，即其电动势为零；将各个理想电流源开路，即其电流为零）后所得到的无源网络 a，b 两端之间的等效电阻，这就是戴维南定理（Thevenin's Theorem）。

图 2.18（b）所示的等效电路是一个最简单的电路，其中电流可由下式计算

$$I = \frac{E}{R_0 + R_L} \tag{2.18}$$

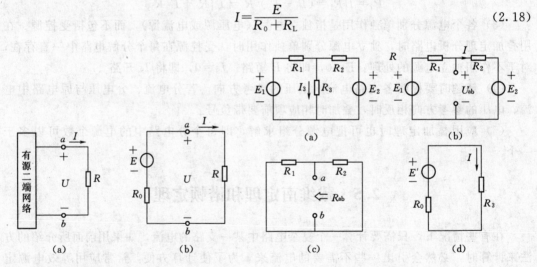

图 2.18 等效电源   图 2.19 ［例 2.13］图

【例 2.13】 图 2.19（a）所示电路，已知 $R_1 = 20\Omega$，$R_2 = 5\Omega$，$R_3 = 6\Omega$，$E_1 = 140\text{V}$，$E_2 = 90\text{V}$。应用戴维南定理求电流 I_3。

【解】 首先把 R_3 支路断开，求二端网络的开路电压 U_{ab}，如图 2.19（b）所示。

$$I = \frac{E_1 - E_2}{R_1 + R_2} = \frac{140 - 90}{20 + 5} = \frac{50}{25} = 2 \ (\text{A})$$

$$U_{ab} = R_2 I + E_2 = 5 \times 2 + 90 = 100 \ (\text{V})$$

或者

$$U_{ab} = -R_1 I + E_1 = -20 \times 2 + 140 = 100 \text{ （V）}$$

把二端网络内电压源短路，求 R_{ab}，如图 2.19（c）所示。

$$R_{ab} = \frac{R_1 R_2}{R_1 + R_2} = \frac{20 \times 5}{20 + 5} = 4 \text{ （Ω）}$$

戴维南等效电路如图 2.19（d）左侧部分所示，令 $E' = U_{ab} = 100\text{V}$，$R_0 = R_{ab} = 4Ω$，接入待求支路 R_3，得

$$I_3 = \frac{E'}{R_0 + R_3} = \frac{100}{4 + 6} = 10 \text{ （A）}$$

【例 2.14】　用戴维南定理计算 ［例 2.7 中］的电流 I_G。

【解】　图 2.11 的电路可化简为图 2.20（a）所示的等效电路。

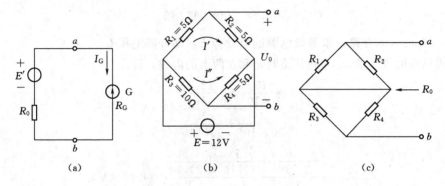

图 2.20　［例 2.14］图

等效电源的电动势 E' 可由图 2.20（a）求得

$$I' = \frac{E}{R_1 + R_2} = \frac{12}{5 + 5} = 1.2 \text{ （A）}$$

$$I'' = \frac{E}{R_3 + R_4} = \frac{12}{10 + 5} = 0.8 \text{ （A）}$$

于是

$$E' = U_0 = R_3 I'' - R_1 I' = 10 \times 0.8 - 5 \times 1.2 = 2 \text{ （V）}$$

或

$$E' = U_0 = R_2 I' - R_4 I'' = 5 \times 1.2 - 5 \times 0.8 = 2 \text{ （V）}$$

等效电阻的内阻 R_0 可由图 2.20（c）求得

$$R_0 = \frac{R_1 R_2}{R_1 + R_2} + \frac{R_3 R_4}{R_3 + R_4} = \frac{5 \times 5}{5 + 5} + \frac{10 \times 5}{10 + 5} = 2.5 + 3.3 = 5.8 \text{ （Ω）}$$

而后由图 2.20（a）求出

$$I_G = \frac{E'}{R_0 + R_G} = \frac{2}{5.8 + 10} = \frac{2}{15.8} = 0.126 \text{ （A）}$$

显然，比 ［例 2.7］用支路电流法求解简便得多。

【例 2.15】　电路如图 2.21（a）所示，试用戴维南定理求电阻 R 中的电流 I，$R = 2.5Ω$。

【解】　图 2.21（a）所示的电路和图 2.21（b）所示的电路是一样的。

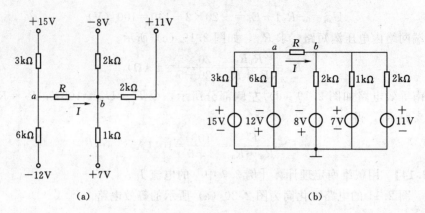

图 2.21　［例 2.15］图

（1）将 a、b 间开路，求等效电源的电动势 E，即开路电压 U_{ab}。

应用结点电压法求 a、b 间开路时 a 和 b 两点的电位，即

$$V_{ao} = \frac{\dfrac{15}{3 \times 10^3} - \dfrac{12}{6 \times 10^3}}{\dfrac{1}{30 \times 10^3} + \dfrac{1}{6 \times 10^3}} = 6 \ (V)$$

$$V_{bo} = \frac{-\dfrac{8}{2 \times 10^3} + \dfrac{7}{1 \times 10^3} + \dfrac{11}{2 \times 10^3}}{\dfrac{1}{2 \times 10^3} + \dfrac{1}{1 \times 10^3} + \dfrac{1}{2 \times 10^3}} = 4.25 \ (V)$$

$$E = U_{ab} = V_{ao} - V_{bo} = 6 - 4.25 = 1.75 \ (V)$$

（2）将 a、b 间开路，求等效电源的内阻 R_0 为

$$R_0 = \frac{1}{\dfrac{1}{3} + \dfrac{1}{6}} + \frac{1}{\dfrac{1}{2} + \dfrac{1}{1} + \dfrac{1}{2}} = 2.5 \ (k\Omega)$$

（3）求电阻 R 中的电流 I 为

$$I = \frac{E}{R + R_0} = \frac{1.75}{(2.5 + 2.5) \times 10^3} = 0.35 \times 10^{-3} \ (A) = 0.35 \ (mA)$$

综上所述，应用戴维南定理解题的步骤为：

（1）将复杂电路分解为待求支路和有源二端网络两部分。

（2）画出有源二端网络与待求支路断开后的电路，并求开路电压 U_O，则 $E = U_O$。

（3）画出有源二端网络除去电源后的电路，并求无源网络的等效电阻 R_0。

（4）将等效电压源与待求支路合为简单电路，用欧姆定律求电流。

*2.5.2　诺顿定理

任何一个线性有源二端网络都可以用一个电流为 I_S 的理想电流源和内阻 R_0 并联的电源来等效代替（图 2.22）。等效电源的电流 I_S 就是有源二端网络的短路电流，即将 a，b 两端短接后其中的电流。等效电源的内阻 R_0 等于有源二端网络中所有电源均除去（理想电压源短路，理想电流源开路）后所得到的无源网络 a，b 两端之间的等效电阻，这就是

诺顿定理（Norton's Theorem）。

图 2.22（b）所示的等效电路是一个最简单的电路，其中电流可由下式计算

$$I = \frac{R_0}{R_0 + R_L} I_S \qquad (2.19)$$

【**例 2.16**】　用诺顿定理计算［例 2.6］中的支路电流 I_3。

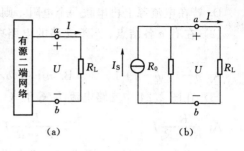

图 2.22　等效电源

【**解**】　图 2.10 所示的电路可化为图 2.23（a）所示的等效电路。

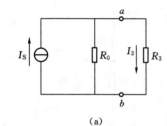
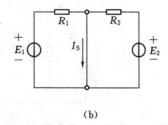
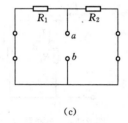

(a) (b) (c)

图 2.23　［例 2.16］图

等效电源的电流 I_S 可由图 2.23（b）求得

$$I_S = \frac{E_1}{R_1} + \frac{E_2}{R_2} = \frac{140}{20} + \frac{90}{5} = 25 \text{（A）}$$

等效电源的电阻可由图 2.23（c）求得

$$R_0 = 4\Omega$$

于是

$$I_3 = \frac{R_0}{R_0 + R_3} R_S = \frac{4}{4+6} \times 25 = 10 \text{（A）}$$

不难看出，应用诺顿定理解题的步骤为：

（1）将复杂电路分解为待求支路和有源二端网络两部分。

（2）画出有源二端网络与待求支路断开后再短路的电路，并求短路电流即为 I_S。

（3）画出有源二端网络与待求支路断开且除去电源后的电路，并求无源网络的等效电阻 R_0。

（4）将等效电流源与待求支路合为简单电路，用分流公式求电流。

习　　题

1. 选择题

（1）下列说法正确的有（　　）。

A. 列 KVL 方程时，每次一定要包含一条新支路电压，只有这样才能保证所列写的方程独立

B. 在线性电路中，某电阻消耗的功率等于各电源单独作用时所产生的功率之和

C. 借助叠加原理能求解线性电路的电压和电流

D. 若在电流源上再串联一个电阻，则会影响原有外部电路中的电压和电流

（2）在有 n 各结点、b 条支路的电路中，列写的 KCL 和 KVL 的独立方程数分别为
（   ）。

A. $n-1$，$b-n+1$ B. $n+1$，$b-n-1$ C. n，$b-n$ D. $n-1$，$b-n$

（3）在图 2.24 中支路电流 I_2 等于（   ）。

A. $\dfrac{R_1}{R_1+R_2}I$ B. $\dfrac{R_2}{R_1+R_2}I$ C. $\dfrac{R_1+R_2}{R_1}I$ D. $\dfrac{R_1+R_2}{R_2}I$

（4）将图 2.25 所示电路化为电压源模型，其电压 U 和电阻 R 为（   ）。

A. 4V，1Ω   B. 2V，1Ω   C. 4V，2Ω   D. 2V，2Ω

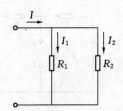 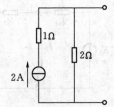 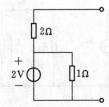

图 2.24 选择题（3）图　　图 2.25 选择题（4）图　　图 2.26 选择题（5）图

（5）将图 2.26 所示电路化为电流源模型，其电流 I_S 和电阻 R 为（   ）。

A. 2A，1Ω   B. 1A，1Ω   C. 2V，2Ω   D. 1A，2Ω

2. 综合题

（1）在图 2.27 中，$R_1=R_2=R_3=R_4=300\Omega$，$R_5=600\Omega$，试求开关 S 断开和闭合时
a 和 b 之间的等效电阻。

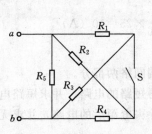 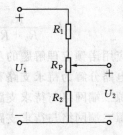

图 2.27 综合题（1）图　　　　图 2.28 综合题（2）图

（2）图 2.28 所示的是由电位器组成的分压电路，电位器的电阻 $R_P=270\Omega$，两边的串
联电阻 $R_1=350\Omega$，$R_2=550\Omega$。设输入电压 $U_1=12V$，试求输出电压 U_2 的变化范围。

（3）简化图 2.29 所示各电路为一个等效的理想电压源或理想电流源。

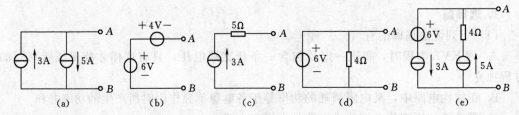

图 2.29 综合题（3）图

（4）试用电压源和电流源等效变换的方法计算图 2.30 所示电路中的电流 I_3。

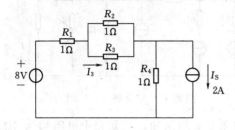
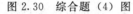
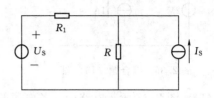

图 2.30　综合题（4）图　　　　　　图 2.31　综合题（5）图

（5）图 2.31 所示的电路中，$U_S = 1V$，$R_1 = 1\Omega$，$I_S = 2A$，电阻 R 消耗功率为 2W。试用支路电流法求 R 的阻值。

（6）在图 2.32 的电路中，试用支路电流法和结点电压法求电阻 R_3 支路的电流 I_3 及理想电流源的端电压 U。已知图中 $I_S = 2A$，$U_S = 2V$，$R_1 = 3\Omega$，$R_2 = R_3 = 2\Omega$。

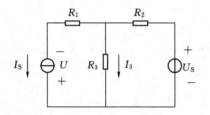
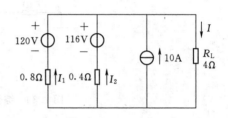

图 2.32　综合题（6）图　　　　　　图 2.33　综合题（7）图

（7）试用支路电流法和结点电压法求图 2.33 所示电路中的各支路电流，并求三个电源的输出功率和负载电阻 R_L 的取用功率。

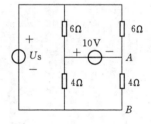

（8）试用叠加定理重解综合题（5）。

（9）应用叠加定理计算图 2.30 所示电路中的电流 I_3。

（10）图 2.34 所示电路中，已知 $U_{AB} = 0$，试用叠加定理求 U_S 的值。

（11）用戴维南定理求综合题（6）中的 I_3。

图 2.34　综合题（10）图

（12）画出如图 2.35 所示的戴维南等效电路和诺顿等效电路。

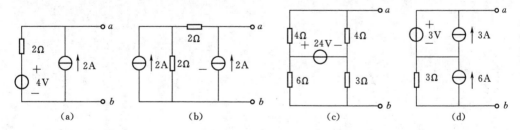

(a)　　　　　　(b)　　　　　　(c)　　　　　　(d)

图 2.35　综合题（12）图

（13）图 2.36 所示的电路接线性负载时，U 的最大值和 I 的最大值分别是多少？

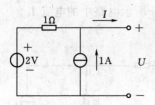

图 2.36　综合题（13）图

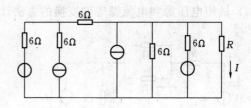

图 2.37　综合题（14）图

（14）图 2.37 所示电路中，各电源的大小和方向均未知，只知每个电阻均为 6Ω，又知当 $R=6Ω$ 时，电流 $I=5A$。今欲使 R 支路电流 $I=3A$，则 R 应该多大？

（15）分别用叠加定理和戴维南定理求图 2.38 所示电路中 A 点的电位。

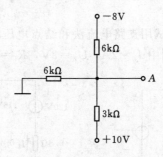

图 2.38　综合题（15）图

第3章 正弦交流电路

本章要求：

1. 了解正弦交流电路瞬时功率、无功功率和视在功率的概念；电路的串、并联谐振条件及其特征；三相对称正弦交流电压的产生，三相四线制电路中中线的作用。

2. 熟悉正弦量的特征及其各种表示方法。

3. 掌握正弦交流电的三要素，电路基本定律的相量形式，正弦交流电路的相量分析及有功功率、功率因数的计算；三相四线制电路中单相及三相负载的正确连接，对称三相交流电路电压、电流和功率的计算。

本章难点：

1. 正弦交流电路的相量分析。

2. 串、并联谐振电路的分析。

3. 三相交流电路的分析与计算。

在生产及生活中使用的电能几乎都是交流电能，即使是需要直流电能供电的设备，一般也是由交流电能转换成直流电能（只有耗电极小的日用电器用电池供电）。所以对于交流电的认识、讨论和研究，具有很重要的实际意义。本章将讨论单相正弦交流电和三相正弦交流电的基本知识。

交流电之所以应用如此广泛，是因为它具有以下优点：

第一，交流电可以利用变压器方便地改变电压，便于输送、分配和使用。

第二，交流电动机比相同功率的直流电动机结构简单，成本低，使用维护方便。

第三，可以应用整流装置，将交流电变换成所需的直流电。交流电与直流电的区别在于直流电（此处指恒定直流）的方向和大小一旦确定就不再随时间而变化，而交流电的方向和大小都随时间作周期性变化，且在一周期内的平均值为零。

交流电和直流电有很多相似之处，但交流电有随时间交变的特点，学习时要特别注意两者的区别，千万不要把直流电路中的规律简单套用到交流电路中去。

3.1　正弦交流电的基本概念

在直流电路中，电路的基本特点是电流、电压的大小和方向不随时间变化，如图 3.1 所示。但是在许多情况下，电路中的电压、电流的大小和方向都会随时间变化，如图 3.2 是几种 $u(t)$、$i(t)$ 波形（Waveform）图。

图 3.2（a）、（b）所示波形在大小和方向上都随时间无规则变化；图 3.2（c）、（d）

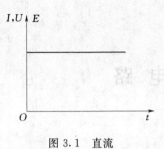

图 3.1　直流

所示波形大小和方向都随时间进行周期性（Periodic）变化。这种大小和方向随时间作周期性变化的电压或电流称为周期性交流电，简称交流电。其中随时间按正弦规律变化的交流电称为正弦交流电；不按正弦规律变化的交流电称为非正弦交流电。如果不作特别说明，本章所介绍的交流电都是指正弦交流电。

按正弦规律变化的电动势、电压、电流统称为正弦量（Sinusoid）。正弦量可用时间 sin 的函数表示，也可用 cos 函数表示，本书采用 sin 函数来表示。

(a)

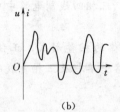
(b)

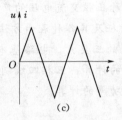
(c)

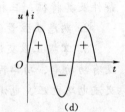
(d)

图 3.2　几种 $u(t)$，$i(t)$ 波形图

要确定一个正弦量，需要找出它的三个主要特征：频率（或周期）、幅值（或有效值）和初相位，它们被称为正弦量的三要素。

3.1.1　周期、频率和角频率

正弦量变化一次所需要的时间称为周期（Period），用 T 表示，单位是秒（s）。正弦量每秒变化的次数称为频率（Frequency），用 f 表示，单位是赫［兹］（Hz）。显然频率和周期互为倒数，即

$$f = \frac{1}{T} \tag{3.1}$$

在我国和大多数国家都采用 50Hz 作为电力标准频率，有些国家（如美国、日本等）采用 60Hz。这种频率在工业上应用广泛，称为工频。通常的交流电动机和照明负载都用这种频率。

在其他各种不同的技术领域内使用着各种不同的频率。例如，高频炉的频率是 200～300kHz；中频炉的频率是 500～8000Hz；高速电动机的频率是 150～2000Hz；通常收音机中波段的频率是 530～1600kHz，短波段是 2.3～23MHz。

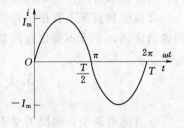

图 3.3　正弦波形

正弦量变化的快慢除用周期和频率表示外，还可用角频率 ω 来表示。正弦量每秒所经历的电角度（弧度）称为角频率（Angular Frequency），用 ω 表示。正弦量每变化一周所经历的电角度为 360° 或 2π 弧度，如图 3.3 所示。所以角频率与频率之间的关系为

$$\omega = \frac{2\pi}{T} = 2\pi f \tag{3.2}$$

单位是弧度/秒（rad/s）。

周期 T、频率 f 和角频率 ω 是从不同角度反映正弦量变化快慢的三个物理量。

工频交流电的周期是

$$T = \frac{1}{f} = \frac{1}{50} = 0.02 \ (\text{s})$$

角频率

$$\omega = 2\pi f = 2 \times 3.14 \times 50 = 314 \ (\text{rad/s})$$

3.1.2 瞬时值、幅值和有效值

正弦量是时间的函数，它的大小和方向每时每刻都在变化。例如，在图 3.3 中，当 $t=0$ 时，$i=0$；当 $t=T/4$ 时，$i=I_\mathrm{m}$ 等。

正弦量在任一瞬间的值称为瞬时值。正弦量的瞬时表达式为

$$\left.\begin{array}{l} e(t) = E_\mathrm{m}\sin\omega t \\ u(t) = U_\mathrm{m}\sin\omega t \\ i(t) = I_\mathrm{m}\sin\omega t \end{array}\right\} \quad \text{或} \quad \left.\begin{array}{l} e(t) = E_\mathrm{m}\sin(\omega t + \psi_\mathrm{e}) \\ u(t) = U_\mathrm{m}\sin(\omega t + \psi_\mathrm{u}) \\ i(t) = I_\mathrm{m}\sin(\omega t + \psi_\mathrm{i}) \end{array}\right\} \tag{3.3}$$

规定用小写字母 $e(t)$、$u(t)$、$i(t)$ 或 e、u、i 表示瞬时值。瞬时值里的最大值称为幅值（Amplitude），用带有下标 m 的大写字母表示，分别为 E_m、U_m、I_m。

由于瞬时值不便实际计量，工程上通常所用的是有效值。有效值是基于电流的热效应来确定的。如图 3.4 所示，有两个相同的电阻 R，一个通入的是直流电流 I，一个通入的是交流

图 3.4　电流的热效应

电流 i，如果在相同的时间 T 内产生的热量相同，就把该直流电流的值称为这个交流电流的有效值（Effective Value）。

根据上述，可得

$$I^2 RT = \int_0^T i^2 R\mathrm{d}t$$

$$I = \sqrt{\frac{1}{T}\int_0^T i^2 \mathrm{d}t} \tag{3.4}$$

有效值即该交流电流 i 的方均根值（Root-Mean-Squire Value，简称 RMSV），式 (3.4) 适用于所有周期性变化的电流。

如果电流为正弦量时，即 $i = I_\mathrm{m}\sin\omega t$，则

$$I = \sqrt{\frac{1}{T}\int_0^T I_\mathrm{m}^2 \sin^2\omega t\,\mathrm{d}t} = \sqrt{\frac{I_\mathrm{m}^2}{T}\int_0^T \frac{1-\cos 2\omega t}{2}\mathrm{d}t} = \frac{I_\mathrm{m}}{\sqrt{2}}$$

即

$$I = \frac{I_\mathrm{m}}{\sqrt{2}} \tag{3.5}$$

同理，电动势和电压的有效值为

$$\begin{cases} E=\dfrac{E_m}{\sqrt{2}} \\ U=\dfrac{U_m}{\sqrt{2}} \end{cases} \tag{3.6}$$

通常测量时使用的交流电压表和交流电流表所测量的就是电压和电流的有效值。在进行电路分析时，一般也设一个参考方向，这个参考方向是指正弦量正半周时的方向。

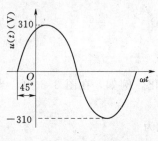

图 3.5　[例 3.1] 的波形图

【例 3.1】　已知正弦电压 $U=220$V，频率 $f=50$Hz，初相位 $\varphi=45°$。求这个正弦电压的瞬时值式，并画出它的波形。

【解】　因为 $U=220$V，所以 $U_m=\sqrt{2}U=220\sqrt{2}=310$（V）。

因为 $f=50$Hz，所以 $\omega=2\pi f=314$rad/s。

正弦电压的瞬时值式为

$$u=310\sin(314t+45°)\text{（V）}$$

正弦电压的波形如图 3.5 所示。

3.1.3　相位、初相位和相位差

正弦量是随时间而变化的，要确定一个正弦量还须从计时起点（$t=0$）上看。所取的计时起点不同，正弦量的初始值（$t=0$ 时的值）就不同，到达幅值或某一特定值所需的时间也就不同。

正弦量表示为

$$i=I_m\sin\omega t \tag{3.7}$$

其波形如图 3.3 所示，它的初始值为零。

正弦量也可表示为

$$i=I_m\sin(\omega t+\psi) \tag{3.8}$$

其波形如图 3.6 所示。在这种情况下，初始值 $i_0=I_m\sin\psi$，不等于零。

式（3.7）和式（3.8）中的角度 ωt 和 $\omega t+\psi$ 称为正弦量的相位角或相位，它反映出正弦量变化的进程。当相位角随时间连续变化时，正弦量的瞬时值随之作连续变化。

$t=0$ 时的相位角称为初相位角或初相位。在式（3.7）中初相位为零；在式（3.8）中初相位为 ψ。因此，所取计时起点不同，正弦量的初相位不同，其初始值也就不同。

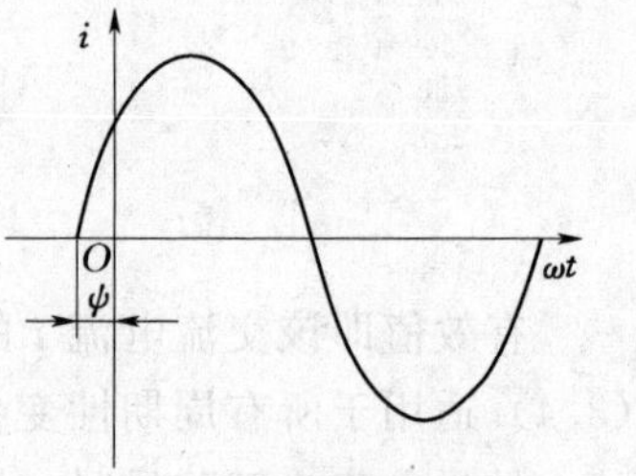

在一个正弦交流电路中，电压 u 和电流 i 的频率是相同的，但初相位不一定相同，如图 3.7 所示。图中 u 和 i 的波形可用下式表示

图 3.6　初相位不等于零的
正弦波形

$$\begin{cases} u=U_m\sin(\omega t+\psi_1) \\ i=I_m\sin(\omega t+\psi_2) \end{cases} \tag{3.9}$$

它们的初相位分别为 ψ_1 和 ψ_2。

两个同频率正弦量的相位角之差或初相位角之差，称为相位角差或相位差，用 φ 表示。在式（3.9）中，u 和 i 的相位差为

$$\varphi=(\omega t+\psi_1)-(\omega t+\psi_2)=\psi_1-\psi_2 \qquad (3.10)$$

当两个同频率正弦量的计时起点（$t=0$）改变时，它们的相位和初相位跟着改变，但是两者之间的相位差仍保持不变。

由图 3.7 所示的正弦波形可见，因为 u 和 i 的初相位不同（不同相），所以它们的变化步调是不一致的，即不是同时到达正的幅值或零值。图 3.7 中 $\psi_1>\psi_2$，所以 u 较 i 先到达正的幅值。这时可以说，在相位上 u 比 i 超前 φ 角，或者说 i 比 u 滞后 φ 角。

图 3.8 所示的正弦量，i_1 和 i_2 具有相同的初相位，即相位差 $\varphi=0$，则两者同相（相位相同）；而 i_1 和 i_3 反相（相位相反），即两者的相位差 $\varphi=180°$。

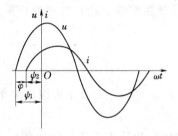

图 3.7　u 和 i 的初相位不相等

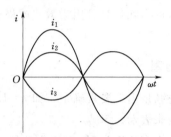

图 3.8　正弦量的同相和反相

3.2　正弦交流电的相量表示法

一个正弦量具有幅值、频率及初相位三个特征或要素。而这些特征可以用一些方法表示出来。正弦量的各种表示方法是分析与计算正弦交流电路的工具。

前面已经讨论了两种表示法：一种是用三角函数式来表示，如 $i=I_m\sin(\omega t+\psi)$，这是正弦量的基本表示法；另一种是用正弦波形来表示，如图 3.3 所示。此外，正弦量还可以用相量来表示。相量表示法的基础是复数，就是用复数来表示正弦量。

3.2.1　复数

1. 复数的表示形式

设复平面中有一复数 A，其模为 r，辐角为 ψ，如图 3.9 所示，复数 A 可以用下列四种形式表示。

（1）代数式。

$$A=a+jb$$

其中 a 为 A 在实轴的投影，b 为在虚轴的投影，它的模为

$$r=\sqrt{a^2+b^2}$$

$$a=r\cos\psi,\ b=r\sin\psi$$

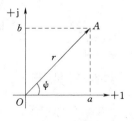

图 3.9　复数

（2）三角式。

$$A = r\cos\psi + jr\sin\psi = r(\cos\psi + j\sin\psi)$$

（3）指数式。

$$A = re^{j\psi}$$

（4）极坐标式。

$$A = r \angle \psi$$

2. 复数的转换及运算

复数的四种表示形式之间可以互相转换，但转换时要注意：角度所在的象限和辐角要用绝对值小于 180°的角度表示。

复数的加、减运算可用代数式，即复数相加（减）等于实部相加（减），虚部相加（减）；复数的乘除运算可用指数式或极坐标式，即复数相乘（除）等于模相乘（除），辐角相加（减）。

3.2.2　相量

已知正弦量由三要素确定，如 $u = U_m\sin(\omega t + \psi)$，它的三要素也可以用复平面上的有向旋转线段来表示。

复平面上有长度为 U_m 的有向线段，它与实轴的夹角等于正弦量的初相位 ψ，如果它以角频率 ω 逆时针旋转，可见这个有向旋转线段就具有了正弦量的三要素。在分析线性电路时，如果电源是单一频率的正弦量，在整个系统中的响应均为同频率的正弦量，频率是已知的，可不必考虑。因此，一个正弦量由幅值（或有效值）和初相位就可确定。

由于正弦量可以用复数表示，因此，复数的模即为正弦量的幅值或有效值，复数的辐角即为正弦量的初相位。

表示正弦量的复数称为相量，用大写字母上加 "·" 表示，如 $\dot{U}_m$ 为正弦电压幅值的相量。如 $u = U_m\sin(\omega t + \psi)$ 的相量式为 $\dot{U} = U(\cos\psi + j\sin\psi) = Ue^{j\psi} = U \angle \psi$

注意，相量只是表示正弦量，而不是等于正弦量。

根据各正弦量的大小和相位画出的若干个相量的图形，称为相量图。在相量图上能形象地看出各个正弦量的大小和相互间的相位关系。例如，在图 3.7 中用正弦波形表示的电压 u 和电流 i 两个正弦量，在式（3.9）中是用三角函数式表示的，如用相量图表示则如图 3.10 所示。电压 $\dot{U}$ 比电流 $\dot{I}$ 超前 φ 角，即正弦电压 u 比正弦电流 i 超前 φ 角。

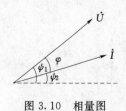

图 3.10　相量图

只有正弦周期量才能用相量表示，相量不能表示非正弦周期量。只有同频率的正弦量才能画在同一相量图上，不同频率的正弦量不能画在一个相量图上，否则就无法比较和计算。

由上述可知，表示正弦量的相量有两种形式：相量图和相量式（复数式）。

当 $\psi = \pm 90°$时，则

$$e^{\pm j90°} = \cos90° \pm j\sin90° = 0 \pm j = \pm j$$

因此任意一个相量乘上 +j 后，即向前（逆时针方向）旋转了 90°；乘上 −j 后，即向

后（顺时针方向）旋转了 90°。

【例 3.2】 在图 3.11 所示的电路中，设

$$i_1 = I_{1\mathrm{m}}\sin(\omega t + \psi_1) = 100\sin(\omega t + 45°) \text{ (A)}$$

$$i_2 = I_{2\mathrm{m}}\sin(\omega t + \psi_2) = 60\sin(\omega t - 30°) \text{ (A)}$$

求总电流 i，并画出电流的相量图。

【解】 在图 3.11 中，有 $i = i_1 + i_2$，则

$$
\begin{aligned}
\dot{I}_\mathrm{m} &= \dot{I}_{1\mathrm{m}} + \dot{I}_{2\mathrm{m}} = I_{1\mathrm{m}}\mathrm{e}^{\mathrm{j}\psi_1} + I_{2\mathrm{m}}\mathrm{e}^{\mathrm{j}\psi_2} \\
&= 100\mathrm{e}^{\mathrm{j}45°} + 60\mathrm{e}^{-\mathrm{j}30°} \\
&= (100\cos45° + \mathrm{j}100\sin45°) + (60\cos30° - \mathrm{j}60\sin30°) \\
&= (70.7 + \mathrm{j}70.7) + (52 - \mathrm{j}30) \\
&= 122.7 + \mathrm{j}40.7 \\
&= 129\mathrm{e}^{18°20'} \text{ (A)}
\end{aligned}
$$

因此得

$$i = 129\sin(\omega t + 18°20') \text{ (A)}$$

电流的相量图如图 3.12 所示。

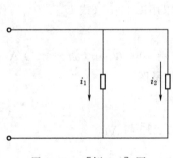

图 3.11 ［例 3.2］图

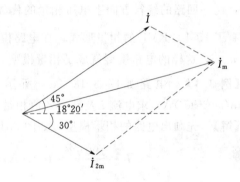

图 3.12 电流相

3.2.3 基尔霍夫定律的相量形式

1. 基尔霍夫电流定律（KCL）的相量形式

基尔霍夫电流定律表述为：在任一瞬时，一个结点上电流的代数和等于零。因此对于正弦交流电路，其表达式为

$$\sum_{k=1}^{n} i_k = 0 \tag{3.11}$$

式（3.11）中各电流均为时间的函数，因此称之为时域形式的 KCL。

假设电路中电流都是同频率的正弦量，则可以用相量来表示，即

$$\sum_{k=1}^{n} \dot{I}_{k\mathrm{m}} = 0 \tag{3.12}$$

$$\sum_{k=1}^{n} \dot{I}_k = 0 \tag{3.13}$$

式（3.12）表达的是结点上电流幅值相量的代数和为零，式（3.13）是结点上电流有效值相量的代数和为零。这就是相量形式的 KCL，它表示对于具有相同频率的正弦交流电路中，一个结点上电流相量的代数和等于零。

2. 基尔霍夫电压定律（KVL）的相量形式

基尔霍夫电压定律可以表述为：在任一瞬时，沿任一回路的绕行方向上，回路中各段电压的代数和等于零。因此对于正弦交流电路，其表达式为

$$\sum_{k=1}^{n} u_k = 0 \tag{3.14}$$

假设电路中电流都是同频率的正弦量，则可以用相量来表示，即

$$\sum_{k=1}^{n} \dot{U}_{km} = 0 \tag{3.15}$$

$$\sum_{k=1}^{n} \dot{U}_k = 0 \tag{3.16}$$

式（3.15）表明回路的绕行方向上电压幅值相量的代数和为零；式（3.16）表明电压有效值相量的代数和为零。这就是相量形式的 KVL，它表示对于具有相同频率的正弦交流电路中，任一回路的绕行方向上电压相量的代数和等于零。

有了 KCL、KVL 的相量形式，在电路模型中就可以用 $\dot{U}$、$\dot{I}$（或 $\dot{U}_m$、$\dot{I}_m$）代替相应的 u、i，这样的电路模型就成了相量模型。

【例 3.3】　电路如图 3.13（a）所示，已知 $i_1 = 100\sqrt{2}\sin(\omega t + 45°)$A，$i_2 = 100\sin(\omega t - 90°)$A。求电流 i 及其有效值相量，并画出相量图。

【解】　先画出电路的相量模型，如图 3.13（b）所示。

$$I_1 = \frac{100\sqrt{2}}{\sqrt{2}} = 100 \text{ (A)}, \quad \dot{I}_1 = 100\underline{/45°} \text{ (A)}$$

$$I_2 = \frac{100}{\sqrt{2}} = 50\sqrt{2} \text{ (A)}, \quad \dot{I}_2 = 50\sqrt{2}\underline{/-90°} \text{ (A)}$$

根据 KCL，有

$$\dot{I} = \dot{I}_1 + \dot{I}_2 = 100\underline{/45°} + 50\sqrt{2}\underline{/-90°} = 50\sqrt{2} + j50\sqrt{2} + (-j50\sqrt{2}) = 50\sqrt{2}\underline{/0°} \text{ (A)}$$

$$i = 50\sqrt{2} \times \sqrt{2}\sin\omega t = 100\sin\omega t \text{ (A)}$$

相量图如图 3.13（c）所示。

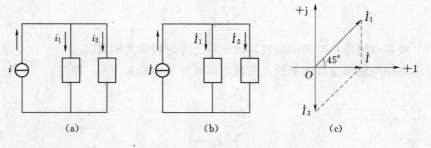

(a)　　　　　　　　(b)　　　　　　　　(c)

图 3.13　[例 3.3] 图

本例也可以用幅值的相量求解，即

$$\dot{I}_{1m}=100\sqrt{2}\angle 45°\text{（A）}, \dot{I}_{2m}=100\angle -90°\text{（A）}$$

$$\dot{I}_m=\dot{I}_{1m}+\dot{I}_{2m}=100\sqrt{2}\angle 45°+100\angle -90°=100+j100+(-j100)=100\angle 0°\text{（A）}$$

$$i=100\sin\omega t\text{（A）}$$

两种算法所得最终结果是相同的。

应该注意：一般情况下 $I\neq I_1+I_2$，$I_m\neq I_{1m}+I_{2m}$，而应该是相量之和。

【例 3.4】 电路如图 3.14（a）所示，已知 $u=5\sin(\omega t+53.1°)\text{V}$，$u_2=4\sin(\omega t+90°)\text{V}$。求电压 u_1。

【解】 先画出电路的相量模型，如图 3.14（b）所示。

$$\dot{U}_m=5\angle 53.1°=3+j4\text{（V）}, \dot{U}_{2m}=4\angle 90°=j4\text{（V）}$$

根据 KVL，有

$$-\dot{U}_m+\dot{U}_{1m}+\dot{U}_{2m}=0$$

$$\dot{U}_{1m}=\dot{U}_m-\dot{U}_{2m}=3+j4-j4=3\angle 0°\text{（V）}$$

$$u_1=3\sin\omega t\text{（V）}$$

相量图如图 3.14（c）所示。

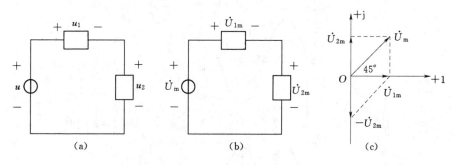

图 3.14 ［例 3.4］图

应该注意：一般情况下 $U\neq U_1+U_2$，$U_m\neq U_{1m}+U_{2m}$，而应该是相量之和。

3.3 单一参数的交流电路

分析各种正弦交流电路时主要解决：电压和电流之间的大小关系和相位关系；元件和电源之间的能量转换关系，即电路中的功率问题。

分析交流电路时，先从单一参数（电阻、电感、电容）元件开始，因为一般的交流电路都是由单一参数元件组合而成的。在第 1 章中已经介绍了电阻、电感、电容元件的电学特性，本节将介绍电阻、电感、电容元件在正弦交流电路中电压、电流及功率的分析方法。

3.3.1 电阻元件的交流电路

1. 电压与电流的关系

如图 3.15（a）所示是一个线性电阻元件的交流电路。电压和电流设为关联参考方

57

向，两者的关系由欧姆定律确定

$$u = Ri$$

为分析方便常设某一正弦量初相位为零，称为参考正弦量，这里设 i 为参考正弦量，则 $i = I_{\mathrm{m}} \sin\omega t$，电压

$$u = Ri = RI_{\mathrm{m}} \sin\omega t = U_{\mathrm{m}} \sin\omega t \qquad (3.17)$$

也是一个同频率的正弦量。

比较上面两式可看出，在电阻元件的交流电路中，电流和电压是同相的（相位差 $\varphi = 0$）。

由式（3.17）可知

$$U_{\mathrm{m}} = RI_{\mathrm{m}}$$

或

$$\frac{U_{\mathrm{m}}}{I_{\mathrm{m}}} = \frac{\sqrt{2}U}{\sqrt{2}I} = \frac{U}{I} = R \qquad (3.18)$$

由此可知，在电阻元件电路中，电压的幅值（或有效值）与电流的幅值（或有效值）之比值，就是电阻 R。

它们的波形如图 3.15（b）所示。

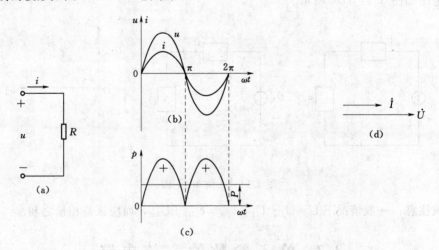

图 3.15 电阻元件的交流电路

(a) 电路图；(b) u、i 的正弦波形；(c) 功率波形；(d) 相量图

若用相量表示电压与电流的关系，则为

$$\dot{I} = I \mathrm{e}^{\mathrm{j}0°}$$

$$\dot{U} = U \mathrm{e}^{\mathrm{j}0°}$$

$$\frac{\dot{U}}{\dot{I}} = \frac{U}{I} \mathrm{e}^{\mathrm{j}0°} = R$$

或

$$\dot{U} = R \dot{I} \qquad (3.19)$$

式（3.19）为欧姆定律的相量表示式。可见，用相量既可以表示出数量关系，也可以表示出相位关系。

相量图如图 3.15（d）所示。

2. 电阻元件的功率

（1）瞬时功率。由于都是随时间变化的正弦量，因此 u、i 的乘积也是瞬时值，称为瞬时功率，用小写字母 p 表示，即

$$p = ui = (U_{m}\sin\omega t)(I_{m}\sin\omega t)$$

$$= \frac{U_{m}I_{m}}{2}(1 - \cos 2\omega t) = UI(1 - \cos 2\omega t) \tag{3.20}$$

p 的波形如图 3.15（c）所示。因为 u、i 为关联参考方向，而且同时为正或同时为负，所以 $p = ui \geqslant 0$（曲线全部在横轴及以上），可知电阻元件每时每刻都是吸收电能的，是耗能元件，它把电能转化为热能，是一个不可逆转的过程。

（2）平均功率。瞬时功率在一个周期内的平均值称为平均功率，电阻元件的平均功率为

$$P = \frac{1}{T}\int_{0}^{T} p\,\mathrm{d}t = \frac{1}{T}\int_{0}^{T} UI(1 - \cos 2\omega t)\,\mathrm{d}t$$

$$= UI = RI^{2} = \frac{U^{2}}{R} \tag{3.21}$$

【例 3.5】 已知电阻 $R = 110\Omega$，将其接在 $U = 220\text{V}$，$f = 50\text{Hz}$ 的交流电流中，试求电流 I 和功率 P。如保持电压值不变，将电源的频率改为 100Hz，试问此时电流变不变？

【解】 电流为

$$I = \frac{U}{R} = \frac{220}{110} = 2\ (\text{A})$$

功率为

$$P = UI = 220 \times 2 = 440\ (\text{W})$$

因为电阻元件与频率无关，所以电流不变。

3.3.2 电感元件的交流电路

1. 电压与电流的关系

如图 3.16（a）所示是一个线性电感元件的交流电路。电压和电流设为关联参考方向，两者的关系是

$$u = -e_{L} = L\frac{\mathrm{d}i}{\mathrm{d}t}$$

设电流为参考正弦量，即

$$i = I_{m}\sin\omega t$$

则电压

$$u = L\frac{\mathrm{d}i}{\mathrm{d}t} = L\frac{\mathrm{d}(I_{m}\sin\omega t)}{\mathrm{d}t} = \omega L I_{m}\cos\omega t$$

$$= \omega L I_{m}\sin(\omega t + 90°) = U_{m}\sin(\omega t + 90°) \tag{3.22}$$

也是一个同频率的正弦量。

比较上面两式可看出，在电感元件的交流电路中，电流比电压滞后 90°（相位差 $\varphi =$ +90°）。

由式（3.22）可知

$$U_m = \omega L I_m$$

或

$$\frac{U_m}{I_m} = \frac{U}{I} = \omega L \qquad (3.23)$$

由此可知，在电感元件电路中，电压的幅值（或有效值）与电流的幅值（或有效值）之比值为 ωL，显然它起到了阻碍电流的作用，也就是当电压一定时，ωL 愈大，电流愈小，它的单位是欧［姆］（Ω），称为感抗，用 X_L 表示，即

$$X_L = \omega L = 2\pi f L \qquad (3.24)$$

感抗 X_L 与电感 L、频率 f 成正比。因此电感对高频电流的阻碍作用很大，而对直流（$f = 0$），$X_L = 0$ 相当于短路。

由于 $\psi_i = 0°$，$\psi_u = 90°$，可知 u 超前 i 为 90°，即 $\varphi = \psi_u - \psi_i = 90°$。它们的波形如图 3.16（b）所示。

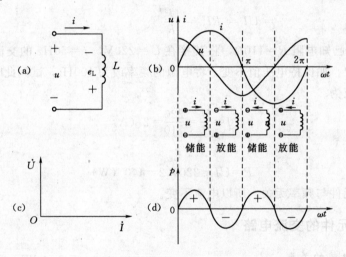

图 3.16　电感元件的交流电路
(a) 电路图；(b) u、i 的波形；(c) 相量图；(d) 功率波形

若用相量表示电压与电流的关系，则为

$$\dot{I} = I e^{j0°}$$

$$\dot{U} = U e^{j90°}$$

$$\frac{\dot{U}}{\dot{I}} = \frac{U}{I} e^{j90°} = j X_L$$

或

$$\dot{U} = j X_L \dot{I} = j\omega L \dot{I} \qquad (3.25)$$

式（3.25）表示电压的有效值等于电流的有效值与感抗的乘积，在相位上电压比电流超前90°。相量图如图 3.16（c）所示。

2. 电感元件的功率

（1）瞬时功率。在电感元件电路中，瞬时功率为

$$p = ui = U_m \sin(\omega t + 90°) I_m \sin\omega t$$
$$= \frac{U_m I_m}{2} \sin2\omega t = UI \sin2\omega t \tag{3.26}$$

p 是一条以 2ω 为角频率，以 UI 为幅值的正弦量，它的波形如图 3.16（d）所示。在第一个和第三个 1/4 周期内，瞬时功率 $p > 0$，电感吸收功率，将电能转换为磁场能储存；在第二个和第四个 1/4 周期内，瞬时功率 $p < 0$，电感发出功率，将磁场能转换为电能，归还给电源。它只有能量的吞吐，而没有能量的消耗，因此电感是储能元件。

（2）平均功率。在电感元件电路中，平均功率为

$$P = \frac{1}{T}\int_0^T p\,\mathrm{d}t = \frac{1}{T}\int_0^T UI \sin2\omega t\,\mathrm{d}t = 0 \tag{3.27}$$

从图 3.16（d）所示的波形也容易看出，p 的平均值为零。

在电感元件的交流电路中没有能量消耗，只有电感与电源之间的能量互换，这种能量互换的规模用无功功率 Q 表示，规定 Q 等于瞬时功率 p 的幅值，即

$$Q = UI = I^2 X_L \tag{3.28}$$

无功功率的单位是乏（var）或千乏（kvar）。

与无功功率相对应，平均功率也可称为有功功率，可知电感的有功功率 $P = 0$。

【例 3.6】 一个 100mH 的电感线圈，线圈电阻忽略不计。试求线圈在 50Hz 和 1000Hz 的交流电路中的感抗。若接在 $U = 220$V，$f = 50$Hz 的交流电路中，电流 I、有功功率 P、无功功率 Q 又是多少？

【解】 （1）当 $f = 50$Hz 时，有

$$X_L = 2\pi f L = 2 \times 3.14 \times 50 \times 100 \times 10^{-3} = 31.4 \ （\Omega）$$

当 $f = 1000$Hz 时，有

$$X_L = 2\pi f L = 2 \times 3.14 \times 1000 \times 100 \times 10^{-3} = 628 \ （\Omega）$$

（2）当 $U = 220$V，$f = 50$Hz 时，有

$$I = \frac{U}{X_L} = \frac{220}{31.4} \approx 7 \ （A）$$
$$P = 0$$
$$Q = UI = 220 \times 7 = 1540 \ （var）$$

3.3.3 电容元件的交流电路

1. 电压与电流的关系

如图 3.17（a）所示是一个线性电容元件的交流电路，电压和电流设为关联参考方向，两者的关系是

$$i = C \frac{\mathrm{d}u}{\mathrm{d}t}$$

设电压为参考正弦量，即

$$u = U_\mathrm{m}\sin\omega t$$

则电流

$$i = C\frac{\mathrm{d}u}{\mathrm{d}t} = C\frac{\mathrm{d}(U_\mathrm{m}\sin\omega t)}{\mathrm{d}t} = \omega C U_\mathrm{m}\cos\omega t$$

$$= \omega C U_\mathrm{m}\sin(\omega t + 90°) = I_\mathrm{m}\sin(\omega t + 90°) \tag{3.29}$$

比较上面两式可看出，在电容元件的交流电路中，电流比电压超前 90°（相位差 $\varphi = -90°$）。

由式（3.29）可知

$$I_\mathrm{m} = \omega C U_\mathrm{m}$$

或

$$\frac{U_\mathrm{m}}{I_\mathrm{m}} = \frac{U}{I} = \frac{1}{\omega C} \tag{3.30}$$

由此可知，在电容元件电路中，电压的幅值（或有效值）与电流的幅值（或有效值）之比值为 $\dfrac{1}{\omega C}$，显然它起到了阻碍电流的作用，也就是当电压一定时，$\dfrac{1}{\omega C}$ 愈大，电流愈小，它的单位是欧［姆］（Ω），称为容抗，用 X_C 表示，即

$$X_\mathrm{C} = \frac{1}{\omega C} = \frac{1}{2\pi f C} \tag{3.31}$$

容抗 X_C 与电容 C、频率 f 成反比。因此电容对高频电流的阻碍作用相对较小，当 f 愈高时，电容充、放电愈快，单位时间内移动的电荷愈多，因而 i 愈大。而对直流（$f = 0$），$X_\mathrm{C} = \infty$，电容相当于开路，具有"隔直"作用。

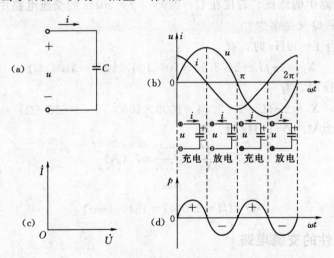

图 3.17 电容元件的交流电路
(a) 电路图；(b) u、i 的正弦波形；(c) 相量图；(d) 功率波形

由于 $\psi_\mathrm{u} = 0°$，$\psi_\mathrm{i} = 90°$，可知 i 超前 u 为 90°，即 $\varphi = \psi_\mathrm{u} - \psi_\mathrm{i} = -90°$。它们的波形如图 3.17（b）所示。

用相量表示电压与电流的关系，得到

$$\dot{U} = U \mathrm{e}^{\mathrm{j}0°}$$

$$\dot{I} = I \mathrm{e}^{\mathrm{j}90°}$$

$$\frac{\dot{U}}{\dot{I}} = \frac{U}{I} \mathrm{e}^{-\mathrm{j}90°} = -\mathrm{j}X_\mathrm{c}$$

或

$$\dot{U} = -\mathrm{j}X_\mathrm{c}\,\dot{I} = -\mathrm{j}\frac{\dot{I}}{\omega C} = \frac{\dot{I}}{\mathrm{j}\omega C} \tag{3.32}$$

式（3.32）表示电压的有效值等于电流的有效值与容抗的乘积，在相位上电压比电流滞后90°。相量图如图 3.17（c）所示。

2. 电容元件的功率

（1）瞬时功率。在电容元件电路中，瞬时功率为

$$p = ui = (U_\mathrm{m}\sin\omega t)\left[I_\mathrm{m}\sin(\omega t+90°)\right]$$

$$= \frac{U_\mathrm{m}I_\mathrm{m}}{2}\sin 2\omega t = UI\sin 2\omega t \tag{3.33}$$

p 是一条以 2ω 为角频率，以 UI 为幅值的正弦量，它的波形如图 3.14（d）所示。在第一个和第三个 1/4 周期内，瞬时功率 $p>0$，电容吸收功率，电容在充电，将电能转换为电场能储存；在第二个和第四个 1/4 周期内，瞬时功率 $p<0$，电容发出功率，电容在放电，将电场能转换为电能，归还给电源。它只有能量的吞吐，而没有能量的消耗，因此电容是储能元件。

（2）平均功率。在电容元件电路中，平均功率为

$$P = \frac{1}{T}\int_0^T p\mathrm{d}t = \frac{1}{T}\int_0^T UI\sin 2\omega\,t\mathrm{d}t = 0 \tag{3.34}$$

在电容元件的交流电路中没有能量消耗，只有电容与电源之间的能量互换，这种能量互换的规模用无功功率 Q 表示，为了便于比较，这里也和电感一样设电流为参考正弦量，即设 $i = I_\mathrm{m}\sin\omega t$，则电容元件的电压 $u = U_\mathrm{m}\sin(\omega t-90°) = -U_\mathrm{m}\cos\omega t$，有

$$p = ui = (-U_\mathrm{m}\cos\omega t)(I_\mathrm{m}\sin\omega t)$$

$$= -\frac{U_\mathrm{m}I_\mathrm{m}}{2}\sin 2\omega t = -UI\sin 2\omega t \tag{3.35}$$

比较电感功率瞬时值表达式（3.26）与电容功率瞬时值表达式（3.35）可以看出，如果它们流过的电流相同，得出两个元件瞬时功率相反的结果，即它们能量交换的方向总是相反的。因此如果规定电感的无功功率为正时，则电容的无功功率为负，即

$$Q = -UI = -I^2 X_\mathrm{c} \tag{3.36}$$

同样可知电容的有功功率 $P=0$。

【例 3.7】 已知电阻 $R = 22\Omega$，电感 $L = 100\mathrm{mH}$，电容 $C = 100\mu\mathrm{F}$。给它们两端分别加上 $U = 220\mathrm{V}$ 的电压。

（1）当电压为直流电压时，求它们的电流。

（2）当电压频率 $f = 50\mathrm{Hz}$ 时，求它们的电流。

（3）当电压频率 $f=1000\,\text{Hz}$ 时，求它们的电流，并进行分析。

【解】 （1）当所加电压为直流时，有

$$I_\text{R}=\frac{U}{R}=\frac{220}{22}=10\ （\text{A}）$$

$$I_\text{L}=\infty\ （\text{电感相当于短路，理想情况下电流无穷大}）$$

$$I_\text{C}=0\ （\text{电容相当于开路}）$$

（2）当电压频率 $f=50\,\text{Hz}$ 时，有

$$I_\text{R}=\frac{U}{R}=\frac{220}{22}=10\ （\text{A}）$$

$$I_\text{L}=\frac{U}{\omega L}=\frac{U}{2\pi fL}=\frac{220}{2\times3.14\times50\times100\times10^{-3}}\approx7\ （\text{A}）$$

$$I_\text{C}=\omega CU=2\pi fCU=2\times3.14\times50\times100\times10^{-6}\times220=6.908\ （\text{A}）$$

（3）当电压频率 $f=1000\,\text{Hz}$ 时，有

$$I_\text{R}=\frac{U}{R}=\frac{220}{22}=10\ （\text{A}）$$

$$I_\text{L}=\frac{U}{\omega L}=\frac{U}{2\pi fL}=\frac{220}{2\times3.14\times1000\times100\times10^{-3}}=0.352\ （\text{A}）$$

$$I_\text{C}=\omega CU=2\pi fCU=2\times3.14\times1000\times100\times10^{-6}\times220=138.16\ （\text{A}）$$

由以上可见，电阻元件上电压一定时，流过它的电流不随电源频率而变；电感 L 在相同的电压下，频率愈高，感抗愈大，流过它的电流愈小；电容 C 在相同的电压下，频率愈高，容抗愈小，流过它的电流愈大。

3.4 R、L、C 串联、并联交流电路

掌握了单个 R、L、C 元件在交流电路中的特性后，就可以把这些特性应用于 R、L、C 的串联、并联电路，在进行 R、L、C 的串联、并联电路分析时，单个元件的电压与电流关系及元件的功率特性均不会发生改变，由此可以推导出 R、L、C 串联、并联电路的特性。

3.4.1 R、L、C 串联的交流电路

图 3.18（a）所示为 R、L、C 串联的交流电路，在正弦电压 u 的作用下，电流 i 通过 R、L、C 各元件，产生的电压降分别为 u_R、u_L、u_C，电流及各部分电压的参考方向已标在电路图上。

1. 电压与电流的关系

由前面电阻元件、电感元件和电容元件交流电路的讨论可知，它们的电压与电流的关系如下。

（1）电压与电流的相位关系。

电阻：电压与电流同相。

电感：电压超前电流 90°。

电容：电压滞后电流 90°。

（2）电压与电流的有效值关系。

$$U_R = IR$$
$$U_L = IX_L$$
$$U_C = IX_C$$

在图 3.18（a）所示 R、L、C 串联的交流电路中，若以电流为参考正弦量，即 $i = I_m \sin\omega t$。则

$$u_R = Ri$$
$$u_L = L\frac{di}{dt}$$
$$u_C = \frac{1}{C}\int i\,dt$$

根据基尔霍夫电压定律得

$$u = u_R + u_L + u_C = Ri + L\frac{di}{dt} + \frac{1}{C}\int i\,dt \qquad (3.37)$$

可见，总电压与电流间既有比例关系，又有微分和积分关系，分析比较复杂。前面已经讨论过正弦量都可以用相应的相量表示，因此把电路中 i 换成 $\dot{I}$，u 换成 $\dot{U}$，电路参数 R、L、C 分别用 R、jX_L 和 $-jX_C$ 表示，就变成了相量模型，如图 3.18（b）所示。各电压与电流之间的关系为

$$\dot{U}_R = R\dot{I},\ \dot{U}_L = jX_L\dot{I},\ \dot{U}_C = -jX_C\dot{I}$$

$$\dot{U} = \dot{U}_R + \dot{U}_L + \dot{U}_C = R\dot{I} + jX_L\dot{I} - jX_C\dot{I} \qquad (3.38)$$

前面已经设定电流为参考正弦量，所以 $\dot{I} = I\angle 0°$ 称为参考相量。因此相量图如图 3.19 所示。

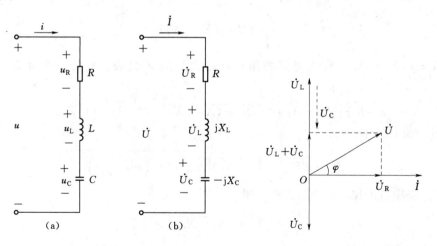

图 3.18 RLC 串联的交流电路

（a）时域模型；（b）相量模型

图 3.19 电流与电压的相量图

由图 3.19 可见，$\dot{U}_L$ 和 $\dot{U}_C$ 是反相的，它们的相量和在实际大小上是相减的，如图

3.20 所示，有

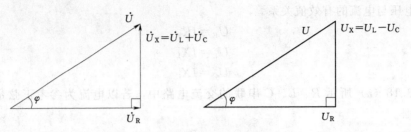

图 3.20　电压三角形

$$\dot{U}_X = \dot{U}_L + \dot{U}_C$$
$$U_X = U_L - U_C$$

$\dot{U}_R$、$\dot{U}_X$ 和 $\dot{U}$ 组成的直角三角形称为电压三角形，由电压三角形可知

$$U = \sqrt{U_R^2 + U_X^2} = \sqrt{U_R^2 + (U_L - U_C)^2}$$

$$\varphi = \arctan\frac{U_X}{U_R} = \arctan\frac{U_L - U_C}{U_R} \tag{3.39}$$

同样

$$U_R = U\cos\varphi, \quad U_X = U\sin\varphi$$

由图 3.19 可知，φ 角是总电压 $\dot{U}$ 与电流 $\dot{I}$ 的相位差。

2. 阻抗

由式（3.38）可知

$$\dot{U} = \dot{U}_R + \dot{U}_L + \dot{U}_C = R\dot{I} + jX_L\dot{I} - jX_C\dot{I} = [R + j(X_L - X_C)]\dot{I}$$

则

$$\frac{\dot{U}}{\dot{I}} = R + j(X_L - X_C) \tag{3.40}$$

式中：$R + j(X_L - X_C)$ 称为电路的阻抗，用大写的 Z 代表。它是一个复数，不是相量，即

$$Z = R + j(X_L - X_C) = \sqrt{R^2 + (X_L - X_C)^2}\, e^{j\arctan\frac{X_L - X_C}{R}} = |Z|e^{j\varphi} \tag{3.41}$$

在式（3.41）中：

$$|Z| = \sqrt{R^2 + (X_L - X_C)^2} = \sqrt{R^2 + \left(\omega L - \frac{1}{\omega C}\right)^2} \tag{3.42}$$

$|Z|$ 是阻抗的模，称为阻抗模，即

$$\frac{U}{I} = \sqrt{R^2 + (X_L - X_C)^2} = |Z| \tag{3.43}$$

阻抗的单位也是欧［姆］，也具有对电流起阻碍作用的性质。

$$\varphi = \arctan\frac{X_L - X_C}{R} = \arctan\frac{\omega L - \dfrac{1}{\omega C}}{R} \tag{3.44}$$

φ 是阻抗的辐角，称为阻抗角。可见，$|Z|$、R、X ($X=X_L-X_C$) 之间也可以用一个直角三角形表示出它们之间的关系，这个直角三角形称为阻抗三角形，如图 3.21 所示。

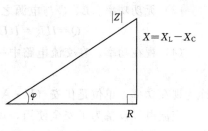

图 3.21 阻抗三角形

式（3.40）既表示了 RLC、RL、RC、LC 串联的情况，也包括了单一参数电路，例如 $Z_R=R$，$Z_L=jX_L=j\omega L$，$Z_C=-jX_C=-j\dfrac{1}{\omega C}$。

阻抗三角形和电压三角形是相似形，实际上阻抗三角形各边乘以 I，即为电压三角形。

当 $X_L>X_C$ 时，即 $U_L>U_C$，则 $\varphi>0$，电路中电压超前电流 φ 角，电路呈感性，如图 3.22（a）所示。

当 $X_L<X_C$ 时，即 $U_L<U_C$，则 $\varphi<0$，电路中电压滞后电流 φ 角，电路呈容性，如图 3.22（b）所示。

当 $X_L=X_C$ 时，即 $U_L=U_C$，则 $\varphi=0$，电路中电压与电流同相，电路呈电阻性，如图 3.22（c）所示。

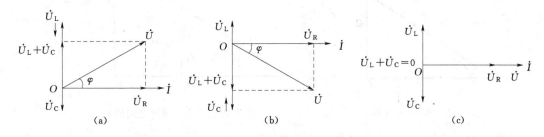

图 3.22 阻抗角及阻抗的性质
(a) $X_L>X_C$ 感性；(b) $X_L<X_C$ 容性；(c) $X_L=X_C$ 电阻性

应该注意：$u=u_R+u_L+u_C$ 或 $\dot{U}=\dot{U}_R+\dot{U}_L+\dot{U}_C$，而一般 $U\neq U_R+U_L+U_C$，$Z\neq R+X_L-X_C$。

3. 功率

设 $i=I_m\sin\omega t$，$u=U_m\sin(\omega t+\psi)$，二者为关联参考方向。

（1）瞬时功率。

$$p=ui=U_m I_m\sin\omega t\sin(\omega t+\psi)$$

并可推导出

$$p=UI\cos\varphi-UI\cos(2\omega t+\varphi)$$

（2）平均功率。电阻上要消耗电能，相应的平均功率为

$$P=\frac{1}{T}\int_0^T p\,dt=\frac{1}{T}\int_0^T[UI\cos\varphi-UI\cos(2\omega t+\varphi)]dt=UI\cos\varphi \qquad (3.45)$$

式（3.45）中，$\cos\varphi=\lambda$ 为功率因数。

由电压三角形可知，$P=UI\cos\varphi=U_R I=RI^2$，$P$ 为电阻上消耗的功率。

（3）无功功率。L、C 与电源之间要进行能量互换，根据无功功率的定义可知

$$Q = IU_X = I(U_L - U_C) = I^2(X_L - X_C) = UI\sin\varphi \tag{3.46}$$

（4）视在功率。在交流电路中一般有功功率 $P \neq UI$，令

$$S = UI \tag{3.47}$$

称为视在功率，单位是伏安（V·A）或千伏安（kV·A）。

交流电气设备为了安全使用，规定了额定电压 U_N、额定电流 I_N，二者的乘积就是额定视在功率 $S_N = U_N I_N$，它一般指变压器和发电机等供电设备的容量，可用来衡量变压器、发电机可能提供的最大有功功率。

由于有功功率 $P = UI\cos\varphi$，无功功率 $Q = UI\sin\varphi$，视在功率 $S = UI$，所以

$$S = \sqrt{P^2 + Q^2} \tag{3.48}$$

即 $S^2 = P^2 + Q^2$，可见 P、Q、S 之间也可以用一个直角三角形表示它们之间的关系，称为功率三角形，如图 3.23 所示。它和电压三角形、阻抗三角形都为相似三角形。因为电压三角形每边乘以 I，就得到了功率三角形。三个三角形的关系如图 3.24 所示。

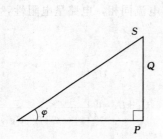

图 3.23　功率三角形

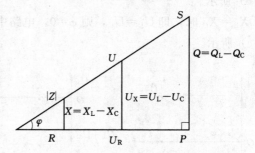

图 3.24　三个三角形之间的关系

【例 3.8】　在 R、L、C 串联的交流电路中，已知 $R = 30\Omega$，$L = 127\text{mH}$，$C = 40\mu\text{F}$，电源电压 $u = 220\sqrt{2}\sin(314t + 20°)\text{V}$。

（1）求电流 i 及各部分电压 u_R，u_L，u_C。

（2）作相量图。

（3）求功率 P 和 Q。

【解】（1）$X_L = \omega L = 314 \times 127 \times 10^{-3} = 40$（$\Omega$）

$$X_C = \frac{1}{\omega C} = \frac{1}{314 \times 40 \times 10^{-6}} = 80 \text{（}\Omega\text{）}$$

$$Z = R + j(X_L - X_C) = 30 + j(40 - 80) = 30 - j40 = 50 \angle -53° \text{（}\Omega\text{）}$$

$$\dot{U} = 220 \angle 20° \text{ V}$$

于是得

$$\dot{I} = \frac{\dot{U}}{Z} = \frac{220 \angle 20°}{50 \angle -53°} A = 4.4 \angle 73° \text{ (A)}$$

$$i = 4.4\sqrt{2}\sin(314t + 73°)\text{(A)}$$

$$\dot{U}_R = R\dot{I} = 30 \times 4.4 \angle 73° = 132 \angle 73° \text{ (V)}$$

$$u_R = 132\sqrt{2}\sin(314t + 73°) \ (\text{V})$$

$$\dot{U}_L = jX_L\dot{I} = j40 \times 4.4 \angle 73° = 176 \angle 163° \ (\text{V})$$

$$u_L = 176\sqrt{2}\sin(314t + 163°) \ (\text{V})$$

$$\dot{U}_C = -jX_C\dot{I} = -j80 \times 4.4 \angle 73° = 352 \angle -17° \ (\text{V})$$

$$u_C = 352\sqrt{2}\sin(314t - 17°) \ (\text{V})$$

注意：$\dot{U} = \dot{U}_R + \dot{U}_L + \dot{U}_C$，$U \neq U_R + U_L + U_C$。

（2）电流和各个电压的相量如图 3.25 所示。

（3）$P = UI\cos\varphi = 220 \times 4.4 \times \cos(-53°) = 220 \times$
$4.4 \times 0.6 = 580.8 \ (\text{W})$

$Q = UI\sin\varphi = 220 \times 4.4\sin(-53°) = 220 \times 4.4 \times$
$(0.8) = -774.4(\text{var})(电容性)$

【例 3.9】 已知正弦交流电路如图 3.26（a）所
示，电压表 V_1 的读数为 100V，V_2 的读数为 100V。
求电路中电压表 V_0 的读数。

【解】 首先把电路转化为相量模型，如图 3.26
（b）所示。设定参考方向，并设 $\dot{I} = I \angle 0° \text{A}$。

由于电阻上电压与电流同相位，所以 $\dot{U}_1 = 100 \angle 0° \text{V} = 100\text{V}$。由于电感上电压超前电
流 $90°$，所以 $\dot{U}_2 = 100 \angle 90° = j100\text{V}$。

根据基尔霍夫 KVL 得

$$\dot{U}_0 = \dot{U}_1 + \dot{U}_2 = 100 + j100 = 100\sqrt{2} \angle 45° = 141 \angle 45° \ (\text{V})$$

$U_0 = 141\text{V}$，电压表 V_0 的读数是 141V。

相量图如图 3.26（c）所示。

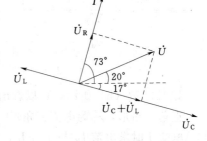

图 3.25 电流与各电压的相量图

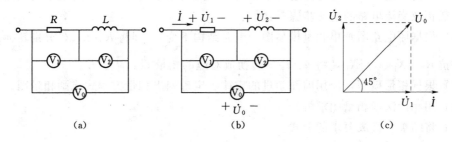

图 3.26 ［例 3.9］图

*3.4.2 *R*、*L*、*C*并联的交流电路

R、*L*、*C*并联的交流电路如图 3.27（a）所示，设并联电路的端电压为参考正弦量，
$u = U_m\sin\omega t$，则 $\dot{U} = U \angle 0°$，并联电路的电流为

$$\dot{I} = \dot{I}_R + \dot{I}_L + \dot{I}_C = I_R \angle 0° + I_L \angle -90° + I_C \angle 90° = I_R - j(I_L - I_C)$$

将上式转换为

$$\dot{I} = I_R - j(I_L - I_C) = \sqrt{I_R^2 + (I_L - I_C)^2}\, e^{j\arctan\frac{-(I_L - I_C)}{I_R}} = I \angle -\varphi \qquad (3.49)$$

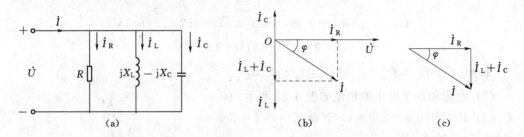

图 3.27 R、L、C 并联电路

(a) R、L、C 并联电路；(b) 相量图；(c) 电流三角形

如图 3.27 (b) 所示，可以看出并联电路的总电流 I 与分电流 I_R、I_L、I_C 之间也构成一个直角三角形，称为电流三角形，如图 3.27 (c) 所示。有了电流三角形，就可以在已知总电流 I 时求电流 I_R 与 $I_L - I_C$，或已知分电流时求解总电流，φ 是电路阻抗角的负值。

在交流电路的分析中，可以使用的计算公式比较多，这是因为在交流电路中，解题的方法不止一种，除了常用的公式计算法外，交流电路比直流电路多了利用三角形求解电路参数的方法。当电路中的元件为单纯串联或单纯并联时，电路相量图中的三角形均为直角三角形，利用直角三角形求解能够很快得到答案。而当电路元件以 R、L、C 混联的形式存在时，电路相量图中的三角形为任意角三角形，任意角三角形的求解相对比较困难，所以当电路为混联电路时应当采用相量分析法。

3.5 正弦交流电路的分析

前面对简单的正弦交流电路进行了分析，在此基础上就可以对较为复杂的电路进行分析。一般正弦交流电路的解题步骤是：

(1) 根据原电路图画出相量模型图（电路结构不变），即将 R、L、C 分别转换成对应的复阻抗 R、jX_L、$-jX_C$，将 u、i、e 转换成对应的相量 $\dot{U}$、$\dot{I}$、$\dot{E}$。

(2) 根据相量模型，应用前面学过的定律、定理列出相量方程式或画相量图。

(3) 用相量法或相量图求解。

(4) 将结果变换成要求的形式。

3.5.1 阻抗的串并联

1. 阻抗的串联

图 3.28 (a) 所示为两个阻抗 Z_1 和 Z_2 串联的电路。根据基尔霍夫电压定律可写出它的相量表示式

$$\dot{U} = \dot{U}_1 + \dot{U}_2 = Z_1 \dot{I} + Z_2 \dot{I} = (Z_1 + Z_2) \dot{I} \qquad (3.50)$$

两个串联的阻抗可用一个等效阻抗 Z 来代替，在同样电压的作用下，电路中电流的有效值和相位保持不变。根据图 3.28（b）所示的等效电路可写出

$$\dot{U}=Z\dot{I} \tag{3.51}$$

因此等效阻抗为

$$Z=Z_1+Z_2 \tag{3.52}$$

一般情况下

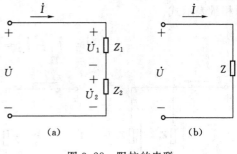

图 3.28　阻抗的串联

$$U\neq U_1+U_2,\ |Z|\neq|Z_1|+|Z_2|$$

由此可见，只有等效阻抗才等于各个串联阻抗之和，在一般情况下，等效阻抗的通用表达式为

$$Z=\sum Z_k=\sum R_k+\mathrm{j}\sum X_k=|Z|\mathrm{e}^{\mathrm{j}\varphi} \tag{3.53}$$

式中

$$|Z|=\sqrt{(\sum R_k)^2+(\sum X_k)^2}$$

$$\varphi=\arctan\frac{\sum X_k}{\sum R_k}$$

在上列各式的 $\sum X_k$ 中，感抗 X_L 取正号，容抗取负号。

在图 3.28（a）所示电路中，分压公式为

$$\begin{cases}\dot{U}_1=\dfrac{Z_1}{Z_1+Z_2}\dot{U}\\[3mm]\dot{U}_2=\dfrac{Z_2}{Z_1+Z_2}\dot{U}\end{cases}$$

【例 3.10】　图 3.28 所示电路中，已知 $Z_1=(2+\mathrm{j}2)\,\Omega$，$Z_2=(3+\mathrm{j}4)\,\Omega$，$\dot{I}=10\angle-50.2^\circ\,\mathrm{A}$，求 $\dot{U}$。

【解】

方法一：

$$\dot{U}_1=Z_1\dot{I}=(2+\mathrm{j}2)\times10\angle-50.2^\circ=2\sqrt{2}\angle45^\circ\times10\angle-50.2^\circ$$
$$=20\sqrt{2}\angle-50.2^\circ=28.1-\mathrm{j}2.53\,(\mathrm{V})$$

$$\dot{U}_2=Z_2\dot{I}=(3+\mathrm{j}4)\times10\angle-50.2^\circ=5\angle53.1^\circ\times10\angle-50.2^\circ$$
$$=50\angle2.9^\circ=49.9+\mathrm{j}2.53\,(\mathrm{V})$$

$$\dot{U}=\dot{U}_1+\dot{U}_2=(28.1+49.9)+\mathrm{j}(2.53-2.53)=78\angle0^\circ\,(\mathrm{V})$$

方法二：

$$Z=Z_1+Z_2=(2+3)+\mathrm{j}(2+4)=5+\mathrm{j}6=7.8\angle50.2^\circ\,(\Omega)$$

$$\dot{U}=Z\dot{I}=7.8\angle50.2^\circ\times10\angle-50.2^\circ=78\angle0^\circ\,(\mathrm{V})$$

2. 阻抗的并联

图 3.29（a）所示为两个阻抗 Z_1 和 Z_2 并联的电路。根据基尔霍夫电流定律可写出它

的相量表示式

$$\dot{I} = \dot{I}_1 + \dot{I}_2 = \frac{\dot{U}}{Z_1} + \frac{\dot{U}}{Z_2} = \dot{U}\left(\frac{1}{Z_1} + \frac{1}{Z_2}\right) \tag{3.54}$$

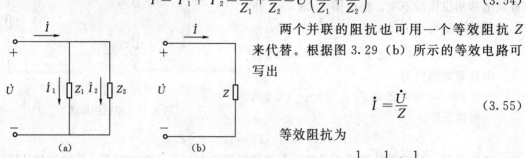

图 3.29 阻抗的并联

两个并联的阻抗也可用一个等效阻抗 Z 来代替。根据图 3.29（b）所示的等效电路可写出

$$\dot{I} = \frac{\dot{U}}{Z} \tag{3.55}$$

等效阻抗为

$$\frac{1}{Z} = \frac{1}{Z_1} + \frac{1}{Z_2} \tag{3.56}$$

或

$$Z = \frac{Z_1 Z_2}{Z_1 + Z_2}$$

一般情况下

$$I \neq I_1 + I_2, \quad \frac{1}{|Z|} \neq \frac{1}{|Z_1|} + \frac{1}{|Z_2|}$$

由此可见，只有等效阻抗的倒数才等于各个并联阻抗的倒数之和，在一般情况下可写为

$$\frac{1}{Z} = \sum \frac{1}{Z_k} \tag{3.57}$$

在图 3.29（a）所示电路中，分流公式为

$$\begin{cases} \dot{I}_1 = \dfrac{Z_2}{Z_1 + Z_2}\dot{I} \\[2mm] \dot{I}_2 = \dfrac{Z_1}{Z_1 + Z_2}\dot{I} \end{cases}$$

【例 3.11】 在图 3.29（a）所示电路中，有两个阻抗 $Z_1 = (3+j4)\Omega$ 和 $Z_2 = (8-j6)\Omega$，它们并联接在 $\dot{U} = 220\angle 0°$ 的电源上。试计算电路中的电流 $\dot{I}_1$，$\dot{I}_2$ 和 $\dot{I}$，并作出相量图。

【解】 $Z_1 = 3 + j4 = 5\angle 53°\ \Omega$，$Z_2 = 8 - j6 = 10\angle -37°\ (\Omega)$

$$Z = \frac{Z_1 Z_2}{Z_1 + Z_2} = \frac{5\angle 53° \times 10\angle -37°}{3+j4+8-j6} = \frac{50\angle 16°}{11-j2} = \frac{50\angle 16°}{11.8\angle -10.5°}\ (\Omega)$$

$$= 4.47\angle 26.5°\ (\Omega)$$

$$\dot{I}_1 = \frac{\dot{U}}{Z_1} = \frac{220\angle 0°}{5\angle 53°} = 44\angle -53°\ (A)$$

$$\dot{I}_2 = \frac{\dot{U}}{Z_2} = \frac{220\angle 0°}{10\angle -37°} = 22\angle 37°\ (A)$$

$$\dot{I} = \frac{\dot{U}}{Z} = \frac{220\angle 0°}{4.47\angle 26.5°} = 49.2\angle -26.5°\ (A)$$

可用 $\dot{I}=\dot{I}_1+\dot{I}_2$ 验算。

电压与电流的相量图如图 3.30 所示。

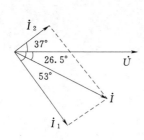 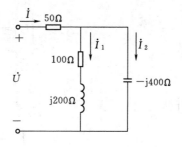

图 3.30　［例 3.11］的相量图　　　图 3.31　　［例 3.12］的图

【例 3.12】　在图 3.31 所示电路中，电源电压 $\dot{U}=220\angle 0°$V。试求：

(1) 等效阻抗 Z。

(2) 电流 $\dot{I}$，$\dot{I}_1$ 和 $\dot{I}_2$。

【解】

(1) 等效阻抗为

$$Z=50+\frac{(100+j200)(-j400)}{100+j200-j400}=50+320+j240=370+j240=440\angle 33°\ (\Omega)$$

(2) 电流为

$$\dot{I}=\frac{\dot{U}}{Z}=\frac{220\angle 0°}{440\angle 33°}=0.5\angle -33°\ (A)$$

$$\dot{I}_1=\frac{-j400}{100+j200-j400}\times 0.5\angle -33°$$

$$=\frac{400\angle -90°}{224\angle -63.4°}\times 0.5\angle -33°=0.89\angle -59.6°\ (A)$$

$$\dot{I}_2=\frac{100+j200}{100+j200-j400}\times 0.5\angle -33°$$

$$=\frac{224\angle 63.4°}{224\angle -63.4°}\times 0.5\angle -33°=0.5\angle 93.8°\ (A)$$

*3.5.2　复杂正弦交流电路的分析

当掌握了 R、L、C 元件在交流电路中的特性后，第 2 章中介绍的各种电路分析方法均可以应用于交流电路的分析，与直流电路分析不同之处在于：直流电路中的电路元件是电阻，交流电路中的电路元件是阻抗；直流电路中电压与电流的运算是代数运算，交流电路中电压与电流的运算是相量运算；直流电路中的功率为平均功率，交流电路中的功率是有功功率、无功功率和视在功率。掌握了交流电路的这些特点后，交流电路的电路分析即可以顺利进行。

对比直流电路的运算公式，在交流电路中存在如下运算公式：

阻扰的串联　$Z_{串}=Z_1+Z_2+\cdots=\sum Z_k=\sum R_k+j\sum X_k$

$$|Z_\text{串}| = \sqrt{(\sum R_k)^2 + (\sum X_k)^2}$$

$$\varphi_\text{串} = \arctan \frac{\sum X_k}{\sum R_k}$$

分压公式
$$\begin{cases} \dot{U}_1 = \dfrac{Z_1}{Z_1 + Z_2} \dot{U} \\[2mm] \dot{U}_2 = \dfrac{Z_2}{Z_1 + Z_2} \dot{U} \end{cases}$$

阻扰的并联
$$\frac{1}{Z_\text{并}} = \frac{1}{Z_1} + \frac{1}{Z_2} + \cdots$$

分流公式
$$\begin{cases} \dot{I}_1 = \dfrac{Z_2}{Z_1 + Z_2} \dot{I} \\[2mm] \dot{I}_2 = \dfrac{Z_1}{Z_1 + Z_2} \dot{I} \end{cases}$$

欧姆定律
$$\dot{I} = \frac{\pm \dot{U}}{Z}, \quad \dot{I} = \frac{\pm \dot{U} \pm \dot{E}}{Z}, \quad \dot{I} = \frac{\sum \dot{E}}{\sum Z}$$

基尔霍夫电流定律（KCL） $\sum \dot{I}_\text{入} = \sum \dot{I}_\text{出}$，$\sum \dot{I} = 0$

基尔霍夫电压定律（KVL） $\sum \dot{U}_\text{升} = \sum \dot{U}_\text{降}$，$\sum \dot{U} = 0$

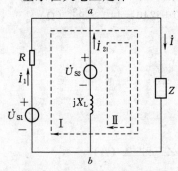

图 3.32　[例 3.13] 的电路

【例 3.13】 图 3.32 所示正弦交流电路中，已知 $\dot{U}_\text{S1} = 10 \angle 0° \text{ V}$，$\dot{U}_\text{S2} = 10 \angle 90° \text{ V}$，$R = 10\Omega$，$jX_L = j10\Omega$，$Z = -j10\Omega$。用支路电流法、电源等效变换和戴维南定理分别求电流 $\dot{I}$。

【解】

（1）用支路电流法求解。

根据 KCL，对结点 a，有

$$\dot{I}_1 + \dot{I}_2 - \dot{I} = 0$$

根据 KVL，对回路 I 有

$$R\dot{I}_1 + Z\dot{I} - \dot{U}_\text{S1} = 0$$

根据 KVL，对回路 II 有

$$jX_L \dot{I}_2 - \dot{U}_\text{S2} + Z\dot{I} = 0$$

将以上三式中代入参数得

$$\begin{cases} \dot{I}_1 + \dot{I}_2 - \dot{I} = 0 \\[1mm] 10\dot{I}_1 + (-j10)\dot{I} - 10\angle 0° = 0 \\[1mm] j10\dot{I}_2 - 10\angle 90° + (-j10)\dot{I} = 0 \end{cases}$$

联立求解得

$$\dot{I} = j2\text{A}$$

（2）应用电源等效变换求解。

求解步骤如图 3.33 所示。

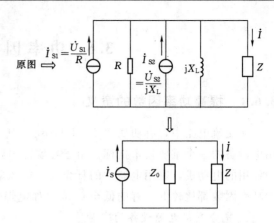

$$\dot{I}_{S1} = \frac{10\angle 0°}{10} = 1\angle 0° \quad (A)$$

$$\dot{I}_{S2} = \frac{10\angle 90°}{j10} = 1\angle 0° \quad (A)$$

$$\dot{I}_{S} = \dot{I}_{S1} + \dot{I}_{S2} = 2\angle 0° \quad (A)$$

$$Z_0 = \frac{R \times jX_L}{R + jX_L} = 5\sqrt{2}\angle 45° \quad (\Omega)$$

图 3.33　［例 3.13］用电源等效变换求解步骤

应用分流公式有

$$\dot{I} = \frac{\dot{I}_S}{Z_0 + Z} Z_0 = j2 \quad (A)$$

（3）用戴维南定理求解。首先断开待求支路，求开路电压 $\dot{U}_{OC}$，电路如图 3.34（a）所示。

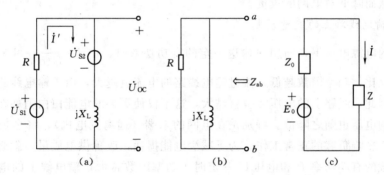

图 3.34　［例 3.13］用戴维南定理求解的电路

$$\dot{I}' = \frac{\dot{U}_{S1} - \dot{U}_{S2}}{R + jX_L} = \frac{10 - j10}{10 + j10} = \frac{10\sqrt{2}\angle -45°}{10\sqrt{2}\angle 45°} = 1\angle -90° \quad (A)$$

$$\dot{U}_{OC} = \dot{U}_{S2} + jX_L\dot{I}' = 10\angle 90° + j10 \times 1\angle -90° = 10\sqrt{2}\angle 45° \quad (V)$$

将单口网络内电源置零，求等效内阻抗 Z_{ab}，电路如图 3.34（b）所示。

$$Z_{ab} = \frac{R \times jX_L}{R + jX_L} = \frac{10 \times j10}{10 + j10} = \frac{j100}{10\sqrt{2}\angle 45°} = 5\sqrt{2}\angle 45° \quad (\Omega)$$

作电压源模型，令 $\dot{E}_0 = \dot{U}_{OC} = 10\sqrt{2}\angle 45°$ （V），则

$$Z_0 = Z_{ab} = 5\sqrt{2}\angle 45° = 5 + j5 \quad (\Omega)$$

接入待求支路 Z，电路如图 3.34（c）所示。

$$\dot{I} = \frac{\dot{E}}{Z_0 + Z} = \frac{10\sqrt{2}\angle 45°}{5 + j5 - j10} = \frac{10\sqrt{2}\angle 45°}{5 - j5} \quad (A)$$

$$\dot{I} = j2A$$

3.6 功率因数的提高

3.6.1 提高功率因数的意义

在交流电路中，有功功率 $P = UI\cos\varphi$，其中 $\cos\varphi$ 称为电路的功率因数。功率因数是用电设备的一个重要技术指标。由于在实际电路中，大量使用的是感性负载，例如，工厂中使用的电动机，家用电器中的日光灯、电风扇、空调机、电冰箱等都是感性负载，它们的功率因数都比较低，有的低至 0.35（如电焊变压器）。

1. 充分利用电源设备的容量

交流电源（发电机或变压器）的容量是用其视在功率来衡量的，当容量一定的电源设备向外供电时，负载能够得到的有功功率 P 除了与电源设备的视在功率有关外，还与负载的功率因数有密切关系，有功功率 $P = UI\cos\varphi$，$\cos\varphi$ 越大，P 越大，无功功率就越小。提高用户的功率因数，可以使同等容量的供电设备向用户提供更多的有功功率，提高供电能力。或者说在用户所需有功功率一定的情况下，发电机、变压器输配电线等容量都可以相应减小，从而降低对电网的投资。

2. 减小输电线路上的能量损失

在一定的电源电压下，向用户输送一定的有功功率时，由 $I = \dfrac{P}{U\cos\varphi}$ 可知，电流 I 和功率因数成反比，功率因数越低，流过输电线路的电流就越大，由于输电线路本身具有一定的阻抗，因此，线路上的电压降也就越大，这不仅使更多的电能白白消耗在线路上，而且使用户端的电压也随之降低。特别是在电网的末端（远离发电机），将会长期处于低电压运行状态，影响负载的正常工作。为了减少电能损耗，改善供电质量，就必须提高功率因数。当负载的有功功率 P 和电压 U 一定时，功率因数越大，输电线上的电流越小，线路上能耗就越少。

3. 提高供电质量

线路损耗减少，可以使负载电压与电源电压更接近，电压调整率更高。

4. 节约用铜

在线路损耗一定时，提高功率因数可以使输电线上的电流减小，从而可以减小导线的截面，节约铜材。

由此可见，功率因数提高后，可使电源设备的容量得到充分利用，同时减小电能在输送过程中的损耗。因此，提高电网的功率因数，对发展经济有着重要的现实意义。

我国供电部门规定：高压供电的工业用户必须保证功率因数在 0.95 以上，其他用户在 0.9 以上，否则将被处罚等。

3.6.2 提高功率因数的方法

功率因数不高主要是由于大量感性负载的存在。工厂中广泛使用的三相异步电动机就相当于感性负载。为了提高功率因数，可以从两个方面来着手：一方面是改进用电设备的功率因数，这主要涉及更换或改进设备；另一方面是在感性负载的两端并联适当大小的电容器，电路图和相量图如图 3.35 所示。

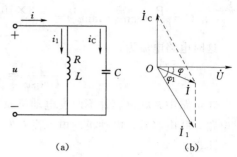

并联电容器以后，感性负载的电流 $I_1 = \dfrac{U}{\sqrt{R^2 + X_L^2}}$ 和功率因数 $\cos\varphi_1 = \dfrac{R}{\sqrt{R^2 + X_L^2}}$ 均未变化，这是因为所加电压和负载参数没有改变。

但电压 $\dot{U}$ 和线路电流 $\dot{I}$ 之间的相位差 φ 变小了，即 $\cos\varphi$ 变大了。这里所讲的提高功率因数，是指提高电源或电网的功率因数，而不是指提高感性负载的功率因数。

图 3.35 电容器与感性负载并联提高功率因数
(a) 电路图；(b) 相量图

在感性负载上并联了电容器以后，减少了电源与负载之间的能量互换。这时感性负载所需的无功功率大部分或全部都是就地供给（由电容器供给），就是说能量的互换主要或完全发生在电感性负载与电容器之间，因而使发电机容量能得到充分利用。

此外，由相量图可见，并联电容器以后线路电流也减小了（电流相量相加），因而减小了功率损耗。

由图 3.35（b）可见

$$I_C = I_1\sin\varphi_1 - I\sin\varphi = \left(\frac{P}{U\cos\varphi_1}\right)\sin\varphi_1 - \left(\frac{P}{U\cos\varphi}\right)\sin\varphi$$

$$= \frac{P}{U}(\tan\varphi_1 - \tan\varphi)$$

因为

$$I_C = \frac{U}{X_C} = U\omega C$$

所以

$$U\omega C = \frac{P}{U}(\tan\varphi_1 - \tan\varphi)$$

由此得

$$C = \frac{P}{\omega U^2}(\tan\varphi_1 - \tan\varphi) \tag{3.58}$$

这就是把功率因数角由 φ_1 变为 φ 所需给感性负载并联电容的值。

【3.14】 有一台电动机，其功率 $P = 3\text{kW}$、$\cos\varphi = 0.6$，额定电压 $U = 220\text{V}$，该电动机的电流数值是多少？如欲将电动机的功率因数提高到 $\cos\varphi' = 0.85$，需要并联的电容容量是多少？提高功率因数后电路的电流是多少？电动机的电流是多少？

【解】 电动机的电流为

$$I = \frac{P}{U\cos\varphi} = \frac{3 \times 10^3}{220 \times 0.6} \approx 22.7 \text{ (A)}$$

由 $\cos\varphi = 0.6$，得到 $\varphi = 53.13°$，由 $\cos\varphi' = 0.85$，得到 $\varphi' = 31.79°$，如欲将电动机的功率因数提高到 $\cos\varphi' = 0.85$ 时，需并联的电容容量为

$$C=\frac{P}{U^2\omega}(\tan\varphi-\tan\varphi')=\frac{3\times10^3}{(220)^2\times314}(\tan53.13°-\tan31.79°)=140\ (\mu F)$$

这时电路电流为

$$I=\frac{P}{U\cos\varphi'}=\frac{3\times10^3}{220\times0.85}\approx16\ (A)$$

在电路中并联电容并不改变电动机原有的参数，电动机的端电压也没有发生变化，所以电路并联电容后，电动机的电流没有发生变化，仍为 22.7A。

注意：

（1）并联电容器后，对原感性负载的工作情况没有任何影响，即流过感性负载的电流和它的功率因数均未改变。这里所谓功率因数提高了，是指包括电容在内的整个电路的功率因数比单独感性负载的功率因数提高了。

（2）线路电流的减小是电流的无功分量减小的结果，而电流的有功分量并未改变，这从相量图上可以清楚地看出。在实际生产中，并不要求把功率因数提高到 1，即功率因数提高后仍使整个电路呈感性，感性电路功率因数习惯上称滞后功率因数。若将功率因数提高到 1，需要并联的电容较大，会增加设备投资。

（3）功率因数提高到什么程度为宜，在作具体的技术、经济指标比较之后，才能确定。

3.7　电 路 的 谐 振

从前面的讨论可知，在含有电感和电容元件的交流电路中，电路两端的电压与其中的电流一般是不同相的。如果改变电路的参数或电源的频率，这时电压和电流就有可能达到同相，把交流电路中电压和电流同相的现象称为谐振。研究谐振的目的就是要认识这种客观现象，一方面要利用其特点，如在无线电工程、电子测量等技术中的应用；另一方面又要预防其可能产生的危害。根据产生谐振的电路的不同，谐振可分为串联谐振和并联谐振。

3.7.1　串联谐振

在 R、L、C 串联电路中，当电路总电压与电流同相时，电路呈电阻性，电路的这种状态称为串联谐振。

1. 谐振条件和谐振频率

如上所述，在 R、L、C 串联电路中，当 $X_L=X_C$ 时，电路中总电压和电流同相，这时电路中发生谐振现象。所以电路产生谐振的条件为

$$X_L=X_C\quad或\quad 2\pi fL=\frac{1}{2\pi fC} \tag{3.59}$$

由式（3.59）可得出谐振频率为

$$f_0=\frac{1}{2\pi\ \sqrt{LC}} \tag{3.60}$$

要使电路发生谐振可以从两方面入手：当电路参数 L、C 一定时，改变电源（或信号

源）频率 f，使 $f = f_0$；当电源（或信号源）频率 f 一定时，可以通过调整电路参数 L、C，使 $f_0 = f$。

2. 串联谐振的特征

（1）总电压和电流同相，电路呈电阻性。

（2）谐振时电路的阻抗最小，电流最大。

串联谐振时电路的阻抗为

$$|Z| = \sqrt{R^2 + (X_L - X_C)} = R \tag{3.61}$$

串联谐振时的电流为

$$I_{max} = I_0 = \frac{U}{R} \tag{3.62}$$

阻抗和电流随频率变化的曲线如图 3.36 所示。

（3）串联谐振时总电压和电流同相（$\varphi = 0$），电路呈电阻性。电源（或信号源）提供的能量全部被电阻吸收，电源与电路之间不发生能量互换，能量互换只发生在电感与电容之间。相量图如图 3.37 所示。

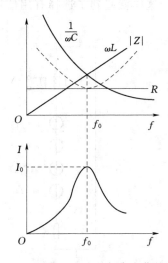
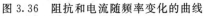
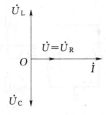

图 3.36　阻抗和电流随频率变化的曲线　　　　图 3.37　串联谐振时的相量图

（4）串联谐振时，电感、电容两端的电压可以是总电压的许多倍。

由图 3.37 所示相量图可见，由于 $\dot{U}_L$ 与 $\dot{U}_C$ 大小相同、相位相反，互相抵消，因而电源电压 $\dot{U} = \dot{U}_R$。

虽然 $\dot{U}_L + \dot{U}_C = 0$，但在谐振时电感上的电压 U_L 和电容上的电压 U_C 本身不容忽视。

$$\begin{cases} U_L = I_0 X_L = \dfrac{U}{R} X_L = \dfrac{X_L}{R} U \\[2mm] U_C = I_0 X_C = \dfrac{U}{R} X_C = \dfrac{X_C}{R} U \end{cases} \tag{3.63}$$

当 $X_L = X_C \gg R$ 时，$U_L \gg U$，$U_C \gg U$，若电压过高可能会造成电感线圈或电容器的绝缘被击穿，产生危害。因此电力系统应特别注意避免串联谐振的发生。

U_L 或 U_C 与电源电压 U 的比值，通常用 Q 表示，称为品质因数。

$$Q=\frac{U_L}{U}=\frac{U_C}{U}=\frac{\omega_0 L}{R}=\frac{1}{\omega_0 CR} \tag{3.64}$$

可见，在发生串联谐振时电感或电容上的电压是电源电压的 Q 倍。品质因数是表征串联谐振电路的谐振质量。

3. 串联谐振的应用

串联谐振在无线电工程中的应用很广泛，如图 3.38 所示的半导体收音机的输入电路就用它来选择信号，图 3.39 是它的等效电路。L_1 和 C_1 组成串联谐振电路，R 是线圈中的等效电阻。e_1，e_2，e_3，e_4，…是从天线接收到的或从磁棒中感应到 L_1 中的各种不同频率的无线电信号，分别对应频率 f_1、f_2、f_3、f_4，…根据公式 $f_0=\dfrac{1}{2\pi\sqrt{L_1 C_1}}$，调节可变电容器 C_1，当 C_1 为某值，电路谐振频率等于 f_1 时，电路对 e_1 频率的信号阻抗最小，则频率为 f_1 的信号 e_1 在回路中的电流最大，此频率的信号在 L_1 两端的电压也最高，信号再感应到 L_2 供给放大电路。而其他频率的信号由于未使电路谐振，因而电路的阻抗很大，电流很小，在 L_1 上感应的电压也很小，受到抑制。这样就起到了选择有用信号、抑制干扰的作用，这个作用称为选频特性。

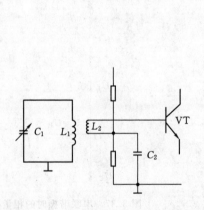

图 3.38　半导体收音机的输入电路

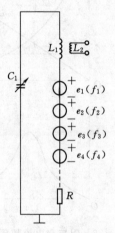

图 3.39　等效电路

4. 谐振电路的选择性和通频带

谐振电路选频特性强弱称为选择性。在 R、L、C 串联电路中，L、C 可以是任意值组合的，只要参数乘积相同，电路即可确定一个相同的谐振频率 f_0，但不同的 L、C、R 值，使它的选频特性不相同。例如，有的收音机选择性好，不串台；有的差，相近频率的电台信号搅在一起（串台），以致无法收听。此问题可通过频率特性曲线加以说明，如图 3.40 所示。曲线的尖锐与平坦是由品质因数决定的，当 $Q(Q_1>Q_1)$ 值高时，相同电压信号产生的电流 I_0 就大，根据式（3.62）、式（3.64）可知，减小回路电阻 R 是提高品质因数的方法之一。如图 3.41 所示，当曲线比较尖锐时，信号稍有偏离谐振频率 f_0，就被大大衰减，即曲线越尖锐，选择性就越强。同时在这里规定，在电路的电流 I 等于最大值 I_0 的 $1/\sqrt{2}$ 处所对应的上下限频率范围称为通频带宽度，即

$$\Delta f = f_2 - f_1 \qquad (3.65)$$

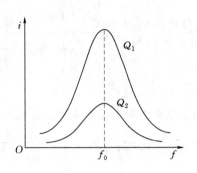

图 3.40　不同品质因数的特性曲线

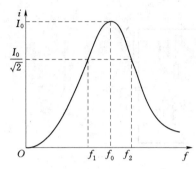

图 3.41　通频带宽度

通频带宽度越大，曲线越平坦，选择性越差。而选择性与品质因数 Q 直接相关联，Δf 与 Q 的关系为

$$\Delta f = \frac{f_0}{Q}$$

在实际应用中，也并不应只追求高的品质因数，也应该同时兼顾通频带宽度。例如，半导体收音机中频放大器的通频带宽度为 $\pm 10\text{kHz}$，而电视机中频放大器的通频带宽度为 8MHz，以保证中频信号上所承载的音频或视频信号的某些频率成分不被丢失。

【例 3.15】　某收音机的输入电路如图 3.38 所示，线圈 L_1 的电感 $L_1 = 0.3\text{mH}$，电阻 640kHz。今欲收听 640kHz 某电台的广播，应将可变电容 C_1 调到多少皮法？如在调谐回路中感应出电压 $U = 2\mu\text{V}$，试求这时回路中该信号的电流多大，并在线圈（或电容）两端得出多大电压？

【解】　根据 $f = \dfrac{1}{2\pi\sqrt{LC}}$ 可得

$$640 \times 10^3 = \frac{1}{2 \times 3.14 \times \sqrt{0.3 \times 10^{-3} C_1}}$$
$$C_1 = 204 \ (\text{pF})$$

这时

$$I = \frac{U}{R} = \frac{2 \times 10^{-6}}{16} = 0.13 \ (\mu\text{A})$$
$$X_C = X_L = 2\pi f L = 2 \times 3.14 \times 640 \times 10^3 \times 0.3 \times 10^{-3} = 1200 \ (\Omega)$$
$$U_C \approx U_L = X_L I = 1200 \times 0.13 \times 10^{-6} = 156 \times 10^{-6} = 156 \ (\mu\text{V})$$

3.7.2　并联谐振

为了提高谐振电路的选择性，常常需要较高的品质因数 Q，当信号源内阻较小时，可采用串联谐振电路。如信号源内阻很大，采用串联谐振，Q 值就很低，选择性会明显变坏。这种情况下，可采用并联谐振电路。

1. 并联谐振的条件

图 3.42 （a）所示为电感线圈与电容器并联的电路，R 是线圈的内阻，数值很小。等

效阻抗为

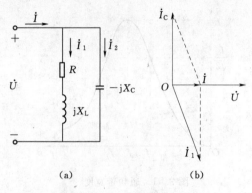

图 3.42　并联谐振
(a) 电路模型；(b) 相量图

$$Z = \frac{(R+jX_L)(-jX_C)}{R+jX_L-jX_C} = \frac{(R+j\omega L)\dfrac{1}{j\omega C}}{R+j\omega L+\dfrac{1}{j\omega C}}$$

$$= \frac{R+j\omega L}{j\omega RC-\omega^2 LC+1}$$

如果忽略电阻 R，等效阻抗近似为

$$Z \approx \frac{j\omega L}{1-\omega^2 LC+j\omega RC} = \frac{1}{\dfrac{1}{j\omega L}+j\omega C+\dfrac{RC}{L}}$$

$$= \frac{1}{\dfrac{RC}{L}+j\left(\omega C-\dfrac{1}{\omega L}\right)}$$

$$\tag{3.66}$$

要使 $\dot{U}$、$\dot{I}$ 同相位，必须使 $\omega C=\dfrac{1}{\omega L}$，即

$$\omega_0 = \frac{1}{\sqrt{LC}}$$

得到

$$f_0 = \frac{1}{2\pi\sqrt{LC}} \tag{3.67}$$

2. 并联谐振的特征

(1) 电路的总阻抗最大，总电流最小。

在谐振时电路的总阻抗最大，其值为

$$|Z_0| = \frac{L}{R_C} \tag{3.68}$$

因此，在电源电压一定的情况下，总电流 I 在谐振时达到最小值，即

$$I_0 = \frac{U}{|Z_0|} \tag{3.69}$$

(2) 谐振时两支路可能产生过电流。

由图 3.42 (b) 所示相量图可知，电感电流和电容电流都可能大于总电流，它的品质因数可以对应定义为

$$Q = \frac{I_L}{I} = \frac{I_C}{I} \tag{3.70}$$

可见，并联谐振时，电感电流和电容电流都可能比总电流大许多倍，所以，并联谐振也称为电流谐振。

3. 并联谐振电路的应用

并联谐振在无线电工程中也得到广泛应用。电路对电源某一频率谐振时，谐振回路呈现很大阻抗，因而电路中电流很小，这样在内阻上的压降也很小。于是在对外端口只得到一个高电压输出，而对于其他频率，电路不发生谐振，阻抗较小，电流就较大，在内阻上的压降也较大，使这些不需要的频率信号在对外端口所形成的电压很低，这样便起到了选择信号的作用。收音机、电视机中的变压器就是由并联谐振电路构成的。

3.8 三 相 电 路

前几节讨论了单相交流电路，但在实际应用中电能的产生、输送和分配，普遍采用三相交流电路。三相交流电路是由三个同频率、同幅值、相位互差120°的三相电源供电的体系。三相交流电路与单相交流电路相比具有以下的优点：

（1）远距离输送电能较为经济：电能损耗小，节约导线的使用量。在输送功率、电压、距离和线损相同的情况下，三相输电用铝仅是单相的75%。

（2）三相电器（如电动机，用电器等）在结构和制造上比较简单，工作性能优良，使用可靠。

因此，在单相交流电路的基础上，进一步研究三相交流电路具有重要意义。

3.8.1 三相电源

1. 电动势产生

三相正弦交流电动势是由三相正弦交流发电机所产生的，三相发电机主要由电枢和磁极组成。如图3.43（a）所示为一对磁极的三相发电机原理示意图。

电枢是固定的，亦称为定子，由定子铁芯和三相绕组组成。定子铁芯是用内圆表面冲有槽的硅钢片叠成。在槽内放置三组匝数相同、相互独立的对称绕组，称为三相绕组。绕组的始（头）端分别用U1、V1、W1标注，末（尾）端分别用U2、V2、W2标注。其中一相绕组如图3.43（b）所示。三相绕组的三个起端（或末端）在空间彼此相邻120°。

磁极是旋转的，亦称为转子。转子铁芯上绕有励磁绕组，通过直流电励磁。选择合理的极面形状和励磁绕组的分布，可以使气隙中的磁感应强度沿圆周按正弦规律分布。

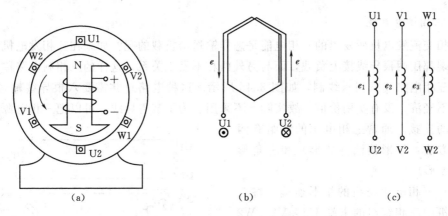

(a)　　　　　　　　　(b)　　　　　　　　　(c)

图3.43　三相交流发电机原理图

（a）三相交流电机原理图；（b）电枢绕组；（c）三相绕组及其电动势

2. 三相正弦交流电动势的表示方法

当原动机带动发电机的转子以匀速顺时针方向旋转时，经直流励磁后成为电磁铁的转子铁芯将依次经过每相定子绕组，绕组切割磁力线产生感应电动势，由于每相绕组匝数相同、空间角相差 120°，并且受同一对磁极作用，所以在 U1U2、V1V2、W1W2 三相绕组上产生的感应电动势频率相同、幅值相同、相互之间的相位差为 120°，称为三相对称电动势。e_1、e_2、e_3 的参考方向选定为由末端指向始端，如图 3.43 (c) 所示。

设 U 相绕组的感应电动势 e_1 为参考正弦量，则三相对称电动势的表示式为

$$\begin{cases} e_1 = E_m \sin\omega t \\ e_2 = E_m \sin(\omega t - 120°) \\ e_3 = E_m \sin(\omega t - 240°) = E_m \sin(\omega t + 120°) \end{cases} \tag{3.71}$$

也可用相量表示为

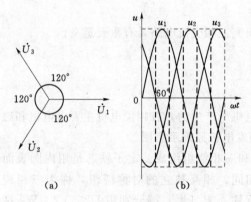

(a)

图 3.44　三相对称电动势
(a) 相量图；(b) 波形图

$$\begin{cases} \dot{E}_1 = E \angle 0° \\ \dot{E}_2 = E \angle -120° = E\left(-\dfrac{1}{2} - j\dfrac{\sqrt{3}}{2}\right) \\ \dot{E}_3 = E \angle 120° = E\left(-\dfrac{1}{2} + j\dfrac{\sqrt{3}}{2}\right) \end{cases} \tag{3.72}$$

如果用相量图和正弦波形来表示，则如图 3.44 所示。

显然，三相对称电动势的瞬时值或相量之和为零，即

$$\begin{cases} e_1 + e_2 + e_3 = 0 \\ \dot{E}_1 + \dot{E}_2 + \dot{E}_3 = 0 \end{cases} \tag{3.73}$$

三相交流电依次出现正幅值（或相应零值）的顺序称为"相序"，在此相序为 U—V—W。

3. 三相供电系统

三相交流发电机所发出的三相电能是怎样输送给负载的呢？如果在三相发电机的每相绕组两端都用两根导线接上负载，而与另外两相不发生关系，这样的三相制电路称为互不联系的三相电路或三相六线制，如图 3.45 所示。这种电路总共需要六根导线输送电能，这样很不经济，没有实用价值，故实际上不采用。为了节省导线，可以把三相电源的绕组作适当的连接。通常三相电源的绕组有两种连接方法：星形接法（Y 形）和三角形接法（△形）。

（1）三相电源绕组的星形连接。将三相发电机中三相绕组的末端 U2、V2、W2 连在一起，始端 U1、V1、W1 引出作输出线，这种连接称为星形接法，用 Y 表示。

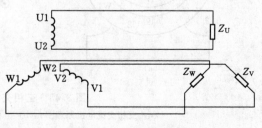

图 3.45　三相六线制

从始端 U1、V1、W1 引出的三根导线 L1、L2、L3 称为相线或端线，俗称火线；末端接成的一点称为中性点，简称中点，用 N 表示，从中性点引出的输电线称为中性线，简称中线。低压供电系统的中性点是直接接地的，把接大地的中性点称为零点，而把接地的中性线称为零线。工程上，L1、L2、L3 三根相线分别用黄、绿、红颜色来区别。有中线的三相制叫做三相四线制，如图 3.46 所示；无中线的三相制叫做三相三线制，如图 3.47 所示。

在图 3.46 中，电源每相绕组两端的电压，称为电源的相电压，相电压的参考方向规定为始端指向末端。有中线时，各相线与中线间的电压就是相电压，其有效值用 U_1、U_2、U_3 或一般用 U_P 表示。相线与相线间的电压称为线电压，其有效值用 U_{12}、U_{23}、U_{31} 或一般用 U_L 表示。规定线电压的参考方向是自 L1 相指向 L2 相，L2 相指向 L3 相。L3 相指向 L1 相。相电压和线电压的参考方向如图 3.46 所示。

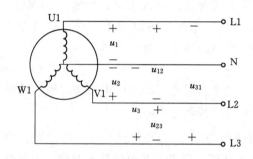

图 3.46　三相四线制接线

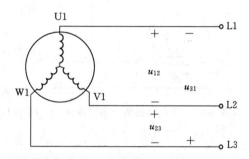

图 3.47　三相三线制接线

当发电机的绕组连成星形时，相电压和线电压显然是不相等的。根据图 3.46 中的参考方向，它们的关系是

$$u_{12} = u_1 - u_2$$

$$u_{23} = u_2 - u_3$$

$$u_{31} = u_3 - u_1$$

用相量表示为

$$\begin{cases} \dot{U}_{12} = \dot{U}_1 - \dot{U}_2 \\ \dot{U}_{23} = \dot{U}_2 - \dot{U}_3 \\ \dot{U}_{31} = \dot{U}_3 - \dot{U}_1 \end{cases} \quad (3.74)$$

相量图如图 3.48 所示。作相量图时，先作出相电压 $\dot{U}_1$、$\dot{U}_2$、$\dot{U}_3$，而后根据式 (3.74) 分别作出线电压 $\dot{U}_{12}$、$\dot{U}_{23}$、$\dot{U}_{31}$。可见线电压也是频率相同、幅值相等、相位互差 120° 的三相对称电压。在相位上比相应的相电压超前 30°。

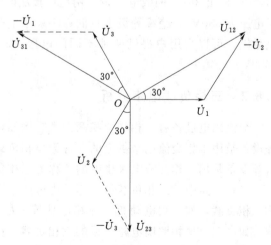

图 3.48　三相电源绕组星形连接时，相电压和线电压的相量图

由相量图可见

$$\frac{\frac{1}{2}U_L}{U_P}=\cos 30°=\frac{\sqrt{3}}{2}$$

$$U_L=\sqrt{3}U_P \tag{3.75}$$

可见，线电压是相电压的$\sqrt{3}$倍，且线电压超前对应相电压 30°。

发电机（或变压器）的绕组接成星形时，可以为负载提供两种对称三相电压：一种是对称的相电压；另一种是对称的线电压。目前电力电网低压供电系统中的线电压为 380V，相电压为 220V，常写作"电源电压 380V/220V"。

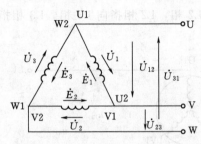

图 3.49　电源绕组的三角形连接

（2）三相电源绕组的三角形连接。将三相电源内每相绕组的末端和另一相绕组的始端依次相连的连接方式，称为三角形接法，用 △ 表示，如图 3.49 所示。

由图 3.49 所示电路中可以看出，三相电源作三角形连接时，线电压等于相电压，即

$$U_L=U_P \tag{3.76}$$

若三相电动势为对称三相正弦电动势，则三角形闭合回路的总电动势等于零。

$$\dot{E}=\dot{E}_1+\dot{E}_2+\dot{E}_3=0 \tag{3.77}$$

由此可见，电源绕组三角形连接时内部不存在环流。但若三相电动势不对称，则回路总电动势就不为零，此时即使外部没有负载，也会因为各相绕组本身的阻抗均较小，使闭合回路内产生很大的环流，这将使绕组过热，甚至烧毁。因此，三相发电机绕组一般不采用三角形接法而采用星形接法，三相变压器绕组有时采用三角形接法，但要求在连接前必须检查三相绕组的对称性及接线顺序。

星形接法与三角形接法相比有如下优点：①采用星形接法时，发电机绕组的电压较低（若同样输出 380V 的线电压，采用星形接法时绕组电压为 220V，而采用三角形接法时绕组电压为 380V），绝缘等级也较低；②采用星形接法时可引出中性线，构成三相四线制供电系统，可以为用户提供两种不同的电压（380V/220V），以适应照明（220V）和动力（380V）的需要。

3.8.2　三相负载电路分析

交流用电设备有三相和单相两大类。例如，照明用的白炽灯、家用电器，以及计算机等设备是用单相交流电来供电的，称为单相负载；工农业生产中大量使用的三相交流电动机等设备是用三相交流电来供电的，称为三相负载。

三相电路中的三相负载可能相同也可能不同，通常把各相负载相同的三相负载称为对称三相负载，如三相电动机、三相电炉等。如果各相负载不同，就称为不对称的三相负载，如由三个单相照明电路组成的三相负载。在一个三相电路中，如果三相电源和三相负载都是对称的，则称为对称三相电路，反之称为不对称三相电路。由于一般情况下，三相电源都是对称的，因而通常把对称三相负载组成的电路称为三相对称电路，把由不对称三

相负载组成的电路称为三相不对称电路。三相负载的连接也有星形连接（Y）与三角形连接（△）两种。

3.8.2.1 三相负载的星形连接

将三相负载分别接在三相电源的相线和中线之间的接法称为三相负载的星形连接（Y），如图 3.50 所示。图中 $|Z_1|$、$|Z_2|$、$|Z_3|$ 为各相负载的阻抗模，N' 为负载的中性点。

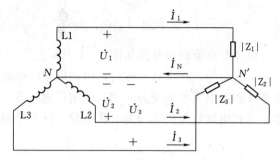

图 3.50 三相负载的星形连接

为了分析方便，先做如下规定：

（1）每相负载两端的电压称为负载的相电压，流过每相负载的电流 I_P 称为负载的相电流。

（2）流过相线的电流 I_L 称为线电流，相线与相线之间的电压称为线电压。

（3）负载为星形连接时，负载相电压的参考方向规定为从相线指向负载中性点 N'，分别用 $\dot{U}_1$、$\dot{U}_2$、$\dot{U}_3$ 表示。相电流的参考方向与相电压的参考方向一致。线电流的参考方向为电源端指向负载端。中线电流的参考方向规定为由负载中点指向电源中点。由图 3.50 可知，如忽略输电线上的电压损失，负载端的相电压就等于电源的相电压；负载端的线电压就等于电源的线电压。

因此，三相负载星形连接时，得到如下结论

$$\sqrt{3}U_P = U_L, I_P = I_L \tag{3.78}$$

每相负载中的电流分别为

$$\dot{I}_1 = \frac{\dot{U}_1}{Z_1}, \quad \dot{I}_2 = \frac{\dot{U}_2}{Z_2}, \quad \dot{I}_3 = \frac{\dot{U}_3}{Z_3} \tag{3.79}$$

负载中电流的有效值分别为

$$I_1 = \frac{U_1}{|Z_1|}, \quad I_2 = \frac{U_2}{|Z_2|}, \quad I_3 = \frac{U_3}{|Z_3|} \tag{3.80}$$

各相负载的电压与电流之间的相位差分别为

$$\varphi_1 = \arctan\frac{X_1}{R_1}, \quad \varphi_2 = \arctan\frac{X_2}{R_2}, \quad \varphi_3 = \arctan\frac{X_3}{R_3} \tag{3.81}$$

与单相负载电路的计算方法相同。

1. 三相对称负载

当三相负载对称时，$Z_1 = Z_2 = Z_3 = Z$，此时

$$I_1 = I_2 = I_3 = I_P = \frac{U_P}{|Z|}$$

$$\varphi_1 = \varphi_2 = \varphi_3 = \varphi = \arctan\frac{X}{R}$$

因此，在三相对称电路中，相电流也对称，即三个相电流数值相同、相位相差120°。电路计算时就不用逐相计算，可以只计算一相电流，其他两相电流相隔120°相位角写出

来即可。

负载对称时中线电流为

$$\dot{I}_N = \dot{I}_1 + \dot{I}_2 + \dot{I}_3 = \frac{\dot{U}_1}{Z} + \frac{\dot{U}_2}{Z} + \frac{\dot{U}_3}{Z} = \frac{1}{Z}(\dot{U}_1 + \dot{U}_2 + \dot{U}_3) = 0$$

电压和电流的相量图如图 3.51 所示。

上式表明，在负载对称时，电路的中线电流等于零，因此，可以将中线去掉不要，三相四线制供电系统就变为三相三线制供电系统，如图 3.52 所示。电力系统中的三相变压器、三相电动机等负载均为对称负载，这些负载工作时可以采用三相三线供电方式。

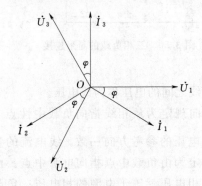

图 3.51　对称负载星形连接时电压和电流的相量图

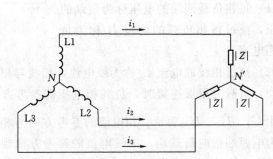

图 3.52　对称负载星形连接的三相三线制电路

【例 3.16】　三相交流电路如图 3.52 所示，三相电源对称，线电压 $u_{12} = 380\sqrt{2}\sin(314t + 30°)$V，负载对称 $Z = (3 + j4)\Omega$。求各线电压、相电流的瞬时值。

【解】　因为 $u_{12} = 380\sqrt{2}\sin(314t + 30°)$V，所以 $u_1 = 220\sqrt{2}\sin 314t$V，$\dot{U}_1 = 220\angle 0°$V，则

$$\dot{I}_1 = \frac{\dot{U}_1}{Z} = \frac{220\angle 0°}{3 + j4} = \frac{220\angle 0°}{5\angle 53.1°} = 44\angle -53.1°\ (A)$$

根据对称性原理有

$$\dot{I}_2 = 44\angle -173.1°\ A, \quad \dot{I}_3 = 44\angle 66.9°\ A$$

相电流、线电流为

$$\begin{cases} i_1 = 44\sqrt{2}\sin(314t - 53.1°)(A) \\ i_2 = 44\sqrt{2}\sin(314t - 173.1°)(A) \\ i_3 = 44\sqrt{2}\sin(314t + 66.9)(A) \end{cases}$$

2. 三相不对称负载

如果三相负载不对称但电路有中线时，中线仍然能够保证负载的相电压与电源的相电压相等，但是由于三相负载 $Z_1 \neq Z_2 \neq Z_3$，所以在电路分析时要按照单相电路的求解方法逐相计算各相电流，计算得到的三个相电流不再对称，同时电路的中线电流也不再为零，即

$$\dot{I}_N = \dot{I}_1 + \dot{I}_2 + \dot{I}_3 \neq 0$$

负载越不对称中线电流越大。

【例3.17】 在图3.35所示电路中，电源电压对称，每相电压 $U_P = 220V$；负载为白炽灯组，在额定电压下其电阻分别为 $R_1 = 5\Omega$，$R_2 = 10\Omega$，$R_3 = 20\Omega$。试求负载相电压、负载电流及中性线电流。电灯的额定电压为220V。

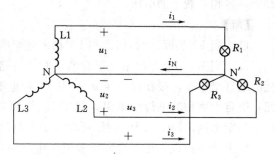

图3.53 ［例3.17］图

【解】 在负载不对称而有中性线（其上电压可忽略不计）的情况下，负载相电压和电源相电压相等，也是对称的，其有效值为220V。

本例题如用复数计算，求中性线电流较为容易。先计算各相电流为

$$\dot{I}_1 = \frac{\dot{U}_1}{R_1} = \frac{220 \angle 0°}{5} = 44 \angle 0° \text{ (A)}$$

$$\dot{I}_2 = \frac{\dot{U}_2}{R_2} = \frac{220 \angle -120°}{10} = 22 \angle -120° \text{ (A)}$$

$$\dot{I}_3 = \frac{\dot{U}_3}{R_3} = \frac{220 \angle 120°}{20} = 11 \angle 120° \text{ (A)}$$

根据图中电流的参考方向，中性线电流为

$$\dot{I}_N = \dot{I}_1 + \dot{I}_2 + \dot{I}_3 = 44 \angle 0° + 22 \angle -120° + 11 \angle 120°$$
$$= 44 + (-11 - j18.9) + (-5.5 + j9.45)$$
$$= 27.5 - j9.45$$
$$= 29.1 \angle -19° \text{ (A)}$$

【例3.18】 在［例3.17］中，试求当L1相短路时和L1相短路而中性线又断开时（图3.54）各相负载上的电压。

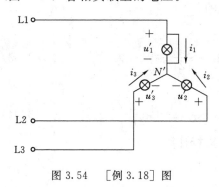

图3.54 ［例3.18］图

【解】

（1）当L1短路时，L1相短路电流很大，将L1相中的熔断器熔断，而L2相和L3相未受影响，其相电压仍为220V。

（2）当L1相短路而中性线又断开时负载中性点 N' 点即为L1，因此各相负载电压为

$$\dot{U}_1' = 0，U_1' = 0$$

$$\dot{U}_2' = \dot{U}_{21}，U_2' = 380V$$

$$\dot{U}_3' = \dot{U}_{31}，U_3' = 380V$$

在这种情况下，L2和L3相的电灯组上所加的电压都超过电灯的额定电压（220V），

这是不容许的。

【例 3.19】 在［例 3.17］中，试求 L1 相断开时和 L1 相断开而中性线也断开时（图 3.55）各相负载上的电压。

【解】

（1）当 L1 相断开时，L2 和 L3 相未受影响。

（2）当 L1 相断开而中性线也断开时，电路已成为单相电路，即 L2 相的电灯组和 L3 相的电灯组串联，接在线电压 $u_{23}=380\text{V}$ 的电源上，两相电流相同。至于两相电压如何分配，决定于两相的电灯组电阻。如果 L2 相的电阻比 L3 相的电阻小，则其相电压低于电灯组额定电压，而 L3 相的电压可能高于电灯组的额定电压。这是不容许的。

综上所述，在三相不对称负载电路中，中线的作用在于使星形连接的三相负载的相电压保持对称，因此中线不能断开，中线内不接入熔断器或开关。

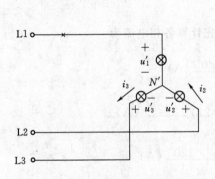

图 3.55 ［例 3.19］图

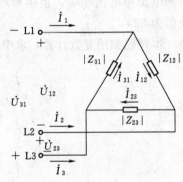

图 3.56 三相负载的三角形连接

3.8.2.2 三相负载的三角形连接

把三相负载分别接在三相电源的每两根相线之间，就称为三相负载的三角形（△）连接。三角形连接时的电压、电流参考方向如图 3.56 所示。

在三角形连接中，由于各相负载都直接接在电源的线电压上，因此，负载的相电压与电源的线电压相等。因此，不论负载对称与否，其相电压总是对称的，即

$$U_{12}=U_{23}=U_{31}=U_{\text{L}}=U_{\text{P}} \tag{3.82}$$

在负载三角形连接时，相电流和线电流是不一样的。

各相负载的相电流的有效值分别为

$$I_{12}=\frac{U_{12}}{|Z_{12}|}, \quad I_{23}=\frac{U_{23}}{|Z_{23}|}, \quad I_{31}=\frac{U_{31}}{|Z_{31}|} \tag{3.83}$$

各相负载的电压与电流之间的相位差分别为

$$\varphi_{12}=\arctan\frac{X_{12}}{R_{12}}, \quad \varphi_{23}=\arctan\frac{X_{23}}{R_{23}}, \quad \varphi_{31}=\arctan\frac{X_{31}}{R_{31}} \tag{3.84}$$

负载的线电流可应用基尔霍夫电流定律列出下式进行计算

$$\begin{cases} \dot{I}=\dot{I}_{12}-\dot{I}_{31} \\ \dot{I}_2=\dot{I}_{23}-\dot{I}_{12} \\ \dot{I}_3=\dot{I}_{31}-\dot{I}_{23} \end{cases} \tag{3.85}$$

如果负载对称，即

$$|Z_{12}|=|Z_{23}|=|Z_{31}|=|Z| \text{ 和 } \varphi_{12}=\varphi_{23}=\varphi_{31}=\varphi$$

则负载的相电流也是对称的，即

$$I_{12}=I_{23}=I_{31}=I_\mathrm{P}=\frac{U_\mathrm{P}}{|Z|}$$

$$\varphi_{12}=\varphi_{23}=\varphi_{31}=\varphi=\arctan\frac{X}{R}$$

根据式（3.84）利用平行四边形法则，分别画出其相量图，如图 3.57 所示。

由相量图可明显看出：对于做三角形连接的对称负载来说，线电流与相电流的关系为：

（1）线电流和相电流一样也是对称的。

（2）线电流等于相电流的 $\sqrt{3}$ 倍，即 $I_\mathrm{L}=\sqrt{3}I_\mathrm{P}$。

（3）线电流滞后对应的相电流 30°。

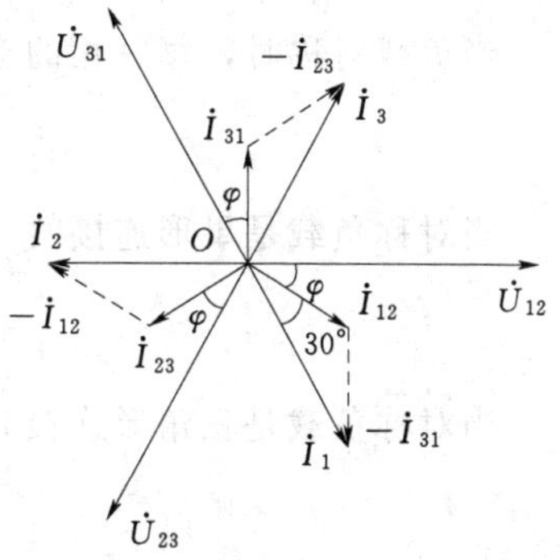

因此，三相负载接到三相电源中，应做 △ 形、还是 Y 形连接，应根据三相负载的额定电压而定。若各相负载的额定电压等于电源的线电压，则应做 △ 形连接；若各相负载的额定电压是电源线电压的 $1/\sqrt{3}$ 倍，则应做 Y 形连接。例如，我国低压供电的线电压为 380V，当三相电动机绕组的额定电压为 380V 时，就应做 △ 连接；当绕组的额定电压为 220V 时，就应做 Y 形连接。另外，因为大多照明灯具额定电压都为 220V，故照明电路一般应接成 Y 形。

图 3.57 对称负载三角形连接时的电压、电流相量图

【例 3.20】 电路如图 3.56 所示，已知三相对称电源 $\dot{U}_{12}=380\angle0°$V，电源频率 $f=50\mathrm{Hz}$，负载 $Z_{12}=Z_{23}=Z_{31}=Z=(30+\mathrm{j}40)\Omega$。求线电流 i_1，i_2，i_3。

【解】 先求相电流

$$\dot{I}_{12}=\frac{\dot{U}_{12}}{Z}=\frac{380\angle0°}{30+\mathrm{j}40}=\frac{380\angle0°}{50\angle53.1°}=7.6\angle-53.1° \text{ (A)}$$

根据对称性原理有

$$\dot{I}_{23}=7.6\angle-53.1°-120°=7.6\angle-173.1° \text{ (A)}$$

$$\dot{I}_{31}=7.6\angle-53.1°+120°=7.6\angle66.9° \text{ (A)}$$

线电流为

$$\dot{I}_1=7.6\sqrt{3}\angle-53.1°-30°=7.6\sqrt{3}\angle-83.1° \text{ (A)}$$

$$\dot{I}_2=7.6\sqrt{3}\angle-83.1°-120°=7.6\sqrt{3}\angle-203.1°=7.6\sqrt{3}\angle156.9° \text{ (A)}$$

$$\dot{I}_3=7.6\sqrt{3}\angle-53.1°+120°=7.6\sqrt{3}\angle36.9° \text{ (A)}$$

瞬时值为

$$i_1=7.6\sqrt{3}\sin(314t-58.1°) \text{ (A)}$$

$$i_2=7.6\sqrt{3}\sin(314t+156.9°) \text{ (A)}$$

$$i_3 = 7.6\sqrt{3}\sin(314t + 36.9°) \text{ (A)}$$

3.8.3 三相功率

无论三相负载是星形连接，还是三角形连接，总的有功（平均）功率必等于各相有功功率之和，即

$$P = P_1 + P_2 + P_3 \tag{3.86}$$

其中：$P_1 = U_{P1}I_{P1}\cos\varphi_1$，$P_2 = U_{P2}I_{P2}\cos\varphi_2$，$P_3 = U_{P3}I_{P3}\cos\varphi_3$。

当负载对称时，每一相的有功功率相等，因此，三相总的有功功率为

$$P = 3P_P = 3U_P I_P \cos\varphi \tag{3.87}$$

当对称负载是星形连接时

$$U_L = \sqrt{3}U_P，I_L = I_P$$

当对称负载是三角形连接时

$$U_L = U_P，I_L = \sqrt{3}I_P$$

将上述关系代入式（3.86）中得出，不论对称负载是星形连接还是三角形连接，三相总的平均功率为

$$P = 3U_P I_P \cos\varphi = \sqrt{3}U_L I_L \cos\varphi \tag{3.88}$$

值得注意的是，式（3.88）中的 φ 角仍为相电压与相电流之间的相位差。

式（3.86）和式（3.87）都是计算三相有功功率的，但通常采用式（3.87），是因为在三相负载中线电压、线电流的测量比相电压、相电流来得方便。

同理，可以得出三相无功功率和视在功率

$$Q = 3U_P I_P \sin\varphi = \sqrt{3}U_L I_L \sin\varphi \tag{3.89}$$

$$S = 3U_P I_P = \sqrt{3}U_L I_L \tag{3.90}$$

如果三相负载不对称，且各相负载性质不同，则三相总的有功功率为 $P = P_1 + P_2 + P_3$；三相总的无功功率为 $Q = Q_1 + Q_2 + Q_3$；三相总的视在功率为 $S = \sqrt{P^2 + Q^2}$。

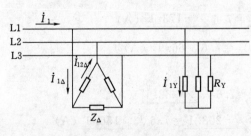

图 3.58　[例 3.21] 图

【3.21】　线电压 U_L 为 380V 的三相电源上接有两组对称性负载：一组是三角形连接的电感性负载，每组阻抗 $Z_\Delta = 36.3$ $\angle 37°$ Ω；另一组是星形连接的电阻性负载，每相电阻 $R_Y = 10Ω$，如图 3.58 所示。试求：

（1）各组负载的相电流。

（2）电路线电流。

（3）三相有功功率。

【解】　设线电压 $\dot{U}_{12} = 380 \angle 0°$ V，则相电压 $\dot{U}_1 = 220 \angle -30°$ V。

（1）由于三相负载对称，所以计算一相即可，其他两相可以推知。

对于三角形连接的负载，其相电流为

$$\dot{I}_{12\Delta}=\frac{\dot{U}_{12}}{Z_\Delta}=\frac{380\ \angle\ 0°}{36.3\ \angle\ 37°}=10.47\ \angle\ -37°\ (A)$$

对于星形连接的负载，其相电流即为线电流

$$\dot{I}_{1Y}=\frac{\dot{U}_1}{R_Y}=\frac{220\ \angle\ -30°}{10}=22\ \angle\ -30°\ (A)$$

（2）先求三角形连接的电感性负载的线电流 $\dot{I}_{1\Delta}$。由图 3.57 可知，$I_{1\Delta}=\sqrt{3}I_{12\Delta}$，且 $\dot{I}_{1\Delta}$ 较 $\dot{I}_{12\Delta}$ 滞后 30°，于是得出

$$\dot{I}_{1\Delta}=10.47\sqrt{3}\angle\ -37°-30°=18.13\ \angle\ -67°\ (A)$$

$\dot{I}_{1Y}$ 与 $\dot{I}_{1\Delta}$ 相位不同，不能错误地把 22A 和 18.13A 相加作为电路线电流。

两者相量相加才对，即

$$\dot{I}_1=\dot{I}_{1\Delta}+\dot{I}_{1Y}=18.3\ \angle\ -67°+22\ \angle\ -30°=38\ \angle\ -46.7°\ (A)$$

电路线电流也是对称的。

一相电压与电流的相量图如图 3.59 所示。

（3）三相电路有功功率为

$$\begin{aligned}P&=P_\Delta+P_Y\\&=\sqrt{3}U_L I_{1\Delta}\cos\varphi_\Delta+\sqrt{3}U_L I_{1Y}\\&=\sqrt{3}\times380\times18.13\times0.8+\sqrt{3}\times380\times22\\&=9546+14480=24026\ (W)\\&\approx24\ (kW)\end{aligned}$$

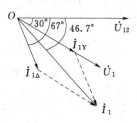

图 3.59　[例 3.21] 图

习　题

1. 填空题

（1）表征正弦交流电振荡幅度的量是它的＿＿＿＿；表征正弦交流电随时间变化快慢程度的量是＿＿＿＿；表征正弦交流电起始位置时的量称为它的＿＿＿＿。三者称为正弦量的＿＿＿＿。

（2）电阻元件上任一瞬间的电压电流关系可表示为＿＿＿＿；电感元件上任一瞬间的电压电流关系可以表示为＿＿＿＿；电容元件上任一瞬间的电压电流关系可以表示为＿＿＿＿。由上述三个关系式可得，＿＿＿＿元件为即时元件；＿＿＿＿和＿＿＿＿元件为动态元件。

（3）在 RLC 串联电路中，已知电流为 5A，电阻为 30Ω，感抗为 40Ω，容抗为 80Ω，那么电路的阻抗为＿＿＿＿，该电路为＿＿＿＿性电路。电路中吸收的有功功率为＿＿＿＿，吸收的无功功率又为＿＿＿＿。

（4）日光灯电路采用＿＿＿＿的方法提高其功率因数。

（5）对称三相负载作 Y 接，接在 380V 的三相四线制电源上。此时负载端的相电压等

于_____倍的线电压；相电流等于_____倍的线电流；中线电流等于_____。

(6) 有一对称三相负载成星形连接，每相阻抗均为 22Ω，功率因数为 0.8，又测出负载中的电流为 10A，那么三相电路的有功功率为_____；无功功率为_____；视在功率为_____。假如负载为感性设备，则等效电阻是_____；等效电感量为（工频下）_____。

2. 选择题

(1) 已知某正弦交流电压的周期 10ms，有效值为 220V，在 $t=0$ 时正处于由正直过渡为负值的零值，则其表达式可写作（　）。

    A. $u=380\sin(100t+180°)$V
    B. $u=-311\sin200\pi t$V

    C. $u=220\sin(628t+180°)$V
    D. $u=311\sin(628t+180°)$V

(2) 某正弦电流的有效值为 7.07A，频率 $f=100$Hz，初相角 $\varphi=-60°$，则该电流的瞬时值表达式为（　）。

    A. $i=5\sin(100\pi t-60°)$A
    B. $i=7.07\sin(100\pi t+30°)$A

    C. $i=10\sin(200\pi t-60°)$A
    D. $i=10\sin(200\pi t+30°)$A

(3) 与电流相量 $\dot{I}=4+j3$ 对应的正弦电流可写作 $i=$（　）。

    A. $5\sin(\omega t+53.1°)$A
    B. $5\sin(\omega t+36.9°)$A

    C. $5\sqrt{2}\sin(\omega t+53.1°)$A
    D. $5\sqrt{2}\sin(\omega t+36.9°)$A

(4) 用幅值（最大值）相量表示正弦电压 $u=537\sin(\omega t-90°)$V，可写作 $\dot{U}_m$（　）。

    A. $\dot{U}_m=537\angle-90°$V
    B. $\dot{U}_m=537\angle90°$V

    C. $\dot{U}_m=537\angle\omega t-90°$V
    D. $\dot{U}_m=537\angle\omega t+90°$V

(5) 如图 3.60 所示，将正弦电压 $u=10\sin(314t+30°)$V 施加于电阻为 5Ω 的电阻元件上，则通过该元件的电流 $i=$（　）。

    A. $2\sin314t$A
    B. $2\sin(314t+30°)$A

    C. $2\sin(314t-30°)$A
    D. $2\sqrt{2}\sin(314t+30°)$A

(6) 如图 3.61 所示，将正弦电压 $u=10\sin(314t+30°)$V 施加于感抗 $X_L=5$Ω 的电感元件上，则通过该元件的电流 $i=$（　）。

    A. $50\sin(314t+90°)$A
    B. $50\sin(314t-90°)$A

    C. $2\sin(314t-60°)$A
    D. $2\sin(314t+60°)$A

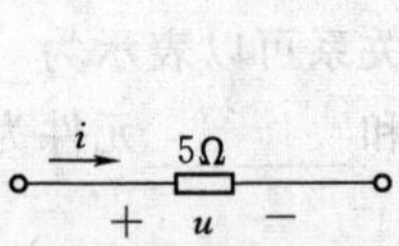

图 3.60　选择题 (5) 图 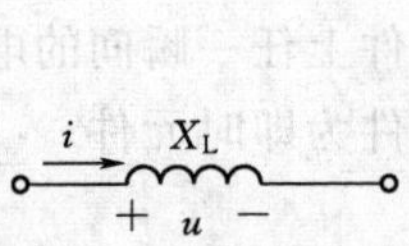　　图 3.61　选择题 (6) 图 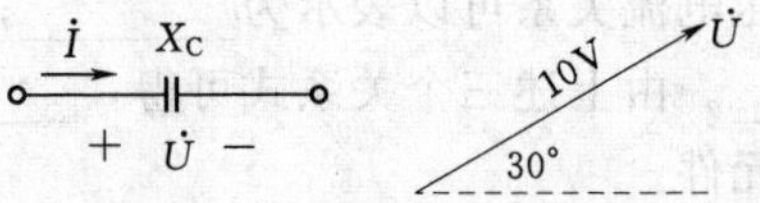　　图 3.62　选择题 (7) 图

(7) 如图 3.62 所示相量图，正弦电压 $\dot{U}$ 施加于容抗 $X_C=5$Ω 的电容元件上，则通过该元件的电流相量 $\dot{I}=$（　）。

    A. $2\angle120°$A
    B. $50\angle120°$A

C. $2 \underline{/-60°}$A　　　　　　　　　　　D. $50 \underline{/-120°}$A

(8) 已知两正弦电流 $i_1 = 5\sin(100\pi t + 30°)$A，$i_2 = 5\sin(100\pi t - 60°)$A，则两者的相位关系是（　　）。

A. 同相　　　　　B. 反相　　　　　C. 正交　　　　　D. 相位相差 $120°$

(9) 在图 3.63 所示电路中，已知 $i_1 = 4\sin\omega t$A，$i_2 = 3\sin\omega t$A，则 i 为（　　）。

A. $7\sin\omega t$A　　　　B. $-7\sin\omega t$A　　　　C. $\sin\omega t$A　　　　D. $-\sin\omega t$A

(10) 下列表达式中正确的有（　　）。

A. $\dfrac{u_C}{i_C} = X_C$　　　B. $\dfrac{u_L}{i_L} = jX_L$　　　C. $\dfrac{\dot{U}}{\dot{I}} = R + jX$　　　D. $U = 100 \underline{/60°}$

图 3.63　选择题（9）图

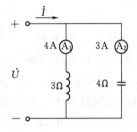

图 3.64　选择题（11）图

(11) 在图 3.64 中，$I =$（　　），$Z =$（　　）。

A. 7A，$j(3-4)$ Ω　　　　　　　　　　B. 1A，$12 \underline{/90°}$ Ω

C. 7A，$12 \underline{/90°}$ Ω　　　　　　　　D. 1A，$j(3-4)$Ω

(12) 无源二端网络的等效复阻抗 Z 为 $25 \underline{/30°}$kΩ，则该电路为（　　）。

A. 容性电路　　　　B. 感性电路　　　　C. 电阻电路　　　　D. 不确定

(13) 在 RLC 串联电路中，发生串联谐振具有的下列特征中描述错误的是（　　）。

A. 电路的阻抗模值最小　　　　　　　B. 电路中的电流最小

C. 电路对电源呈现电阻性　　　　　　D. 电路中的总电压等于电阻上的电压

(14) 某一负载消耗的有功功率为 300W，消耗的无功功率为 400var，则该负载的视在功率为（　　）。

A. 700VA　　　　B. 100VA　　　　C. 500VA　　　　D. 1000VA

(15) 三相交流电路中，负载对称的条件是（　　）。

A. $|Z_A| = |Z_B| = |Z_C|$　　　　　　　B. $\varphi_A = \varphi_B = \varphi_C$

C. $Z_A = Z_B = Z_C$　　　　　　　　　D. 都不对

(16) 某三相电路中 A、B、C 三相的有功功率分别为 P_A、P_B、P_C，则该三相电路总有功功率 P 为（　　）。

A. $P_A + P_B + P_C$　　　　　　　　B. $\sqrt{P_A^2 + P_B^2 + P_C^2}$

C. $\sqrt{P_A + P_B + P_C}$　　　　　　　D. $(P_A + P_B + P_C)/3$

(17) 对称三相电路的无功功率 $Q = \sqrt{3}U_1 I_1 \sin\varphi$，式中角 φ 为（　　）。

A. 线电压与线电流的相位差角　　　　B. 负载阻抗的阻抗角

C. 负载阻抗的阻抗角与 30°之和　　　　D. 线电压与相电流的相位差角

（18）某三相对称电路的线电压 $u_{AB}=U_l\sqrt{2}\sin(\omega t+30°)$V，线电流 $i_A=I_l\sqrt{2}\sin(\omega t+\varphi)$A，正向序。负载连接成星形，每相复阻抗 $Z=|Z|\angle\varphi$。该三相电路的有功功率表达式为（　　）。

A. $\sqrt{3}U_lI_l\cos\varphi$　　　　　　　　　B. $\sqrt{3}U_lI_l\cos(30°+\varphi)$

C. $\sqrt{3}U_lI_l\cos30°$　　　　　　　　　D. $\sqrt{3}U_lI_l\sin\varphi$

3. 综合题

（1）已知正弦电压和电流的波形如图 3.65 所示，频率为 50Hz，试指出它们的最大值、初相位以及它们之间的相位差，并说明哪个正弦量超前，超前多少角度？超前多少时间？

（2）某正弦电流的频率为 50Hz，有效值为 $5\sqrt{2}$A，在 $t=0$ 时，电流的瞬时值为 5A，且此时刻电流在增加，求该电流的瞬时值表达式。

（3）已知复数 $A_1=6+j8$，$A_2=4+j4$，试求它们的和、差、积、商。

（4）试将下列各时间函数用对应的相量来表示：

1）$i_1=5\sin\omega t$A，$i_2=10\sin(\omega t+60°)$A。

2）$i=i_1+i_2$。

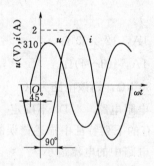
图 3.65　综合题（1）图

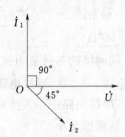
图 3.66　综合题（5）图

（5）在图 3.66 所示的相量图中，已知 $U=220$V，$I_1=10$A，$I_2=5\sqrt{2}$A，它们的角频率是 ω。试写出各正弦量的瞬时值表达式及其相量。

（6）在图 3.67 所示电路中，已知 $R=100\Omega$，$L=31.8$mH，$C=318\mu$F。求电源的频率和电压分别为 50Hz、100V 和 1000Hz、100V 两种情况下，开关 S 合向 a、b、c 位置时电流表的读数，并计算各元件中的有功功率和无功功率。

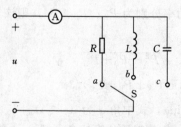
图 3.67　综合题（6）图

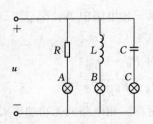
图 3.68　综合题（7）图

（7）在图 3.68 所示电路中，三个照明灯相同，$R = X_L = X_C$，试问接于交流电源上时，照明灯的亮度有什么不同？若改接到电压相同的直流电源，稳定后，与接交流电压时相比，各照明灯的亮度有什么变化？

（8）有一交流接触器，其线圈额定电压 220V，频率 50Hz，线圈电阻 1.4kΩ，电流 27.5mA，试求线圈电感。

（9）日光灯电源的电压为 220V，频率为 50Hz，灯管相当于 300Ω 的电阻，与灯管串联的镇流器在忽略电阻的情况下相当于 500Ω 感抗的电感，试求灯管两端的电压和工作电流，并画出相量图。

（10）RLC 串联的交流电路，$R = 10\Omega$，$X_C = 8\Omega$，$X_L = 6\Omega$，通过该电路的电流为 21.5A。求该电路的有功功率、无功功率和视在功率。

（11）计算综合题（9）日光灯电路的视在功率、有功功率、无功功率和功率因数。

（12）有一中间继电器，其线圈额定电压 220V，频率 50Hz，线圈电阻 1.6kΩ，线圈电感 25H，试求线圈电流及功率因数。

（13）一只 40W 的日光灯与镇流器（可近似地把镇流器看做纯电感）串联接在电压为 220V，频率为 50Hz 的电源上。已知灯管工作时属于纯电阻负载，灯管两端的电压等于 110V，试求镇流器的电感。这时电路的功率因数等于多少？若将功率因数提高到 0.9，问应并联多大电容。

（14）某收音机输入电路的电感约为 0.3mH，可变电容器的调节范围为 25～360pF。试问能否满足收听中波段 535～1605kHz 的要求。

（15）串联谐振电路如图 3.69 所示，已知电压表 V_2、V_3 的读数分别为 150V 和 120V，试问电压表 V_1 的读数为多少？

（16）RLC 组成的串联谐振电路，已知 $U = 10V$，$I = 1A$，$U_C = 80V$，试问电阻 R 多大？品质因数 Q_f 又是多大？

（17）在图 3.70 所示的电路中，已知 $u = (10 + 10\sin1000t + 10\sin2000t)$mV，$R = 10\Omega$，$C = 50\mu F$，$L = 10mH$。求电流 i 及其有效值。

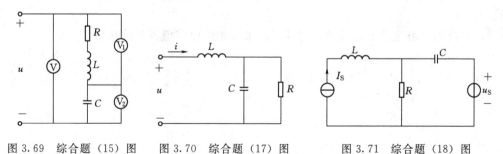

图 3.69　综合题（15）图　　图 3.70　综合题（17）图　　图 3.71　综合题（18）图

（18）在图 3.71 所示的电路中，直流理想电流源的电流 $I_S = 2A$，交流理想电压源的电压 $u_S = 12\sqrt{2}\sin314t$V，此频率时的 $X_C = 3\Omega$，$X_L = 6\Omega$，$R = 4\Omega$。求通过电阻 R 的电流瞬时值、有效值和 R 中消耗的有功功率。

（19）已知星形连接的三相电源 $u_{BC} = 220\sqrt{3}\sin(\omega t - 90°)$V，相序为 $A \rightarrow B \rightarrow C$。试写出 u_{AB}、u_{CA}、u_A、u_B、u_C 的表达式。

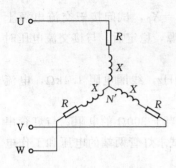

图 3.72　综合题（20）图

（20）如图 3.72 所示的三相对称电路，线电压 $U_L=380V$，每相负载 $Z=6+j8\Omega$。试求相电压、相电流、线电流，并画出电压和电流的相量图。

（21）有一电源和负载都是星形连接的对称三相电路，已知电源相电压为 220V，负载每相阻抗模 $|Z|=10\Omega$，试求负载的相电流和线电流、电源的相电流和线电流。

（22）有一电源和负载都是三角形连接的对称三相电路，已知电源相电压为 220V，负载每相阻抗模 $|Z|=10\Omega$，试求负载的相电流和线电流，电源的相电流和线电流。

（23）有一电源为三角形连接，而负载为星形连接的对称三相电路，已知电源相电压为 220V，每相负载的阻抗模为 10Ω，求负载和电源的相电流和线电流。

（24）有一三相四线制照明电路，相电压为 220V，已知三个相的照明灯组分别由 34 只、45 只、56 只白炽灯并联组成，每只白炽灯的功率都是 100W，求三个线电流和中性线电流的有效值。

（25）在图 3.73 所示三相电路中，$R=X_C=X_L=25\Omega$，接于线电压为 220V 的对称三相电源上，求各相线中的电流。

（26）某三相负载，额定相电压为 220V，每相负载 $Z=(4+j3)\Omega$，接入线电压为 380V 的对称三相电源，试问该负载应采用什么连接方法？负载的有功功率、无功功率和视在功率是多少？

（27）有一星形连接的电感性对称负载，额定值为 $U_N=380V$，$\cos\varphi=0.6$，$f=50Hz$，负载消耗的有功功率 $P=3kW$。

1）若利用一组星形连接的电容器与三相负载并联，使得每相电路的功率因数提高到 0.9，试求每相的电容值及其耐压值。

2）若改用一组三角形连接的电容器，试求每相的电容值及其耐压值。

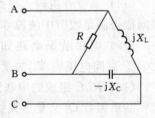

图 3.73　综合题（25）图

第4章 电路的暂态分析

本章要求：

1. 了解微分电路和积分电路。

2. 熟悉电路的暂态和稳态、零输入响应、零状态响应、全响应的概念，以及时间常数的物理意义。

3. 掌握换路定则及初始值的求法，一阶线性电路分析的三要素法。

本章难点：

1. 用换路定则求初始值。

2. 用一阶线性电路暂态分析的三要素法求解暂态电路。

3. 微分电路与积分电路的分析。

前面三章所讨论的电路多为电阻性电路，即电路仅由电阻元件和电源构成。在该类电路中的电压、电流遵循欧姆定律，即各电压、电流间的关系都表现为线性代数关系。然而实际的大部分电路中不可避免地要包含电容、电感等元件，由于电容、电感元件的电压与电流之间的关系为微分或积分关系，故该类元件称为动态元件（Dynamic Element）。包含至少一个动态元件的电路称为动态电路。本章将讨论动态电路的构成、响应及其应用。在分析动态电路时，首先需要了解动态电路的两个状态：稳定状态和过渡状态。

自然界中，事物的运动在一定的条件下处于一种稳定状态。当条件改变时，就从一种稳定状态过渡到另一种新的稳定状态，这个过程叫做过渡过程。例如，列车从静止到匀速运行，中间必有一个加速（动能的积累）过程，而从匀速运行到停车，又有一个减速（动能的减少）过程。这就是说，列车的运行，由一种稳定状态过渡到另一种稳定状态，总是伴随着能量的积累或减少，而能量的积累或减少是不能跃变的。

在动态电路中，当电源电压或电流恒定或作周期性变化时，电路中的电压和电流也都是恒定的或按周期性变化。电路的这种状态称为稳定状态，简称稳态（Steady State）。电路从一个稳态经过一定时间过渡到另一种稳态的过程，称为电路的过渡过程。由于电路的过渡过程所经历的时间非常短，所以过渡过程又称暂态过程，简称暂态（Transient State）。电路的暂态过程是由于电路的接通、断开，或电路的参数、结构、电源等突然改变引起的，这种电路状态的变化称为换路。换路为暂态过程提供了条件，但暂态过程的发生还是因为电路本身有电容、电感等动态储能元件。因为这些储能元件中储存的能量无法突变导致了电路从一种稳态到另外一种稳态转变时需要经过暂态过程。

暂态过程虽然短暂，但在工程中极为重要。一方面，在电子技术中常利用电路中的暂态过程来改善波形和产生特定波形等；另一方面，电路在暂态过程中也会出现过电压或过电流而损坏电气设备的现象，研究暂态过程有助于控制和预防可能产生的危害。因此，分析电路的暂态过程，目的在于掌握其规律以便用其"利"，克其"弊"。

本章主要分析 RC 和 RL 电路的暂态过程，其中重点讨论的问题是：暂态过程中电压和电流（响应）随时间的变化规律，以及反应暂态过程快慢的时间常数。

4.1 换 路 定 则

如图 4.1（a）、（b）所示为 RC 串联电路和 RL 串联电路，当它们与电源接通（$t=0$），两个电路的暂态过程开始出现，储能元件开始储能。它们的瞬时功率分别为

$$P_C = u_C i_C = Cu_C \frac{\mathrm{d}u_C}{\mathrm{d}t}$$

$$P_L = u_L i_L = Li_L \frac{\mathrm{d}i_L}{\mathrm{d}t}$$

在图 4.1（a）所示电路中，若电容元件在开关 S 闭合前未储有能量，当开关闭合后，电容元件 C 端电压由 0 逐渐升高到 u_C，其储存的电场能量则由 0 增加到

$$W_C = \int_0^t P_C \mathrm{d}t = \int_0^{u_C} Cu_C \frac{\mathrm{d}u_C}{\mathrm{d}t}\mathrm{d}t = \frac{1}{2}Cu_C^2 \tag{4.1}$$

可见电容元件的电场能量与其端电压的平方成正比。

在图 4.1（b）所示电路中，当开关 S 闭合后，电感元件 L 的电流由 0 逐渐增大到 i_L，其储存的磁场能量则由 0 增加到

$$W_L = \int_0^t P_L \mathrm{d}t = \int_0^{i_L} Li_L \frac{\mathrm{d}i_L}{\mathrm{d}t}\mathrm{d}t = \frac{1}{2}Li_L^2 \tag{4.2}$$

可见电感元件的磁场能量与其通过的电流的平方成正比。

换路瞬间（$t=0$），储能元件的能量是不能跃变的。对电容元件而言，在式（4.1）中，W_C 不能跃变，即 u_C 不能跃变；对电感元件而言，在式（4.2）中，W_L 不能跃变，即 i_L 不能跃变。

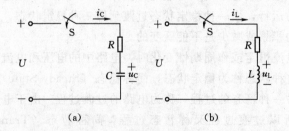
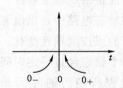

图 4.1　储能元件的换路　　　　　　　图 4.2　换路瞬间的 0_- 和 0_+

因此，换路瞬间，电容元件的端电压 u_C、电感元件中的电流 i_L 是不能跃变的。这就是换路定则（Low of Switch）。如果设 $t=0$ 表示换路瞬间，而 $t=0_-$ 表示换路前的终了瞬间，$t=0_+$ 表示换路后的初始瞬间。0_- 和 0_+ 在数值上都等于 0，但前者是指 t 从负值趋近于 0，后者是指 t 从正值趋近于 0，如图 4.2 所示。换路定则可以表示如下形式，即

$$\begin{cases} u_C(0_+) = u_C(0_-) \\ i_L(0_+) = i_L(0_-) \end{cases} \tag{4.3}$$

换路定则仅适用于换路瞬间，可根据它来确定电路中电压和电流的初始值。初始值是电路中各电压、电流在 $t=0_+$ 时的数值。

(1) 初始值的求解要点。

1) $u_C(0_+)$、$i_L(0_+)$ 的求法：①先由 $t=0_-$ 的电路（换路前稳态）求出 $u_C(0_-)$、$i_L(0_-)$；②根据换路定律求出 $u_C(0_+)$、$i_L(0_+)$。

2) 其他电量初始值的求法。①由 $t=0_+$ 的电路求其他电量的初始值；② 在 $t=0_+$ 时的电压方程中 $u_C=u_C(0_+)$、$t=0_+$ 时的电流方程中 $i_L=i_L(0_+)$。

【例 4.1】 确定图 4.3（a）所示电路中各电流和电压的初始值。设开关 S 闭合前电感元件和电容元件均未储能。

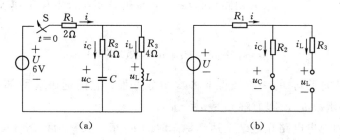

图 4.3 ［例 4.1］图
(a) $t=0_-$；(b) $t=0_+$

【解】 先由 $t=0_-$ 的电路［即图 4.3（a）开关 S 未闭合时的电路］得知

$$u_C(0_-)=0, \ i_L(0_-)=0$$

因此 $u_C(0_+)=0$ 和 $i_L(0_+)=0$。在 $t=0_+$ 的电路 ［图 4.3（b）］中将电容元件短路，将电感元件开路，于是得出其他各个初始值

$$i(0_+)=i_C(0_+)=\frac{U}{R_1+R_2}=\frac{6}{2+4}=1 \ (A)$$

$$u_L(0_+)=R_2 i_C(0_+)=4\times1=4 \ (V)$$

(2) 注意事项。

1) 换路瞬间，u_C、i_L 不能跃变，但其他电量均可以跃变。

2) 换路前，若储能元件没有储能，换路瞬间（$t=0_+$）的等效电路中，可视电容元件短路，电感元件开路。

3) 换路前，若 $u_C(0_-)\neq0$，换路瞬间（$t=0_+$）的等效电路中，电容元件可用一理想电压源替代，其电压为 $u_C(0_+)$；换路前，若 $i_L(0_-)\neq0$，在 $t=0_+$ 等效电路中，电感元件可用一理想电流源替代，其电流为 $i_L(0_+)$。

4.2 RC 电路的暂态分析

在图 4.1（a）、（b）所示电路中，仅含有一个储能元件，称为一阶电路。一阶电路的分析方法有经典法和三要素法。本节用经典法分析 RC 电路的暂态过程,经典法就是根据激励(电压或电流),通过求解电路的微分方程得出电路的响应(电压和电流)。

4.2.1 RC 电路的零状态响应

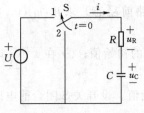

图 4.4 RC 串联电路

所谓零状态是指换路前储能元件上未储存能量。因此 RC 电路的零状态,是指换路前电容元件上未储存能量,$u_C(0_-)=0$;在此条件下,由电源激励所产生的电路响应,称为零状态响应(Zero — State Response)。

分析 RC 电路的零状态响应,就是分析电容的充电过程。如图 4.4 所示为 RC 串联电路,在 $t=0$ 时将 S 闭合,电容 C 开始充电。

换路后($t \geqslant 0$),根据基尔霍夫电压定律可以写出适用于 $t \geqslant 0$ 的电压方程

$$U = u_R + u_C = Ri + u_C = RC \frac{\mathrm{d}u_C}{\mathrm{d}t} + u_C \tag{4.4}$$

式(4.4)是关于 u_C 的一阶线性非齐次微分方程。它的通解有两部分:一个是特解 u_C',另一个是补函数 u_C'',即通解 $u_C = u_C' + u_C''$。

特解 u_C' 即为充电电路充电结束达到稳态时的 u_C 值,又称为稳态分量,即

$$u_C' = u_C(\infty) = U$$

补函数 u_C'' 等于式(4.4)所对应的齐次微分方程 $RC \frac{\mathrm{d}u_C}{\mathrm{d}t} + u_C = 0$ 的通解,又称为暂态分量,即

$$RC \frac{\mathrm{d}u_C''}{\mathrm{d}t} + u_C'' = 0$$

上式的特征方程为

$$RCP + 1 = 0$$

其根为

$$P = -\frac{1}{RC}$$

于是得

$$u_C'' = A\mathrm{e}^{Pt} = A\mathrm{e}^{-\frac{t}{RC}}$$

因此,式(4.4)的通解为

$$u_C = u_C' + u_C'' = U + A\mathrm{e}^{-\frac{t}{RC}} \tag{4.5}$$

积分常数 A 的确定,要依靠初始条件。即 $t=0_+$ 时,$u_C(0_+) = u_C(0_-)$,而 $u_C(0_-) = 0$。将 u_C 的初始值 $u_C(0_+) = 0$ 代入式(4.5),则 $0 = U + A$,所以

$$A = -U$$

因此得出

$$u_C = U - U\mathrm{e}^{-\frac{t}{RC}} \tag{4.6}$$

上式就是电容器在 $u_C(0_-)=0$ 状态下充电电压 u_C 的变化规律。其变化曲线如图 4.5 (a) 所示。

设 $\tau=RC$，则 u_C 可表示为

$$u_C=U-Ue^{-\frac{t}{\tau}}=U(1-e^{-\frac{t}{\tau}}) \tag{4.7}$$

式中，τ 具有时间量纲。如果电阻 R 和电容 C 分别用 Ω 和 F 作单位，则 τ 的单位为 s，所以 τ 叫做 RC 电路的时间常数（Time Constant）。由式（4.7）可知，理论上需经过无限长的时间，电容器的充电过程才能结束，即 $t=\infty$ 时，$u_C=U(1-0)=U$；实际上，当 $t=\tau$ 时，充电电压 u_C 为

$$u_C=U(1-e^{-1})=U(1-\frac{1}{2.718})=U(1-0.368)=0.632U$$

这就是说，当 $t=\tau$ 时，电容元件上的电压已上升到电源电压 U 的 63.2%。其他各主要时刻 u_C 的数值见表 4.1。

表 4.1　　　　　　　　　　**RC 电路零状态响应各主要时刻 u_C 的数值**

t	τ	2τ	3τ	4τ	5τ
$u_C=U(1-e^{-\frac{t}{\tau}})$	$0.632U$	$0.865U$	$0.950U$	$0.982U$	$0.993U$

工程上一般认为，电路换路后，$t=(3\sim5)\tau$，暂态过程就已基本结束，由此所引起的计算误差不大于 5%。

由暂态过程所需时间为 $(3\sim5)\tau$ 可知，电压 u_C 上升的快慢决定于时间常数 τ 的大小。τ 愈大，u_C 上升愈慢；τ 愈小，u_C 上升愈快。而时间常数 τ 又由电路参数决定，与 RC 乘积成正比。R 愈大，C 愈大，则 τ 愈大，充电愈慢。这是因为，在相同电压下，R 愈大则使电荷量送入电容器的速率愈小；C 愈大则电容器容纳的电荷量愈多，这都使电容器充电变慢。由此可见，充电时间的长短，与外加电源 U 的大小无关，而只和 τ（即电路本身的参数 R 和 C 的乘积）有关。

换路后，电路中的电流 i 及电阻元件上的电压 u_R 的变化规律为

$$i=C\frac{du_C}{dt}=\frac{U}{R}e^{-\frac{t}{\tau}} \tag{4.8}$$

$$u_R=Ri=Ue^{-\frac{t}{\tau}} \tag{4.9}$$

它们的变化曲线如图 4.5 (b) 所示，由 u_C、u_R 和 i 表达式及它们的变化曲线，可以了解 RC 串联电路充电过程的全貌。

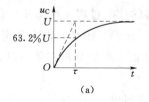
(a)

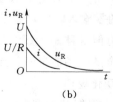
(b)

图 4.5　*RC* 电路的零状态响应
(a) u_C 变化曲线；(b) i 和 u_R 变化曲线

综上所述, 一阶电路暂态过程的计算步骤:

(1) 按换路后的电路列出微分方程式。

(2) 求微分方程式的特解, 即稳态分量。

(3) 求微分方程式的补函数, 即暂态分量。

(4) 按照换路定则确定暂态过程的初始值, 从而定出积分常数。

分析较为复杂电路的暂态过程时, 也可以应用戴维南定理或诺顿定理, 将换路后的电路化简为一个简单电路, 而后利用由上述所得出的式子进行分析。

【例 4.2】 在图 4.6 (a) 所示的电路中, $U=9\text{V}$, $R_1=6\text{k}\Omega$, $R_2=3\text{k}\Omega$, $C=1000\text{pF}$, $u_C(0)=0$。试求 $t \geqslant 0$ 时的电压 u_C。

【解】 应用戴维南定理将换路后的电路化为图 4.6 (b) 所示等效电路 (R_0C 串联电路)。等效电源的电动势和内阻分别为

$$E=\frac{R_2U}{R_1+R_2}=\frac{3\times10^3\times9}{(6+3)\times10^3}=3 \text{ (V)}$$

$$R_0=\frac{R_1R_2}{R_1+R_2}=\frac{(6\times3)\times10^3}{(6+3)\times10^3}=2\times10^3\Omega=2 \text{ (k}\Omega)$$

电路的时间常数为

$$\tau=R_0C=2\times10^3\times1000\times10^{-12}=2\times10^{-6} \text{ (s)}$$

于是由式 (4.7) 得

$$u_C=E(1-e^{-\frac{t}{\tau}})=3(1-e^{-\frac{t}{2\times10^{-6}}})=3(1-e^{-5\times10^5 t}) \text{ (V)}$$

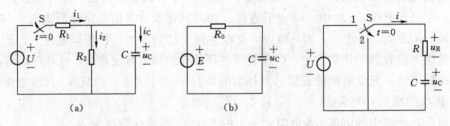

图 4.6　[例 4.2] 图

(a) 电路图;(b) $t\geqslant0$ 时的等效电路

图 4.7　RC 放电电路

4.2.2　RC 电路的零输入响应

所谓 RC 电路的零输入, 是指无电源激励, 输入信号为零。在此条件下, 由电容元件的初始状态 $u_C(0_+)$ 所产生的电路响应, 称为零输入响应 (Zero−Input Response)。

分析 RC 电路的零输入响应, 就是分析电容的放电过程。在图 4.7 所示电路中, 换路前, 电容元件已储有能量且 $u_C=U$。在 $t=0$ 时, 开关 S 闭合, 电容器将通过电阻 R 放电, 直到放完它储存的全部电场能量时, 放电过程结束。现在分析在放电过程中它的放电电压 u_C 和放电电流 i 的变化规律。

换路后 ($t\geqslant0$), 根据基尔霍夫电压定律可以写出

$$u_R+u_C=0$$

因此

$$RC \frac{\mathrm{d}u_C}{\mathrm{d}t} + u_C = 0$$

这是一阶常系数齐次线性微分方程。显然，其特解 $u'_C = 0$；补函数时 $u''_C = A\mathrm{e}^{-\frac{t}{\tau}}$。

通解为

$$u_C = u''_C = A\mathrm{e}^{-\frac{t}{\tau}} \tag{4.10}$$

式中，积分常数 A 由初始条件确定：$t = 0_+$ 时，$u_C(0_+) = U$，即

$$A = U$$

所以电压

$$u_C = U\mathrm{e}^{-\frac{t}{\tau}} \tag{4.11}$$

而电流

$$i = C \frac{\mathrm{d}u_C}{\mathrm{d}t} = -\frac{U}{R}\mathrm{e}^{-\frac{t}{\tau}} \tag{4.12}$$

电阻 R 上的电压降

$$u_R = Ri = -U\mathrm{e}^{-\frac{t}{\tau}} \tag{4.13}$$

式（4.12）和式（4.13）中负号表明，放电电流的实际方向与所选定的参考方向相反，即与充电电流的方向相反。

以上各式中的时间常数

$$\tau = RC \tag{4.14}$$

RC 串联电路放电过程中 u_C、u_R 及 i 的变化曲线如图 4.8 所示。放电过程中，电容电压 u_C 的衰减情况见表 4.2。

表 4.2   **u_C 随 时 间 变 化 的 数 值**

t	0	τ	2τ	3τ	4τ	5τ
$u_C = U\mathrm{e}^{-\frac{t}{\tau}}$	U	0.368U	0.135U	0.05U	0.018U	0.007U

由此可见，在 $t = \tau$ 时，$u_C = 36.8\%U$，τ 愈小，u_C 衰减愈快，即电容元件放电愈快。

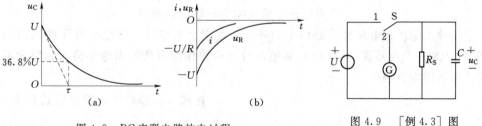

图 4.8   *RC* 串联电路放电过程

(a) u_C 变化曲线；(b) i 和 u_R 变化曲线

图 4.9   ［例 4.3］图

【例 4.3】 一个实际电容器可用电容 C 和漏电阻 R_S 并联的模型表示，如图 4.9 所示。为了测量漏电阻：先将开关 S 合到位置 1，把电容器充电到 110V；然后断开开关，电容器经 R_S 放电；经 10s 后再将开挂合到位置 2，把电容器与电荷测定计 G 接通，这时读出的电容电荷为 10×10^{-6}C（C 为电荷单位库）。已知 $C = 0.1\mu\mathrm{F}$，试计算漏电阻 R_S。

【解】
$$u_C(0_+)=u_C(0_-)=U_0=110\ (\text{V})$$
$$\tau=R_SC=0.1\times10^{-6}R_S$$
$$u_C=U_0e^{-\frac{t}{\tau}}=110e^{-\frac{10^7}{R_S}t}\ (\text{V})$$

$t=10\text{s}$ 时，有

$$u_C(10\text{s})=\frac{q}{C}=\frac{10\times10^{-6}}{0.1\times10^{-6}}=100\ (\text{V})$$

由此得

$$100=110e^{-\frac{10^8}{R_S}}$$

$$-\frac{10^8}{R_S}=\ln\left(\frac{100}{110}\right)=-0.0953$$

$$R_S=\frac{10^8}{0.0953}(\Omega)=1049\ (\text{M}\Omega)$$

4.2.3　*RC* 电路全响应

所谓 *RC* 电路的全响应（Complete Response），是指电源激励和电容元件的初始状态 $u_C(0_+)$ 均不为零时电路的响应，也就是零输入响应和零状态响应的叠加。

在图 4.4 所示的 *RC* 串联电路中，换路前（$t=0_-$），储能元件已储有能量，$u_C(0_-)=U_0$；换路后，电压的微分方程与式（4.4）相同，其解也与式（4.5）相同，即

$$u_C=u_C'+u_C''=U+Ae^{-\frac{t}{\tau}}$$

但积分常数 A 与零状态时不同，由初始条件确定，即 $t=0_+$ 时，$u_C(0_+)=u_C(0_-)=U_0$，则 $A=U_0-U$，所以

$$u_C=U+(U_0-U)e^{-\frac{t}{\tau}} \tag{4.15}$$

将式（4.15）变化得出

$$u_C=U_0e^{-\frac{t}{\tau}}+U(1-e^{-\frac{t}{\tau}}) \tag{4.16}$$

在式（4.16）中，等号右边第一项即为式（4.11），为零输入响应；第二项即为式（4.7），为零状态响应。因此

全响应＝零输入响应＋零状态响应

这是叠加定理在电路暂态分析中的体现。在求全响应时，可把电容元件的初始状态 $u_C(0_+)$ 看成一个电压源。$u_C(0_+)$ 和电源分别单独作用时所得出的零输入响应和零状态响应叠加，即为全响应。

在式（4.15）中，等号右边也有两项：U 为稳态分量；$(U_0-U)e^{-\frac{t}{\tau}}$ 为暂态分量。于是全响应也可表示为

全响应＝稳态分量＋暂态分量

u_C 的变化曲线如图 4.10 所示。由图 4.10 可见，u_C 的变化曲线有两种情况：图 4.10（a）所示为 $U_0<U$ 的情况，u_C 由初始

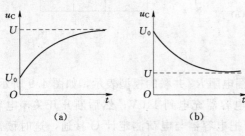

图 4.10　RC 电路全响应

值 U_0 逐渐升高增长到稳态值 U，电容器处于继续充电状态；图 4.10（b）所示为 $U_0 > U$ 的情况，u_C 由初始值 U_0 逐渐降低衰减到稳态值 U，电容器处于放电状态。

求出 u_C 后，就可由 $i = C \dfrac{du_C}{dt}$ 和 $u_R = Ri$ 求出 i 和 u_R。

【例 4.4】 在图 4.11（a）所示电路中，开关 S 长久地合在位置"1"上。如在 $t = 0$ 时把它合到位置"2"上，试求 $t \geqslant 0$ 时电容器电压 u_C 的变化规律。已知 $R = 1\text{k}\Omega$，$C = 2\mu\text{F}$，$E_1 = 3\text{V}$，$E_2 = 5\text{V}$。

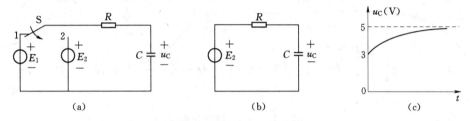

图 4.11　[例 4.4] 图

【解】 因为 $u_C(0_-) \neq 0$，所以换路后 $t = 0_+$ 时的电路如图 4.11（b）所示，根据式（4.15）得

$$u_C = U + (U_0 - U)e^{-\frac{t}{\tau}} = E_2 + (U_0 - E_2)e^{-\frac{t}{\tau}}$$

式中

$$\tau = RC = 1 \times 10^3 \times 2 \times 10^{-6} = 2 \times 10^{-3} \quad (\text{s})$$

$$U_0 = E_1 = 3\text{V}$$

所以

$$u_C = E_2 + (U_0 - E_2)e^{-\frac{t}{\tau}} = 5 + (3-5)e^{-\frac{t}{2 \times 10^{-3}}} = 5 - 2e^{-500t} \quad (\text{V})$$

u_C 的变化曲线如图 4.11（c）所示。

4.3 一阶电路的三要素法

只含有一种储能元件或可等效为一个储能元件的线性电路，其微分方程式都是一阶的，这种电路称为一阶线性电路或一阶线性网络（First Order Network）。

图 4.4 所示的 RC 串联电路就是一阶线性电路。电容电压 u_C 的变化规律见式（4.15），即

$$u_C = U + (U_0 - U)e^{-\frac{t}{\tau}}$$

若储能元件换路前未储能（零状态），则 $U_0 = 0$，代入上式得

$$u_C = U - Ue^{-\frac{t}{\tau}} = U(1 - e^{-\frac{t}{\tau}}) \tag{4.17}$$

式（4.17）与前面讨论的零状态 u_C 的表达式（4.8）是一致的。在式（4.15）中，设 $u_C(0_+) = U_0$，$u_C(\infty) = U$，则电容电压的一般表达式为

$$u_C = u_C(\infty) + [u_C(0_+) - u_C(\infty)]e^{-\frac{t}{\tau}} \tag{4.18}$$

根据式（4.18）可写出一阶线性电路暂态过程中任意变量的一般公式为

$$f(t) = f(\infty) + [f(0_+) - f(\infty)] e^{-\frac{t}{\tau}} \qquad (4.19)$$

式中，$f(t)$ 是一阶电路中任一电压、电流变量，$f(0_+)$ 是该变量的初始值，$f(\infty)$ 是该变量的稳态值（又叫终了值），τ 是电路的时间常数。

只要求得 $f(0_+)$、$f(\infty)$ 和 τ 这三个要素，就能直接写出电路的响应（电压或电流），这就是所谓的三要素法（Three－Factor Method）。至于电路响应的变化曲线如图 4.12 所示，都是按指数规律变化的（增长或衰减）。

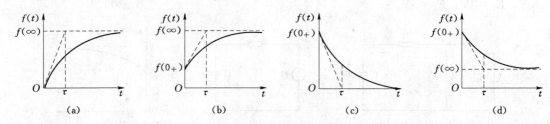

图 4.12 $f(t)$ 的变化曲线

(a) $f(0_+) = 0$; (b) $f(0_+) \neq 0$; (c) $f(\infty) = 0$; (d) $f(\infty) \neq 0$

三要素法求解暂态过程的要点：①求初始值、稳态值、时间常数；②将求得的三要素结果代入暂态过程一般表达式；③画出暂态电路电压、电流随时间变化的曲线。

响应中"三要素"的确定方法如下：

（1）稳态值 $f(\infty)$ 的计算。求换路后电路中的电压和电流，其中电容 C 视为开路，电感 L 视为短路，即求解直流电阻性电路中的电压和电流，如图 4.13 所示。

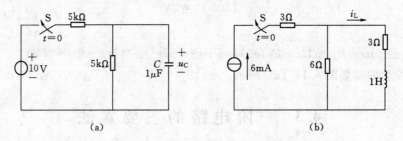

图 4.13 稳态值 $f(\infty)$ 的计算

在图 4.13 (a) 中

$$u_C(\infty) = \frac{10}{5+5} \times 5 = 5 \ (\text{V})$$

在图 4.13 (b) 中

$$i_L(\infty) = \frac{6}{6+3} \times 6 = 4 \ (\text{mA})$$

（2）初始值 $f(0_+)$ 的计算（前面已讨论过）。

（3）时间常数 τ 的计算。

对于一阶 RC 电路

$$\tau = R_0 C \qquad (4.20)$$

对于一阶 RL 电路

$$\tau=\frac{L}{R_0} \qquad\qquad (4.21)$$

R_0是换路后的电路除去电源（恒压源视为短路，恒流源视为开路）和储能元件后，在储能元件两端所求得的无源二端网络的等效电阻。

【例 4.5】 在图 4.14（a）中，$U=12\text{V}$，$R_1=3\text{k}\Omega$，$R_2=6\text{k}\Omega$，$R_3=2\text{k}\Omega$，$C=5\mu\text{F}$，电路原处于稳态，在 $t=0$ 时将开关 S 闭合，试求换路后电容电压 u_C 和电流 i_C，并画出其变化曲线。

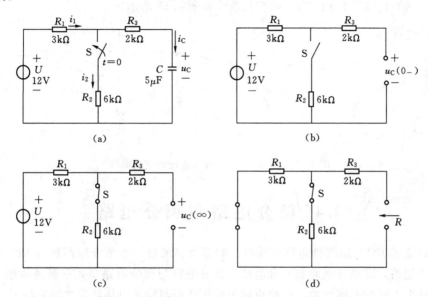

图 4.14　［例 4.5］图

【解】 用三要素法求解。

$$f(t)=f(\infty)+[f(0_+)-f(\infty)]e^{-\frac{t}{\tau}}$$

（1）求 u_C。

1）$t=0_-$ 求 $u_C(0_+)$。由图 4.14（b）可得

$$u_C(0_+)=u_C(0_-)=U=12\text{V}$$

2）求 $u_C(\infty)$。由图 4.14（c）可得

$$u_C(\infty)=\frac{R_2}{R_1+R_2}U=\frac{6}{3+6}\times12=8\ (\text{V})$$

3）求 τ。R 应为换路后电容两端的除源网络的等效电阻，由图 4.14（d）可得

$$R=R_1//R_2+R_3=\frac{3\times6}{3+6}+2=4\ (\text{k}\Omega)$$

$$\tau=RC=4\times10^3\times5\times10^{-6}=2\times10^{-2}\ (\text{s})$$

所以电容电压

$$u_C(t)=u_C(\infty)+[u_C(0_+)-u_C(\infty)]e^{-\frac{t}{\tau}}=8+4e^{-50t}(\text{V})$$

（2）求 $i_C(t)$。电容电流 $i_C(t)$ 可用三要素法，也可由 $i_C(t)=C\dfrac{\mathrm{d}u_C}{\mathrm{d}t}$ 求得

$$i_C(t) = C\frac{du_C}{dt} = \frac{u_C(\infty) - u_C(0_+)}{R}e^{-\frac{t}{\tau}} = \frac{8-12}{4}e^{-50t} = -e^{-50t}(\text{mA})$$

（3）求 $i_1(t)$、$i_2(t)$。电流 $i_1(t)$、$i_2(t)$ 可用三要素法，也可由 $i_C(t)$、$u_C(t)$ 求得

$$i_2(t) = \frac{i_C R_3 + u_C}{R_2} = \frac{-e^{-50t} \times 2 + 8 + 4e^{-50t}}{6} = \frac{4}{3} + \frac{1}{3}e^{-50t}(\text{mA})$$

$$i_1(t) = i_2 + i_C = \frac{4}{3} + \frac{1}{3}e^{-50t} - e^{-50t} = \frac{4}{3} - \frac{2}{3}e^{-50t}(\text{mA})$$

$u_C(t)$、$i_C(t)$、$i_1(t)$ 和 $i_2(t)$ 的变化曲线如图 4.15 所示。

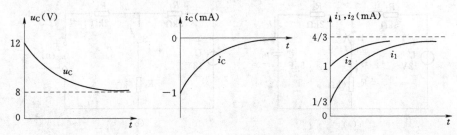

图 4.15　［例 4.5］电压、电流的变化曲线

4.4　微分电路与积分电路

前面讨论了 RC 一阶线性电路的构成、响应及其求解。本节介绍两种由 RC 电路搭建的基本功能电路，即微分电路和积分电路。微分电路与积分电路是矩形脉冲激励下的 RC 电路，若选取不同的时间常数，可构成输出电压波形与输入电压波形之间的特定（微分或积分）关系。

4.4.1　微分电路

基本微分电路是指在串联的 RC 电路中，电阻 R 是电路的输出端，如图 4.16（a）所示，电路输入的是矩形脉冲电压 u_i。若 $R = 20\text{k}\Omega$，$C = 200\text{pF}$，u_i 的最大值 U 为 6V，脉冲宽度 $t_w = 50\mu\text{s}$，则时间常数 $\tau = RC = 4\mu\text{s}$，因此 $\tau \ll t_w$。

在 $t = 0$ 时，u_i 从零突然上升到 6V，即 $u_i = U = 6\text{V}$，开始对电容元件充电。由于电容两端电压 u_C 不能跃变，在这瞬间它相当于短路（$u_C = 0$），所以 $u_o = U = 6\text{V}$。因为 $\tau \ll t_w$，充电很快，u_C 很快增长到 U 值；与此同时，u_o 很快衰减到零值。这样，在电阻两端就输出一个正尖脉冲，如图 4.16（b）所示。

在 $t = \dfrac{T}{2}$，u_i 突然下降到零（这时输入端视为短路），由于 u_C 不能跃变，所以在这瞬间，$u_o = -u_C = -6\text{V}$，极性相反。而后电容元件经电阻很快放电，u_o 很快衰减到零。这样，就输出一个负尖脉冲。如果输入的是周期性矩形脉冲，则输出的是周期性正、负尖脉冲，如图 4.16（b）所示。

从图 4.16（b）可看出，在矩形脉冲作用的时间内有 $u_i = u_C + u_o \approx u_C$，则

$$u_o = iR = RC\frac{du_C}{dt} \approx RC\frac{du_i}{dt} \tag{4.22}$$

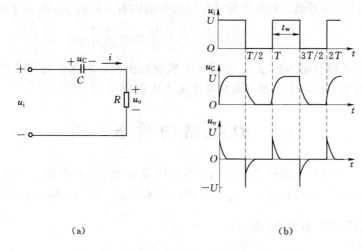

(a)   (b)

图 4.16　微分电路及输入、输出电压的波形

所以，输出电压 u_o 近似与输入电压 u_i 的微分成正比，这种电路称为微分电路（Differentiating Circuit）。在实际应用中，微分电路产生的尖脉冲常作为触发器的触发信号或用来触发晶闸管，应用较为广泛。

RC 微分电路必须满足两个条件：① $\tau \ll t_w$；② 电阻两端作为电路输出端。

4.4.2　积分电路

基本积分电路是指在串联的 RC 电路中，电容 C 是电路的输出端，如图 4.17（a）所示，电路输入的是矩形脉冲电压 u_i，电路的时间常数 $\tau \gg t_w$。因此在脉宽时间内，电容两端电压 $u_C = u_o$ 缓慢增长，当 u_C 还远未达到稳态值时正向脉冲消失，电容缓慢放电的同时输出电压 u_o 也缓慢衰减。u_o 按照指数规律变化，由于 $\tau \gg t_w$，其变化曲线为指数曲线的初始部分，可以近似为直线，如图 4.17（b）所示。时间常数 τ 越大，充放电越是缓慢，所得锯齿波电压的线性也就越好，输出 u_o 为锯齿波电压，波形如图 4.17（c）所示。

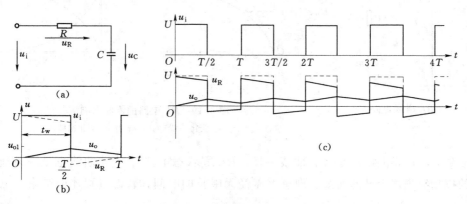

图 4.17　积分电路及输入电压和输出电压的波形

从图 4.17（b）可看出，在矩形脉冲作用的时间内有 $u_i = u_R + u_o \approx u_R = iR$，则

$$u_o = u_C = \frac{1}{C}\int i \mathrm{d}t = \frac{1}{C}\int \frac{u_R}{R}\mathrm{d}t = \frac{1}{RC}\int u_i \mathrm{d}t \tag{4.23}$$

表明输出电压 u_o 近似与输入电压 u_i 对时间的积分成正比，因此称为积分电路（Integrating Circuit）。在实际应用中，积分电路常用来产生锯齿波。

*4.5 RL 电路的暂态分析

前面介绍了一阶 RC 电路的暂态过程，本节将简要介绍 RL 电路的暂态过程。与 RC 电路一样，在 RL 串联电路换路前，电感元件也有未储存能量和已储存能量的情况。

4.5.1 RL 电路的零状态响应

图 4.18 所示为 RL 串联电路，换路前电感元件未储存能量，$i(0_-) = 0$，即电路处于零状态。在 $t=0$ 时将开关 S 合到 1 上，RL 电路与直流电压 U 接通，因而是零状态响应。

根据一阶线性电路三要素法进行分析，即

$$i_L = i_L(\infty) + [i_L(0_+) - i_L(\infty)]\mathrm{e}^{-\frac{t}{\tau}}$$

因为

$$i_L(0_+) = i_L(0_-) = 0,\ i_L(\infty) = \frac{U}{R},\ \tau = \frac{L}{R}$$

所以

$$i_L = \frac{U}{R} + \left(0 - \frac{U}{R}\right)\mathrm{e}^{\frac{R}{L}t} = \frac{U}{R}(1 - \mathrm{e}^{-\frac{t}{\tau}}) \tag{4.24}$$

式（4.24）即为 RL 串联电路零状态时电路中电流 i_L 的变化规律。其变化曲线如图 4.19（a）所示。

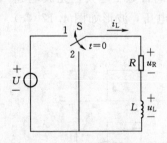

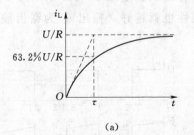

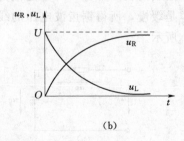

图 4.18 RL 串联电路

图 4.19 RL 电路的零状态响应
(a) i_L 变化曲线；(b) u_R 和 u_L 变化曲线

与 RC 零状态电路 u_C 的变化曲线一样，RL 零状态电路 i_L 变化曲线也是一条通过原点 O 的按指数规律上升的曲线。理论上需经无限长的时间，暂态过程才能结束，电流 i_L 才能达到稳定值 $\frac{U}{R}$。工程上，当 $t = (3\sim5)\tau$ 时，就可以认为暂态过程已基本结束。

RL 串联电路的时间常数 τ 与 L 成正比，而与 R 成反比。其原因是：L 愈大，电路中

自感电动势阻碍电流变化的作用愈强，电流增长的速度就愈慢；而 R 愈小，则在同样的电压作用下，电流的稳态值 $\dfrac{U}{R}$ 就愈大，电流增长到稳态值所需要的时间就愈长。

电阻元件和电感元件上的电压分别为

$$u_R = i_L R = U(1 - e^{-\frac{t}{\tau}}) \tag{4.25}$$

$$u_L = L \frac{di_L}{dt} = U e^{-\frac{t}{\tau}} \tag{4.26}$$

它们的变化曲线如图 4.19（b）所示。

【例 4.6】 如图 4.18 所示的 *RL* 串联电路，已知 $R = 50\Omega$，$L = 10H$，$U = 100V$，当 $t = 0$ 时将开关 S 合到位置 1 上，试求：

（1）$t \geqslant 0$ 时的 i_L，u_R 和 u_L。

（2）$t = 0.5s$ 时的电流 i。

（3）出现 $u_R = u_L$ 的时间。

（4）电感储能。

【解】

（1）
$$\tau = \frac{L}{R} = \frac{10}{50} = 0.2 \; (s)$$

由式（4.24）～式（4.26）可得

$$i_L = \frac{100}{50}(1 - e^{-\frac{t}{0.2}}) = 2(1 - e^{-5t}) \; (A)$$

$$u_R = 100(1 - e^{-5t}) \; (V)$$

$$u_L = 100 e^{-5t} (V)$$

（2）$t = 0.5s$ 时，有

$$i_L = 2(1 - e^{-5 \times 0.5}) = 2(1 - e^{-2.5}) = 2(1 - 0.082) = 1.84 \; (A)$$

（3）$u_R + u_L = U = 100$ （V）

当 $u_R = u_L$ 时，$u_R = u_L = 50V$，于是

$$50 = 100 e^{-5t}$$

$$e^{-5t} = 0.5$$

$$5t = 0.693$$

$$t = 0.139s$$

（4）电感储能

$$W_L = \int_0^\infty u_L i_L \, dt = \int_0^\infty 100 e^{-5t} \times 2(1 - e^{-5t}) \, dt = \int_0^\infty 200(e^{-5t} - e^{-10t}) \, dt = 20 \; (J)$$

4.5.2 *RL* 电路的零输入响应

图 4.18 所示为 *RL* 串联电路，在换路前，开关 S 合到位置 1 上，电感中通有电流。在 $t = 0$ 时将开关从位置 1 合到位置 2，使电路脱离电源，*RL* 被短路。此时，电感已储有能量，其中电流的初始值 $i_L(0_+) = I_0$。

根据一阶线性电路三要素法进行分析，即

$$i_L = i_L(\infty) + [i_L(0_+) - i_L(\infty)]e^{-\frac{t}{\tau}}$$

因为

$$i_L(0_+) = i_L(0_-) = I_0 = \frac{U}{R}, \ i_L(\infty) = 0, \ \tau = \frac{L}{R}$$

所以

$$i_L = 0 + \left(\frac{U}{R} - 0\right)e^{-\frac{R}{L}t} = \frac{U}{R}e^{-\frac{t}{\tau}} \tag{4.27}$$

式（4.27）为 RL 串联电路零输入时电路中电流 i_L 的变化规律。其变化曲线如图 4.20 (a) 所示。

时间常数 τ 愈小，暂态过程就进行的愈快。因为 L 愈小，则阻碍电流变化的作用也就愈小 $\left(e_L = -L\frac{di}{dt}\right)$；$R$ 愈大，则在同样电压下电流的稳态值或暂态分量的初始值 $\frac{U}{R}$ 愈小。因此改变电路参数的大小，可以影响暂态过程的快慢。

电阻元件和电感元件上的电压分别为

$$u_R = i_L R = Ue^{-\frac{t}{\tau}} \tag{4.28}$$

$$u_L = L\frac{di_L}{dt} = -Ue^{-\frac{t}{\tau}} \tag{4.29}$$

它们的变化曲线如图 4.20 (b) 所示。

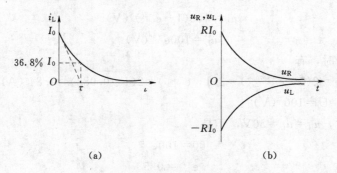

(a) (b)

图 4.20 RL 电路的零输入响应
(a) i_L 变化曲线；(b) u_R 和 u_L 变化曲线

RL 串联电路实际是线圈的电路模型。如果在图 4.18 中，开关 S 从位置 1 将线圈从电源断开而未合到位置 2 时，则由于这时电流变化率（di/dt）很大，致使自感电动势很大 $\left(e_L = -L\frac{di}{dt}\right)$。这可能使开关两触点之间的空气击穿而造成电弧以延缓电流中断，开关触点因而被烧坏。所以往往在将线圈从电源断开的同时将线圈加以短路，以便使电流（或磁能）逐渐减小。

有时为了加速线圈的放电过程，可用一个放电电阻 R' 或续流二极管与线圈连接，如图 4.21 所示。放电电阻 R' 不宜过大，否则在线圈两端会出现过电压。因为线圈两端的电压为（若换路前电路已处于稳态，则 $I_0 = U/R$）

$$u_{RL} = -R'i_L = -R'\frac{U}{R}e^{-\frac{R+R'}{L}t} = -\frac{R'U}{R}e^{-\frac{R+R'}{L}t}$$

在 $t=0$，其绝对值为 $u_{RL}(0)=\dfrac{R'U}{R}$，可见当 $R'\geqslant R$ 时，$u_{RL}(0)\geqslant U$。如果在线圈两端原来并联有电压表（其内阻很大），则在开关断开前必须将它去掉，以免引起过电压而损坏电压表。

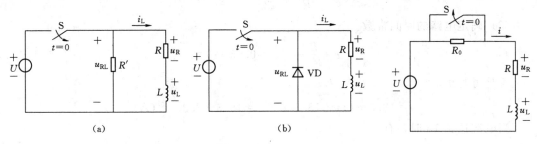

图 4.21　加速线圈放电过程的措施　　　　图 4.22　*RL* 电路的全响应

4.5.3　*RL* 电路的全响应

在图 4.22 所示的电路中，电源电压为 U，$i(0_-)=I_0$。当将开关闭合时，即和图 4.18 一样，是一 *RL* 串联电路。

根据一阶线性电路三要素法进行计算，即

$$i=\frac{U}{R}+\left(I_0-\frac{U}{R}\right)e^{-\frac{R}{L}t} \tag{4.30}$$

式（4.30）中，右边第一项为稳态分量；第二项为暂态分量。两者相加即为全响应 i。

将式（4.30）改写后得出

$$i=I_0e^{-\frac{t}{\tau}}+\frac{U}{R}(1-e^{-\frac{t}{\tau}}) \tag{4.31}$$

式（4.31）中，右边第一项为零输入响应；第二项为零状态响应。两者叠加即为全响应 i。

【例 4.7】　在图 4.23（a）中，如在稳定状态下 R_1 被短路，试问短路后经多少时间电流才能达到 15A？

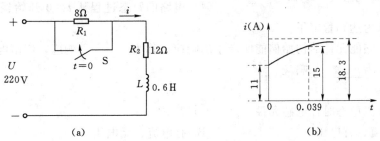

图 4.23　［例 4.7］图
(a) 电路；(b) 电流 i 的变化曲线

【解】　先应用三要素法求电流 i。

（1）确定 i 的初始值。

$$i(0_+)=\frac{U}{R_1+R_2}=\frac{220}{8+12}=11\ (\text{A})$$

（2）确定 i 的稳态值。

$$i(\infty)=\frac{U}{R_2}=\frac{220}{12}=18.3\ (\text{A})$$

（3）确定电路的时间常数。

$$\tau=\frac{L}{R_2}=\frac{0.6}{12}=0.05\ (\text{s})$$

于是可写出

$$i=18.3+(11-18.3)\mathrm{e}^{-\frac{t}{0.05}}=18.3-7.3\mathrm{e}^{-20t}(\text{A})$$

当电流达到 15 时，有

$$15=18.3-7.3\mathrm{e}^{-20t}$$

所经过的时间为

$$t=0.039\mathrm{s}$$

电流 i 的变化曲线如图 4.23（b）所示。

习　题

1. 填空题

（1）在电路的暂态过程中，电路的时间常数 τ 愈大，则电流和电压的增长或衰减就＿

＿＿＿＿。

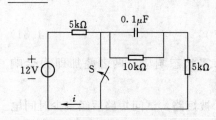

图 4.24　填空题（2）图

（2）如图 4.24 电路中，开关 S 在 $t=0$ 时闭合，设换路前后电路的时间常数依次为 τ_1 和 τ_2，则 τ_1 和 τ_2 的关系是 τ_1 ＿＿＿＿ τ_2（填＞、＜或＝）。

（3）在换路瞬间，电感元件中的 ＿＿＿＿ 不能跃变，电容元件中的 ＿＿＿＿ 不能跃变，这就是换路定则。

（4）电路的暂态过程从 $t=0$ 开始经过 ＿＿＿＿ 时间，就可认为达到稳定了。

（5）仅由储能元件的初始储能所产生的响应，称为 ＿＿＿＿ 响应，仅由电源激励所产生的响应，称为 ＿＿＿＿ 响应。

2. 选择题

（1）在直流稳态时，电感元件上（　　）。

A. 有电流、有电压　　　　　　B. 有电流、无电压

C. 无电流、有电压　　　　　　D. 无电流、无电压

（2）在直流稳态时，电容元件上（　　）。

A. 有电流、有电压   B. 有电流、无电压

C. 无电流、有电压   D. 无电流、无电压

(3) 图 4.25 所示电路在换路前处于稳定状态，在 $t=0$ 瞬间将开关 S 闭合，则 $i(0_+)$ 为 （   ）。

A. 0A   B. 0.3A   C. 0.6A   D. 0.8A

(4) 在图 4.26 所示电路中，开关 S 在 $t=0$ 瞬间闭合，若 $u_C(0_-)=0$V，则 $i(0_+)$ 为 （   ）。

A. 0A   B. 0.5A   C. 1A   D. 1.2A

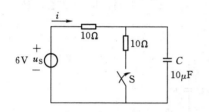   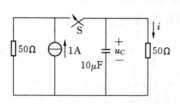   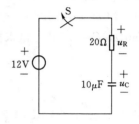

图 4.25 选择题（3）图   图 4.26 选择题（4）图   图 4.27 选择题（5）图

(5) 在图 4.27 所示电路中，开关 S 在 $t=0$ 瞬间闭合，若 $u_C(0_-)=4$V，则 $u_R(0_+)=$（   ）。

A. 0V   B. 4V   C. 8V   D. 10V

(6) 在图 4.28 所示电路中，开关 S 在 $t=0$ 瞬间闭合，则 $i_2(0_+)=$（   ），$i_3(0_+)=$（   ）。

A. 0A   B. 0.05A   C. 1A   D. 1.5A

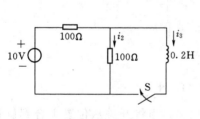   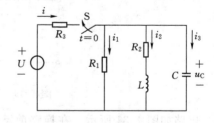

图 4.28 选择题（6）图   图 4.29 选择题（7）图

(7) 在图 4.29 所示电路中，开关 S 闭合前电容元件和电感元件均未储能，试问闭合开关瞬间发生跃变的是 （   ）。

A. i 和 i_1 B. i 和 i_3 C. i_2 和 u_C D. i 和 i_2

3. 综合题

(1) 图 4.30 所示为一实际电路中电容器的等效电路，充电后切断电源，电容通过泄漏电阻 R 释放其储存的能量。设 $u_C(0_-)=10^4$V，$C=500\mu$F，$R=4$MΩ，试计算：

1) 电容 C 的初始储能。

2) 放电电流 i 的最大值。

3) 电容电压降到人身安全电压 36V 所需的时间。

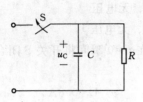

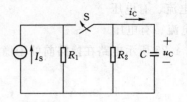

图 4.30 综合题 (1) 图　　　　　　图 4.31 综合题 (2) 图

（2）图 4.31 所示电路原已稳定，$R_1 = R_2 = 40\Omega$，$C = 50\mu F$，$I_S = 2A$，$t = 0$ 时开关 S 闭合，试求换路后的 u_C、i_C，并作出它们的变化曲线。

（3）图 4.32 所示电路原已稳定，$U_{S1} = 12V$，$U_{S2} = 9V$，$R_1 = 30\Omega$，$R_2 = 20\Omega$，$R_3 = 60\Omega$，$C = 0.05F$，试求换路后的 u_C。

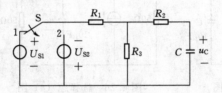

图 4.32 综合题 (3) 图

（4）图 4.33 所示为一只延时继电器的等效电路，已知线圈电阻 $R = 250\Omega$，电感 $L = 14.4H$，电源电压 $U = 6V$，动作电流为 6mA，R' 为可调电阻。试问：

1）当 $R' = 0$ 时，开关合上后经过多长时间继电器才能动作？

2）当 $R' = 250\Omega$ 时，经过多长时间继电器才能动作？

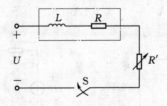

图 4.33 综合题 (4) 图

（5）电路如图 4.34 所示，在换路前已处于稳态。当将开关从位置 1 合到位置 2 后，试求 i_L 和 i，并作出它们的变化曲线。

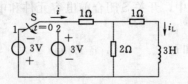

图 4.34 综合题 (5) 图

第 5 章 磁 路 与 变 压 器

本章要求：

1. 了解铁磁材料的性质与用途，变压器的基本结构、工作原理、铭牌数据、外特性和绕组的同极性端。

2. 熟悉磁场基本物理量的意义，磁路的基本概念和基本定律，变压器额定值的意义。

3. 掌握磁路的分析计算，变压器电压、电流、阻抗变换作用。

本章难点：

磁路的分析计算。

在前面几章中讨论的是有关电路的基本概念、基本定律和分析计算方法。但在工程上广泛应用的电机、控制电器、变压器、电磁铁、电工测量仪表等许多电工设备中，同时存在电路和磁路。在学习这些电气设备时，为了能对它们做全面的分析，还需进一步掌握磁路的基本理论和分析方法。为此，本章首先对磁场的基本概念和磁性材料的磁性能进行了概述，再介绍磁路的基本定律和磁路的计算方法，最后以应用实例的形式，对变压器的结构、原理和作用进行讨论。

5.1 磁 路

5.1.1 磁路的概念

通常，许多电工设备工作时内部的磁场都是利用通有电流的线圈产生的。为了用较小的励磁电流产生较强的磁场，以获得较大的感应电动势和电磁力，同时也为了使线圈所产生的磁场局限在一定范围内，实际上常把线圈绕在由高导磁率的铁磁材料做成一定形状的铁芯上，这就构成了磁路（Magnetic Circuit），磁路就是磁力线的通路。图 5.1 所示为变压器的磁路，磁路的实质就是局限在一定路径内的磁场。

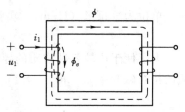

图 5.1 变压器的磁路

5.1.2 磁场的基本物理量

磁场的特性可用以下几个基本物理量来表示。

1. 磁感应强度

磁场（Magnetic Field）是由电流或磁铁产生的。磁感应强度（Flux Density）是表示磁场内某点的磁场强弱和方向的物理量，通常用 B 表示，它是一个矢量。为了形象地描述磁场，通常采用磁力线进行描述。磁力线是无头无尾的闭合曲线，磁力线的方向与电流方向符合右手螺旋定则。

磁感应强度 B 的大小为

$$B = \frac{F}{lI} \tag{5.1}$$

如果磁场内各点的磁感应强度 B 大小相等，方向相同，这样的磁场称为均匀磁场。

2. 磁通

磁感应强度 B 与垂直于磁场方向的面积 S 的乘积，称为通过该面积的磁通（Flux），通常用 ϕ 表示，即

$$\phi = BS \tag{5.2}$$

或

$$B = \frac{\phi}{S}$$

可见，B 也可以表示为与磁场方向垂直单位面积上的磁通，又称为磁通密度，简称磁密。如果是不均匀磁场，则取 B 的平均值或者用积分进行表示。在 SI 单位制中，磁通的单位是韦伯（Wb），磁感应强度的单位是特斯拉（T），也就是韦伯每平方米（Wb/m^2）。

3. 磁场强度

磁场强度（Magnetic Field Intensity）是计算导磁物质的磁场时所引用的一个物理量，用 H 表示。在任何磁介质中，磁场中某点的磁感应强度 B 与该点的磁导率 μ 的比值就是该点的磁场强度 H，即

$$H = \frac{B}{\mu} \tag{5.3}$$

在 SI 单位制中，磁场强度 H 的单位为安培每米（A/m）。

4. 磁导率

磁导率（Magnetic Permeability）是一个用来衡量物质导磁能力大小的物理量，用 μ 表示。它与磁场强度 H 的乘积等于磁感应强度 B，即

$$B = \mu H \tag{5.4}$$

单位为亨每米（H/m）。实验测得，真空中的磁导率 μ_0 为一常数，即

$$\mu_0 = 4\pi \times 10^{-7} \text{A/m}$$

为了便于比较各种物质的导磁能力，通常把某种材料的磁导率 μ 与 μ_0 之比称为该物质的相对磁导率 μ_r，即

$$\mu_r = \frac{\mu}{\mu_0} \tag{5.5}$$

它是一个无量纲的数。对于非磁性物质而言，$\mu = \mu_0$，$\mu_r \approx 1$。磁性物质的磁导率 μ 很高，如铸钢的 μ 约为 μ_0 的 1000 倍，各种硅钢片的 μ 约为 μ_0 的 7000～10000 倍。

5.1.3 磁性材料的磁性能

磁性材料是指铁、钴、镍及其合金等材料。常用电器设备和电磁元件的导磁系统都是

由磁性材料制成的。它们具有如下磁性能。

1. 高导磁性

磁性材料本身不具备磁性，但当它受到外磁场的作用时，就被强烈磁化而呈现磁性现象。

磁性物质能够被强烈磁化的原因在于其内部的特殊性。众所周知，电流产生磁场，在物质的分子中由于电子环绕原子核运动和本身自转运动而形成分子电流，分子电流也会产生磁场，每个分子相当于一个基本小磁铁；同时，在磁性物质内部还分成许多小区域，由于磁性物质的分子间有一种特殊的作用力而使每一区域的分子磁铁排列整齐，显示磁性。这些小区域称为磁畴。在没有外磁场作用时，磁畴排列杂乱无章，磁性互相抵消，因此宏观对外不呈现磁性。当有外磁场作用时，磁畴就会沿着外磁场的方向做定向排列，呈现磁性，形成与外磁场同方向的磁化磁场，从而使磁性物质内的磁感应强度显著增强，如图 5.2 所示。这就是说，磁性物质被强烈磁化了。

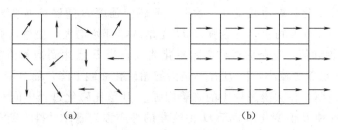

图 5.2 磁性物质的磁化
(a) 磁化前；(b) 磁化后

利用磁性物质的这一特性，就能用较小的电流产生足够大的磁感应强度。这一特性被广泛地应用于电工设备中，如电机、变压器及各种铁磁元件的线圈中都放有铁芯。非磁性物质没有磁畴结构，是不能被磁化的。

2. 磁饱和性

磁性物质在磁化过程中，其磁感应强度 B 和磁场强度 H 之间有一定的关系，通常把 B 随 H 变化的曲线称为磁化曲线 (Magnetization Curve)，又称 $B\sim H$ 曲线。

磁性物质由于磁化所产生的磁化磁场不会随外磁场 H 的增加而无限地增强。当外磁场（或励磁电流）增大到一定值时，全部磁畴的磁场方向都与外磁场的方向一致。这时磁化磁场的磁感应强度达到饱和值，起始磁化曲线如图 5.3 所示。这条曲线大致可分为四段：磁性物质从 $H=0$，$B=0$ 开始磁化，在磁场强度 H 较小时，磁感应强度 B 随着 H 的增大而增大（曲线 $0\sim a$ 段），特性是可逆的；H 继续增大时，B 急剧上升（$a\sim b$ 段），这是由于磁畴在外磁场的作用下，迅速顺外磁场的方向排列，所以 B 值增加快，但特性是不可逆的，即 B 减少不能恢复原状。在曲线 $b\sim c$ 段，因为大部分磁畴已转到外磁场方向，所以随着 H 的增大 B 值的增强已渐缓慢；到 c 点以后，因磁畴已全部转到外磁场方向，故 H 值增加时 B 值基本上不再增加了，这时 B 值已达到饱和值。可见，磁性物质的 B 和 H 不成正比，所以磁性物质的磁导率 μ 不是常数，随 H 而变。如图 5.4 所示，它与电导率在一般环境下相对为一个常数有本质的不同。不同的磁性物质，饱和磁感应强度是不一样的。但对同一种磁性材料，饱和磁感应强度是一定的。电机和变压器通常都工作在曲线 $b\sim c$ 段。

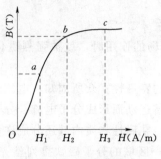

图 5.3　磁化曲线

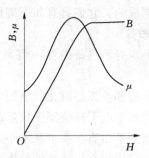

图 5.4　B、μ 与 H 的关系

3. 磁滞性

　　上面讨论的磁化曲线只是反映了磁性物质在外磁场由零逐渐增强时的磁化过程。但在很多实际应用中，磁性物质都工作在交变磁场中，例如，当铁芯线圈中通有交变电流时，铁芯就会受到交变磁化。在电流变化一次时，磁感应强度 B 随磁场强度 H 而变化的关系如图 5.5 所示。由图 5.5 可见，磁场强度 H 先是从零开始增大，磁感应强度 B 也随之增大，直到 B 达到饱和值，这条曲线称起始磁化曲线。当 B 已达到饱和值后，H 从最大值 H_m 逐渐减小，B 也随之减小，但 B 并不是沿起始磁化曲线下降，而是沿另一条位置较高的曲线下降，这说明，在去磁过程中的磁感应强度 B 值比磁化过程中同一 H 值所对应的 B 值要大一些，这种 B 值变化落后于 H 值变化的性质称为磁性材料的磁滞性。当 H 减至零时，B 值不等于零，而保留一定值的剩磁，用 B_r 表示。为消除剩磁 B_r，须外加反向磁场，随着反向磁场的增强，磁性物质逐渐退磁，当反向磁场增大到一定值时，B 值变为零，剩磁完全消失。这时磁场强度称为矫顽磁场强度，又称矫顽力，用 H_c 表示。随着反向磁场的继续增大，就会使 B 值反向并由零增大至反向饱和值。然后再将反向磁场减小，即反向去磁，B 值将出现反向剩磁。磁性物质经过多次这样磁化、去磁、反向磁化、反向去磁的过程，B~H 的关系将沿着一条闭合曲线 1→2→3→4→5→6→1 周而复始地变化。该闭合称为磁滞回线。

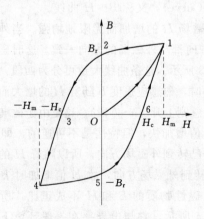

图 5.5　磁滞回线

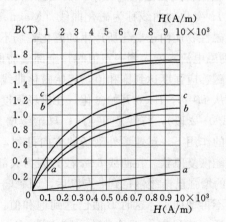

图 5.6　磁化曲线

a—铸铁；b—铸钢；c—硅钢片

磁性物质不同，其磁滞回线和磁化曲线也不同。图5.6所示为几种常见磁性物质的磁化曲线，由图可见，在相同的磁场强度下，硅钢片的磁感应强度最大，铸铁的磁感应强度最小，说明硅钢片比铸铁的导磁性能好得多。

5.1.4 磁性材料的种类和用途

根据磁滞回线的形状，磁性材料可分为软磁材料、硬磁材料和矩磁材料。

1. 软磁材料

软磁材料的特点是磁导率高，磁滞特性不明显，剩磁和矫顽力都很小，磁滞回线较窄，磁滞损耗小，其磁滞回线如图5.7所示。

软磁材料又分为低频和高频两种，低频软磁材料常用于工频交流电路中，有铸钢、硅钢片、合金等。硅钢片的厚度一般为0.3～1.0mm。硅钢片有冷轧与热轧之分，冷轧性能较好，但价格也较贵，常用于变压器和大型电机的铁芯。高频软磁材料常用于电子电路，主要有软磁铁氧体，它是用几种氧化物的粉末烧结而成的，如锰锌铁氧体、镍锌铁氧体等。半导体收音机的磁棒、变压器的铁芯，都是用软磁铁氧体制成的。

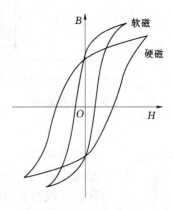

图5.7 不同磁性材料的
磁滞回线

2. 硬磁材料

硬磁材料的特点是剩磁和矫顽力都较大，磁滞性明显，磁滞回线较宽，如图5.7所示。由于这类材料磁化后有很强的剩磁，宜制作永久磁铁。硬磁材料广泛用于各种磁电系测量仪表、扬声器等。常用的有碳钢、铁镍铝钴合金等。近几年，稀土新型的硬磁材料钕铁硼合金，有极高的磁感应强度，能使永久磁铁的体积大为减小。

3. 矩磁材料

矩磁材料的磁滞回线接近矩形，具有较小的矫顽力和较大的剩磁。它常用在计算机和控制系统中作为记忆元件、开关元件和逻辑元件。矩磁材料主要有锰镁铁氧体和锂镁铁氧体。

5.1.5 磁路的基本定律

可以通过一些基本定律对磁路进行分析和计算，由于磁性物质的磁导率 μ 不是常数，比前面讨论的电路的分析计算要复杂一些。

1. 安培环路定律

电流与电流产生的磁场之间的关系可以通过安培环路定律来确定。

安培环路定律：在磁路中，磁场强度 H 沿任一闭合回线（常取磁通作为闭合回线）的线积分 $\oint H \mathrm{d}l$ ，等于包围在这个闭合回线内各电流的代数和，即

$$\oint H \mathrm{d}l = \sum I \tag{5.6}$$

安培环路定律在电路分析中又称全电流定律。其中电流的正负号是这样确定的：任意

选定一个闭合回线的绕行方向，当电流方向与闭合回线的绕行方向之间符合右手螺旋定则时，该电流取正号，反之取负号。若沿闭合路径上各点的 H 均相等，且方向与路径上各相应点的切线方向相同，即 H 与 l 同方向时，则式（5.6）可简化为

$$Hl = \sum I \tag{5.7}$$

2. 磁路欧姆定律

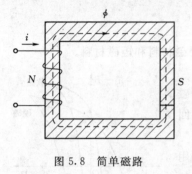

图 5.8 简单磁路

在图 5.8 所示的磁路中，设磁路由单一材料构成，其截面积为 S，平均长度为 l。因平均长度比横截面的尺寸大得多，则可认为在铁芯内磁场是均匀的。利用全电流定律，取中心线为积分回路，则中心线上各点的磁场强度的大小相同，其方向又与 l 的方向一致。由式（5.7）可得

$$\oint Hl = Hl = \sum I = NI \tag{5.8}$$

式中 N——线圈的匝数；

I——励磁电流；

l——闭合回线的平均长度。

由式（5.8）可得

$$H = \frac{NI}{l}$$

铁芯内的磁感应强度 $B = \mu H = \mu \dfrac{NI}{l}$，由于铁芯内的磁场是均匀的，则

$$\phi = BS = \frac{\mu NIS}{l} = \frac{NI}{\dfrac{l}{\mu S}}$$

令 $\qquad\qquad\qquad F = NI,\ R_{\mathrm{m}} = \dfrac{l}{\mu S}$，则

$$\phi = \frac{F}{R_{\mathrm{m}}} \tag{5.9}$$

式中，$F = NI$ 称为磁通势（Magnetomotive Force），也称为磁动势，即由其产生磁通；R_{m} 为磁阻（Reluctance），表示磁路对磁通具有阻碍作用。

式（5.9）在形式上与电路的欧姆定律相似，所以也称为磁路的欧姆定律。

磁路与电路计算的对应关系见表 5.1。

表 5.1 磁路与电路计算的对应关系

磁　　路			电　　路		
名称	符号	单位	名称	符号	单位
磁通	ϕ	Wb	电流	I	A
磁压	ϕR_{m}	A	电压	IR	V
磁动势	F	A	电动势	E	V

磁 路			电 路		
名称	符号	单位	名称	符号	单位
磁阻	$R_m=\dfrac{l}{\mu S}$	$1/H$	电阻	$R=\dfrac{l}{\gamma S}$	Ω
磁感应强度	$B=\dfrac{\phi}{S}$	T	电流密度	$J=\dfrac{I}{S}$	$\dfrac{A}{m^2}$
欧姆定律	$\phi=\dfrac{F}{R_m}$		欧姆定律	$I=\dfrac{E}{R}$	
磁通不是质点的运动；恒定磁通通过磁阻时不消耗能量；在励磁下，没有开路状态；磁动势必须伴有磁通；空气气隙也是磁路，只是磁阻较大			电流是带电质点的有规则运动；电流通过电阻时要消耗能量，使电阻发热；含源电路开路时，电流为零，但电动势存在；一般情况下，空气气隙不导电		

必须指出：

（1）磁阻的大小取决于磁路的尺寸及材料的磁导率。磁路中若有长度为 l_0，面积为 S_0 的空气隙，则因空气的磁导率 μ_0 为一常数，气隙的磁阻

$$R_{m0}=\frac{l_0}{\mu_0 S_0} \tag{5.10}$$

也是常数。但由于 $\mu_0 \ll \mu$，因此空气隙的长度 l_0 尽管很小，其磁阻 R_{m0} 却比磁路中其他部分的磁阻大很多。

（2）磁性材料的磁导率 μ 很大，但不是常数，故其磁阻也不是常数。因此磁路欧姆定律不能进行定量计算，只能用做定性分析。

5.1.6 磁路的计算

在进行电机、电器及电磁元件的设计时，通常要进行磁路计算。计算时往往预先给定铁芯中的磁通（或磁感应强度），然后按所给的磁通及磁路各段的尺寸和材料去求产生预定磁通所需的磁动势 $F=NI$，具体计算步骤如下：

（1）首先将磁路按材料（磁导率）、截面积的不同分成若干段。

（2）计算各段的磁感应强度。由于整个磁路通过同一磁通，故每段的磁感应强度为

$$B_i=\frac{\phi}{S_i}$$

式中 S_i——各段磁路对应的截面积，m^2。

（3）根据各段磁路的磁性材料的磁化曲线 $B=f(H)$，找出与上述各段 B_i 值对应的磁场强度 H_i。空气隙或其他非磁性材料的磁场强度 $H_0(A/m)$ 可按下式计算，即

$$H_0=\frac{B_0}{\mu_0}=\frac{B_0}{4\pi\times10^{-7}}$$

（4）计算各段磁路的磁压降 $H_1 l_1$，$H_2 l_2$，…

（5）计算总的磁动势 $F=NI=H_1 l_1+H_2 l_2+\cdots=\sum Hl$

【例 5.1】 有一环形铁芯线圈，其内径为 10cm，外径为 15cm，铁芯材料为铸钢。磁路中含有一空气隙，其长度等于 0.2cm，若要得到 0.9T 的磁感应强度，试求所需的磁动势。

【解】 该磁路可分铁芯、气隙两段，每段平均长度为

$$l_1 = \frac{10+15}{2} \times \pi - 0.2 = 39 \ (\text{cm})$$

$$l_0 = 0.2 \text{cm}$$

每段的磁感应强度为

$$B_1 = 0.9\text{T}$$

$$B_0 = 0.9\text{T}$$

根据铸钢的磁化曲线查出当 $B_1 = 0.9\text{T}$ 时，有

$$H_1 = 500\text{A/m}$$

对空气隙中的磁场强度可算得

$$H_0 = \frac{B_0}{\mu_0} = \frac{0.9}{4\pi \times 10^{-7}} = 7.2 \times 10^5 \ (\text{A/m})$$

所需磁动势为

$$F = H_1 l_1 + H_0 l_0 = 500 \times 39 \times 10^2 + 7.2 \times 10^5 \times 0.2 \times 10^{-2} = 195 + 1440 = 1635 \ (\text{A})$$

可见，当磁路中含有空气隙时，由于气隙磁阻较大，磁动势差不多都降在气隙上。

5.2 交 流 铁 芯 线 圈

在电气工程上，为了用较小的电流产生较大的磁场，常在线圈中放入铁芯，这种线圈称为铁芯线圈。铁芯线圈分为直流铁芯线圈和交流铁芯线圈两种。直流铁芯线圈通入直流来励磁，由此产生的磁通是恒定的，在线圈和铁芯中不会产生感应电动势。若线圈电阻为 R，则线圈电压 U 与电流 I 的关系为 $U = IR$，与磁路无关；功率损耗也只有铜损 $I^2 R$。交流铁芯线圈通入交流来励磁，由此产生交变的磁通，在线圈中产生感应电动势，线圈中电压、电流关系将与磁路的情况有关。本节讨论交流铁芯线圈中的电磁关系、电压与电流关系、功率损耗及等效电路等问题。

5.2.1 电磁关系

交流铁芯线圈电路如图 5.9 所示。当在线圈两端加上交流电压 u，线圈中就有交流电流 i 流过，产生交变磁动势 Ni（其中 N 为线圈匝数），在磁动势的作用下建立磁场，其中绝大部分磁通通过铁芯形成闭合回路，这部分磁通称主磁通或工作磁通，用 ϕ 表示。另外还有很少一部分磁通主要经过空气或其他非导磁媒质而闭合，这部分磁通称为漏磁通，用 ϕ_σ 表示。这两个交变的磁通分别在线圈中产生两个感应动势：主磁感应电动势 e 和漏磁感应电动势 e_σ。电磁关系可表示如下：

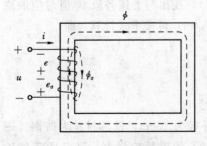

图 5.9 交流铁芯线圈电路

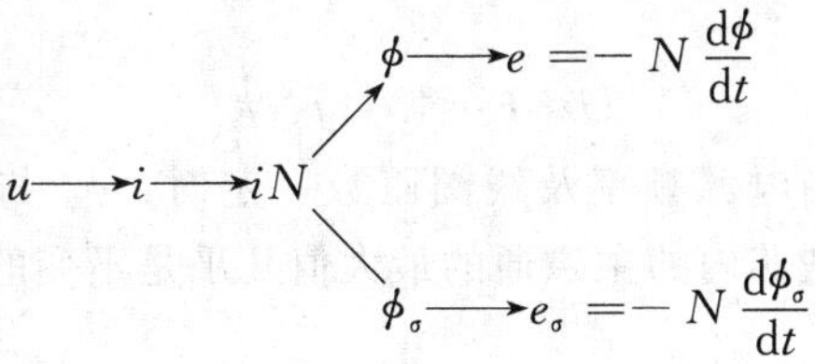

$$\phi \longrightarrow e = -N\frac{\mathrm{d}\phi}{\mathrm{d}t}$$

$$u \longrightarrow i \longrightarrow iN$$

$$\phi_\sigma \longrightarrow e_\sigma = -N\frac{\mathrm{d}\phi_\sigma}{\mathrm{d}t}$$

5.2.2 感应电动势与磁通

因为漏磁通所经过的路径主要是空气和其他非磁性材料，其磁导率为常数 μ_0，所以励磁电流 i 与 ϕ_σ 之间可以认为是线性关系。因此铁芯线圈的漏电感 L_σ 为

$$L_\sigma = \frac{N\phi_\sigma}{i} \tag{5.11}$$

漏磁感应电动势为

$$e_\sigma = -N\frac{\mathrm{d}\phi_\sigma}{\mathrm{d}t} = -L_\sigma\frac{\mathrm{d}i}{\mathrm{d}t} \tag{5.12}$$

用相量表示为

$$\dot{E}_\sigma = -\mathrm{j}X_\sigma\dot{I} \tag{5.13}$$

式中 X_σ——漏磁感抗，Ω，$X_\sigma = 2\pi f L_\sigma$。

主磁通通过铁芯，铁芯的磁导率 μ 不是常数，则 ϕ 与 i 之间不是线性关系，铁芯线圈的主电感 L 不是常数，如图 5.10 所示。主磁通 ϕ 与其产生的主磁感应电动势关系如下：

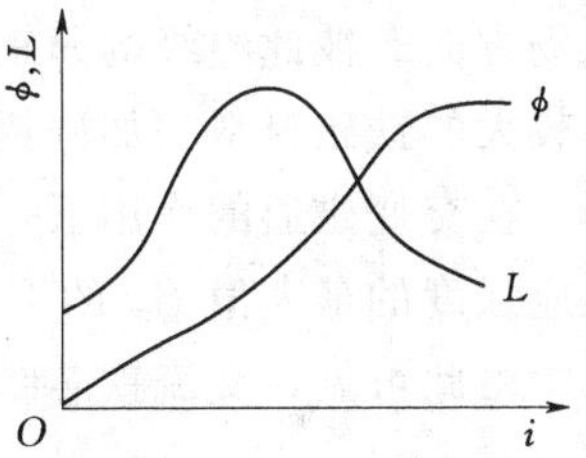

设主磁通 $\phi = \phi_\mathrm{m}\sin\omega t$，则

$$e = -N\frac{\mathrm{d}\phi}{\mathrm{d}t} = -N\frac{\mathrm{d}(\phi_\mathrm{m}\sin\omega t)}{\mathrm{d}t} = -N\omega\phi_\mathrm{m}\cos\omega t$$

$$= E_\mathrm{m}\sin(\omega t - 90°) \tag{5.14}$$

图 5.10 ϕ、L 与 i 的关系

式中 E_m——主磁感应电动势的幅值，V，$E_\mathrm{m} = \omega N\phi_\mathrm{m} = 2\pi f N\phi_\mathrm{m}$。

主磁感应电动势的有效值为

$$E = \frac{E_\mathrm{m}}{\sqrt{2}} = \frac{2\pi f N\phi_\mathrm{m}}{\sqrt{2}} = 4.44 f N\phi_\mathrm{m} \tag{5.15}$$

由式（5.14）和式（5.15）可知，主磁电动势的大小与电流频率、线圈的匝数及主磁通的幅值成正比，其相位滞后于主磁通 90°。

5.2.3 电压与电流的关系

在图 5.9 所示电路中，根据基尔霍夫电压定律，可得

$$u = Ri - e - e_\sigma \tag{5.16}$$

当 u 为正弦电压时，式（5.16）中各量可视作正弦量。用相量表示为

$$\dot{U} = R\dot{I} + (-\dot{E}) + (-\dot{E}_\sigma) = R\dot{I} + \mathrm{j}X_\sigma\dot{I} - \dot{E} \tag{5.17}$$

式中 R——铁芯线圈电阻。

通常由于线圈的电阻 R 和感抗 X_σ 较小，因而它们的压降也较小，与主磁电动势相

比，可忽略不计。于是有

$$U \approx E = 4.44 f N \phi_m \tag{5.18}$$

由式（5.18）可知，当电源频率及线圈匝数一定时，ϕ_m 与电源电压 U 近似成正比。当外加电源电压不变时，铁芯内的主磁通的最大值几乎是不变的，这是对变压器和交流电机进行分析的基础。

5.2.4 功率损耗

在交流铁芯线圈中流过交变电流，铁芯中就产生交变磁通。这时，铁芯线圈电路除了由线圈电阻 R 引起的损耗 I^2R（铜损，用 ΔP_{Cu} 表示）外，交变磁通在铁芯中会引起功率损耗（铁损，用 ΔP_{Fe} 表示），铁损主要由磁滞和涡流产生。

交变磁场穿过铁芯时，引起铁芯反复磁化，铁芯中的磁畴反复移向，发生摩擦，使铁芯发热，产生功率损耗，称为磁滞损耗 ΔP_h。可以证明，在一个磁化循环过程中消耗的功率与磁滞回线的面积成正比。为了减少磁滞损耗，常选用磁滞回线面积小的软磁材料作为铁芯。硅钢就是变压器和电机中常用的铁芯材料，其磁滞损耗较小。

铁芯中的主磁通交变时，不仅要在线圈中产生感应电动势，而且在铁芯中也要产生感应电动势和感应电流，该电流称为涡流，它在垂直于磁通方向的平面内环流。由涡流产生的铁损称为涡流损耗 ΔP_e，涡流损耗也要引起铁芯发热。为减少涡流损耗，铁芯通常由顺磁场方向、彼此绝缘的薄钢片叠成，这样，使涡流只能在较小的截面内流通。并选用电阻率较大的铁磁材料（如硅钢片）。

在交变磁通的作用下，铁芯内的这两种损耗合称铁损 ΔP_{Fe}。铁损差不多与铁芯内磁感应强度的最大值 B_m 的平方成正比，故 B_m 不宜选得过大，一般取 $0.8 \sim 1.2T$。

由此可见，交流铁芯线圈电路中消耗的总有功功率是线圈的铜损和铁损的总和，即

$$P = UI \cos \omega t = I^2 R + \Delta P_{Fe} \tag{5.19}$$

*5.2.5 等效电路

交流铁芯线圈也可以用等效电路的方法进行分析，即用一个不含铁芯的交流电路来等效代替它。等效的条件是：在同样的电压作用下，替换前后铁芯线圈的功率、电流及各量之间的相位关系保持不变。这样使磁路计算简化为电路计算。图 5.11 所示为交流铁芯线圈的等效电路。图中 R 为线圈电阻，X_σ 为线圈的漏感抗，R_0 是对应铁损的等效电阻，其值为

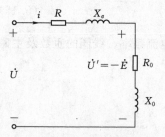

图 5.11 交流铁芯线圈
的等效电路

$$R_0 = \frac{\Delta P_{Fe}}{I^2}$$

X_0 是铁芯线圈与电源之间能量互换的等效感抗，其值为

$$X_0 = \frac{Q_{Fe}}{I^2}$$

式中 Q_{Fe}——铁芯线圈的无功功率，var。

等效电阻的阻抗模为

$$|Z| = \sqrt{R_0^2 + X_0^2} = \frac{U'}{I} \approx \frac{U}{I}$$

5.3 变 压 器

变压器是根据电磁感应原理制成的一种常用电气设备，具有变换电压、电流和阻抗的作用，但最基本的功能是将一种交流电压变为同一频率的另一种或几种电压。

在电力系统中，变压器是远距离输送电能所必需的重要设备。通常，电能从发电站以高电压输送到用电地区。在发电站，先用变压器升高发电机输出的电压。因为当输送功率 $P = UI\cos\omega t$ 一定时，电压 U 愈高，则线路电流 I 愈小。这不仅可以减小输电线的截面积，节省材料，同时还可以减小线路的功率损耗。当电能输送到目的地后，再用变压器降低电压，以保证用电安全和符合用电设备的电压要求。这种完成输送电能的变压器统称为电力变压器。

在有些场合，由于电流太大，不能直接用电表测量。这时，必须采用电流互感器，将大电流变为小电流，然后进行测量。这类用于各种测量装置的变压器称为仪用变压器。

在无线电和电子线路中，变压器除用来变换电压、电流之外，还常用来变换阻抗，实现阻抗匹配，如收音机中的输出变压器。

变压器虽然种类很多，用途各异，不同的变压器在容量、结构、外形、体积等方面有很大的区别，但是它们的基本构造和工作原理是相同的。变压器主要由磁路和电路两部分构成，变压器中用来传递电能而又彼此绝缘的线圈，一般称为绕组，根据它们相对工作电压的大小可分为高压绕组和低压绕组。为了加强绕组之间的耦合作用，绕组都绕在闭合的铁芯柱上。

5.3.1 变压器的结构与工作原理

1. 变压器的结构

变压器主要由铁芯和绕组两部分构成。变压器常见的结构形式有两类：芯式变压器和壳式变压器。如图 5.12 所示，芯式变压器的特点是绕组包围铁芯，它的铁芯用量少，构造简单，绕组的安装和绝缘比较容易，因此多用于容量较大的变压器中。壳式变压器如图 5.13 所示，其特点是铁芯包围绕组。这种变压器用铜量较少，多用于小容量变压器。

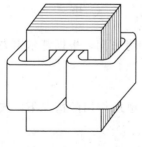

图 5.12　芯式变压器

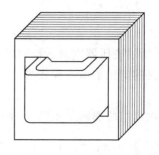

图 5.13　壳式变压器

铁芯是变压器的磁路部分，为了减少铁芯损耗，铁芯通常用厚度为 0.2～0.5mm 的硅钢片叠压而成，片间相互绝缘。

绕组是变压器的电路部分，它是由圆形或矩形截面的导线绕成一定形状的线圈。通常电压高的绕组称为高压绕组，电压低的绕组称为低压绕组。低压绕组靠近铁芯放置，而高压绕组则置于外层。

此外，大容量变压器还具有外壳、冷却设备、保护装置及高压套管等。大容量变压器通常是三相变压器。

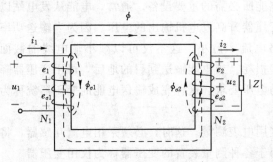

图 5.14　变压器的工作原理

2. 变压器的工作原理

图 5.14 所示为单相变压器的原理图。由于三相变压器必须接入三相绕组，因而其原理和单相完全相同。为便于分析，主要针对单相变压器的电路结构来分析变压器的工作原理。将高压绕组和低压绕组分别画在两边，接电源绕组为一次绕组，又称原绕组，也就是吸收电能的绕组，其匝数为 N_1；接负载绕组为二次绕组，又称副绕组，其匝数为 N_2。通常一次绕组中各物理量均用下标“1”表示，二次绕组中的各物理量均用下标“2”表示。下面讨论空载和负载两种情况下它的工作原理。

(1) 变压器的空载运行——变换电压。所谓空载运行是指变压器一次绕组接上电源，二次绕组不接负载，处于开路的运行状态。此时二次绕组的电流为零，但一次绕组的电流并不为零。当一次绕组接上电源电压 u_1，二次绕组开路时，一次绕组中流过的电流为 i_0，称为空载电流，产生磁动势 $i_0 N$ 为空载磁动势。在空载磁动势的作用下建立磁场，其中绝大部分磁通通过铁芯而闭合，称为主磁通 ϕ，同时与一次绕组和二次绕组相交链，当主磁通交变时，分别在一、二次绕组中产生感应电动势 e_1、e_2。另外，还有少部分磁通沿一次绕组周围空间的非磁性材料（如空气）而闭合，称为一次绕组漏磁通 $\phi_{\sigma1}$，当其交变时，只在一次绕组中产生漏磁感应电动势 $e_{\sigma1}$。上述的电磁关系可表示为

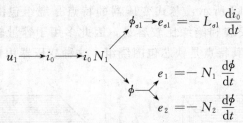

由图 5.15 所示变压器空载运行时各物理量的参考方向，根据基尔霍夫电压定律，可得一次绕组电路的电压平衡方程式为

$$u_1 = R_1 i_0 - e_1 - e_{\sigma1} \tag{5.20}$$

通常，一次绕组所加的是正弦电压 u_1。在正弦电压作用的情况下，式（5.20）可用相量表示，即

$$\dot{U}_1 = R_1 \dot{I}_0 + (-\dot{E}_1) + (-\dot{E}_{\sigma1}) = R_1 \dot{I}_0 + \mathrm{j} X_1 \dot{I}_0 - \dot{E}_1 \tag{5.21}$$

式中 R_0 和 $X_1 = \omega L_{\sigma 1}$ 分别为一次绕组的电阻和感抗。

空载时，一次绕组的电阻压降 $I_0 R_1$ 和漏磁感应电动势 $E_{\sigma 1}$ 都很小，与主磁感应电动势 E_1 比较起来，可以忽略，于是有

$$\dot{U}_1 \approx -\dot{E}_1 \tag{5.22}$$

根据式（5.18）有

$$U_1 \approx E_1 = 4.44 f N_1 \phi_m \tag{5.23}$$

同理，对二次绕组电路，可列出

$$u_{20} \approx e_2 \tag{5.24}$$

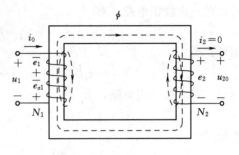

图 5.15 变压器空载运行

式中 u_{20}——二次绕组的开路电压，V。

式（5.24）用相量表示为

$$\dot{U}_{20} \approx \dot{E}_2 \tag{5.25}$$

有效值为

$$U_{20} = E_2 = 4.44 f N_2 \phi_m \tag{5.26}$$

由式（5.23）和式（5.26）可见，若一、二次绕组的匝数 N_1 和 N_2 不相等，则感应电动势 E_1 和 E_2 也不相等，因此输出电压 U_{20} 和输入电压 U_1 的大小也不相等。

$$\frac{U_1}{U_{20}} \approx \frac{E_1}{E_2} = \frac{N_1}{N_2} = K \tag{5.27}$$

式中 K——变压器的变比或匝比。

可见，当电源电压 U_1 一定时，只要改变一次、二次绕组的匝数比，就可得出不同的输出电压，从而实现了变换电压的目的。

电压比在变压器的铭牌上注明，它表示一次、二次绕组的额定电压之比 U_{1N}/U_{2N}，例如 $6000/400V(K=15)$，表示一次绕组的额定电压（即一次绕组上应加的电源电压）$U_{1N}=6000V$，二次绕组的额定电压 $U_{2N}=400V$。所谓二次绕组的额定电压 U_{2N} 是指一次绕组加上额定电压 U_{1N} 时二次绕组的空载电压 U_{20}。标明了额定电压，也就表示了电压比。

（2）变压器的负载运行——变换电流。当变压器的二次绕组接上负载后，在感应电动势 e_2 的作用下产生电流 i_2，同时一次绕组的电流相应地由空载电流 i_0 变为 i_1。二次绕组流过的电流为 i_2，形成磁动势 $N_2 i_2$，它与一次绕组的磁动势 $N_1 i_1$ 共同建立主磁通。同时二次绕组的磁动势还要产生只与二次绕组相交链的漏磁通 $\phi_{\sigma 2}$，当其交变时，在二次绕组中漏磁感应电动势 $e_{\sigma 2}$。负载运行时，电磁关系如下：

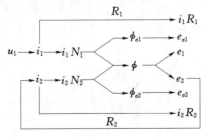

在图 5.14 所示电路中，可列出变压器负载运行时一次、二次绕组电路的电压平衡方式。对一次绕组电路，有

$$u_1 = R_1 i_1 - e_1 - e_{\sigma 1} \tag{5.28}$$

相量式为

$$\dot{U}_1 = R_1 \dot{I}_1 + (-\dot{E}_1) + (-\dot{E}_{\sigma 1}) = R_1 \dot{I}_1 + jX_1 \dot{I}_1 - \dot{E}_1 \tag{5.29}$$

同理，对二次绕组电路，有

$$e_2 = u_2 + (-e_{\sigma 2} + i_2 R_2) \tag{5.30}$$

相量式为

$$\dot{E}_2 = R_2 \dot{I}_2 + \dot{U}_2 - \dot{E}_{\sigma 2} = R_2 \dot{I}_2 + jX_2 \dot{I}_2 + \dot{U}_2 \tag{5.31}$$

式中，R_2 和 $X_2 = \omega L_{\sigma 2}$ 分别为二次绕组的电阻和感抗，$\dot{U}_2$ 为二次绕组的端电压。

由于加上负载后，一次绕组的电压降 $R_1 I_1$ 和漏抗压降 $X_1 I_1$ 较小，可忽略。因此 $U_1 \approx E_1 = 4.44 f N_1 \phi_m$ 仍成立，即当电源电压 U_1 与频率 f_1 不变时，加上负载后主磁通的最大值 ϕ_m 与空载时的基本相等。这样，有负载时产生主磁通的一次、二次绕组的合成磁动势 $N_1 i_1 + N_2 i_2$ 应该和空载时产生主磁通的一次绕组的磁动势基本相等，即

$$N_1 i_1 + N_2 i_2 \approx N_1 i_0$$

用相量表示，有

$$N_1 \dot{I}_1 + N_2 \dot{I}_2 \approx N_1 \dot{I}_0 \tag{5.32}$$

变压器的空载电流 i_0 是励磁用的。由于铁芯的磁导率高，空载电流很小。一般情况下，空载电流 I_0 只占一次侧绕组额定电流 I_{1N} 的 10% 以下，因此 $N_1 I_0$ 与 $N_1 I_1$ 相比小很多，可略去不计，因此式（5.32）可写成

$$N_1 \dot{I}_1 \approx -N_2 \dot{I}_2 \tag{5.33}$$

由式（5.33）可得一次、二次绕组的电流有效值之比为

$$\frac{I_1}{I_2} \approx \frac{N_2}{N_1} = \frac{1}{K} \tag{5.34}$$

式（5.34）表明，变压器一次、二次绕组电流与它们的匝数成反比。它反映了变压器具有电流变换作用。

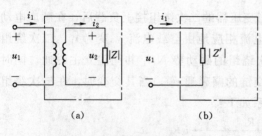

图 5.16　负载阻抗的等效变换

（3）阻抗的变换。在图 5.16（a）中，负载阻抗模 $|Z|$ 在变压器的二次侧，而图中的虚线框部分可以用一个阻抗模 $|Z'|$ 来等效代替。所谓等效，就是输入电路的电压、电流和功率不变时，直接接在电源上的阻抗模 $|Z'|$ 和接在变压器副边的负载阻抗模 $|Z|$ 是等效的。根据上述一次、二次绕组电压、电流的关系，可以得出

$$\frac{U_1}{I_1} = \frac{\dfrac{N_1}{N_2} U_2}{\dfrac{N_2}{N_1} I_2} = \left(\frac{N_1}{N_2}\right)^2 \frac{U_2}{I_2}$$

由图 5.16 所示电路可以写出

$$\frac{U_1}{I_1}=|Z'|, \quad \frac{U_2}{I_2}=|Z|$$

代入则得

$$|Z'|=\left(\frac{N_1}{N_2}\right)^2|Z|=K^2|Z| \tag{5.35}$$

式中 $|Z'|$——一次绕组等效阻抗，或者称为变压器转移阻抗，即负载阻抗 $|Z|$ 通过变压器转移到其输入端口的等效阻抗。

变压器的这种阻抗变换作用，常用于电子线路的功率放大级中，使负载（如扬声器）能获得较大功率。

【**例 5.2**】 某理想变压器 $N_1=100$ 匝，$N_2=40$ 匝，负载阻抗 $Z_L=(4+j4)\Omega$，$U_1=220V$。求 U_2、I_1、I_2 及总阻抗 Z_1。

【**解**】 由题意求有效值。

因为

$$\frac{U_1}{U_2}=\frac{N_1}{N_2}$$

所以

$$U_2=\frac{N_2}{N_1}U_1=\frac{40}{100}\times220=88 \text{（V）}$$

$$I_2=\frac{U_2}{|Z_L|}=\frac{88}{\sqrt{4^2+4^2}}\approx15.6 \text{（A）}$$

$$I_1=\frac{N_2}{N_1}I_2=\frac{40}{100}\times15.6=6.24 \text{（A）}$$

$$|Z_1|=\frac{U_1}{I_1}=\frac{220}{6.24}\approx35.2 \text{（Ω）}$$

【**例 5.3**】 在图 5.17 中，交流信号源的电动势 $E=120V$，内阻 $R_0=800\Omega$，负载电阻 $R_L=8\Omega$ 电阻。

（1）当 R_L 折算到一次侧的等效电阻 $R'_L=R_0$ 时，求变压器的匝数比和信号源输出的功率。

（2）当将负载直接与信号源连接时，信号源输出多大功率？

【**解**】

（1）变压器的匝数比应为

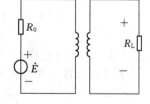

图 5.17 ［例 5.3］图

$$\frac{N_1}{N_2}=\sqrt{\frac{R'_L}{R_L}}=\sqrt{\frac{800}{8}}=10$$

信号源的输出功率为

$$P=\left(\frac{E}{R_0+R'_L}\right)^2R'_L=\left(\frac{120}{800+800}\right)^2\times800=4.5 \text{（W）}$$

（2）当将负载直接接在信号源上时，有

$$P = \left(\frac{120}{800+8}\right)^2 \times 8 = 0.176 \ (\text{W})$$

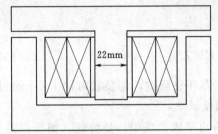

图 5.18 [例 5.4] 图

【例 5.4】 有一机床照明变压器的容量为 50VA，$U_1 = 380$V，$U_2 = 36$V，其绕组已烧毁，要拆去重绕。今测得其铁芯截面积为 22mm×41mm，如图 5.18 所示。铁心材料是厚 0.35mm 的硅钢片。试计算一次、二次绕组匝数及导线线径。

【解】 铁芯的有效截面积为

$$S = 2.2 \times 4.1 \times 0.9 = 8.1 \ (\text{cm}^2)$$

式中，0.9 是铁心叠片间隙系数。

对厚 0.35mm 的硅钢片，可取 $B_m = 1.1$T。

一次绕组匝数为

$$N_1 = \frac{U_1}{4.44 f B_m S} = \frac{380}{4.44 \times 50 \times 1.1 \times 8.1 \times 10^{-4}} = 1920 \ (\text{匝})$$

二次绕组匝数为

$$N_2 = N_1 \frac{U_{20}}{U_1} = N_1 \frac{1.05 U_2}{U_1} = 1920 \times \frac{1.05 \times 36}{380} = 190 \ (\text{匝}) \ (\text{设} \ U_{20} = 1.05 U_2)$$

二次绕组电流为

$$I_2 = \frac{S_N}{U_2} = \frac{50}{36} = 1.39 \ (\text{A})$$

一次绕组电流为

$$I_1 = \frac{50}{380} = 0.13 \ (\text{A})$$

导线直径 d 可按下式计算

$$I = J \left(\frac{\pi d^2}{4}\right), \ d = \sqrt{\frac{4I}{\pi J}}$$

式中 J——电流密度，一般取 $J = 2.5 \text{A/mm}^2$。

于是可计算一次绕组线径

$$d_1 = \sqrt{\frac{4 \times 0.13}{3.14 \times 2.5}} = 0.256 (\text{mm}) (\text{取} \ 0.25 \text{mm})$$

二次绕组线径

$$d_2 = \sqrt{\frac{4 \times 1.39}{3.14 \times 2.5}} = 0.84 (\text{mm}) (\text{取} \ 0.9 \text{mm})$$

5.3.2 变压器的使用

1. 变压器的铭牌数据

使用变压器时，必须了解其铭牌上的技术数据。变压器的铭牌上一般标明如下内容：

型号—表示变压器的结构、容量、电压等级等。举例如下：

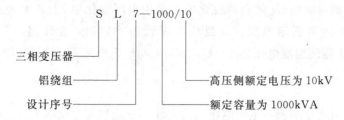

S L 7—1000/10

三相变压器————

铝绕组————

设计序号————

高压侧额定电压为 10kV

额定容量为 1000kVA

额定容量 S_N——变压器在规定的使用条件下输出的视在功率的保证值，以 VA、KVA、MVA 表示，通常变压器原副绕组的额定容量相同。

额定电压 U_{1N}/U_{2N}——变压器在空载时一次、二次绕组端电压的保证值，以 V 或 kV 表示。三相变压器的额定电压指线电压。

额定电流 I_{1N}/I_{2N}——按规定工作方式运行时一次、二次绕组允许通过的最大电流，以 A 表示。

对单相变压器，一次、二次绕组的额定电流为

$$I_{1N} = \frac{S_N}{U_{1N}}, \quad I_{2N} = \frac{S_N}{U_{2N}} \tag{5.36}$$

对三相变压器，有

$$I_{1N} = \frac{S_N}{\sqrt{3}U_{1N}}, \quad I_{2N} = \frac{S_N}{\sqrt{3}U_{2N}} \tag{5.37}$$

额定频率 f_N——我国规定标准工业用电的频率为 50Hz。

由于目前的供电系统都是三相制的，三相变压器的应用极为广泛。三相变压器的电流和电压基本是对称的，其中的任何一相都可以代表整个变压器的运行情况，可以用单相变压器对三相变压器进行研究。

此外，额定运行情况下变压器的效率、允许温升、绕组连接方式等参数均属于额定指标。

2. 变压器的运行特性

表征变压器运行性能的主要指标有两个：一是电压变化率，二是效率。

（1）电压变化率。变压器负载运行时，二次绕组电路的电压平衡方程式为

$$\dot{U}_2 = \dot{E}_2 - R_2\dot{I}_2 - jX_2\dot{I}_2 = \dot{E}_2 - \dot{I}_2 Z_2$$

式中　R_2、X_2、Z_2——二次绕组的电阻、感抗、阻抗。

由上式可见，负载时，变压器二次绕组的端电压不再是 U_{20} 而变成 U_2，且当负载电流 I_2 加大时，二次绕组漏阻抗压降 $I_2 Z_2$ 也增加，使二次绕组的端电压 U_2 发生变化。当电源电压 U_1 和负载功率因数 $\cos\varphi_2$ 不变时，U_2 随 I_2 的变化关系称为外特性，其曲线如图 5.19 所示。当负载为纯电阻和感性负载时，外特性曲线是下降的；当负载为容性负载时，外特性曲线可能上翘，当负载为纯电阻负载时，端

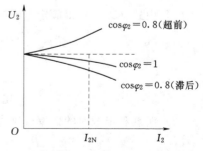

图 5.19　变压器的外特性

电压变化较小,感性或容性程度增加,端电压的变化会增大。

变压器二次侧端电压 U_2 随负载变化的程度用电压变化率 $\Delta U\%$ 来表示。电压变化率 $\Delta U\%$ 规定为:原边为额定电压,负载功率因数为一定时,变压器从空载到额定负载 $(I_1=I_{2N})$ 时二次侧绕组端电压之差 $(U_{20}-U_2)$ 与额定电压 U_{2N} 的百分值表示,即

$$\Delta U\% = \frac{U_{20}-U_2}{U_{2N}} \times 100\% = \frac{U_{2N}-U_2}{U_{2N}} \times 100\% \tag{5.38}$$

变压器的电压变化率表示电网电压的稳定性,一定程度上反映了电能的质量,所以它是变压器的主要性能指标之一。

在一般变压器中,由于绕组电阻和漏感抗均很小,电压变化率不大,约在 5% 以内。

(2)变压器的损耗和效率。变压器在传递能量过程中会产生损耗。其主要有铁损 ΔP_{Fe} 和铜损 ΔP_{Cu} 两部分。

铁损 ΔP_{Fe} 是主磁通在铁芯中交变而产生的磁滞损耗和涡流损耗,铁损的大小与铁芯内磁感应强度的最大值 B_m 和频率 f 有关,与负载电流的大小无关。由于运行时,电源电压 U_1 和频率都不变,主磁通的幅值基本不变,所以铁损也基本不变,故铁损又称为不变损耗。

铜损 ΔP_{Cu} 是指一次、二次绕组有电流流过时,在绕组的电阻上产生的损耗之和,即

$$\Delta P_{Cu} = \Delta P_{Cu1} + \Delta P_{Cu2} = I_1^2 R_1 + I_2^2 R_2$$

当负载变化时,I_1、I_2 也要变化,铜损 ΔP_{Cu} 也变化,故铜损又称为可变损耗。变压器的效率是指输出功率 P_2 与输入功率 P_1 之比,即

$$\eta = \frac{P_2}{P_1} \times 100\% = \frac{P_2}{P_2 + \Delta P_{Fe} + \Delta P_{Cu}} \times 100\% \tag{5.39}$$

变压器的功率损耗很小,所以效率很高,通常在 95% 以上。在一般电力变压器中,当负载为额定负载的 50%~75% 时,效率达到最大值。

【例 5.5】 有一带电阻负载的三相变压器,其额定数据为:$S_N=110\text{kVA}$,$U_{1N}=6000\text{V}$,$U_{2N}=U_{20}=400\text{V}$,$f=50\text{Hz}$。绕组连接成 Y/Y0,由实验测得:$\Delta P_{Fe}=600\text{W}$,额定负载时的 $\Delta P_{Cu}=2400\text{W}$。试求:

(1)变压器的额定电流。

(2)满载和半载时的效率。

【解】

(1)由式(5.37)得额定电流为

$$I_{1N} = \frac{S_N}{\sqrt{3}U_{1N}} = \frac{110 \times 10^3}{\sqrt{3} \times 6000} = 10.58 \ (\text{A})$$

$$I_{2N} = \frac{S_N}{\sqrt{3}U_{2N}} = \frac{110 \times 10^3}{\sqrt{3} \times 400} = 158.4 \ (\text{A})$$

(2)满载和半载时的效率分别为

$$\eta_1 = \frac{P_2}{P_2 + \Delta P_{Fe} + \Delta P_{Cu}} = \frac{110 \times 10^3}{110 \times 10^3 + 600 + 2400} = 97.4\%$$

$$\eta_{\frac{1}{2}}=\frac{\frac{1}{2}\times110\times10^3}{\frac{1}{2}\times110\times10^3+600+\left(\frac{1}{2}\right)^2\times2400}=97.8\%$$

5.3.3 特殊变压器

下面简单介绍几种特殊用途的变压器。

1. 自耦变压器

普通变压器原、副绕组之间仅有磁的耦合，并无电的直接联系。而自耦变压器仅有一个绕组，如图 5.20 所示，即二次绕组是一次绕组的一部分。因此，一次、二次绕组之间既有磁的耦合，又有电的联系。一次、二次绕组的电压、电流与匝数间的关系为

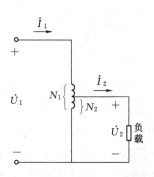

图 5.20　自耦变压器

$$\frac{U_1}{U_2}=\frac{N_1}{N_2}=K,\quad \frac{I_1}{I_2}=\frac{N_2}{N_1}=\frac{1}{K}$$

实验室中常用的调压器就是一种可以改变副绕组匝数的自耦变压器。

2. 仪用互感器

仪用互感器是一种测量用的变压器。采用互感器的目的是扩大电流和电压仪表的量程，使测量电路与被测电路的高电压、大电流的电路隔开，以保护工作人员和仪表设备的安全。

按用途分类，互感器分为电压互感器和电流互感器两种。

（1）电压互感器。电压互感器的接线方式如图 5.21 所示。一次绕组匝数很多，接入被测电压；二次绕组匝数很少，接入电压表或其他测量仪表的电压线圈。

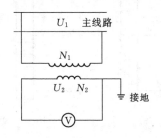

图 5.21　电压互感器的接线图

根据变压器原理，被测电压 U_1 与二次绕组电压 U_2 的关系为

$$\frac{U_1}{U_2}=\frac{N_1}{N_2}=K_u \tag{5.40}$$

式中　K_u——电压互感器的变压比。

因为电压表和其他测量仪表的电压线圈阻抗很高，所以电压互感器在使用时，相当于一台空载运行的变压器。运行时，二次绕组不能短路，否则将产生比额定电流大几百倍甚至几千倍的短路电流，烧坏互感器。另外，为安全起见，电压互感器的铁芯和二次绕组的一端要可靠接地，以防止当绕组间绝缘损坏时二次侧绕组上产生高电压。

（2）电流互感器。电流互感器的接线方式如图 5.22 所示，它的一次绕组的匝数很少，串联在被测主线路中，二次绕组的匝数较多，它与电流表或其他仪表及继电器的电流线圈相连接。由于电流表的阻抗很小，因此二次侧接了很小的阻抗，相当于变压器处于短路状态，励磁电流 I_0 可忽略不计，被测电流 I_1 与电流表的电流 I_2 的关系为

$$\frac{I_1}{I_2}=\frac{N_2}{N_1}=K_i$$

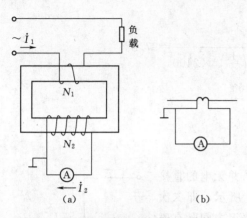

图 5.22　电流互感器的接线图及其符号
(a) 接线图；(b) 符号

或

$$I_1 = \frac{N_2}{N_1} I_2 = K_i I_2 \qquad (5.41)$$

式中　K_i——电流互感器的变流比。

由式（5.41）可见，利用电流互感器可将大电流变换为小电流。电流表的读数 I_2 乘上变换系数 K_i 即为被测电流 I_1（在电流表的刻度上可直接标出被测电流值）。通常电流互感器二次侧绕组的额定电流规定为 5A 或 1A。

为了使用安全，电流互感器的铁芯和二次绕组的一端与电压互感器一样要可靠接地。此外，电流互感器的二次绕组绝对不允许开路。因为它的一次绕组是与被测电路串联的，一次绕组中的电流 I_1 的大小是由被测电路决定，而不是由二次绕组的电流 I_2 决定。因此，当二次绕组开路时，二次绕组的电流和磁动势消失，但一次绕组的电流 I_1 却不变，这时铁芯内的磁通全由一次绕组磁动势 $N_1 I_1$ 产生，使得磁通比正常情况猛增几十倍。这样一方面使铁芯内磁感应强度增大，铁损大大增加，致使铁芯过热而烧毁互感器；另一方面，较大的磁通又会在二次绕组感应出很高的电动势，有可能损坏仪表的绝缘，并危及人身安全。

5.3.4　变压器绕组的极性

在使用变压器时，有时需要把绕组串联起来以提高电压，或者并联起来以增大电流。但在连接时必须正确，否则可能适得其反，甚至烧毁变压器。所谓正确连接就是指变压器及其他有磁耦合的互感线圈，在连接时要根据绕组的同名端的规定连接。

同名端确定后，就可对绕组进行正确的连接，在图 5.23 (a) 中，若要两个绕组串联，则可将 2、3 两端相连，1、4 两端接电源。若要两个绕组并联，只可将 1、3 相连，2、4 相连，然后接电源。如果接反，即串联时接 2、4 相连，1、3 接电源，这样，两个绕组的磁动势互相抵消，铁芯中没有磁通，绕组中也就不会产生感应电动势与外加电压平衡，这时绕组中将流过很大的电流而烧毁变压器。

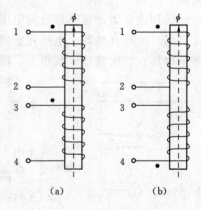

图 5.23　变压器绕组的极性
(a) 绕向相同；(b) 绕向相反

习　　题

1. 填空题

（1）变压器运行中，绕组中电流的热效应所引起的损耗称为_____损耗；交变磁场在铁芯中所引起的_____损耗和_____损耗合称为_____损耗。_____损耗又称为不变损耗，_____损耗称为可变损耗。

（2）变压器空载电流的_____分量很小，_____分量很大，因此空载的变压器，其功率因数_____，而且是_____性的。

（3）电压互感器在运行中，副边绕组不允许_____；而电流互感器在运行中，副边绕组不允许_____。从安全的角度出发，二者在运行中，其_____绕组都应可靠地接地。

（4）变压器是能改变_____、_____和_____的电气设备。

（5）三相变压器空载运行时，其_____是很小的，所以空载损耗近似等于_____。

（6）三相变压器的额定电压，无论原边或副边的均指其_____电压；而原边和副边的额定电流均指其_____电流。

（7）电源电压不变，当副边电流增大时，变压器铁芯中的工作主磁通 ϕ 将_____。

2. 选择题

（1）直流铁芯线圈，当线圈匝数 N 增加一倍，则磁通 ϕ 将（　　），磁感应强度 B 将（　　）。

A. 增大　　　　　　B. 减小　　　　　　C. 不变　　　　　　D. 无法确定

（2）两个交流铁芯线圈除了匝数不同（$N_1 = 2N_2$）外，其他参数都相同，若将这两个线圈接在统一交流电源上，它们的电流 I_1 和 I_2 的关系为（　　）。

A. $I_1 > I_2$　　　　B. $I_1 < I_2$　　　　C. $I_1 = I_2$　　　　D. 无法确定

（3）两个完全相同的交流铁芯线圈，分别工作在电压相同而频率不同（$f_1 > f_2$）的两电源下，此时线圈的电流 I_1 和 I_2 的关系是（　　）。

A. $I_1 > I_2$　　　　B. $I_1 < I_2$　　　　C. $I_1 = I_2$　　　　D. 无法确定

（4）交流铁芯线圈中的功率损耗来源于（　　）。

A. 漏磁通　　　　　　　　　　B. 铁芯的磁导率 μ

C. 铜损耗和铁损耗　　　　　　D. 以上都是

（5）对于电阻性和电感性负载，当变压器副边电流增加时，副边电压将（　　）。

A. 上升　　　　　　B. 下降　　　　　　C. 保持不变　　　　D. 无法确定

（6）某单相变压器如图 5.24 所示，两个原绕组的额定电压均为 110V，副边绕组额定电压为 6.3V，若电源电压为 220V，则应将原绕组的（　　）端相连接，其余两端接电源。

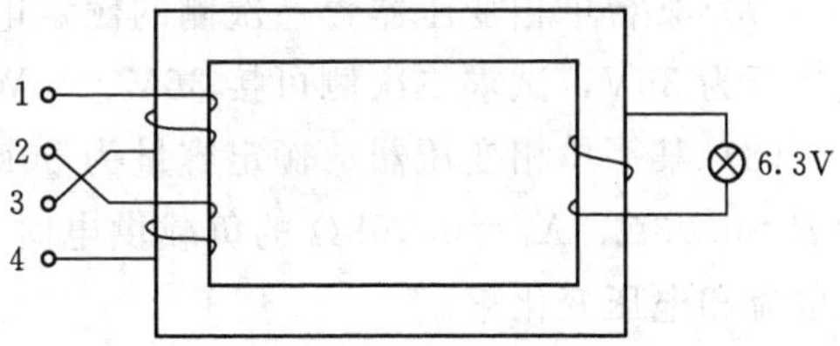

A. 2 和 3　　　　　　　　B. 1 和 3

C. 2 和 4　　　　　　　　D. 以上均可

图 5.24　选择题（6）图

（7）有负载时变压器的主磁通是（　　）产生的。

A. 原绕组的电流 I_1

B. 副绕组的电流 I_2

C. 原绕组的电流 I_1 和副绕组的电流 I_2 共同

D. 以上均不对

(8) 变压器的铁损耗包含（　　），他们与电源的电压和频率有关。

A. 磁滞损耗和磁阻损耗　　　　　　　　　　B. 磁滞损耗和涡流损耗

C. 涡流损耗和磁化饱和损耗　　　　　　　　D. 磁阻损耗和磁化饱和损耗

(9) 某理想变压器的变比，其副边负载的电阻 $R_L = 8\Omega$，若将此负载电阻折算到原边，其阻值 R'_L 为（　　）。

A. 0.8Ω　　　　　B. 8Ω　　　　　C. 80Ω　　　　　D. 800Ω

3. 综合题

(1) 有一线圈匝数为 1500 匝，套在铸钢制成的闭合铁芯上，铁芯的截面积为 $10cm^2$，长度为 75cm。线圈中通入电流 2.5A，铁芯中的磁通多大？

(2) 有一交流铁芯线圈接在 220V、50Hz 的正弦交流电源上，线圈的匝数为 733 匝，铁芯截面积为 $13cm^2$。试求：

1) 铁芯中的磁通最大值和磁感应强度最大值分别是多少？

2) 若在此铁芯上再套一个匝数为 60 的线圈，则此线圈的开路电压是多少？

(3) 已知某单相变压器的一次绕组电压为 3000V，二次绕组电压为 220V，负载是一台 220V、25kW 的电阻炉，试求一次、二次绕组的电流各为多少？

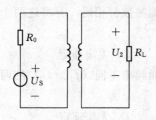

图 5.25　综合题 (4) 图

(4) 在图 5.25 中，已知信号源的电压 $U_S = 12V$，内阻 $R_0 = 1k\Omega$，负载电阻 $R_L = 8\Omega$，变压器的变比 $k = 10$，求负载上的电压 U_2。

(5) 已知信号源的交流电动势 $E = 2.4V$，内阻 $R_0 = 600\Omega$，通过变压器使信号源与负载完全匹配，若这时负载电阻的电流 $I_L = 4mA$，则负载电阻应为多大？

(6) 单相变压器一次绕组匝数 $N_1 = 1000$ 匝，二次绕组 $N_1 = 500$ 匝，现一次侧加电压 $U_1 = 220V$，二次侧接电阻性负载，测得二次侧电流 $I_2 = 4A$，忽略变压器的内阻抗及损耗，试求：

1) 一次侧等效阻抗 Z'_1。

2) 负载消耗功率 P_2。

(7) 某台单相变压器，一次侧的额定电压为 220V，额定电流为 4.55A，二次侧的额定电压为 36V，试求二次侧可接 36V、60W 的白炽灯多少盏？

(8) 某一单相变压器，额定容量为 50kVA，额定电压为 10000V/230V，当该变压器向 $R = 0.83\Omega$、$X_L = 0.168\Omega$ 的负载供电时，正好满载，试求变压器一次、二次绕组的额定电流和电压变化率。

(9) 图 5.26 所示是一电源变压器，一次绕组的匝数为 550 匝，接电源 220V，它有两个二次绕组，一个电压为 36V，负载功率为 36W，另一个电压为 12V，负载功率为 24W，不计空载电流，试求：

1) 二次侧两个绕组的匝数。

2) 一次绕组的电流。

3) 变压器的容量至少应为多少？

(10) 已知图 5.27 中变压器一次绕组 1—2 接 220V 电源，二次绕组 3—4、5—6 的匝数都为一次绕组匝数的一半，额定电流都为 1A。

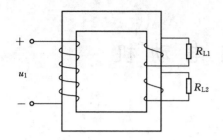

图 5.26　综合题（9）图

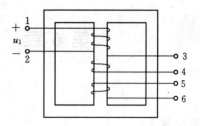

图 5.27　综合题（10）图

1）在图上标出一次、二次绕组同名端的符号。

2）该变压器的二次侧能输出几种电压值？应如何接线？

3）有一负载，额定电压为 110V，额定电流为 1.5A，能否接在该变压器二次侧工作？如果能，应如何接线？

（11）有一台容量为 50kVA 的单相自耦变压器，已知 $U_1 = 220V$，$N_1 = 500$ 匝，如果要得到 $U_2 = 220V$，二次绕组应在多少匝处抽出线头？

（12）一自耦变压器，一次绕组的匝数 $N_1 = 1000$，接到 220V 交流电源上，二次绕组的匝数 $N_2 = 500$ 匝，接到 $R = 4\Omega$，$X_L = 3\Omega$ 的感性负载上。忽略漏阻抗的电压降。试求：

1）二次电压 U_2。

2）输出电流 I_2。

3）输出的有功功率 P_2。

第6章 交流电动机

本章要求：

1. 了解三相异步电动机的基本结构、工作原理、铭牌数据的意义及其发展趋势。

2. 熟悉三相异步电动机定子、转子电路的分析计算，电磁转矩和机械特性的分析。

3. 掌握三相异步电动机启动、调速、制动的基本方法，电磁转矩的计算。

本章难点：

三相异步电动机的旋转磁场和机械特性。

电动机（Motor）是利用电磁感应原理，将电能转换为机械能的设备。电动机按使用电源不同可分为交流电动机（AC Motor）和直流电动机（DC Motor）两大类。交流电动机又分为异步电动机（或称感应电动机）（Asynchronous Motor）和同步电动机（Synchronous Motor）。直流电动机按照励磁方式的不同分为他励、并励、串励和复励四种。

在生产上主要用的是交流电动机，特别是三相异步电动机，其结构简单、运行可靠、制造方便、坚固耐用、成本较低，效率较高。所以，三相异步电动机在生产及日常生活中应用最广。如利用异步电动机来驱动金属切削机床、起重机、中小型轧钢机、传送带、功率不大的通风机及水泵等。家用电器和医疗器械中也大量采用异步电动机。异步电动机调速性能较差，功率因数较低，因此在要求启动转矩大，或者要求调速范围大而且平滑调速的生产机械，如龙门刨床、电气牵引机械及某些重型机床的主传动机构等，仍采用直流电动机。同步电动机主要应用于功率较大、不需调速及长期工作的各种生产机械，如通风机、压缩机、水泵等。

本章主要介绍三相异步电动机的基本结构、工作原理、机械特性、运行特性和使用方法等，对单相异步电动机和直流电动机仅作简单介绍。

6.1 三相异步电动机的构造

三相异步电动机（Three-phase Asynchronous Motor）由静止的定子（Stator）和转动的转子（Rotor）两大部分组成。定子和转子之间有一个 0.2～2mm 的气隙。图 6.1 所示为三相异步电动机拆开后的各部件的形状。

6.1.1 定子

三相异步电动机的定子由定子铁芯、定子绕组和机座三部分组成。

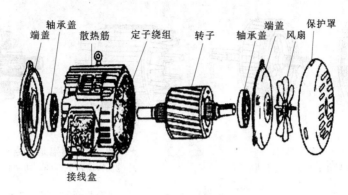

图 6.1　三相异步电动机构造

定子铁芯是磁路的一部分，为了降低铁损，采用厚 0.5mm 的硅钢片经冲制、涂漆、叠压而成。铁芯内圆周上分布有若干均匀的平行槽，用来嵌放定子绕组，如图 6.2 所示。

定子绕组是电机定子的电路部分，它由许多嵌放在定子槽内的线圈按一定的规律连接而成。线圈与铁芯槽壁之间有绝缘纸，以免电机运行时绕组对铁芯出现击穿或短路故障。容量较大的异步电动机大多采用双层绕组。小容量异步电动机则常用单层绕组。

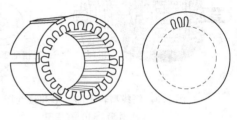

图 6.2　定子铁芯和硅钢片

机座的作用主要是固定和支撑定子铁芯与绕组并固定电机。因此要求有足够的机械强度和刚度，此外，还要考虑通风散热的需要。中小型异步电动机一般都采用铸铁机座，大型电机一般采用钢板焊接机座。端盖多用铸铁制成，用螺栓固定在机座两端。

6.1.2　转子

交流电动机的转子由转子铁芯、转子绕组和转轴组成。

转子铁芯也是电机磁路的一部分，一般也由厚 0.5mm 的硅钢片叠压而成。中小型电机的转子铁芯套在转轴上，大型的则固定在转子支架上。在转子铁芯外圆上开有许多槽，用来嵌放或浇铸转子绕组。

转子绕组是转子的电路部分，其作用是通过它内部的感应电流或外加电流产生电磁转矩。其结构形式有笼型和绕线型两种。

笼型转子的绕组结构与定子绕组不同。在转子铁芯外圆的每个槽内放一根导条，在铁芯两端用两个短路环把所有的导条连接起来、形成自行闭合的回路。如果去掉铁芯，整个绕组的形状就像一个松鼠笼，所以叫笼型转子。

导条与端环的材料可用铜或铝。如果是用铜的，就是事先把做好的裸转子铜条插入转子铁芯槽中，再用铜端环套在铜条两端，并用铜焊或银焊把它们焊在一起，如图 6.3 所示。100kW 以下的电机一般都采用铸铝转子，用熔化了的铝液直接浇铸在转子铁芯槽内，连同端环以及风叶等一次铸成，如图 6.4 所示。

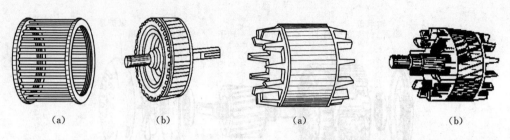

图 6.3　笼型转子
(a) 铜排转子；(b) 转子外形

图 6.4　铸铝笼型转子
(a) 铸铝转子；(b) 转子外形

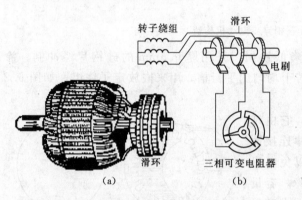

图 6.5　绕线型转子的外形和接线图
(a) 外形；(b) 接线图

绕线型转子绕组和定子绕组相似，是嵌放在转子铁芯槽内的三相对称绕组。一般小容量电动机接成三角形，中、大容量的接成星形。绕组的三根引出线分别接到装在转子一端轴上的三个集电环（滑环）上，分别用三组电刷引出来，如图 6.5 所示。其优点是可以通过集电环和电刷给转子回路串入附加阻抗，以改善电动机的启动或调速性能。缺点是结构复杂，价格贵，维护麻烦。

6.1.3　三相电动机的铭牌

每台电动机的机座上都有一块铭牌，铭牌上标有电动机的主要技术数据，了解铭牌数据的意义对正确选用和维护电动机有好处。铭牌数据主要有以下几项。

1. 型号

型号一般用于表示电动机的种类、规格和特殊环境代号等。国产异步电动机的型号一般由汉语拼音字母和一些数据组成，其中，汉语拼音字母是根据电动机汉语拼音的全称，选择有代表意义的第一个拼音字母，并用大写来表示。例如异步电动机用字母 Y 表示，用数字表示中心高（指电机轴心到机座底平面的垂直距离）；机座长度用字母代号表示，S、M、L 分别表示短、中、长。异步电动机产品名称代号见表 6.1。

例如

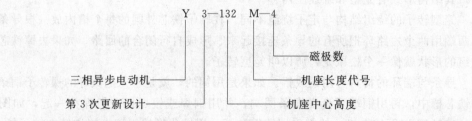

表 6.1 异步电动机产品名称代号

产 品 名 称	新 代 号	汉 字 意 义	老 代 号
异步电动机	Y	异	J、JO、JS
绕线型异步电动机	YR	异绕	JR、JRO
防爆型异步电动机	YB	异爆	JB、JBS
高启动转矩异步电动机	YQ	异起	JQ、JQO
多速异步电动机	YD	异多	JD、JDO

2. 功率

铭牌上的功率是指电动机的额定功率 P_N，它是指电动机在额定状态下运行时，转轴上输出的机械功率，单位为 kW。所谓额定状态是指电动机在制造厂生产前所拟定的运行条件。

3. 电压

铭牌上的电压是指电动机的额定电压 U_N，它是指电动机在额定状态下运行时，加在定子绕组上的线电压，单位为 V。

4. 电流

铭牌上的电流是指电动机的额定电流 I_N，它是指电动机在额定状态下运行时，定子绕组的线电流，单位为 A。

以上三者的关系是

$$I_N = \frac{P_N}{\sqrt{3}U_N\eta_N\cos\varphi_N} \tag{6.1}$$

式中 η_N——电动机的额定效率；

$\cos\varphi_N$——电动机的额定功率因数，其数值是额定状态下电动机的有功功率对电动机容量的百分比。

这两个参数一般不在铭牌上标出。

电动机的容量 $S_N = \sqrt{3}U_N I_N$，即视在功率。

5. 转速

铭牌上的转速是指电动机的额定转速 n_N，它是指电动机在额定状态下运行的转子转速，单位为 r/min。

6. 频率

铭牌上的频率是指电动机的额定频率 f_N，它是指电动机所接电源的频率，$f_N = 50$Hz。

7. 效率

效率是指电动机在额定状态下运行时输出功率与输入功率的比值，即

$$\eta = \frac{P_N}{P_{1N}} \times 100\% = \frac{P_N}{\sqrt{3}U_N I_N\cos\varphi_N} \times 100\% \tag{6.2}$$

8. 绝缘等级

绝缘等级是按电动机绕组所用的绝缘材料在使用时容许的极限温度来分级的。所谓极限温度，是指电机绝缘结构中最热点的最高容许温度。技术数据见表 6.2。

表 6.2 绝缘等级与极限温度对应关系

绝缘等级	A	E	B	F	H
极限温度（℃）	105	120	130	155	180

9. 定子绕组的接线方式

用 Y 或 △ 表示。表示在额定状态运行时，定子绕组采用的连接方式。380V/220V，Y/△ 表示电源电压是 380V 时应接成 Y 形，220V 时接成 △ 形。

10. 工作制

电动机的工作方式分为八类，用字母 $S_1 \sim S_8$ 分别表示。例如：

连续工作方式（S_1）表示这台电动机可以按铭牌的额定数据长期运行。

短时工作方式（S_2）表示这台电动机只能按铭牌规定的工作时间短时使用，分 10min、30min、60min、90min 四种。

断续周期性工作方式（S_3），其周期由一个额定负载时间和一个停止时间组成，额定负载时间与整个周期之比称为负载持续率。标准持续率有 15％、25％、40％、60％ 几种，每个周期为 10min。

以下几个额定值一般不标在铭牌上：

（1）转子绕组的开路电压。指绕线式异步电动机定子绕组接额定电压、转子静止时绕组的开路线电压，单位为 V。

（2）转子绕组的额定电流。只对绕线式异步电机而言，单位为 A。

（3）额定转矩 T_N。电动机在额定转速下输出额定功率时轴上的负载转矩。

除了铭牌数据外，还可以根据有关产品目录或电工手册查出电动机的其他技术数据。

【例 6.1】 一台三相异步电动机的额定功率为 10kW，额定电压为 380V，额定效率为 87％，额定功率因数为 0.89，试计算 I_N。

【解】 由式（6.1）得

$$I_N = \frac{P_N}{\sqrt{3}\,U_N\,\eta_N\cos\varphi_N} = \frac{10\times10^3}{\sqrt{3}\times380\times0.87\times0.89} \approx 19.6 \text{（A）}$$

6.2 三相异步电动机的工作原理

三相异步电动机接上电源，就会转动。这是什么道理呢？为了说明这个工作原理，先来做个演示。

图 6.6 所示是一个装有手柄的蹄形磁铁，磁极间放有一个可以自由转动的、由铜条组成的转子。铜条两端分别用铜环连接起来，作为笼型转子。磁极和转子之间没有机械联系。当摇动磁极时，发现转子跟着磁极一起转动。摇得快，转子转得也快；摇得慢，转子转得也慢；反摇，转子马上反转。从这一演示得出两点启示：第一，有一个旋转的磁场；第二，转

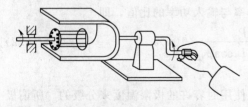

图 6.6 异步电动机转子转动的演示

子跟着磁场转动。

三相异步电动机的工作原理与上述演示相似的，那么，在异步电动机中，磁场从何而来，又是怎样旋转的？下面首先讨论这个问题。

6.2.1 旋转磁场

1. 旋转磁场的产生

当电动机定子绕组通过三相电流时，各相绕组中的电流都将产生自己的磁场。由于电流随时间变化而变化，它们产生的磁场也将随时间变化而变化，而三相电流产生的总磁场（合成磁场）不仅随时间变化而变化，而且在气隙空间里是旋转的。下面讨论在不同时间合成磁场的情况。

假设三相异步电动机的定子铁芯中放有三相对称绕组 U1U2，V1V2 和 W1W2，U1、V1、W1 和 U2、V2、W2 分别代表各相绕组的始端和末端，将三相绕组连接成星形，接在三相电源上，如图 6.7（a）所示。设 U 相绕组的电流 i_U 作为参考正弦量（相序为 U—V—W），则各相电流的瞬时值为

$$i_U = I_m \sin\omega t$$
$$i_V = I_m \sin(\omega t - 120°)$$
$$i_W = I_m \sin(\omega t + 120°)$$

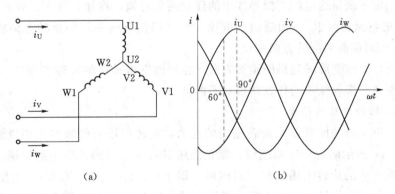

图 6.7 三相对称电流

若规定定子绕组中的电流从各相绕组的始端到它的末端为正方向，即当电流为正时，由绕组的首端流入，末端流出；当电流为负时，由绕组的末端流入，首端流出，流入用"$\otimes$"表示，流出用"$\odot$"表示。

波形如图 6.7（b）所示。在 $\omega t = 0$ 时刻，$i_U = 0$；i_V 为负，即 i_V 从 V_2 端流入，从 V_1 端流出；i_W 为正，即 i_W 从 W_1 端流入，从 W_2 端流出。按右手螺旋定则确定三相电流产生的合成磁场，如图 6.8（a）所示。合成磁场轴线的方向是自上而下。

在 $\omega t = 60°$ 时，i_U 为正，i_V 为负，$i_W = 0$。此时的合成磁场方向如图 6.8（b）所示，合成磁场已从 $\omega t = 0$ 时刻所在位置按顺时针方向旋转了 60°。

在 $\omega t = 120°$ 时，i_U 为正，$i_V = 0$，i_W 为负。此时的合成磁场已从 $\omega t = 0$ 时刻所在位置按顺时针方向旋转了 120°，如图 6.8（c）所示。

从以上分析可知，当定子绕组中通入三相电流后，它们共同产生的合成磁场随电流的

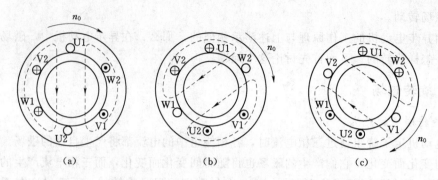

图 6.8　三相电流产生的旋转磁场（$p=1$）

(a) $\omega t=0°$；(b) $\omega t=60°$；(c) $\omega t=120°$

变化而在空间不断旋转，这样就产生了旋转磁场（Rotating Magnetic Field）。这个旋转磁场同磁极在空间旋转（图 6.6）所起的作用一样。

2. 旋转磁场的转向

从图 6.7（b）可见，U 相绕组的电流相位，超前于 V 相绕组的电流 120°，而 V 相电流又超前于 W 相绕组的电流 120°。同时，图 6.8 所示旋转磁场的旋转方向是 U→V→W，即旋转磁场的旋转方向与三相电流的相序一致。

如果将给定子绕组通电的三根导线中的任意两根对调，例如，将 V、W 两根线对调，则 U 相绕组的电流超前于 W 相绕组的电流 120°，因此旋转磁场的旋转方向将变为 U→W→V，即与未对调前的旋转方向相反。

由此可见，要改变旋转磁场的旋转方向（亦即改变电动机的旋转方向），只要把定子绕组接到电源的三根导线中的任意两根对调即可。

3. 旋转磁场的极数与转速

三相异步电动机的极数就是旋转磁场的极数，旋转磁场的极数与三相绕组的布置有关。图 6.7（a）所示的定子三相绕组，每相绕组只有一个线圈，绕组的始端之间在空间相差 120°，则产生的旋转磁场只有一对磁极，即 $p=1$（p 是磁极对数）。由图 6.7（b）、图 6.8 可见，电流变化经过一个周期（变化 360°电角度），旋转磁场在空间也旋转了一转（转了 360°机械角度）。旋转磁场的转速与磁极对数 p、定子电流的频率之间有确定关系，若电流的频率为 $f_1=50\text{Hz}$，磁极对数 $p=1$，旋转磁场每分钟将旋转 $60f_1$ 转，用 n_0 表示，即

$$n_0=60f_1=3000\ (\text{r/min})$$

如果把定子每相绕组改为由两个线圈串联，如图 6.9 所示，在绕组的布置上使每相绕组的首端与首端、末端与末端均在空间相差 60°。将该三相绕组接到对称三相电源，使其通过对称三相电流，从图 6.10 可以看出，对应于不同时刻，旋转磁场在空间转到不同位置，此情况下，电流变化半个周期，旋转磁场在空间只转过了 90°，即 1/4 转，电流变化一个周期，旋转磁场在空间只转 1/2 转。这时的合成磁极为四极，即 $p=2$。由此可知，当旋转磁场具有两对磁极（$p=2$）时，其旋转速度仅为一对磁极时的一半，即每分钟旋转 $60f_1/2$ 转。即

$$n_0 = 60f_1/2 = 1500 \ (\text{r/min})$$

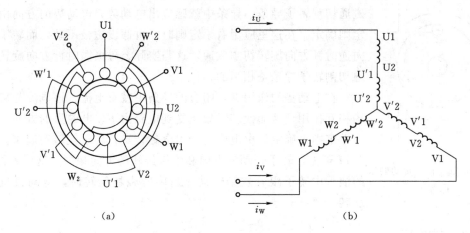

(a)   (b)

图 6.9   产生四极旋转磁场的定子绕组

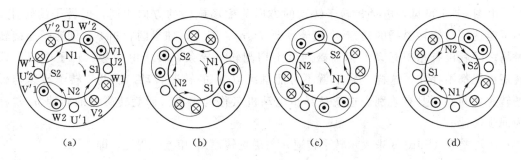

(a)   (b)   (c)   (d)

图 6.10   四极旋转磁场

(a) $\omega t = 0°$；(b) $\omega t = 60°$；(c) $\omega t = 120°$；(d) $\omega t = 180°$

依此类推，当有 p 对磁极时，旋转磁场的转速为

$$n_0 = \frac{60f_1}{p} \tag{6.3}$$

由上述分析可知，旋转磁场的旋转速度 n_0 与电流的频率 f_1 成正比，而与磁极对数 p 成反比。因为我国工频 $f_1 = 50\,\text{Hz}$，因此由式（6.3）可得出对应于不同磁极对数 p 的旋转磁场速度 n_0，见表 6.3。

表 6.3   不同磁极对数时的旋转磁场速度

p	1	2	3	4	5	6
n_0(r/min)	3000	1500	1000	750	600	500

6.2.2   异步电动机的工作原理

如果三相异步电动机的定子绕组接到三相电源上时，绕组内将流过对称三相电流，并在气隙空间产生旋转磁场，该磁场在气隙中沿定子内圆周切线方向旋转，转速为 n_0。图 6.11 所示为三相异步电动机转子转动的原理图，图中 N、S 表示两极旋转磁场，转子中

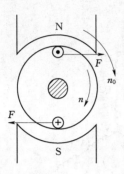

图 6.11　转子转动的
原理图

只画出两根导条（铜或铝）。当旋转磁场向顺时针方向旋转时，其磁通切割转子导条，导条中就感应出电动势。电动势的方向由右手定则确定。在这里应用右手定则时，可假设磁极不动，而转子导条向逆时针方向旋转切割磁通，这与实际上磁极顺时针方向旋转时磁通切割转子导条是相当的。

在电动势的作用下，闭合的导条中就有电流。该电流与旋转磁场相互作用，从而使转子导条受到电磁力 F。电磁力的方向可应用左手定则来确定。由电磁力产生电磁转矩，转子就转动起来。由图6.11 可见，转子转动的方向和磁极旋转的方向相同。这就是图 6.6的演示中转子跟着磁场转动。当旋转磁场反转时，电动机也跟着反转。

6.2.3　转差率

由图 6.11 可见，电动机转子转动的方向与磁场旋转的方向相同，但转子的转速 n 不可能达到与旋转磁场的转速 n_0 相等，即 $n < n_0$。因为，如果两者相等，则转子与旋转磁场之间就没有相对运动，因而磁通就不切割转子导条，转子电动势、转子电流以及转矩也就都不存在，这样，转子就不可能继续以 n_0 的转速转动。因此，转子转速与磁场转速之间必须要有差别。这就是异步电动机名称的由来。而旋转磁场的转速 n_0 常称为同步转速。

用转差率（Slip）s 来表示转子转速 n 与磁场转速 n_0 相差的程度，即

$$s = \frac{n_0 - n}{n_0} \qquad (6.4)$$

转差率是异步电动机的一个重要的物理量。转子转速愈接近磁场转速，则转差率愈小。由于三相异步电动机的额定转速与同步转速相近，所以它的转差率很小。通常异步电动机在额定负载时的转差率约为 $1\% \sim 9\%$。

当 $n = 0$ 时（启动初始瞬间），$s = 1$，这时转差率最大。

式（6.4）也可写成为

$$n = (1 - s)n_0 \qquad (6.5)$$

【例 6.2】　一台三相异步电动机，电源频率 $f_1 = 50\text{Hz}$，额定转速 $n_N = 950\text{r/min}$，求电动机的磁极对数 p 和额定转差率 s_N。

【解】　由于电动机的额定转速接近而略小于同步转速，而同步转速对应于不同的磁极对数有一系列固定的数值（见表 6.2）。显然，与 950r/min 最相近的同步转速 $n_0 = 1000\text{r/}$min，因此，磁极对数 $p = 3$。

额定转差率为

$$s_N = \frac{n_0 - n}{n_0} = \frac{1000 - 950}{1000} = 5\%$$

6.3 三相异步电动机的电路分析

如前所述，异步电动机的定子绕组和转子绕组之间只有磁的耦合，而无电的联系，能量的传递依靠电磁感应作用。可见，这与变压器一次侧、二次侧绕组之间的电磁关系相似。从电磁关系看，定子绕组相当于变压器的一次侧绕组，转子绕组相当于二次侧绕组。图 6.12 所示为异步电动机单相电路示意图。当定子绕组接上三相电源（相电压为 u_1）时，则有三相电流（相电流 i_1）通过。定子三相电流产生旋转磁场，其主磁通通过定子和转子铁芯而闭合。这磁场不仅在转子每相绕组中要感应出电动势 e_2（由此产生电流 i_2），而且在定子每相绕组中也要感应出电动势 e_1（实际上三相异步电动机中的旋转磁场是由定子电流和转子电流共同产生的）。除主磁通外，还有漏磁通，在定子绕组和转子绕组中产生漏磁感应电动势 $e_{\sigma 1}$ 和 $e_{\sigma 2}$。

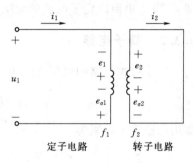

图 6.12 三相异步电动机的
每相电路示意图

另外，定子绕组和转子绕组中有电阻存在，定子电流和转子电流 i_1 和 i_2 通过电阻又会产生电压降 $i_1 R_1$、$i_2 R_2$，异步电动机在负载运行时的电磁关系如下所示：

$$
\dot{U}_1 \longrightarrow \dot{I}_1
\begin{cases}
\dot{\Phi}_{1\sigma} \longrightarrow \dot{E}_{1\sigma} \\
\dot{I}_1 R_1 \\
F_1
\end{cases}
\quad
\begin{matrix}
F_1 \\
\dot{F}_2
\end{matrix} \longrightarrow F_m \longrightarrow \dot{\Phi}_m
\begin{cases}
\dot{E}_1 \\
\dot{E}_2
\end{cases}
$$

$$
\dot{I}_2
\begin{cases}
\dot{I}_2 R_2 \\
\dot{\Phi}_{2\sigma} \longrightarrow \dot{E}_{2\sigma}
\end{cases}
$$

6.3.1 定子电路

定子每相电路的电压方程和变压器一次侧绕组电路一样，即

$$u_1 = R_1 i_1 + (-e_{\sigma 1}) + (-e_1) = R_1 i_1 + L_{\sigma 1}\frac{\mathrm{d}i_1}{\mathrm{d}t} + (-e_1) \tag{6.6}$$

如用相量表示，则有

$$\dot{U}_1 = R_1 \dot{I}_1 + (-\dot{E}_{\sigma 1}) + (-\dot{E}_1) = R_1 \dot{I}_1 + \mathrm{j}X_1 \dot{I}_1 + (-\dot{E}_1) \tag{6.7}$$

式中 R_1、X_1——定子每相绕组的电阻和感抗（漏感抗）。

若忽略定子绕组的电阻和漏感抗，则可得

$$\dot{U}_1 \approx -\dot{E}_1$$

和

$$U_1 \approx E_1 = 4.44 f_1 N_1 \Phi_m \tag{6.8}$$

式中 Φ_m——通过每相绕组的磁通最大值，在数值上它等于旋转磁场的每极磁通；

N_1——定子每相绕组的匝数；

f_1——e_1 的频率。

因为磁场旋转和定子间的相对转速为 n_0，所以

$$f_1 = \frac{p n_0}{60} \tag{6.9}$$

即 f_1 等于电源或定子电流的频率。

6.3.2 转子电路

转子每相电路的电压方程为

$$e_2 = R_2 i_2 + (-e_{a2}) = R_2 i_2 + L_{a2} \frac{\mathrm{d}i_2}{\mathrm{d}t} \tag{6.10}$$

如用相量表示，则为

$$\dot{E}_2 = R_2 \dot{I}_2 + (-\dot{E}_{a2}) = R_2 \dot{I}_2 + \mathrm{j}X_2 \dot{I}_2 \tag{6.11}$$

式中 R_2、X_2——转子每相绕组的电阻和感抗（漏感抗）。

1. 转子频率 f_2

因为旋转磁场和转子间的相对转速为 $n_0 - n$，所以转子频率

$$f_2 = \frac{p(n_0 - n)}{60}$$

上式也可写成

$$f_2 = \frac{n_0 - n}{n_0} \frac{p n_0}{60} = s f_1 \tag{6.12}$$

可见转子频率 f_2 与转差率 s 有关，也就是与转速 n 有关。

在 $n=0$，即 $s=1$ 时（电动机启动初始瞬间），转子与旋转磁场间的相对转速最大，转子导条被旋转磁通切割得最快。所以这时 f_2 最高，即 $f_2 = f_1$。异步电动机在额定负载时，$s = 1\% \sim 9\%$，则 $f_2 = 0.5 \sim 4.5\,\mathrm{Hz}(f_1 = 50\,\mathrm{Hz})$。

2. 转子电动势 E_2

转子电动势 e_2 的有效值为

$$E_2 = 4.44 f_2 N_2 \Phi_{\mathrm{m}} = 4.44 s f_1 N_2 \Phi_{\mathrm{m}} \tag{6.13}$$

在 $n=0$，即 $s=1$ 时，转子电动势为

$$E_{20} = 4.44 f_1 N_2 \Phi_{\mathrm{m}} \tag{6.14}$$

这时 $f_2 = f_1$，转子电动势最大。

由式（6.13）和式（6.14）可得出

$$E_2 = s E_{20} \tag{6.15}$$

可见转子电动势 E_2 与转差率 s 有关。

3. 转子感抗 X_2

转子感抗 X_2 与转子频率 f_2 有关，即

$$X_2 = 2\pi f_2 L_{a2} = 2\pi s f_1 L_{a2} \tag{6.16}$$

在 $n=0$，即 $s=1$ 时，转子感抗为

$$X_{20} = 2\pi f_1 L_{\sigma2} \tag{6.17}$$

这时 $f_2 = f_1$，转子感抗最大。

由上两式可得出

$$X_2 = sX_{20} \tag{6.18}$$

可见转子感抗 X_2 与转差率 s 有关。

4. 转子电流 I_2

转子每相电路的电流 I_2 可由式（6.11）得出，即

$$I_2 = \frac{E_2}{\sqrt{R_2^2 + X_2^2}} = \frac{sE_{20}}{\sqrt{R_2^2 + (sX_{20})^2}} \tag{6.19}$$

可见，转子电流 I_2 也与转差率 s 有关，（R_2 是转子每相电阻）。当 s 增大，即转速 n 降低时，转子与旋转磁场间的相对转速 $n_0 - n$ 增加，转子导体切割磁通的速度提高，于是 E_2 增加，I_2 也增加。I_2 随 s 变化的关系可用图 6.13 所示曲线表示。

5. 转子电路的功率因数 $\cos\varphi_2$

由于转子有感抗 X_2，因为 $\dot{I}_2$ 比 $\dot{E}_2$ 滞后 φ_2 角。因而转子电路的功率因数为

$$\cos\varphi_2 = \frac{R_2}{\sqrt{R_2^2 + X_2^2}} = \frac{R_2}{\sqrt{R_2^2 + (sX_{20})^2}} \tag{6.20}$$

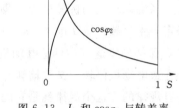

图 6.13　I_2 和 $\cos\varphi_2$ 与转差率 s 的关系

它也与转差率 s 有关。当 s 增大时，X_2 也增大，于是 φ_2 增大，即 $\cos\varphi_2$ 减小。$\cos\varphi_2$ 随 s 的变化关系也表示在图 6.13 中。

6.4　三相异步电动机的电磁转矩与机械特性

6.4.1　电磁转矩

电磁转矩（Electromagnetic Torque）是三相异步电动机最重要的物理量之一。从三相异步电动机的工作原理可知，异步电动机的电磁转矩是由于转子导体在旋转磁场中受到电磁力 F 作用而产生的。电磁力转矩的大小与转子电流 i_2 以及旋转磁场的每极磁通成正比。从转子电路分析可知，转子电路是一个交流电路，它不但有电阻，而且还有漏磁感抗存在，所以转子电流 i_2 与转子感应电动势 E_2 之间有一相位差，用 φ_2 表示。转子电流 i_2 可分解为有功分量 $i_2\cos\varphi_2$ 和无功分量 $i_2\sin\varphi_2$ 两部分，只有转子电流的有功分量 $i_2\sin\varphi_2$ 才能与旋转磁场相互作用而产生电磁转矩。也就是说，电动机的电磁转矩实际上是与转子电流的有功分量 $i_2\cos\varphi_2$ 成正比。综上所述，异步电动机的电磁转矩表达式为

$$T = K_T \Phi I_2 \cos\varphi_2 \tag{6.21}$$

式中　K_T——常数，与电动机自身的结构有关；

Φ——磁极平均磁通，在电源电压和频率一定时，其值为常量。

电磁转矩与转差率之间的结构关系 $T=f(s)$ 称为电动机的转矩特性，将式（6.8）、式（6.19）和式（6.20）代入式（6.21）可得电磁转矩的另一个公式，即

$$T=K\frac{sR_2U_1^2}{R_2^2+(sX_{20})^2}$$ （6.22）

式中 K——常数。

由式（6.22）可见，电磁转矩 T 还与定子每相电压 U_1 的平方成正比，所以当电源电压有所变动时，对电磁转矩 T 的影响很大。此外，电磁转矩 T 还受转子电阻 R_2 的影响。

6.4.2 机械特性

电力拖动系统中，通常将 $T=f(s)$ 曲线改画成 $n=f(T)$ 曲线，后者称为电动机的机械特性曲线（Motor Mechanical Characteristic Curve），电动机的机械特性就是指电动机的转速和电磁转矩之间的关系。

当电动机拖动机械稳定（即以某一个恒定的转速）运转时，电动机产生电磁转矩 T 必定等于负载转矩 T_2，即 $T=T_2$；当负载转矩改变时，电动机转矩亦随之变化，使 $T=T_2$，保持稳定运行，只是电动机转速略有改变。但是，如果负载转矩增加至一定数值时会导致电动机停转，又称堵转。这是因为电动机转矩的增加是有一定限度的，它的变化也是有规律的，这个规律就是它的机械特性曲线。可见，机械特性曲线对了解电动机的运行情况和机械性能及正确选择和使用电动机来说都很重要。

在式（6.22）中，若电压 U_1 及频率 f_1 均为额定值，R_2 及 X_{20} 都是常数，则式（6.22）就是 $T=f(s)$ 曲线（图6.14）。只需将 $T=f(s)$ 曲线顺时针方向转过90°，再将表示 T 的横轴移下即可获得图6.15所示的电动机 $n=f(T)$ 关系曲线。

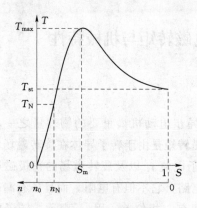

图6.14 三相异步电动机的
$T=f(s)$ 关系曲线

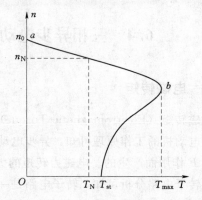

图6.15 三相异步电动机的
$n=f(T)$ 关系曲线

下面分析机械特性曲线上几个特殊的转矩。

1. 额定转矩 T_N

电动机在额定负载下稳定运行时的输出转矩称为额定转矩 T_N，它可以根据铭牌上的额定转速和额定功率（输出机械功率）按式（6.23）算出，即

$$T_N = \frac{P_N \times 10^3}{\frac{2\pi n_N}{60}} = 9550 \frac{P_N}{n_N}(N \cdot m) \tag{6.23}$$

式中 P_N——额定功率，kW；

$\quad\quad n_N$——额定转速，r/min。

2. 启动转矩 T_{st}

电动机刚启动（$n=0$，$s=1$）时，此时电动机的转矩称为启动转矩（Starting Torque）T_{st}。将 $s=1$ 代入式（6.22）即可得启动转矩为

$$T_{st} = K \frac{R_2 U_1^2}{R_2^2 + X_{20}^2} \tag{6.24}$$

只有当电动机的启动转矩大于负载转矩时，电动机才能启动，而且启动转矩越大，启动速度越快。反之，电动机不能启动。

3. 最大转矩 T_{max}

电动机转矩的最大值称为最大转矩 T_{max} 或称临界转矩。这时电动机的转差率称为临界转差率 s_m，临界转差率可由式（6.22）对 s 求导，并令其等于零，即由

$$\frac{dT}{ds} = 0$$

求得临界转差率为

$$s_m = \frac{R_2}{X_{20}} \tag{6.25}$$

再将 s_m 代入式（6.22），则得

$$T_{max} = K \frac{U_1^2}{2X_{20}} \tag{6.26}$$

当负载转矩大于最大转矩时，电动机就带不动负载了，发生所谓"闷车"现象。此时，电动机的电流立即增至额定值的 $6\sim7$ 倍，电动机将严重过热甚至烧毁。如果负载转矩只是短时间接近最大转矩而使电动机过载，但由于时间很短，电动机不会立即过热，这是允许的。最大转矩与额定转矩的比值称为过载系数或过载能力，即

$$\lambda = \frac{T_{max}}{T_N} \tag{6.27}$$

一般三相异步电动机的过载系数为 $1.8\sim2.3$。

可见，在选好电动机后，必须考虑电动机的过载能力，即根据所选电动机的过载系数算出其最大转矩 T_{max}，T_{max} 必须大于可能出现的最大负载转矩。否则，就要重新选择电动机。

应该指出，在图 6.15 所示机械特性曲线的 bc 段上，电动机一般不能稳定运行，因为当转矩增加时，转速反而升高，ab 段则是电动机的工作段，当电动机转矩增加时转速降低，电动机能稳定运行。在电动机的工作段，电动机转速随转矩的增加而略有降低，这种机械特性称为硬特性。三相异步电动机的这种硬特性非常适用于金属切削机床。

6.5 三相异步电动机的启动、调速和制动

采用异步电动机拖动生产机械时，对电动机的启动性能有很多要求，如要求启动转矩足够大，在满足启动转矩的前提下，启动电流越小越好，同时要求启动平滑，对生产机械的冲击小，启动设备安全可靠、操作简便等。

6.5.1 三相异步电动机的启动

电动机从接上电源开始运转起，一直加速到稳定运转状态的过程称为启动过程，简称启动。由于电动机总是与机械连接在一起组成电力拖动机组，所以电动机应满足以下两项要求。

（1）启动转矩要足够大。只有足够大的启动转矩，才能使电动机启动，并缩短启动时间。

（2）启动电流不能太大。由于启动时间短，过大的启动电流虽不致引起电动机的过热，但将使供电线路产生较大的电压降，从而影响接在同一电网上的其他用电设备的正常工作。

当异步电动机接上电源的一瞬间，由于 $n=0$，$s=1$，因而转子电路中的感应电动势和电流都很大。转子电流的增大将引起定子电流的增大，一般中、小型笼型电动机的定子启动电流（线电流）大约是额定电流的 $5\sim7$ 倍。启动电流虽大，但由于转速较低时，$\cos\varphi$ 很低，所以启动转矩并不很大，只有额定转矩的 $1\sim2$ 倍。所以笼型异步电动机的启动性能是比较差的。笼型异步电动机必须根据不同的情况采用相应的启动方法，以改善其启动性能。其常用的启动方式有直接启动和降压启动两种。

1. 直接启动

直接启动就是利用闸刀开关或接触器将电动机直接接到具有额定电压的电网上，这种方法又称全压启动。该方法接线简单，设备少，投资小，启动时间短，但启动电流较大，使线路电压下降，影响负载正常工作。

一台电动机能否直接启动，有一定规定。有的地区规定：用电单位如有独立的变压器，则在电动机启动频繁时，电动机容量小于变压器容量的 20% 时允许直接启动；如果电动机不经常启动，它的容量小于变压器容量的 30% 时允许直接启动。如果没有独立的变压器（与照明共用），电动机直接启动时所产生的电压降不应超过 5%。

能否直接启动，一般可按经验公式 $\dfrac{I_{st}}{I_N}\leqslant\dfrac{3}{4}+\dfrac{电源总容量(kV\cdot A)}{4\times启动电动机功率(kW)}$ 判定。

2. 降压启动

对于容量较大，不允许直接启动的笼型异步电动机，必须采用降压启动。这种方法是在启动时设法降低接到定子绕组上的电压；待电动机启动后，转速逐渐上升到接近额定转速后，再在定子绕组上加上额定电压，使之正常运行。

降压启动的目的是减少启动电流。但由式（6.22）可知，电磁转矩与定子绕组电压的平方成正比。因此，在减少启动电流（降低绕组电压）的同时，启动转矩也会减少，这是

降压启动的不足之处。所以降压启动仅适用于空载或轻载情况下启动。笼型电动机的降压启动常用下面几种方法。

（1）星形—三角形（Y—△）换接启动。这种方法只适用于定子绕组在正常工作时是三角形接法的电动机，其启动线路如图 6.16 所示。启动时，断开 Q_2，闭合 Q_3，把定子绕组接成星形，等到转速上升到接近额定转速时断开 Q_3，闭合 Q_2，再换接成三角形连接。这样，在启动时就把定子每相绕组上的电压降到额定电压的 $\dfrac{1}{\sqrt{3}}$。

图 6.16（b）、（c）所示是定子绕组的两种连接法，$|Z|$ 为启动时每相绕组的等效阻抗模。

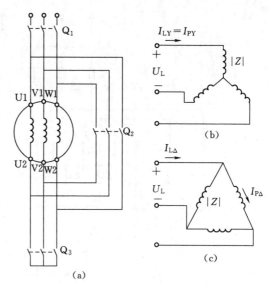

图 6.16 星形—三角形（Y—△）换接启动

当定子绕组连成星形，即降压启动时

$$I_{LY} = I_{PY} = \frac{U_L/\sqrt{3}}{|Z|}$$

当定子绕组连成三角形，即直接启动时

$$I_{L\triangle} = \sqrt{3}\,I_{P\triangle} = \sqrt{3}\,\frac{U_L}{|Z|}$$

比较上列两式，可得

$$\frac{I_{LY}}{I_{L\triangle}} = \frac{1}{3}$$

即降压启动时的电流为直接启动时的 $\dfrac{1}{3}$。

由于转矩和电压的平方成正比，所以启动转矩也减小到直接启动时的 $(1/\sqrt{3})^2 = 1/3$。因此，这种方法只适合于空载或轻载时启动。

（2）自耦变压器降压启动。对于容量较大或正常运行时接成星形的笼型异步电动机，可采用自耦变压器降压启动，其接线图如图 6.17 所示。启动时，先把开关 Q_2 扳到"启动"位置。当转速接近额定值时，将 Q_2 扳向"工作"位置，切除自耦变压器，电动机便在额定电压下运行。

自耦变压器上备有抽头，以便根据所要求的启动转矩来选择不同的电压。可以证明，自耦变压器降压启动电流为直接启动电流的 $\dfrac{1}{K^2}$。其启动转矩也为后者的 $\dfrac{1}{K^2}$，K 为变压器的变比 $\left(K = \dfrac{U_1}{U_2}\right)$。自耦变压器降压启动的优点是：不受电动机绕组接线方法的限制，可按照允许的启动电流和所需的启动转矩选择不同的抽头，即启动电压可调，常用于启动容

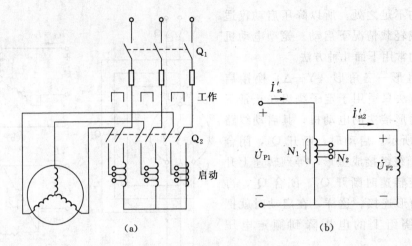

图 6.17　自耦降压启动接线图

（a）接线图；（b）一相电路

量较大的电动机。其缺点是变压器体积大，设备费用高，而且启动用自耦变压器是按短时工作制考虑的，启动时处于过电流运行状态，所以不宜频繁启动。目前自耦变压器的常用固定抽头有 $K=80\%$、$K=65\%$、$K=50\%$ 三种。

此外笼型异步电动机的降压启动还有延边三角形降压启动或采用特殊结构的笼型电机以改善启动特性。

【例 6.3】　有一 Y225M—4 型三相异步电动机，其额定数据见表 6.4。

试求：

（1）额定电流。

（2）额定转差率 s_N。

（3）额定转矩 T_N、最大转矩 T_{max}、启动转矩 T_{st}。

表 6.4　　　　　　　　　Y225M—4 型三相异步电动机额定数据

功率	转速	电压	效率	功率因数	I_{st}/I_N	T_{st}/T_N	T_{max}/T_N
45kW	1480r/min	380V	92.3%	0.88	7.0	1.9	2.2

【解】

（1）4～100kW 的电动机通常都是 380V，△ 形连接。

$$I_N = \frac{P_2 \times 10^3}{\sqrt{3}\,UI\cos\varphi\eta} = \frac{45 \times 10^3}{\sqrt{3} \times 380 \times 0.88 \times 0.923} = 84.2 \ (A)$$

（2）由已知 $n=1480$r/min 可知，电动机是四极的，即 $p=2$，$n_0=1500$r/min。

所以

$$s_N = \frac{n_0 - n}{n_0} = \frac{1500 - 1480}{1500} = 0.013$$

（3）　　　$$T_N = 9550\frac{P_2}{n} = 9550 \times \frac{45}{1480} = 290.4 \ (N \cdot m)$$

$$T_{\max} = \left(\frac{T_{\max}}{T_N}\right) T_N = 2.2 \times 290.4 = 638.9 \ (N \cdot m)$$

$$T_{st} = \left(\frac{T_{st}}{T_N}\right) T_N = 1.9 \times 290.4 = 551.8 \ (N \cdot m)$$

【例 6.4】 在［例 6.3］中：（1）如果负载转矩为 510.2N·m，试问在 $U = U_N$ 和 $U' = 0.9U_N$ 两种情况下电动机能否启动？

（2）采用 Y—△ 换接启动时，求启动电流和启动转矩。又当负载转矩为额定转矩 T_N 的 80% 和 50% 时，电动机能否启动？

【解】

（1）在 $U = U_N$ 时，$T_{st} = 551.8 > 510.2 \ (N \cdot m)$，所以能启动。

在 $U' = 0.9U_N$ 时，$T'_{st} = 0.9^2 \times 551.8 = 447 < 510.2 \ (N \cdot m)$，所以不能启动。

（2）
$$I_{st\triangle} = 7I_N = 7 \times 84.2 = 589.4 \ (A)$$

$$I_{stY} = \frac{1}{3} I_{st\triangle} = \frac{1}{3} \times 589.4 = 196.5 \ (A)$$

$$T_{stY} = \frac{1}{3} T_{st\triangle} = \frac{1}{3} \times 551.8 = 183.9 \ (N \cdot m)$$

在 80% 额定转矩时

$$\frac{T_{stY}}{T_N 80\%} = \frac{183.9}{290.4 \times 80\%} = \frac{183.9}{232.3} < 1$$

不能启动。

在 50% 额定转矩时

$$\frac{T_{stY}}{T_N 50\%} = \frac{183.9}{290.4 \times 50\%} = \frac{183.9}{145.2} > 1$$

可以启动。

6.5.2 三相异步电动机的调速

电动机调速是指根据实际情况的需要，在同一负载下，人为调节电动机的转速。例如，车床的主电动机随着刀具不同、工件材料不同、加工工艺不同，需要不同转速，以保证工件的加工质量。采用电气调速，可以大大简化机械变速机构。

交流异步电动机比直流电动机结构简单、价格低廉、运行可靠、维修方便。因此，机械设备绝大部分都用交流电动机拖动。但异步电动机调速性能比直流电动机差，所以长期以来，凡要求调速性能高的场合，一般均采用直流电动机拖动。

从 20 世纪 60 年代起，国外对交流调速已经开始重视。特别是晶闸管问世以后，采用半导体变流技术的交流调速系统得以实现。目前，交流调速系统已具备了较宽的调速范围，较高的稳定精度，较快的动态响应，其静、动特性均可以与直流调速系统相媲美。在讨论异步电动机的调速方法时，首先从转速公式出发，即

$$n = (1-s)n_0 = (1-s)\frac{60f_1}{p} \tag{6.28}$$

式（6.28）表明，改变电动机的转速有三种方法，即改变电源频率 f_1、磁极对数 p

及转差率 s。前两种方法常用于笼型异步电动机调速，后者只适用于绕线转子异步电动机调速。分别讨论如下。

1. 变频调速

从式（6.28）可知，当连续改变电源频率 f_1 时，异步电动机的转速可以平滑地调节，这是一种无级调速。

近年来，由于集成电路和计算机控制技术的迅速发展，为交流调速系统的发展创造了有利条件。目前主要采用如图 6.18 所示的变频调速装置，它主要由整流器和逆变器两大部分组成。整流器先将频率 f 为 50Hz 的三相交流电变换为直流电，再由逆变器变换为频率 f_1 可调、电压有效值 U_1 也可调的三相交流电，供给三相笼型电动机。变频调速具有较硬的机械特性。

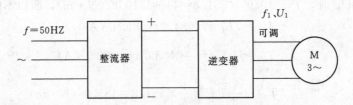

图 6.18　变频调速装置

通常有下列两种变频调速方式：

（1）在 $f_1 < f_{1N}$，即低于额定转速调速时，应保持 $\dfrac{U_1}{f_1}$ 的比值近于不变，也就是两者要成比例地同时调节。由 $U_1 \approx 4.44 f_1 N_1 \Phi_m$ 和 $T = K_T \Phi_m I_2 \cos\varphi_2$ 可知，这时磁通 Φ_m 和转矩 T 也都近似不变，这是恒转矩调速。

如果把转速调低时 $U_1 = U_{1N}$ 保持不变，在减小 f_1 时磁通 Φ_m 则将增加。这就会使磁路饱和（电动机磁通一般设计在接近铁芯磁饱和点），从而增加励磁电流和铁损，导致电动机过热，这是不允许的。

（2）在 $f_1 > f_{1N}$，即高于额定转速调速时，应保持 $U_1 \approx U_{1N}$。这时磁通 Φ_m 和转矩 T 都将减小。转速增大，转矩减小，将使功率近于不变，这是恒功率调速。

如果转速调高时 $\dfrac{U_1}{f_1}$ 的比值不变，在增加 f_1 的同时 U_1 也要增加。U_1 超过额定电压也是不允许的。

频率调节范围一般为 $0.5 \sim 320$ Hz。

有了变频调速装置，电动机可以在低频率、低电压下启动，启动电流减小，启动转矩加大，启动性能大为改善。目前逆变器中大功率晶体管的制造水平不断提高，笼型异步电动机的变频调速技术的应用日益广泛。

2. 变极调速

变极调速是指改变定子绕组的磁极对数，以改变旋转磁场的同步转速 n_0，从而达到调节转速 n 的目的。

由式 $n_0 = \dfrac{60 f_1}{p}$ 可知，如果磁极对数 p 减小一半，则旋转磁场的同步转速 n_0 便提高一倍，转子转速 n 差不多也提高一倍。因此改变磁极对数 p 可以得到不同的转速。

图 6.19 所示的是定子绕组的两种接法。把 U 相绕组分成两半：线圈 U11U21 和 U12U22。图 6.19（a）所示是两个线圈串联，得出 $p=2$。图 6.19（b）所示中是两个线圈反并联（头尾相连），得出 $p=1$。在换极时，一个线圈中的电流方向不变，而另一个线圈中的电流必须改变方向。

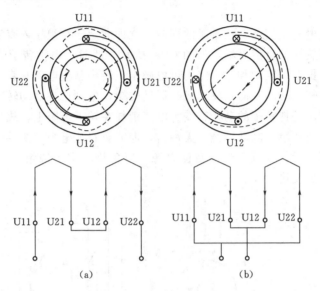

图 6.19　定子绕组的两种接法

（a）两线圈串联；（b）两线圈反并联

由于磁极对数只能成倍改变，所以这种调速方法是有级的。在生产实际中，磁极对数可以改变的电动机称为多速电动机，有双速、三速、四速等。因为变极调速经济、简便，因而在金属切削机床中经常应用。此种调速方法的优点是操作方便，机械特性较硬，效率高，适用于恒功率和恒转矩调速；缺点是多速电动机体积大，费用高，调速有级。

3. 变转差率调速

在绕线式电动机的转子电路中接入一个调速电阻，改变电阻的大小，可以得到平滑调速。例如，增大调速电阻时，转差率 s 增大，转速 n 减小。这种调速方法设备简单，但电能损耗较大。在起重设备中，这种调速方法较为多见。

必须指出，调速与因负载变化而引起的转速变化实质是不同的。调速是在负载不变的情况下，人为地改变电动机运行的参数得到不同的转速。而负载变化时的转速变化则是自动进行的，这时电气参数未变。

降低电源电压，异步电动机的同步转速虽然不变，但出现最大转矩时的转差率不同。需要注意的是，电动机在低速运行时容易出现过电流和功率因数偏低的问题。

6.5.3　三相异步电动机的制动

当生产机械需要停车时，最简单的方法是切断电动机的电源系统，转速就会慢下来。最后停车，这叫自由停车法。自由停车的时间一般较长，特别是空载自由停车，则需要更长的时间。为了提高生产率，保障安全，往往要求电动机能够迅速停车。这就需要对电动机制动。

制动的方法有机械制动和电气制动两种。机械制动是使用电磁制动器，即所谓"抱闸"；电气制动常用的方法有能耗制动、反接制动等，采用这种方法是使电动机产生一个负的电磁转矩，即制动转矩，它与转速 n 的方向相反，使电动机很快地停下来。

1. 能耗制动

能耗制动是在电动机切断三相电源的同时，立即向定子绕组接入直流电源，从而在电动机中产生一个不旋转的直流磁场，如图 6.20 所示。此时，由于转子的惯性而继续旋转会切割此磁场，根据右手定则和左手定则可以确定，转子感应电流和直流磁场相互作用所产生的电磁转矩与转子转动方向相反，成为制动转矩，电动机在制动转矩的作用下很快停止。由于该制动方法是把转子的动能转变为电能消耗在转子电阻上，故称能耗制动。

能耗制动能量消耗小，制动平稳，无冲击，但需要直流电源，主要应用于要求平稳准确停车的场合。制动后，要马上切断直流电源，以免烧坏定子绕组。另外当转速降低以后，其制动效果不如反接制动。

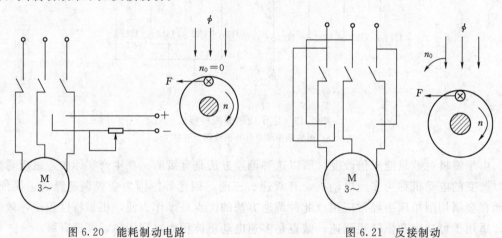

图 6.20　能耗制动电路　　　　　　　　图 6.21　反接制动

2. 反接制动

在电动机停车时，可将接到电源的三根导线中的任意两根的一端对调位置，使旋转磁场反向旋转，而转子由于惯性仍在原方向转动。这时的转矩方向与电动机的转动方向相反，因而起制动的作用，如图 6.21 所示。在制动转矩的作用下，电动机的转速很快下降到零。当转速接近零时，利用某种控制电器（如速度继电器）将电源自动切断，否则电动机将会反转。

由于在反接制动时旋转磁场与转子的相对转速 (n_0+n) 很大，因而电流较大。为了限制电流，对功率较大的电动机进行制动时必须在定子电路（笼型电动机）或转子电路（绕线型电动机）中接入电阻。

这种制动线路简单，制动力大，效果较好，但由于制动过程中冲击大，制动电流大，不宜在频繁制动的场合使用。对有些中型车床和铣床主轴的制动采用这种方法。

3. 反馈制动

反馈制动不是停转，而是用于限制电机的转速。当转子转速 n 超过旋转磁场的转速

n_0 时，这时的转矩也是制动的，如图 6.22 所示。

当起重机下放重物时，就会出现 $n > n_0$ 的情况，这时重物拖动转子，电动机受到制动而等速下放重物。实际上这时电动机已转入发电机状态运行，电动机将重物的势能转换为电能，并反馈到电网里去，所以称为反馈制动。

反馈制动也出现在多速电动机从高速调低到低速的变极调速过程中，因为刚将电动机的极对数 p 加倍时，旋转磁场转速立即减半，但由于惯性，转子转速只能逐渐下降，因此就出现 $n > n_0$ 的情况。

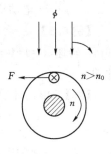

图 6.22 反馈制动

在反馈制动过程中，由于有电能回馈给电网，因此这种制动方式与能耗制动及反接制动相比，从电能利用效率来看，反馈制动是比较经济的。

6.6 三相异步电动机的选择

在选用电动机时，一方面，应根据生产机械在技术上的要求，正确选择电动机的功率、种类、型号，以及正确地选择它的保护电器和控制电器，以保证生产的顺利进行；另一方面，在满足技术要求的同时还要考虑经济方面的问题，使所选电动机在设备投资和节约电能、降低运行费用等方面符合要求。

6.6.1 功率的选择

要为某一生产机械选配一台电动机，首先要考虑电动机的功率需要量。合理选择电动机的功率具有重大的经济意义。如果电动机的功率选得太小，电动机长期过载运行会烧坏电动机，或使电动机过早地损坏，以致不能保证生产机械的正常运行。如果电动机的功率选得过大，虽然能保证设备的正常运行，但是电动机经常处于轻载运行，其功率得不到充分利用，同时，电动机的效率和功率因数也不高。这样，增加了设备投资和运行费用，不符合节能的要求。因此，必须合理选择电动机的功率。

电动机的功率与电动机的允许温升密切相关。电动机的温升不仅取决于负载的大小，而且与负载持续的时间有关。同一台电动机，如果工作时间的长短不同，能够承担的功率也不一样。因此，在选择电动机功率时，通常根据工作时间来计算。

1. 连续运行电动机功率的选择

连续运行是指电动机的工作时间相当长，其温升可达到稳态值。

对连续运行的电动机，如果负载是恒定的，例如，水泵或鼓风机等，先要算出生产机械的功率，所选电动机的额定功率等于或稍大于生产机械的功率即可。这时，电动机的功率可按式（6.29）计算，即

$$P_N = \frac{P_1}{\eta_1 \eta_2} \tag{6.29}$$

式中　P_N——电动机的功率；

　　　P_1——生产机械的功率；

η_1——生产机械的效率；

η_2——电动机与生产机械之间的传动效率。

【例 6.5】 一台电动机与离心式水泵直接相接，泵的流量 $Q=0.0139\text{m}^3/\text{s}$，扬程 $H=16\text{m}$，转速 $n=1440\text{r/min}$，泵的效率 $\eta_2=0.4$，周围环境温度不超过 30℃。试选择电动机的功率。

【解】 由设计手册可查得泵类机械的负载功率的计算公式为

$$P_1=\frac{\rho QH}{102\eta_1\eta_2}\ (\text{kW})$$

式中　Q——泵的流量，m^3/s；

　　　H——扬程，m；

　　　ρ——液体的密度，kg/m^3；

　　　η_1——传动机构的效率；

　　　η_2——泵的效率。

由于电动机与水泵直接相接，故 $\eta_1\approx1$，则有

$$P_1=\frac{\rho QH}{102\eta_1\eta_2}=\frac{1000\times0.0139\times16}{102\times1\times0.4}\approx5.45\ (\text{kW})$$

查产品目录，按 $P_N>P_1$，可选 Y132S—4 型电动机，其额定功率为 $P_N=5.5\text{kW}$，$n_N=1440\text{r/min}$。

在很多场合下，电动机所带的负载是经常随时间而变化的，如机床切削时，切削量变化较大，另外机床传动系统的损失也很难计算得十分准确，因此，要计算它的等效功率比较复杂和困难。此时可采用统计分析法，即将同类型先进的生产机械所选用的电动机功率进行类比和统计，寻找出电动机功率与生产机械主要参数之间的关系。

例如，在机床行业，对不同类型机床主电机的容量进行统计、分析、计算，得出电动机容量计算的经验公式，算出主电机的计算容量 P，再选择一台合适的电动机，使得电动机的额定功率满足 $P_N\geqslant P$。部分机床主电机的计算公式如下：

车床　　　　　$P=36.5D^{1.54}\ (\text{kW})$　　　（D 为工件的最大直径，m）

摇臂钻床　　　$P=0.0646D^{1.19}\ (\text{kW})$　　　（D 为最大钻孔直径，m）

卧式镗床　　　$P=0.004D^{1.7}\ (\text{kW})$　　　（D 为镗杆直径，m）

例如，我国生产的 C660 车床，其加工工件的最大直径为 1250mm，按统计分析法计算，主轴电动机的功率应为

$$P=36.5D^{1.54}=36.5\times1.25^{1.54}=52\ (\text{kW})$$

因而实际选用 55kW 的电动机。

2. **短时运行电动机功率的选择**

短时运行是指电动机的工作时间较短，在工作时间内，电动机的温升达不到稳态值，而停歇的时间相当长，电动机的温升可降到零，其温度和周围环境温度相同。如闸门电动机、机床中的夹紧电动机、尾座和横梁移动电动机以及刀架快速移动电动机等都是短时运行电动机。

对于短时工作制的生产机械，可以选用专为短时工作制设计的电动机。我国专门设计

制造的短时工作制电动机的标准时间为 15min、30min、60min、90min 的四个级别，其铭牌上的额定功率和一定的标准工作时间是相对应的。当实际工作时间和标准工作时间相差较多时，要按照发热相同的原则进行功率的换算，即把实际工作时间下的功率换算成与之相近的标准工作时间下的功率，再选择电动机。

如果没有选择或购置到合适的短时运行设计的电动机，也可选用容量稍小的连续工作制的电动机。由于发热惯性，连续工作制的电动机在短时运行时可以容许过载。工作时间愈短，则过载可以愈大，但电动机的过载是受到限制的。因此，通常是根据过载系数 λ 来选择短时运行电动机的功率。电动机的额定功率可以是生产机械所要求的功率的 $\frac{1}{\lambda}$。

【例 6.6】 已知刀架质量 $G=500\text{kg}$，移动速度 $v=15\text{m/min}$，导轨摩擦系数 $\mu=0.1$，传动机构的效率 $\mu_1=0.2$，要求电动机的转速约为 1400r/min。求刀架快速移动电动机的功率。

【解】 Y 系列四极笼型电动机的过载系数 $\lambda=2.2$，于是有

$$P=\frac{G\mu v}{102\times 60\times \eta_1\lambda}=\frac{500\times 0.1\times 15}{102\times 60\times 0.2\times 2.2}\approx 0.28 \ (\text{kW})$$

选用 Y3—80M1—4 型电动机，$P_N=0.55\text{kW}$，$n_N=1390\text{r/min}$。

6.6.2 电动机种类的选择

在选择电动机的种类时，首先应该满足生产机械对启动、调速和制动等性能方面的要求，在此前提下，应优先选用结构简单、价格便宜、运行可靠、维护方便的电动机。

由于生产场所常用的都是三相交流电源，如果没有特殊要求，一般都应选用交流电动机。在交流电动机中，三相笼型异步电动机结构简单，坚固耐用，工作可靠，价格低廉，维护方便；其主要缺点是调速困难，功率因数较低，启动性能较差。因此，要求机械特性较硬而无特殊调速要求的一般生产机械的拖动应尽可能选用笼型电动机。如水泵、通风机、传送带、一般切削机床的动力头、大型机床及轧钢机的辅助运行机构（如刀架快速移动、横梁升降和夹紧）等都选用三相笼型异步电动机。

如果启动负载较大，而且要求不在大范围内调速的情况下，则可选用绕线式异步电动机，但这种电动机价格较贵，维护不便。如起重机、卷扬机、锻压机等采用绕线型电动机。只有在对调速范围要求很大而且功率也较大的场合下，才选择直流电动机。

因为通常生产场所用的都是三相交流电源，如果没有特殊要求，一般都应采用交流电动机。在交流电动机中，三相笼型异步电动机结构简单，坚固耐用，工作可靠，价格低廉，维护方便，其主要缺点是调速困难，功率因数较低，启动性能较差。因此，要求机械特性较硬而无特殊调速要求的一般生产机械的拖动应尽可能选用笼型电动机。在功率不大的水泵、通风机、运输机、传送带上，在机床的辅助运动机构（如刀架快速移动、横梁升降和夹紧等）上，差不多都采用笼型电动机。一些小型机床上也采用它作为主轴电动机。

绕线转子电动机的基本性能与笼型相同。其特点是启动性能较好，并可在不大的范围内平滑调速。但这种电动机价格较贵，维护不便。因此，对某些起重机、卷扬机、锻压机

及重型机床的横梁移动等不能选用笼型电动机的场合，才选用绕线转子电动机。

6.6.3 结构形式的选择

生产机械的种类繁多，它们的工作环境也不尽相同，电动机的防护形式应根据工作环境来选择。

1. 开启式电动机

开启式电动机在构造上无特殊防护装置，在干燥清洁的环境中，可以选用开启式电动机，这种电动机价格便宜，散热条件好。

2. 防护式电动机

防护式电动机一般可防滴水、防雨、防溅及防止杂物从上面落入电动机，散热条件亦好。适用于干燥、灰尘不多、没有腐蚀性和爆炸性气体的环境。

3. 封闭式电动机

封闭式电动机适用于潮湿、易受风雨侵蚀、多腐蚀性灰尘的环境中，其中也有完全密封的电动机，可以用于浸入水中的机械（如潜水泵）。封闭式电动机价格较贵，散热条件不好，一般情况下尽量少用。

4. 防爆式电动机

防爆式电动机封闭严密，适用于有爆炸危险的环境中，如矿井、油库、煤气站等。

6.6.4 电压和转速的选择

1. 电压的选择

电动机电压等级的选择要根据电动机类型、功率及使用地点的供电网来决定。一般中、小型交流电动机的额定电压为 380V，大功率交流异步电电压为 3000V 和 6000V。

2. 转速的选择

电动机额定转速的选择应由生产机械和传动设备的要求来选定。原则上使电动机的转速尽量与生产机械的转速一致，以便直接传动，简化传动机构。但是，通常转速不低于500r/min。因为当功率一定时，电动机的转速愈低，则其尺寸愈大，价格愈贵，而且效率也较低。因此可购买一台高速电动机，再另配减速器较合算。

习　　题

1. 填空题

（1）异步电动机根据转子结构的不同可分为＿＿＿＿式和＿＿＿＿式两大类。他们的工作原理＿＿＿＿＿＿。＿＿＿＿式电机调速性能较差，＿＿＿＿式电机调速性能较好。

（2）三相异步电动机主要由＿＿＿＿和＿＿＿＿两大部分组成。电机的铁芯是由相互绝缘的片叠压制成。电动机的定子绕组可以连接成＿＿＿＿和＿＿＿＿两种方式。

（3）旋转磁场的旋转方向与通入定子绕组中三相电流的＿＿＿＿有关。异步电动机的转动方向与旋转磁场的方向＿＿＿＿。旋转磁场的转速决定于旋转磁场的＿＿＿＿和＿＿＿＿。

（4）电动机常用的两种降压启动方法是＿＿＿＿启动和＿＿＿＿启动。

(5) 若将额定功率为 60Hz 的三相异步电动机,接在频率为 50Hz 的电源上使用,电动机的转速将会_____额定转速。改变_____或_____可以改变旋转磁场的转速。

(6) 转差率是分析异步电动机运行情况的一个重要参数。转子转速越接近磁场转速,则转差率越_____。对应于最大转矩处的转差率称为_____转差率。

(7) 异步电动机的调速可以用改变_____、_____和_____三种方法来实现。

2. 选择题

(1) 三相异步电动机的旋转方向决定于 ( )。

A. 电源电压的大小　　　　　　　　B. 电源频率高低

C. 定子电流的相序　　　　　　　　D. 和以上都有关

(2) 三相鼠笼型电动机的额定转差率 s_N 与电机极对数 p 的关系是 ( )。

A. 无关　　　　B. $s_N \propto p$　　　　C. $s_N \propto \dfrac{1}{p}$　　　　D. 取决于实际情况

(3) 三相异步电动机的转速 n 越高,其转子电路的感应电动势 E_2 ( )。

A. 越大　　　　B. 越小　　　　C. 不变　　　　D. 无法确定

(4) 三相异步电动机旋转磁场的转速 n_1 与磁极对数 p 和电源频率 f 的关系是( )。

A. $n_1 = 60\dfrac{f}{p}$　　B. $n_1 = 60\dfrac{f}{2p}$　　C. $n_1 = 60\dfrac{p}{f}$　　D. $n_1 = 60\dfrac{2p}{f}$

(5) 三相异步电动机的转差率 $s=1$ 时,其转速为 ( )。

A. 额定转速　　B. 同步转速　　C. 零　　D. 最小

(6) 三相异步电动机在额定转速下运行时,其转差率 ( )。

A. 小于 0.1　　B. 接近 1　　C. 大于 0.1　　D. 远远大于 1

(7) 三相异步电动机的同步转速在数值上等于 ( )。

A. 电机的转速　　　　　　　　B. 定子旋转磁场相对于转子旋转磁场的转速

C. 转子旋转磁场的转速　　　　D. 转子旋转磁场相对于转子的转速

(8) 额定电压为 380/220V 的三相异步电动机,其连接形式在铭牌上表示为 ( )。

A. Y/△　　　　B. △/Y　　　　C. △·Y　　　　D. △·△

(9) 额定电压为 380V/220V 的三相异步电动机,在接成 Y 形和接成 △ 形两种情况下运行时,其额定电流 I_Y 和 I_Δ 的关系是 ( )

A. $I_Y = \sqrt{3} I_\Delta$　　B. $I_\Delta = \sqrt{3} I_Y$　　C. $I_Y = I_\Delta$　　D. 无法确定

(10) 三相异步电动机采用 Y−△ 降压启动,启动电流是直接启动电流的 ( ),启动转矩是直接启动转矩的 ( )。

A. 1/3,1/3　　B. 1/3,$1/\sqrt{3}$　　C. $1/\sqrt{3}$,1/3　　D. $1/\sqrt{3}$,$1/\sqrt{3}$

(11) 为了使三相异步电动机能采用 Y−△ 降压启动,电动机在正常运行时必须是 ( )。

A. 星形接法　　B. 三角形接法　　C. 星形或三角形接法　　D. 和电源接法一致

(12) 三相鼠笼型异步电动机在空载和满载两种情况下启动电流的关系是 ( )。

A. 满载启动电流较大　　　　　　B. 空载启动电流较大

C. 两者相等　　　　　　　　　　D. 不确定

（13）采取适当措施降低三相鼠笼型电动机的启动电流是为了（　　）。

A. 防止烧坏电机

B. 防止烧坏熔断丝

C. 减小启动电流所引起的电网电压波动

D. 以上都对

（14）欲将电动机反转，可采取的方法是（　　）。

A. 将电动机端线中任意两根对调后接电源

B. 将三相电源任意两相和电动机任意两端线同时调换后接电动机

C. 将电动机的三根端线调换后接电源

D. 将电源的三根端线调换后接电源

3, 综合题

（1）有一台四极三相异步电动机，电源频率为 50Hz，带负载运行时的转差率为 0.03，求同步转速和实际转速。

（2）两台三相异步电动机的电源频率为 50Hz，额定转速分别为 1430r/min 和 2900r/min，试问它们各是几极电动机？额定转差率分别是多少？

（3）已知电源频率为 50Hz，求上题两台电动机转子电流的频率各是多少？

（4）Y180L－6 型异步电动机的额定功率为 15kW，额定转速为 970r/min，额定频率为 50Hz，最大转矩为 295N·m，试求电动机的过载系数 λ。

（5）一台鼠笼型三相异步电动机，当定子绕组作三角形连接并接于 380V 电源上时，最大转矩 $T_m=60$N·m，临界转差率 $s_m=0.18$，启动转矩 $T_{st}=36$N·m。如果把定子绕组改接成星形，再接到同一电源上，则最大转矩和启动转矩各变为多少？试大致画出这两种情况下的机械特性。

（6）一台三相异步电动机的铭牌数据见表 6.5。

表 6.5　　　　　　　　　　　综 合 题 （6） 表

型　　号	接　　法	功　　率	电　　流	电　　压	转　　速
Y112M－4	△	4.0kW	8.8A	380V	1440r/min

其满载时的功率因数为 0.8，试求：

1）电动机的极数。

2）电动机满载运行时的输入电功率。

3）额定转差率。

4）额定效率。

5）额定转矩。

（7）一台三相异步电动机的额定功率为 4kW，额定电压为 220V/380V，星形/三角形连接，额定转速 1450r/min，额定功率因数 0.85，额定效率 0.86。试求：

1）额定运行时的输入功率。

2）定子绕组连接成星形和三角形时的额定电流。

3）额定转矩。

（8）一台额定电压为 380V 的异步电动机在某一负载下运行，测得输入电功率为 4kW，线电流为 10A。求这时的功率因数是多少？若这时输出功率为 3.2kW，则电动机的效率为多少？

（9）一台鼠笼型三相异步电动机拖动某生产机械运行。当 $f_1 = 50\mathrm{Hz}$ 时，$n_N = 2930\mathrm{r/min}$；当 $f_1 = 40\mathrm{Hz}$ 和 $f_1 = 60\mathrm{Hz}$ 时，转差率都为 $s = 0.035$。求这两种频率时的转子转速。

第 7 章　继电—接触器控制系统

本章要求：

1. 了解常用低压电器的结构、工作原理和用途。

2. 熟悉继电—接触控制电路的自锁、联锁以及过载、短路、失压保护的作用和方法。

3. 掌握基本控制环节的组成、作用和工作过程；能读懂简单的控制电路原理图、能设计简单的控制电路。

本章难点：

1. 三相异步电动机的正反转控制电路。

2. 简单控制电路的设计。

现代机床或其他生产机械，它们的运动部件大多是由电动机驱动的。因此，在生产过程中要对电动机进行自动控制，使生产机械各部件的动作按顺序进行，保证生产过程和加工工艺符合预定要求。对电动机主要是控制它的启动、停止、正反转、调速及制动及顺序运行。

以电动机作为原动机拖动机械设备运动的一种拖动方式，称为电力拖动，又叫电气传动。利用继电器、接触器及按钮等控制电器来实现对电动机和生产设备的控制和保护，称为继电—接触器控制系统。

继电—接触器自动控制可以通过电气、机械、液压或气动等手段来实现。其中以电气自动控制的应用最广泛、最方便。本章以最普遍的三相笼型异步电动机为控制对象，介绍几种常用的控制电器、保护电器和典型的控制电路。

7.1　常用低压电器

电器是一种能根据外界的信号和要求，手动或自动地接通或断开电路，断续或连续地改变电路参数，以实现电路的切换、控制、保护、检测和调节作用的电气设备。简言之，电器就是一种能控制电的工具。低压电器通常指工作在交流、直流电压 1200V 以下的电气设备。

低压电器的种类繁多，结构各异，用途不同。按电器的动作性质分为手动电器和自动电器两大类，如各种接触器、继电器、行程开关等；按电器的性能和用途分为控制电器和保护电器两大类，如熔断器、热继电器等；按有无触点分为有触点电器和无触点电器；按工作原理分为电磁式电器和非电量控制电器。

7.1.1 手动电器

1. 刀开关

刀开关的主要作用是隔离电源，或用于不频繁接通和断开电路，具有结构简单、操作方便的优点。如图 7.1 所示为刀开关的外形、结构和符号，主要由操作手柄、触刀、静插座、绝缘底板组成。静插座由导电材料和弹性材料制成，固定在绝缘材料制成的底板上，推动手柄带动触刀插入静插座中，电路便接通；否则电路便断开。

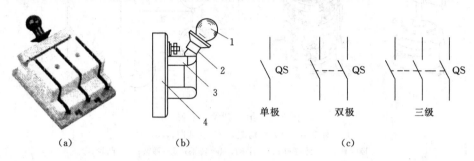

图 7.1 刀开关

(a) 外形图；(b) 结构图；(c) 符号

1—手柄；2—触刀；3—静插座；4—底板

刀开关的种类很多。按刀的级数分为单级、双级和三级。按灭弧装置分为带灭弧装置和不带灭弧装置。按刀的转换方向分为单掷和双掷。按接线方式分为板前接线式和板后接线式。按操作方式分为直接手柄操作和远距离联杆操作。按有无熔断器分为带熔断器式刀开关和不带熔断器式刀开关。

2. 组合开关

组合开关又称转换开关，常用来作为电源的引入开关，也可以用它来直接启动和停止小容量笼型电动机或使电动机正反转，局部照明电路也常用它来控制。

组合开关的种类很多，常用的有 HZ10 等系列。如图 7.2 所示为组合开关的外形、结构、接线图和符号，它有三对静触片，每个触片的一端固定在绝缘垫板上，另一端伸出盒外，连在接线柱上；三个动触片套在装有手柄的绝缘转动轴上，转动转轴就可以将三个触点（彼此相差一定角度）同时接通或断开。

3. 按钮

按钮（Button）是一种简单主令电器，通常用来接通或断开控制电路，它的额定电压为 500V，额定电流一般为 5A。

如图 7.3 所示为按钮的外形、结构原理图和符号，由按钮帽、复位弹簧、支柱连杆、桥式触头和外壳组成。动触头与上面的静触头组成常闭触头，与下面的静触头组成常开触头。按压按钮帽时，常闭触头分断，常开触头接通；放松按钮帽时，在弹簧作用下，动触头复位到常态。

按钮按照结构形式可分为开启式（K）、保护式（H）、防水式（S）、防腐式（F）、紧急式（J）、钥匙式（Y）、旋钮式（X）和带指示灯式（D）等。为了标明各个按钮的作用，常将按钮帽做成不同颜色，以示区别，有红、绿、黑、黄、蓝、白等几种。一般红色

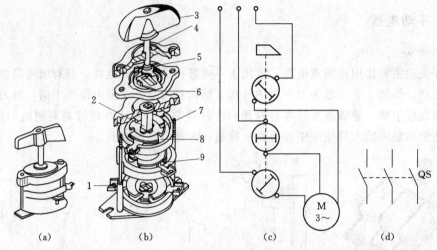

图 7.2 组合开关示意图

(a) 外形图；(b) 结构图；(c) 接线图；(d) 符号

1—接线柱；2—绝缘杆；3—手柄；4—转轴；5—弹簧；6—凸轮；

7—绝缘底板；8—动触片；9—静触片

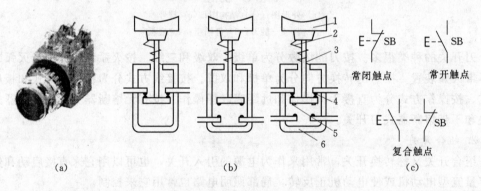

图 7.3 按钮

(a) 外形图；(b) 结构原理图；(c) 符号

1—按钮帽；2—复位弹簧；3—支柱连杆；4—常闭静触点；5—桥式动触点；6—外壳

表示停止按钮，绿色表示启动按钮。常用 LA 系列按钮的电寿命为接通和分断至少 20 万次。

4. 空气断路器

空气断路器也称为自动空气开关，简称自动开关，也是常用的电源开关。与刀开关相比，它不仅有引入电源和隔离电源的作用，还兼有过载、短路、欠压和失压保护的作用。如图 7.4 所示为空气断路器的外形与结构。它的主触点由操作者通过手动机构将其闭合，并被连杆装置上的锁钩锁住，使负载与电源接通（合闸）。如果电路严重过载或发生短路故障，过流脱扣器（电磁铁）的电流线圈（图中只画出一相）就产生足够强的电磁吸力把衔铁往下吸，顶开锁钩，在释放弹簧的作用下，主触点断开，切断电源，实现了过载或短路保护。如果电源电压严重下降（欠压）或发生断电（失压）故障，欠压脱扣器（电磁铁）的电压线圈因电磁力不足或消失，吸不住衔铁，衔铁被松开，向上顶开锁钩，释放弹簧将主触点迅速拉断，切断电源，实现了欠压或失压保护。

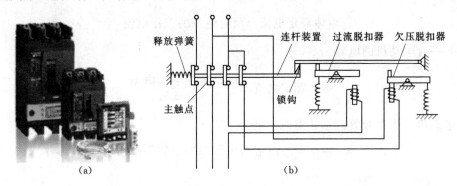

图 7.4　自动空气断路器的外形和结构
(a) 外形图；(b) 结构示意图

自动开关跳闸后，用户应及时查明原因，排除故障并重新合闸，自动开关继续工作。

7.1.2　自动电器

1. 熔断器

熔断器（Fuse）是电路中最常用的一种简便而有效的短路保护电器，通常由熔体和外壳两部分组成。熔体（熔片或熔丝）俗称保险丝，是由电阻率较高的易熔合金制成，如铅锡合金等。使用时串联在被保护电路的首端。在电路正常工作时，熔体不应熔断；一旦发生短路或严重过载时，很大的电流通过熔断器，熔体过热而迅速熔断，从而自动切断电路，起到保护电路及电气设备的目的。它具有结构简单，维护方便，价格便宜，体积小，重量轻等的优点。

常用的熔断器有插入式、管式及螺旋式等几种类型，结构如图 7.5 所示。

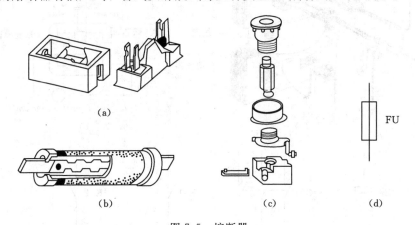

图 7.5　熔断器
(a) 插入式熔断器；(b) 管式熔断器；(c) 螺旋式熔断器；(d) 符号

熔体的额定电流有：4A、6A、10A、15A、20A、25A、35A、60A、80A、100A、125A、160A、200A、260A、300A、500A 和 600A 等。熔断器的选择主要是确定熔体的额定电流，具体方法如下：

（1）照明电路。

$$熔体额定电流 \geqslant 所有电灯的工作电流$$

（2）一台电动机的电路。

$$熔体额定电流 \geqslant \frac{电动机的启动电流}{2.5}$$

当电动机工作在频繁起动状态时，则为

$$熔体额定电流 \geqslant \frac{电动机的启动电流}{1.6 \sim 2}$$

2. 接触器

接触器（Contactor）是用来接通或断开电动机或其他设备主电路的一种控制电器。按照使用电源的种类分为交流接触器和直流接触器两类，它们的作用原理基本相同，本书讨论交流接触器。

接触器主要由电磁铁和触点两部分组成。它是利用电磁吸力使触点闭合与断开，如图 7.6 所示为交流接触器的外形、结构和符号。在图 7.6（a）中，当接触器线圈通电时，产生电磁吸力，将动铁芯吸合于静铁芯。于是带动全部触点：使常开触点闭合，常闭触点断开。当接触器线圈断电时，电磁吸力消失，弹簧拉力使动铁芯恢复原位，各对触点也恢复原来的常开、常闭状态，如图 7.6（b）中。

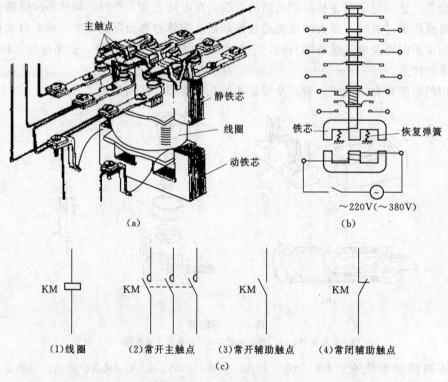

图 7.6　交流接触器
(a) 主要结构图；(b) 原理图；(c) 触点

根据用途不同，接触器的触点分为主触点和辅助触点两种。主触点能通过较大的电流，一般接在电动机的主电路（定子电路）中；辅助触点能通过的电流较小，一般接在电动机的控制电路中。每一种接触器都有一定数量的主触点和辅助触点，例如 CJ10—5 型交流接触器有三对主触点（常开）和一对辅助触点（常开），而 CJ10—10 型交流接触器有三对主触点（常开）和四对辅助触点（两对常开，两对常闭）。交流接触器的图形符号如图 7.6（c）所示。

　　在选用接触器时，应注意它的额定电流、额定电压及触点数量等。CJ10 系列接触器主触点的额定电流有 5A、10A、20A、40A、60A、100A、150A 等。线圈额定电压通常是 220V 或 380V，也有 36V 和 127V。

　　3. 热继电器

　　热继电器是用于电动机免受长期过载的一种保护电器。热继电器的类型很多，其中常见的有：

　　（1）双金属片式。利用双金属片受热弯曲去推动杠杆使触点动作。

　　（2）热敏电阻式。利用电阻值随温度变化而改变的特性制成的热继电器。

　　（3）易熔合金式。利用过载电流发热使易熔合金达到某一温度值时合金熔化而使继电器动作。

　　上述三类热继电器以双金属片式用得最多。

　　热继电器是利用电流的热效应而动作的，如图 7.7 所示为热继电器的结构原理图和符号。在图 7.7（b）中，发热元件是一段电阻不大的电阻丝，串联在电动机的主电路中。双金属片由两种不同膨胀系数的金属碾压而成。当主电路中的电流长时间超过容许值（过载）时，发热元件发出的热量使双金属片膨胀变形，下层金属片膨胀系数大，向上弯曲，造成脱扣；于是，扣板在弹簧的拉力下将常闭触点断开（常闭触点串联在电动机的控制电路中），它的断开使控制电路动作，从而切断电动机的主电路，电动机脱离电源。

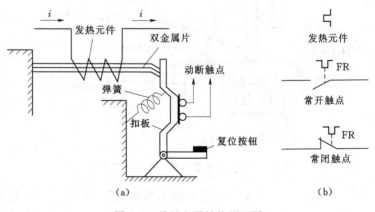

图 7.7　热继电器结构原理图
(a) 结构原理图；(b) 符号

　　当需要热继电器复位时，按下复位按钮即可。新型热继电器既可手动复位也可自动复位。

热继电器不能用于短路保护，因为短路事故需要立即切断电源，而热继电器由于热惯性不能立即动作。

4. 时间继电器

时间继电器用来按照所需时间间隔接通或断开被控制的电路，以协调和控制生产机械的各种动作，因此是按整定时间长短进行动作的控制电器。

时间继电器种类很多，按构成原理分为电磁式、电动式、空气阻尼式、晶体管式和数字式等；按延时方式分为通电延时型、断电延时型。空气阻尼式时间继电器（JS7 系列）具有结构简单、延时范围较大（0.4～180s）、寿命长、价格低等优点。下面介绍空气阻尼式时间继电器。

空气阻尼式时间继电器是利用空气阻尼的原理制成的，有通电延时型和断电延时型两种。图 7.8 所示为通电延时型时间继电器的结构原理图。主要由电磁系统、工作触点、气室和传动机构四部分组成。当线圈通电时，动铁芯和固定在动铁芯上的托板被铁芯电磁引力吸引而下移。这时固定在活塞杆上的撞块因失去托板的支托在弹簧作用下也要下移，但由于与活塞杆相连的橡皮膜也跟着向下移动时，受进气孔进气速度的限制，橡皮膜上方形成空气稀薄的空间，与下方的空气形成压力差，对活塞杆下移产生阻尼作用。所以活塞杆和撞块只能缓慢地下移。经过一段时间后，撞块才触及微动开关的推杆，使常闭触头断开、常开触头闭合，起通电延时作用。从线圈通电开始到触头完成动作为止的时间间隔就是继电器的延时时间。延时时间的长短可通过延时调节螺钉调节空气室进气孔的大小来改变，延时范围有 0.4～60s 和 0.4～180s 两种。

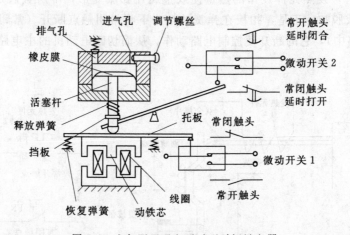

图 7.8 空气阻尼通电延时型时间继电器

当线圈断电时，电磁吸力消失，动铁芯在反力弹簧作用下释放。带动托板和活塞杆向上移，橡皮膜上方气室内的空气通过单向阀的出气孔迅速排掉，使微动开关迅速复位。以上原理为通电延时型，若将电磁系统翻转 180°安装时，即为断电延时型。

时间继电器的触头系统有瞬时触头和延时触头，都有常开、常闭各一对。文字符号为 KT，其图形符号如图 7.9 所示。

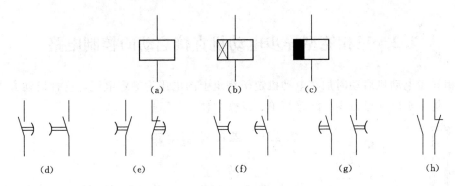

图 7.9　时间继电器的图形符号

（a）一般线圈；（b）通电延时线圈；（c）断电延时线圈；（d）通电延时闭合动合（常开）触点；
（e）通电延时断开动断（常闭）触点；（f）断电延时断开动合（常开）触点；
（g）断电延时闭合动断（常闭）触点；（h）瞬动触点

5. 行程开关

行程开关又称位置开关或限位开关，它的作用是将机械位移转变为电信号，使电动机运行状态发生改变，即按一定行程自动停车、反转、变速或循环，从而控制机械运动或实现安全保护。

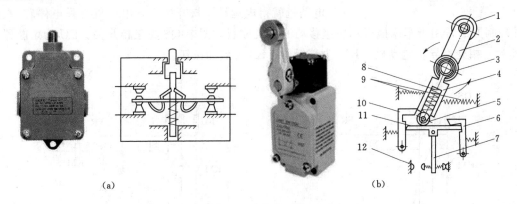

图 7.10　行程开关

（a）直动式行程开关；（b）滚轮式行程开关

1—滚轮；2—上转臂；3—盘形弹簧；4—推杆；5—小滚轮；6、10—压板；7—动触头；
8、9—弹簧；11—擒纵件；12—静触头

行程开关有两种类型，即直动式（按钮式）和旋转式，其结构基本相同，都是由操作机构、传动系统、触头系统和外壳组成，主要区别在传动系统，如图 7.10 所示。直动式行程开关的结构、动作原理与按钮相似。滚轮式行程开关的结构如图 7.10（b）所示，当运动机构的挡铁压到行程开关的滚轮上时，传动杠杆连同转轴一起转动，凸轮撞动撞块使得常闭触头断开，常开触头闭合。挡铁移开后，复位弹簧使其复位（双轮旋转式不能自动复位）。

行程开关的图形符号如图 7.11 所示。有一对常开、一对常闭触点。

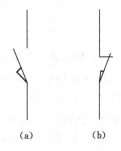

图 7.11　行程开关符号

（a）常开触点；（b）常闭触点

7.2　三相笼型异步电动机直接启动的控制电路

三相异步电动机启动时加在电动机定子绕组上的电压为额定电压，这种启动方式称直接启动。优点是电气设备少、线路简单、维修方便。

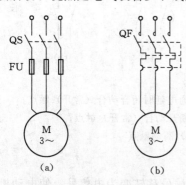

图 7.12　电动机控制电路
(a) 刀开关控制电路；(b) 自动开关控制电路

7.2.1　单向控制电路

1. 手动控制

图 7.12 所示为一种最简单的手动单向控制电路。其中图 7.12 (a) 所示为刀开关控制电路，图 7.12 (b) 所示为自动开关控制电路。

采用开关控制的电路仅适用于不频繁启动的小容量电动机，它不能实现远距离控制和自动控制。

2. 点动控制

点动控制电路是用按钮、接触器来控制电动机运转，是最简单的控制电路，如图 7.13 所示。按下按钮，电动机就得电运转，松开按钮，电动机就失电停转。这种控制方法常用于车床拖板箱快速移动的电机控制。图中 QS 为三相开关、FU 为熔断器、M 为三相笼型异步电动机、KM 为接触器、SB 为启动按钮。

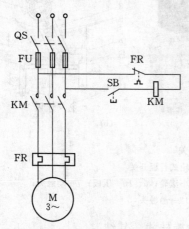

图 7.13　点动控制电路

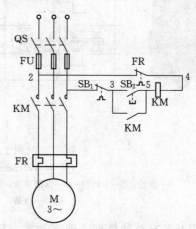

图 7.14　接触器自锁控制电路

3. 接触器自锁单向控制

接触器自锁单向控制线路的主电路和点动控制线路的主电路相同，但在控制电路中又串接了一个停止按钮 SB_1，在启动按钮 SB_2 的两端并联接触器 KM 的一对常开辅助触头。在要求电动机起动后能连续运行时，可采用图 7.14 所示的接触器自锁控制线路。

采用上述控制线路还可实现短路保护、过载保护和零压保护。

起短路保护的是熔断器 FU。一旦发生短路事故，熔丝立即熔断，电动机立即停车。

起过载保护的是热继电器 FR。当过载时，它的热元件发热，将动断触点断开，使接触器线圈断电，主触点断开，电动机也就停下来。

热继电器有两相结构的，就是有两个热元件，分别串接在任意两相中。这样不仅在电动机过载时有保护作用，而且当任意一相中的熔丝熔断后作单相运行时，仍有一个或两个热元件中通有电流，电动机因而也得到保护。为了更可靠地保护电动机，热继电器做成三相结构，就是有三个热元件，分别串接在各相中。

所谓零压（或失压）保护就是当电源暂时断电或电压严重下降时，电动机即自动从电源切除。因为这时接触器的动铁芯释放而使主触点断开。当电源电压恢复正常时如不重按启动按钮，则电动机不能自行启动，因为自锁触点亦已断开。如果不是采用继电接触器控制而是直接用刀开关或组合开关进行手动控制时，由于在停电时，未及时断开开关，当电源电压恢复时，电动机即自行启动，可能造成事故。

图 7.14 所示的控制线路可分为主电路和控制电路两部分。

电路的操作和动作过程如下：合上 QS→

按下 SB₂→控制电路接通→KM 线圈通电 { →KM 主触点闭合→主电路接通→M 启动运行。
                                              →KM 辅助触点闭合→实现自锁。

按下 SB₁→控制电路断电→KM 线圈失电 { →KM 主触点断开→主电路断开→M 停车。
                                              →KM 辅助触点断开→解除自锁。

7.2.2 顺序控制电路

图 7.15 所示为电动机顺序控制的电路。在主电路中，电动机 M_1 和 M_2 分别通过接触器 KM_1 和 KM_2 来控制，KM_2 的主触头接在 KM_1 主触头的上面。在控制电路中，KM_2 的线圈接在 KM_1 自锁触头后面，保证了 M_1 启动后，M_2 才能启动的顺序控制要求。停止按钮 SB 控制两台电动机同时停止。

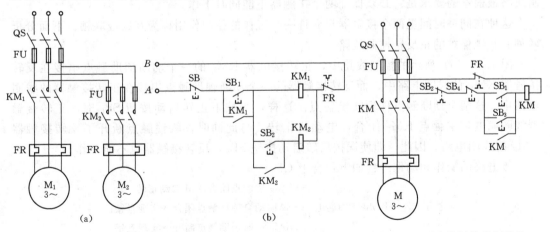

图 7.15 控制电路实现顺序控制
(a) 主电路；(b) 控制电路

图 7.16 两地控制的控制线路

7.2.3 多地控制电路

能在多地控制同一台电动机的控制方式叫多地控制。图 7.16 所示为两地控制的控制电路。其中 SB_1、SB_2 为安装在甲地的启动按钮和停止按钮，SB_3、SB_4 为安装在乙地的启动按钮和停止按钮。

　　线路的特点是：启动按钮并接在一起，停止按钮串接在一起；对于三地或多地控制，只要将各地的启动按钮并联、停止按钮串联即可实现。

7.3　三相笼型异步电动机正反转的控制电路

　　在生产上往往要求运动部件向正反两个方向运动。例如，机床工作台的前进与后退，

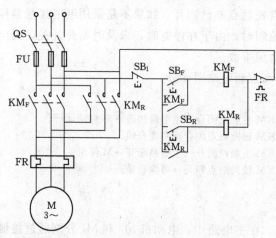

图 7.17　主电路实现的正反转控制线路

主轴的正转与反转，起重机的提升与下降等。为了实现正反转，在分析三相异步电动机的工作原理时已经介绍，只要将接到电源的任意两根连线对调一头即可。为此，只要用两个交流接触器就能实现这一要求（图 7.17）。当正转接触器 KM_F 工作时，电动机正转；当反转接触器 KM_R 工作时，由于调换了两根电源线，所以电动机反转。常见的正反转控制电路有下面两种。

7.3.1　按钮控制的正反转电路

　　如果两个接触器同时工作，那么从图 7.17 可以看到，将有两根电源线通过它们的主触点而将电源短路了。所以对正反转控制线路最根本的要求是：必须保证两个接触器不能同时工作。

　　这种在同一时间里两个接触器只允许一个工作的控制作用称为互锁或联锁。下面分析两种有联锁保护的正反转控制线路。

　　图 7.18（a）所示的控制线路中，正转接触器 KM_F 的一个动断辅助触点串接在反转接触器 KM_R 的线圈电路中，而反转接触器的一个动断辅助触点串接在正转接触器的线圈电路中。这两个动断触点称为联锁触点。这样，当按下正转启动按钮 SB_F 时，正转接触器线圈通电，主触点 KM_F 闭合，电动机正转。与此同时，联锁触点断开了反转接触器 KM_R 的线圈电路。因此，即使误按反转启动按钮 SB_R，反转接触器也不能动作。

　　该电路的操作和动作过程如下：合上 QS→

按下 SB_F→KM_F 线圈通电 ⎰→KM_F 主触点闭合→M 启动正转。
　　　　　　　　　　　　　 ⎱→KM_F 动合辅助触点闭合→实现自锁。
　　　　　　　　　　　　　　→KM_F 动断辅助触点断开→实现互锁。

按下 SB_1→KM_F 线圈断电 ⎰→KM_F 主触点断开→M 停车。
　　　　　　　　　　　　　 ⎱→KM_F 动合辅助触点断开→解除自锁。
　　　　　　　　　　　　　　→KM_F 动断辅助触点闭合→解除互锁。

按下 SB_R→KM_R 线圈通电 ⎰→KM_R 主触点闭合→M 启动反转。
　　　　　　　　　　　　　 ⎱→KM_R 动合辅助触点闭合→实现自锁。
　　　　　　　　　　　　　　→KM_R 动断辅助触点断开→实现互锁。

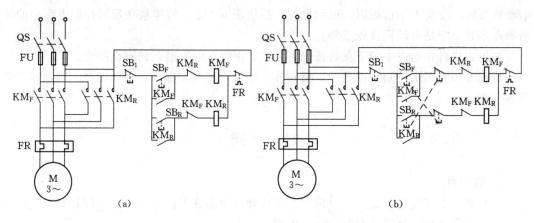

图 7.18 主电路实现的正反转控制线路

这种控制电路有个缺点，就是在正转过程中要求反转，必须先按停止按钮 SB_1，让联锁触点 KM_F 闭合后，才能按反转启动按钮使电动机反转，带来操作上的不方便。为了解决这个问题，在生产上常采用复式按钮和触点联锁的控制电路，如图 7.18（b）所示。当电动机正转时，按下反转起动按钮 SB_R，它的动断触点断开，而使正转接触器 KM_F 断电，主触点 KM_F 断开。与此同时，串接在反转控制电路中的动断触点 KM_F 恢复闭合，反转接触器的线圈通电，电动机就反转。同时串接在正转控制电路中的动断触点 KM_R 断开，起着联锁保护的作用。

7.3.2 行程开关控制的正反转电路

有些生产机械要求工作台在一定距离内能自动往返，而自动往返通常是利用行程开关控制电动机的正反转来实现的。

图 7.19 所示是用行程开关来控制工作台前进与后退的示意图和控制电路。

行程开关 SQ_a 和 SQ_b 分别装在工作台的原点和终点，由装在工作台上的挡块来撞动。工作台由电动机 M 带动。电动机的主电路和图 7.17 一样，控制电路也只是多了行程开关的三个触点。

工作台在原点时，其上挡块将原点行程开关 SQ_a 压下，将串接在反转控制电路中的动断触点压开。这时电动机不能反转。按下正转启动按钮 SB_F，电动机正转，带动工作台前进。当工作台到达终点时（譬如这时机床加工完毕），挡块压下终点行程开关 SQ_b，将串接在正转控制电路中的动断触点 SQ_b 压开，电动机停止正转。与此同时，将反转控制电路中的动合触点 SQ_b 压合，

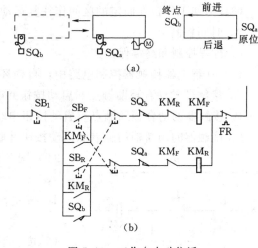

图 7.19 工作台自动往返控制电路

电动机反转，带动工作台后退。退到原位，挡块压下 SQ_a，将串接在反转控制电路中的动断触点压开，于是电动机在原点停止。

如果工作台在前进中按下反转按钮 SB_R，工作台立即后退，到原点停止。

行程开关除用来控制电动机的正反转外，还可实现终端保护、自动循环、制动和变速等各项要求。

习　题

1. 填空题

(1) 熔断器在电路中起_____保护作用；热继电器在电路中起_____保护作用。

(2) 按钮常用于接通和断开_____电路。

(3) 交流接触器常用于频繁地接通和断开_____电路。

(4) 自动空气断路器可实现_____、_____、_____保护。

(5) 多地控制线路的启动按钮应_____在一起，停止按钮应_____在一起。

2. 选择题

(1) 在电动机的继电器接触器控制电路中，零压保护的功能是（　　）。

A. 防止电源电压降低烧坏电动机

B. 防止停电后再恢复供电时电动机自行启动

C. 实现短路保护

(2) 在三相异步电动机的正反转控制电路中，正转接触器与反转接触器间的互锁环节功能是（　　）。

A. 防止电动机同时正转和反转　　　　B. 防止误操作时电源短路

C. 实现电动机过载保护

(3) 为使工作台在固定的区间作往复运动，并能防止其冲出滑道，应当采用（　　）。

A. 时间控制　　　　　　　　　　　　B. 速度控制和终端保护

C. 行程控制和终端保护

(4) 在继电器接触器控制电路中，自锁环节触点的正确连接方法是（　　）。

A. 接触器的动合辅助触点和启动按钮并联

B. 接触器的动合辅助触点和启动按钮串联

C. 接触器的动断辅助触点和启动按钮并联

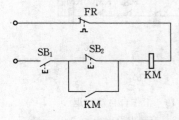

图 7.20　选择题（5）图

(5) 图 7.20 所示控制电路的作用是（　　）。

A. 按一下 SB_1，接触器 KM 通电，并连续运行

B. 按住 SB_1，KM 通电，松开 SB_1，KM 断电，只能点动

C. 按一下 SB_2，接触器 KM 通电，并连续运行

3. 综合题

(1) 分析图 7.21 所示的各电路能否控制异步电动机的启停，为什么？

（2）试分别画出有指示灯显示的单向连续启动和正反转启动的控制线路图。

（3）某机床的主电动机（鼠笼式三相）为 7.5kW，380V，15.4A，1440r/min，不需正反转。工作照明灯是 36V、40W。要求有短路、零压及过载保护。试绘出控制线路并选用电器元件。

（4）根据图 7.14 接线做实验时，将开关 QS 合上后按下启动按钮 SB_2，发现有下列现象，试分析和处理故障：

1）接触器 KM 不动作。

2）接触器 KM 动作，但电动机不转动。

3）电动机转动，但一松手电动机就不转。

4）接触器动作，但吸合不上。

5）接触器触点有明显颤动，噪声较大。

6）接触器线圈冒烟甚至烧坏。

7）电动机不转动或者转得极慢，并有"嗡嗡"声。

图 7.21　综合题（1）图

（5）要求三台鼠笼型三相异步电动机 M_1，M_2，M_3 按照一定顺序启动，即 M_1 启动后 M_2 才可启动，M_2 启动后 M_3 才可启动。试绘出控制线路。

（6）两条皮带运输机分别由两台鼠笼型三相异步电动机拖动，由一套启停按钮控制它们的启停。为了避免物体堆积在运输机上，要求电动机按下述顺序启动和停车：启动时，M_1 启动后 M_2 才随之启动；停止时，M_2 停止后 M_1 才随之停止，试画出控制电路。

（7）将图 7.22 所示的控制电路怎样改一下，就能实现工作台自动往复运动？

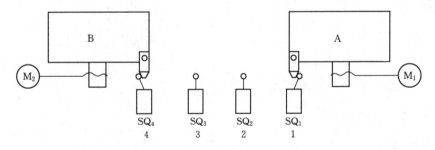

图 7.22　综合题（7）图

（8）在图 7.22 中，要求按下启动按钮后能顺序完成下列动作：①运动部件 A 从 1 到 2；②接着 B 从 3 到 4；③接着 A 从 2 回到 4 接着 B 从 4 回到 3。试画出控制线路。（提示：用四个行程开关，装在原位和终点，每个有一动合触点和一动断触点。）

（9）根据下列五个要求，分别绘出控制电路（M_1 和 M_2 都是三相鼠笼型电动机）：

1）电动机 M_1 先启动后，M_2 才能启动，M_2 并能单独停车。

2）电动机 M_1 先启动后，M_2 才能启动，M_2 并能点动。

3）M_1 先启动，经过一定延时后 M_2 能自行启动。

4）M_1 先启动，经过一定延时后 M_2 能自行启动，M_2 启动后，M_1 立即停车。

5）启动时 M_1 启动后 M_2 才能启动；停止时，M_2 停止后 M_1 才能停止。

（10）在锅炉房电机控制中，要求引风机先启动，延迟一段时间鼓风机自动启动；鼓风机和引风机一起停止。试画出控制线路图。

（11）画出能在两地分别控制同一台鼠笼型三相异步电动机启停的继电—接触器控制电路。

第8章 可编程控制器

本章要求:

1. 了解可编程控制器的结构和工作原理。
2. 熟悉可编程控制器的几种基本编程方法,常用的编程指令。
3. 掌握用梯形图编制简单的程序。

本章难点:

梯形图的编程。

可编程控制器 (Programmable Logic Controller) PLC 是 20 世纪 60 年代末发展起来的一种新型的电气控制装置,它将传统的继电控制技术和计算机控制技术融为一体。传统的继电接触控制具有结构简单、易于掌握、价格便宜等优点,在工业生产中广泛应用。但这类控制装置体积大、功耗高、可靠性低,特别是靠硬件连接构成系统,机械触点多、接线复杂、通用性和灵活性较差,因此已满足不了现代化生产过程复杂多变的控制要求。

PLC 是以中央处理器为核心,综合了计算机和自动控制等先进技术发展起来的一种工业控制器。PLC 具有可靠性高、功能完善、组合灵活、编程简单以及功耗低等许多独特优点。近 30 年来,PLC 被广泛应用于冶金、矿业、机械、轻工等领域,加速了机电一体化的进程,它的应用深度和广度已成为一个国家工业自动化先进水平的重要标志。

本章主要介绍 PLC 的基本工作原理以及简单程序编制方法。

8.1 PLC 的结构和工作方式

8.1.1 PLC 的结构及各部分的作用

PLC 的类型繁多,功能和指令系统也不尽相同,但其结构和工作方式则大同小异,一般由主机、输入/输出接口、电源、编程器、输入/输出扩展接口和外部设备接口等几个主要部分构成,如图 8.1 所示。如果把 PLC 看作一个控制系统的核心,外部的各种开关信号或模拟信号均为输入变量,它们经输入接口寄存到 PLC 内部的状态寄存器和数据存储器中,而后按用户程序要求进行逻辑运算或数据处理,最后以输出变量形式送到输出接口,从而控制输出设备。

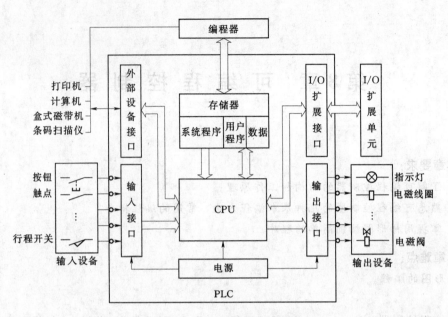

图 8.1 PLC 的硬件系统结构图

1. 主机

主机部分包括中央处理器（CPU）、系统程序存储器和用户程序及数据存储器。

CPU 是 PLC 的核心，起着总指挥的作用，它主要用来运行用户程序，监控输入/输出接口状态，作出逻辑判断和进行数据处理。即读取输入变量，完成用户指令规定的各种操作，将结果送到输出端，并响应外部设备（如编程器、打印机、条码扫描仪等）的请求以及进行各种内部诊断等。

PLC 的内部存储器有两类：一类是系统程序存储器，主要存放系统管理和监控程序及对用户程序作编译处理的程序，系统程序已由厂家固化，用户不能修改；另一类是用户程序及数据存储器，主要存放用户编制的应用程序、输入输出变量及各种暂存数据和中间结果。

2. 输入/输出（I/O）接口

I/O 接口是 PLC 与输入/输出设备连接的部件。输入接口用于接收输入设备（如按钮、行程开关、传感器等）的控制信号；输出接口用于将经主机处理过的结果通过输出电路去驱动输出设备（如接触器、电磁阀、指示灯等）。

I/O 接口电路一般采用光电耦合电路，以减少电磁干扰。这是提高 PLC 可靠性的重要措施之一。

3. 电源

电源是指为 CPU、存储器、I/O 接口等内部电子电路工作所配备的直流开关稳压电源。I/O 接口电路的电源相互独立，以避免或减小电源间的干扰。通常也为输入设备提供直流电源。

4. 编程器

编程器是 PLC 很重要的外部设备，它主要由键盘、显示器组成。编程器分简易型和智能型两类。小型 PLC 常用简易编程器，大、中型 PLC 多用智能编程器。编程器的作用是编制用户程序并送入 PLC 程序存储器。利用编程器可检查、修改、调试用户程序和在线监视 PLC 工作状况。现在许多 PLC 采用和计算机连接，并利用专用的工具软件进行编程或监控。

5. 输入/输出扩展接口

I/O 扩展接口用于将扩充外部输入/输出端子数的扩展单元与基本单元（即主机）连接在一起。

6. 外部设备接口

外部设备接口可将编程器、计算机、打印机、条码扫描仪等外部设备与主机相连，以完成相应操作。

8.1.2 PLC 的工作方式

PLC 与普通计算机的等待工作方式不同，它是采用"顺序扫描、不断循环"的方式进行工作的。即 PLC 运行时，主机的 CPU 将用户根据控制要求编制的用户程序按指令序号（或地址号）作周期性循环扫描。如果无跳转指令，则从第一条指令开始逐条执行用户程序，直至程序结束，然后重新返回第一条指令，开始下一轮新的扫描。在每次扫描过程中，还要完成对输入信号的采样和对输出状态的刷新工作；周而复始。

PLC 的扫描工作过程可分为输入采样、程序执行和输出刷新三个阶段，整个过程扫描并执行一次所需的时间称为扫描周期。其示意图如图 8.2 所示。

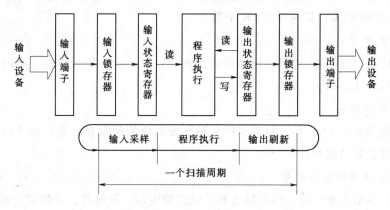

图 8.2 PLC 的扫描工作过程示意图

1. 输入采样阶段

PLC 在输入采样阶段，首先按顺序读入所有输入端子的通/断状态或输入数据，并将其存入（写入）各对应的输入状态寄存器中，即刷新输入。随即关闭输入端口，进入程序执行阶段。在程序执行阶段，即使输入状态有变化，输入状态寄存器的内容也不会改变。变化了的输入信号状态只能在下一个扫描周期的输入采样阶段被读入。

2. 程序执行阶段

PLC 在程序执行阶段，按用户程序指令存放的先后顺序扫描执行每条指令，所需的执行条件可从输入状态寄存器、内部继电器（寄存器）和当前输出状态寄存器中读入，经过相应的运算和处理后，其结果再存入输出状态寄存器中。所以，输出状态寄存器中所有的内容将随着程序的执行而改变。

3. 输出刷新阶段

在所有指令执行完毕后，输出状态寄存器的通/断状态在输出刷新阶段送至输出端并通过一定方式（继电器、晶体管或晶闸管）输出，驱动相应输出设备工作，这就是 PLC 的实际输出。

经过这三个阶段，完成一个扫描周期。扫描周期的长短与用户程序的指令条数及执行各条指令所需时间有关，一般不超过 100ms。

8.1.3 PLC 的主要技术性能

PLC 的主要性能通常可用以下各种指标进行描述。

1. I/O 点数

I/O 点数指 PLC 的外部输入和输出端子数。这是一项涉及控制规模的重要技术指标。通常小型机有几十个点，中型机有几百个点，大型机超过千点。

2. 用户程序存储容量

用户程序存储容量用来衡量 PLC 所能存储用户程序的多少。在 PLC 中，程序指令是按"步"存储的，一"步"占用一个地址单元，一条指令有的往往不止一"步"。一个地址单元一般占两个字节（约定 16 位二进制数为一个字，即两个 8 位的字节）。如一个内存容量为 1000 步的 PLC，其内存为 2K 字节。

3. 扫描速度

扫描速度指扫描 1000 步用户程序所需的时间，以 ms/千步为单位。有时也可用扫描一步指令的时间计，如 μs/步。

4. 指令系统条数

指令系统条数指 PLC 具有的基本指令和高级指令的种类和数量，指令的种类和数量越多，其软件控制功能越强。

5. 编程元件的种类和数量

编程元件指输入继电器、输出继电器、辅助继电器、定时器、计数器、通用"字"寄存器、数据寄存器及特殊功能继电器等。其种类和数量的多少关系到编程是否方便灵活，也是衡量 PLC 硬件功能强弱的一个指标。

PLC 内部这些继电器的作用和继电—接触器控制系统中的继电器十分相似，也有"线圈"和"触点"。但它们不是"硬"继电器，而是 PLC 存储器的存储单元。当写入该单元的逻辑状态为 1 时，则表示相应继电器的线圈接通，其常开触点闭合，常闭触点断开。所以，PLC 内部的继电器称为"软"继电器。

各种编程元件的代表字母、数字编号及点数（数量）因机型不同而有差异。今以 FP1—C24 为例，列出常用编程元件的编号范围与功能说明，见表 8.1。

表 8.1   **FP1—C24 编程元件的编号范围与功能说明**

元件名称	代表字母	编号范围	功能说明
输入继电路	X	X0～XF 共 16 点	接收外部输入设备的信号
输出继电器	Y	Y0～Y7 共 8 点	输出程序执行结果给外部输出设备
辅助继电器	R	R0～R62F 共 1008 点	在程序内部使用，不能提供外部输出
定时器	T	T0～T99 共 100 点	延时定时继电器，其触点在程序内部使用
计数器	C	C199～C143 共 44 点	减法计数继电器，其触点在程序内部使用
通用"字"寄存器	WR	WR0～WR62 共 63 个	每个 WR 由相应的 16 个辅助继电器 R 构成，例如，WR0 由 R0～RF 构成

此外，不同 PLC 还有其他一些指标，如输入/输出方式、特殊功能模块种类、自诊断、监控、主要硬件型号、工作环境及电源等级等。

8.1.4 PLC 的主要功能和特点

1. 主要功能

（1）用于逻辑控制。这是 PLC 的基本功能，也是最广泛的应用，如机车的电气控制、包装机械的控制、电梯的控制等。

（2）用于模拟量的控制。PLC 通过模拟量 I/O 模块，实现模数转换，并对模拟量进行控制。如闭环系统的过程控制、位置控制和速度控制。

（3）用于工业机器人的控制。PLC 作为一种工业控制器，适用于工业机器人。如自动生产线上有多个自由度的机器人控制。

2. 主要特点

（1）可靠性高，抗干扰能力强。由于采用大规模集成电路和微处理器，使系统器件数大大减少，并且在硬件的设计和制造的过程中采取了一系列隔离和抗干扰措施，使它能适应恶劣的工作环境，具有很高的可靠性。

（2）编程简单，使用方便。目前大多数 PLC 均采用梯形图编程语言，沿用了继电接触控制的一些图形符号，直观清晰，易于掌握。

（3）通用性好，具有在线修改能力。PLC 硬件采用模块化结构，可以灵活地组态以适应不同的控制对象，控制规模和控制功能的要求，且可通过修改软件，来实现在线修改的能力，因此其功能易于扩展，具有广泛的工业通用性。

（4）缩短设计、施工、投产的周期，维护容量。目前 PLC 产品朝着系列化、标准化方向发展，只需根据控制系统的要求，选用相应的模块进行组合设计，同时用软件编程代替了继电控制的硬连线，大大减轻了接线工作，同时 PLC 还具有故障检测和显示功能，使故障处理时间缩短。

（5）体积小，重量轻，功耗低，易于实现机电一体化。

8.2 PLC 的 程 序 编 制

PLC 的程序有系统程序和用户程序两种。系统程序类似微机的操作系统，用于对 PLC 的运行过程进行控制和诊断，对用户应用程序进行编译等，一般由厂家固化在存储器中，用户不能修改。用户程序是用户根据控制要求，利用 PLC 厂家提供的程序编制语言和指令编写的应用程序。因此，编程就是编制用户程序。

8.2.1 PLC 的编程语言

PLC 的控制作用是靠执行用户程序实现的，因此须将控制要求用程序的形式表达出来。程序编制就是通过特定的语言将一个控制要求描述出来的过程。PLC 的编程语言以梯形图语言和指令语句表语言（或称指令助记符语言）最为常用，并且两者常常联合使用。

1. 梯形图

梯形图是一种从继电接触器控制电路图演变而来的图形语言。它是借助类似于继电器的常开触点、常闭触点、线圈以及串联与并联等术语和符号，根据控制要求连接而成的表示 PLC 输入和输出之间逻辑关系的图形，它既直观又易懂。

梯形图中通常用⊣⊢、⊣/⊢图形符号分别表示 PLC 编程元件的常开和常闭触点（或称接点）；用─[ ]表示它们的线圈。梯形图中编程元件的种类用图形符号及标注的字母或数字加以区别。

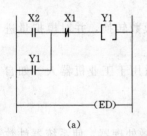

地址	指	令
0	ST	X2
1	OR	Y1
2	AN/	X1
3	OT	Y1
4	ED	

(a)　　　　　　　　(b)

图 8.3　笼型电动机直接起动控制
(a) 梯形图；(b) 指令语句表

图 8.3（a）所示是用 PLC 控制的笼型电动机直接启动（其继电接触器控制电路如图 7.14 所示）的梯形图。图中 X2 和 X1 分别表示 PLC 输入继电器的常开和常闭触点，它们分别与图 7.14 中的停止按钮 SB_1 和启动按钮 SB_2 相对应。Y1 表示输出继电器的线圈和常开触点，它与图 7.14 中的接触器 KM 相对应。

这里有几点要说明：

（1）如前所述，梯形图中的继电器不是物理继电器，而是 PLC 存储器的一个存储单元。当写入该单元的逻辑状态为"1"时，则表示相应继电器的线圈接通，其常开触点闭合，常闭触点断开。

（2）梯形图按从左到右、自上而下的顺序排列。每一逻辑行（或称梯级）起始于左母线，然后是触点的串、并连接，最后通过线圈与右母线相连。

（3）梯形图中每个梯级流过的不是物理电流，而是"概念电流"，从左流向右，其两端没有电源。这个"概念电流"只是用来形象地描述用户程序执行中满足线圈接通的条件。

（4）输入继电器仅用于接收外部输入信号［如图 8.3（a）所示梯形图中，按下启动按钮 SB_2 时，输入继电器接通，其常开触点 X2 就闭合］，它不能由 PLC 内部其他继电器的触点来驱动。因此梯形图中只出现输入继电器的触点，而不出现其线圈。输出继电器输出程序执行结果给外部输出设备。当梯形图中的输出继电器线圈接通时，就有信号输出，但不是直接驱动输出设备，而要通过输出接口的继电器、晶体管或晶闸管才能实现。

输出继电器的触点也可供内部编程使用。

2. 指令语句表

指令语句表是一种用指令助记符［如图 8.3（b）所示表中的 ST，OR 等］来编制 PLC 程序的语言，它类似于计算机的汇编语言，但比汇编语言容易理解。若干条指令组成的程序就是指令语句表。

图 8.3（b）所示表为笼型电动机直接启动控制的指令语句表，其中：

（1）ST 起始指令（也称取指令）：从左母线（即输入公共线）开始取用常开触点作为该逻辑行运算的开始，图 8.3（a）所示梯形图中取用 X2。

（2）OR 触点并联指令（也称或指令）：用于单个常开触点的并联，图 8.3（a）所示梯形图中并联 Y1。

（3）AN/ 触点串联反指令（也称与非指令）：用于单个常闭触点的串联，图 8.3（a）所示梯形图中串联 X1。

（4）OT 输出指令：用于将运算结果驱动指定线圈，图 8.3（a）所示梯形图中驱动输出继电器线圈 Y1。

（5）ED 程序结束指令。

8.2.2 PLC 的编程原则和方法

1. 编程原则

（1）PLC 编程元件的触点在编程过程中可以无限次使用，每个继电器的线圈在梯形图中只能出现一次，它的触点可以使用无数次。

（2）梯形图的每一逻辑行皆起始于左母线，终止于右母线。线圈总是处于最右边，且不能直接与左边母线相连。正确的和不正确的接线如图 8.4 所示。

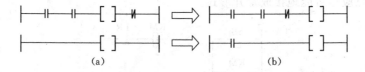

图 8.4 正确的和不正确的接线
(a) 不正确；(b) 正确

（3）编制梯形图时，应尽量做到"上重下轻、左重右轻"，以符合"从左到右、自上而下"的执行程序的顺序，并易于编写指令语句表。图 8.5 所示为合理的和不合理的接线。

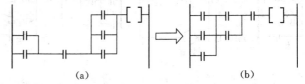

图 8.5 合理的和不合理的接线
（a）不合理；（b）合理

（4）在梯形图中应避免将触点画在垂直线上，这种桥式梯形图无法用指令语句编程，应改画成能够编程的形式，如图 8.6 所示。

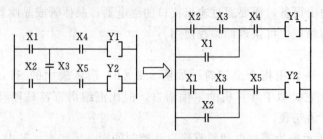

图 8.6　将无法编程的梯形图改画

（5）应避免同一继电器线圈在程序中重复输出，否则将引起误操作。

（6）外部输入设备常闭触点的处理。

图 8.7（a）所示为电动机直接启动控制的继电接触器控制电路，其中停止按钮 SB$_1$ 是常闭触点。如用 PLC 来控制，则停止按钮 SB$_1$ 和启动按钮 SB$_2$ 是它的输入设备。在外部接线时，SB$_1$ 有两种接法。

按图 8.7（b）所示的接法，SB$_1$ 仍接成常闭，接在 PLC 输入继电器的 X1 端子上，则在编制梯形图时，用的是常开触点 X1。未施加按动 SB$_1$ 的停止动作时，因 SB$_1$ 闭合，对应的输入继电器接通，这时它的常开触点 X1 是闭合的。按下 SB$_1$，断开输入继电器，常开触点 X1 才断开。

按图 8.7（c）所示的接法，将 SB$_1$ 接成常开形式，则在梯形图中，用的是常闭触点 X1。未施加按动 SB$_1$ 的停止动作时，因 SB$_1$ 断开，对应的输入继电器断开，这时其常闭触点 Xl 仍然闭合。当按下 SB$_1$ 时，接通输入继电器，常闭触点 X1 才断开。

在图 8.7 所示的外部接线图中，输入边的直流电源 E 通常是由 PLC 内部提供的，输出边的交流电源是外接的。COM 为两边各自的公共端子。

从图 8.7（a）、（c）可以看出，为了使梯形图和继电接触器控制电路一一对应，PLC 输入设备的触点应尽可能地接成常开形式。

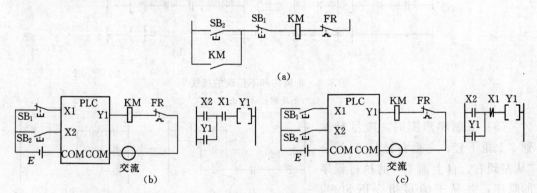

图 8.7　电动机直接启动控制

此外，热继电器 FR 的触点只能接成常闭的，通常不作为 PLC 的输入信号，而将其触点接入输出回路以直接通断接触器线圈。

2. 编程方法

今以图 7.18 所示笼型电动机正反转控制电路为例，介绍用 PLC 进行控制的编程方法。

(1) 确定 I/O 点数及其分配。停止按钮 SB_1、正转启动按钮 SB_F、反转启动按钮 SB_R 这三个外部按钮须接在 PLC 的三个输入端子上，可分别分配为 X0、X1、X2 来接收输入信号；正转接触器线圈 KM_F 和反转接触器线圈 KM_R 须接在两个输出端子上，可分别分配为 Y1 和 Y2。共需用 5 个 I/O 点，见表 8.2。

表 8.2 确定 I/O 点数及其分配

输 入		输 出	
SB_1	X0		
SB_F	X1	KM_F	Y1
SB_R	X2	KM_R	Y2

外部接线如图 8.8 所示。按下 SB_F，电动机正转；按下 SB_R，则反转。在正转时如要求反转，必须先按下 SB_1。

(2) 编制梯形图和指令语句表。本例的梯形图和指令语句表如图 8.9 所示。

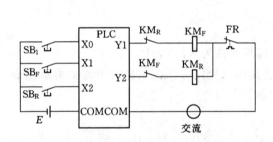

图 8.8 电动机正反转控制的外部接线图

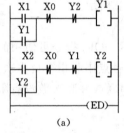

地址	指	令
0	ST	X1
1	OR	Y1
2	AN/	X0
3	AN/	Y2
4	OT	Y1
5	ST	X2
6	OR	Y2
7	AN/	X0
8	AN/	Y1
9	OT	Y2
10	ED	

(a)　　　　　　　(b)

图 8.9 电动机正反转控制的梯形图和指令语句表
(a) 梯形图；(b) 指令语句表

比较图 7.18 (a) 和图 8.9 (a)，两者一一对应。

8.2.3 PLC 的指令系统

FP1 系列 PLC 的指令系统由基本指令和高级指令组成，多至 160 余条。

下面主要介绍一些最常用的基本指令。

1. 起始指令 ST，起始反指令 ST/ 与输出指令 OT

起始反指令 ST/（也称取反指令）：从左母线开始取用常闭触点作为该逻辑行运算的开始。

另外两条指令已在前面介绍过，它们的用法如图 8.10 所示。

指令使用说明：

(1) ST，ST/ 指令可使用的编程元件为 X，Y，R，T，C；OT 指令可使用的编程元件为 Y，R。

(2) ST，ST/ 指令除用于与左母线相连的触点外，也可与 ANS 或 ORS 块操作指令

（见常用基本指令）配合用于分支回路的起始处。

（3）OT 指令不能用于输入继电器 X，也不能直接用于左母线；OT 指令可以连续使用若干次，这相当于线圈的并联，如图 8.11 所示。

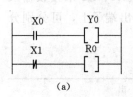

地址	指	令
0	ST	X0
1	OT	Y0
2	ST/	X1
3	OT	RO

（a）　　　　　　（b）

图 8.10　ST，ST/、OT 指令的用法

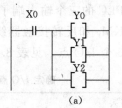

地址	指	令
0	ST	X0
1	OT	Y0
2	OT	Y1
3	OT	Y2

（a）　　　　　　（b）

图 8.11　OT 指令的并联使用

当 X0 闭合时，则 Y0，Y1，Y2 均接通。

2. 触点串联指令 AN，触点串联反指令 AN/、触点并联指令 OR，触点并联反指令 OR/

AN 为触点串联指令（也称与指令），AN/为触点串联反指令（也称与非指令），它们分别用于单个常开和常闭触点的串联。

OR 为触点并联指令（也称或指令），OR/为触点并联反指令（也称或非指令），它们分别用于单个常开和常闭触点的并联。

它们的用法如图 8.12 所示。

指令使用说明：

（1）AN，AN/，OR，OR/指令可使用的编程元件为 X，Y，R，T，C。

（2）AN，AN/单个触点串联指令可多次连续串联使用；OR，OR/单个触点并联指令可多次连续并联使用，串联或并联次数没有限制。

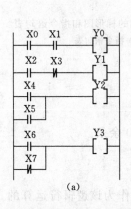

地址	指	令
0	ST	X0
1	AN	X1
2	OT	Y0
3	ST	X2
4	AN/	X3
5	OT	Y1
6	ST	X4
7	OR	X5
8	OT	Y2
9	ST	X6
10	OR/	X7
11	OT	Y3

（a）　　　　　　（b）

图 8.12　AN，AN/，OR，OR/指令的用法

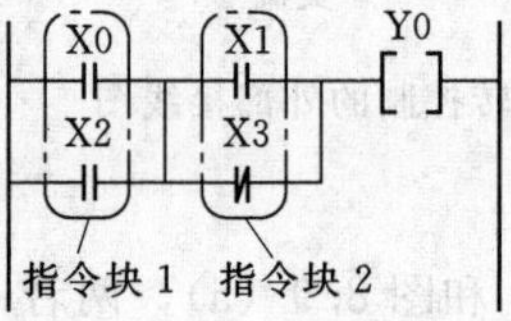

地址	指	令
0	ST	X0
1	OR	X2
2	ST	X1
3	OR/	X3
4	ANS	
5	OT	Y0

（a）

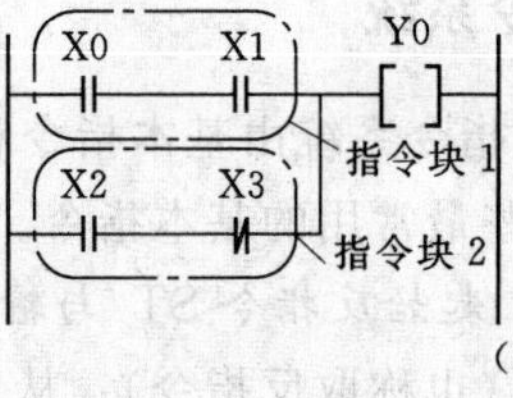

地址	指	令
0	ST	X0
1	AN	X1
2	ST	X2
3	AN/	X3
4	ORS	
5	OT	Y0

（b）

图 8.13　ANS，ORS 指令的用法
（a）ANS 的用法；（b）ORS 的用法

3. 块串联指令 ANS 与块并联指令 ORS

ANS（块与）和 ORS（块或）分别用于指令块的串联和并联连接，它们的用法如图 8.13 所示。在图 8.13（a）中，ANS 用于将两组并联的触点（指令块 1 和指令块 2）串联；在图 8.13（b）中，ORS 将两组串联的触点（指令块 1 和指令块 2）并联。

指令使用说明：

（1）每一指令块均以 ST（或者 ST/）开始。

（2）当两个以上指令块串联或者并联时，可将前面块的并联或串联结果作为新的"块"参与运算。

（3）指令块中各支路的元件个数没有限制。

（4）ANS 和 ORS 指令后面不带任何编程元件。

【例 8.1】 写出图 8.14（a）所示梯形图的指令语句表。

【解】 指令语句表如图 8.14（b）所示。

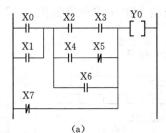

地址	指 令		地址	指 令	
0	ST	X0	6	ORS	
1	OR	X1	7	OR	X6
2	ST	X2	8	ANS	
3	AN	X3	9	OR/	X7
4	ST	X4	10	OT	Y0
5	AN/	X5			

(a)　　　　　　　　　　(b)

图 8.14　[例 8.1] 梯形图和指令语句表

4.反指令/

反指令/（也称非指令）是将该指令所在位置的运算结果取反，如图 8.15 所示。

在图 8.15 中，当 X0 闭合时，Y0 接通、Y1 断开；反之，则相反。

5.定时器指令 TM

定时器指令分下列三种类型。

TMR：定时单位为 0.01s 的定时器。

TMX：定时单位为 0.1s 的定时器。

TMY：定时单位为 1s 的定时器。

TM 指令的用法如图 8.16 所示。

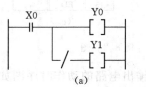

地址	指 令	
0	ST	X0
1	OT	Y0
2	/	
3	OT	Y1

(a)　　　　　　　　(b)

图 8.15　反指令的用法

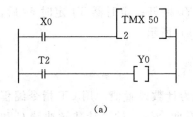

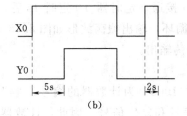

地址	指 令	
0	ST	X0
1	TMX	2
	K	50
4	ST	T2
5	OT	Y0

(a)　　　　　　　(b)　　　　　　　(c)

图 8.16　TM 指令的用法

(a) 梯形图；(b) 动作时序图；(c) 指令语句表

在图 8.16（a）中，"2"为定时器的编号，"50"为定时设置值。定时时间等于定时设置值与定时单位的乘积，在图 8.16（a）中，定时时间为 $50 \times 0.1s = 5s$。当定时触发信号发出后，即触点 X0 闭合时，定时开始，5s 后，定时时间到，定时器触点 T2 闭合，线圈 Y0 也就接通。如果 X0 闭合时间不到 5s，则无输出。

指令使用说明：

（1）定时设置值为 K1～K32767 范围内的任意一个十进制常数（K 表示十进制）。

（2）定时器为减 1 计数，即每来一个时钟脉冲 CP，定时器经过值由设置值逐次减 1，直至减为 0 时，定时器动作，其常开触点闭合，常闭触点断开。

（3）如果在定时器工作期间，X0 断开，则定时触发条件消失，定时运行中断，定时器复位，回到原设置值，同时其常开、常闭触点恢复常态。

（4）程序中每个定时器只能使用一次，但其触点可多次使用，没有限制。

【例 8.2】 试编制延时 3s 接通、延时 4s 断开的电路的梯形图和指令语句表。

【解】 利用两个 TMX 指令的定时器 T1 和 T2，其定时设置值 K 分别为 30 到 40，即延时时间分别为 3s 和 4s。梯形图，动作时序图及指令语句表分别如图 8.17 （a）、（b）、（c）所示。

当 X0 闭合 3s 后 Y0 接通；当 X0 断开 4s 后 Y0 断开。

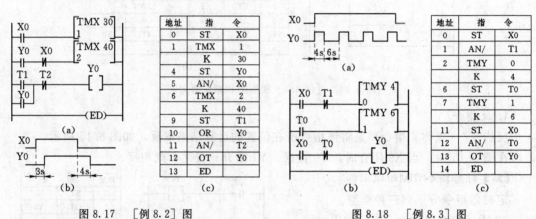

图 8.17　[例 8.2] 图　　　　　图 8.18　[例 8.3] 图

【例 8.3】 振荡输出电路的动作时序图如图 8.18 （a）所示，试编制相应的梯形图和指令语句表。

【解】 梯形图和指令语句表分别如图 8.18 （b）、（c）所示。

当 X0 刚闭合时，Y0 接通，定时器 T0 定时 4s 后，Y0 断开；定时器 T1 定时 6s 后，Y0 再次接通。如此不断循环，输出振荡波形如图 8.18 （a）所示。

当 X0 断开时，无振荡输出。

6. 计数器指令 CT

在图 8.19 （a）中，"1008" 为计数器的编号，"4" 为计数设置值。用 CT 指令编程时，一定要有计数脉冲信号和复位信号。因此，计数器有两个输入端：计数脉冲端 C 和复位端 R。在图中，它们分别由输入触点 X0 和 X1 控制。当计数到 4 时，计数器的常开触点 C1008 闭合，线圈 Y0 接通。

指令使用说明：

（1）计数设置值为 K1～K32767 范围内的任意一个十进制常数（K 表示十进制）。

（2）计数器为减 1 计数，即每来一个计数脉冲的上升沿，计数经过值由设置值逐次减 1，直至减为 0 时，计数器动作，其常开触点闭合，常闭触点断开。

（3）如果在计数器工作期间，复位端 R 因输入复位信号 [在图 8.19 （a）中，即 X1

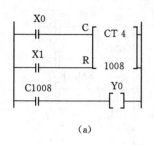

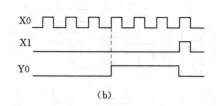

(a)   (b)   (c)

图 8.19   CT 指令的用法

(a) 梯形图；(b) 动作时序图；(c) 指令语句表

闭合] 而使计数器复位，则运行中断，回到原设置值，同时其常开、常闭触点恢复常态。

（4）程序中每个计数器只能使用一次，但其触点可多次使用，没有限制。

【例 8.4】 试编制实现下述控制要求的梯形图。用一个开关来通断输入触点 X0 而获得计数脉冲以控制三个灯 Y1，Y2，Y3 的亮灭；开关 （X0）闭合一次，Y1 点亮；闭合两次，Y2 点亮；闭合三次，Y3 点亮；再闭合一次，三个灯全灭。X1 为工作禁止开关。

【解】 动作时序图和梯形图如图 8.20 所示。R0 是内部辅助继电器。

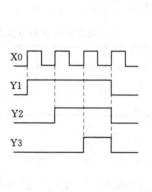

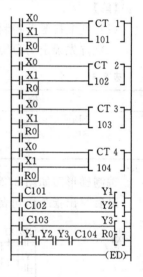

7. 堆栈指令 PSHS，RDS，POPS

PSHS （压入堆栈），RDS （读出堆栈），POPS （弹出堆栈）这三条堆栈指令常用于梯形图中多条连于同一点的分支通路，并要用到同一中间运算结果的场合。它们的用法如图 8.21 所示。

图 8.20   ［例 8.4］图

指令使用说明：

（1）在分支开始处用 PSHS 指令，它存储分支点前的运算结果；分支结束用 POPS 指令，它读出和清除 PSHS 指令存储的运算结果；在 PSHS 指令和 POPS 指令之间的分支均用 RDS 指令，它读出由 PSHS 指令存储的运算结果。

（2）堆栈指令是一种组合指令，不能单独使用。PSHS，POPS 在同一分支程序中各出现一次（开始和结束时），而 RDS 在程序中视连接在同一点的支路数目的多少可多次使用。

【例 8.5】 今有三台笼型电动机 M_1，M_2，M_3 按下启动按钮 SB_2 后 M_1 启动，延时 5s 后 M_2 启动，再延时 4s 后 M_3 启动。

（1）画出继电接触器控制电路。

（2）用 PLC 编制其梯形图和指令语句表。

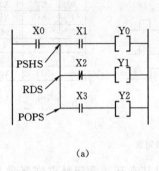

地址	指	令
0	ST	X0
1	PSHS	
2	AN	X1
3	OT	Y0
4	RDS	
5	AN/	X2
6	OT	Y1
7	POPS	
8	AN	X3
9	OT	Y2

(a)   (b)

图 8.21   PSHS，RDS，POPS 指令的用法   图 8.22   继电接触器控制电路

【解】

(1) 继电接触器控制电路如图 8.22 所示。

(2) 首先确定 I/O 点数及其分配，见表 8.3。

表 8.3   确定 I/O 点数及其分配

输	入		输	出	
SB₁		X1	KM₁		Y1
SB₂		X2	KM₂		Y2
			KM₃		Y3

编制梯形图如图 8.23（a）所示。

最后写出指令语句表，如图 8.23（b）所示。

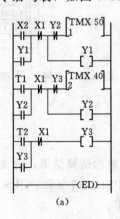

地址	指	令	地址	指	令
0	ST	X2	13	PSHS	
1	OR	Y1	14	AN/	Y3
2	AN/	X1	15	TMX	2
3	PSHS			K	40
4	AN/	Y2	18	POPS	
5	TMX	1	19	OT	Y2
	K	50	20	ST	T2
8	POPS		21	OR	Y3
9	OT	Y1	22	AN/	X1
10	ST	T1	23	OT	Y3
11	OR	Y2	24	ED	
12	AN/	X1			

(a)   (b)

图 8.23   ［例 8.5］梯形图和指令语句表

(a) 梯形图；(b) 指令语句表

比较图 8.22 和图 8.23（a），两者一一对应，只要将电器符号改为 PLC 对应的符号，就很容易画出梯形图。此外，改用 PLC 控制后，所需外部元件可以减少，只有 SB₁、SB₂、KM₁、KM₂、KM₃，使整个系统大为简化，易于接线和调试，并可提高可靠性。

8. 微分指令 DF，DF/

DF：当检测到触发信号上升沿时，线圈接通一个扫描周期。

DF/：当检测到触发信号下降沿时，线圈接通一个扫描周期。

它们的用法如图 8.24 所示。

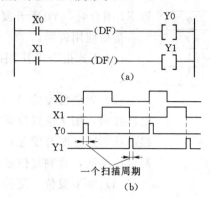

图 8.24　DF，DF/指令的用法
(a) 梯形图；(b) 动作时序图；(c) 指令语句表

在图 8.24 中，当 X0 闭合时，Y0 接通一个扫描周期；当 X1 断开时，Y1 接通一个扫描周期。这里，触点 X0，X1 分别称为上升沿和下降沿微分指令的触发信号。

指令使用说明：

(1) DF，DF/指令仅在触发信号接通或断开这一状态变化时有效。

(2) DF，DF/指令没有使用次数的限制。

(3) 如果某一操作只需在触点闭合或断开时执行一次，可以使用 DF 或 DF/指令。

9. 置位、复位指令 SET，RST

SET：触发信号 X0 闭合时，Y0 接通。

RST：触发信号 X1 闭合时，Y0 断开。

它们的用法如图 8.25 所示。

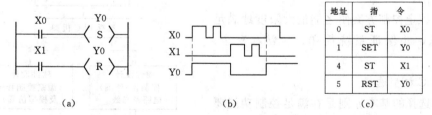

图 8.25　SET，RST 指令的用法
(a) 梯形图；(b) 动作时序图；(c) 指令语句表

指令使用说明：

(1) SET，RST 指令可使用的编程元件为 Y，R。

(2) 当触发信号一接通，即执行 SET（RST）指令。不管触发信号随后如何变化，线圈将接通（断开）并保持。

(3) 对同一继电器 Y（或 R），可以使用多次 SET 和 RST 指令，次数不限。

10. 保持指令 KP

KP 指令的用法如图 8.26 所示。S 和 R 分别为置位和复位输入端，图中它们分别由

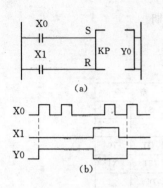

图 8.26 KP 指令的用法

(a) 梯形图；(b) 时序图；(c) 指令语句表

地址	指	令
0	ST	X0
1	ST	X1
2	KP	Y0

输入触点 X0 和 X1 控制。当 X0 闭合时，图中继电器线圈 Y0 接通并保持；当 X1 闭合时，Y0 断开复位。

指令使用说明：

（1）KP 指令可使用的编程元件为 Y，R。

（2）置位触发信号一旦将指定的继电器接通，则无论置位触发信号随后是接通状态还是断开状态，指定的继电器都保持接通，直到复位触发信号接通。

（3）如果置位、复位触发信号同时接通，则复位触发信号优先。

（4）当 PLC 电源断开时，KP 指令决定的状态不再保持。

（5）对同一继电器 Y（或 R）一般只能使用一次 KP 指令。

*8.3 应 用 举 例

在掌握了 PLC 的基本工作原理和编程技术的基础上可结合实际问题进行 PLC 应用控制系统设计。图 8.27 所示为 PLC 应用控制系统设计的流程框图。

1. 确定控制对象及控制内容

（1）深入了解和详细分析被控对象（生产设备或生产过程）的工作原理及工艺流程，画出工作流程图。

（2）列出该控制系统应具备的全部功能和控制范围。

（3）拟定控制方案使之能最大限度地满足控制要求，并保证系统简单、经济、安全、可靠。

2. PLC 机型选择

机型选择的基本原则是在满足控制功能要求的前提下，保证系统可靠、安全、经济及使用维护方便。一般须考虑以下几方面问题：

（1）确定 I/O 点数。统计并列出被控系统中所有输入量和输出量，选择 I/O 点数适当的 PLC，确保输入、输出点的数量能够满足需要，并为今后生产发展和工艺改进适当留下裕量（一般可考虑留 10%～15% 的备用量）。

（2）确定用户程序存储器的存储容量。

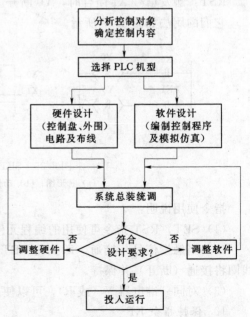

图 8.27 PLC 应用控制系统设计流程框图

用户程序所需内存容量与控制内容和输入/输出点数有关，也与用户的编程水平和编程技巧有关。一般粗略的估计方法是：（输入＋输出）×（10～12）＝指令步数。对于控制要求复杂、功能多、数据处理量较大的系统，为避免存储容量不够的问题，可适当多留些裕量。

（3）响应速度。PLC 的扫描工作方式使其输出信号与相应的输入信号间存在一定的响应延迟时间，它最终将影响控制系统的运行速度，所选 PLC 的指令执行速度应满足被控对象对响应速度的要求。

（4）输入、输出方式及负载能力。根据控制系统中输入、输出信号的种类、参数等级和负载要求，选择能够满足输入、输出接口需要的机型。

3. 硬件设计

确定各种输入设备及被控对象与 PLC 的连接方式，设计外围辅助电路及操作控制盘，画出输入、输出端子接线图，并实施具体安装和连接。

4. 软件设计

（1）根据输入、输出变量的统计结果对 PLC 的 I/O 端进行分配和定义。

（2）根据 PLC 扫描工作方式的特点，按照被控系统的控制流程及各步动作的逻辑关系，合理划分程序模块，画出梯形图。要充分利用 PLC 内部各种继电器的无限多触点给编程带来的方便。

5. 系统统调

编制完成的用户程序要进行模拟调试（可在输入端接开关来模拟输入信号、输出端接指示灯来模拟被控对象的动作），经不断修改达到动作准确无误后方可接到系统中去，进行总装统调，直到完全达到设计指标要求。

8.3.1 三相异步电动机 Y－Δ 换接启动控制

本例的继电接触器控制电路如图 8.28 (a) 所示。今用 PLC 来控制，其外部接线图、梯形图及指令语句表如图 8.28 (b)、(c)、(d) 所示。

（1）I/O 点分配。见表 8.4。

表 8.4　　　　　　　　　　　　I/O 点 分 配

输 入		输 出	
SB$_1$	X1	KM$_1$	Y1
SB$_2$	X2	KM$_2$	Y2
		KM$_3$	Y3

（2）控制过程分析。启动时按下 SB$_1$，PLC 输入继电器 X2 的动合触点闭合，辅助继电器 R0 和输出继电器 Y1，Y3 均接通。此时即将接触器 KM$_1$ 和 KM$_3$ 同时接通，电动机进行 Y 形连接降压启动。

同时动合触点 R0 接通定时器 T0，它开始延时，5s 后动作，其动断触点断开，使输出继电器线圈 Y1 和 Y3 断开。此时即断开 KM$_1$ 和 KM$_3$。

同时动合触点 T0 接通定时器 T1，它开始延时，1s 后动作，线圈 Y2 和 Y1 相继接通。此时即接通 KM$_2$ 和 KM$_1$，电动机换接为 Δ 形连接，随后正常运行。

在本例中用了定时器 T1，不会发生 KM$_3$ 尚未断开时 KM$_2$ 就接通的现象，即两者不

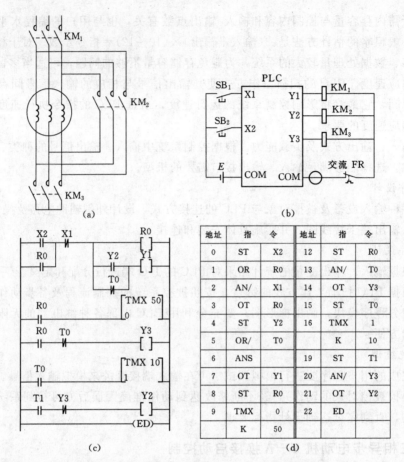

图 8.28　三相异步电动机 Y—△ 换接启动控制

(a) 继电接触器控制线路；(b) 外部接线图；(c) 梯形图；(d) 指令语句表

会同时接通而使电源短路。T0，T1 的延时时间可根据需要设定。

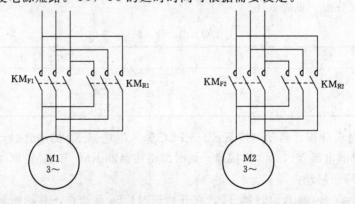

图 8.29　继电接触器控制电路图

8.3.2　加热炉自动上料控制

本例的继电接触器控制电路如图 8.29 所示。今用 PLC 来控制，其外部接线图、梯形图及指令语句表如图 8.30（a）、（b）、（c）所示。为了确保正、反转接触器不会同时接通，外部还必须在输出端接入"硬"互锁触点。

（1）I/O 点分配。见表 8.5。

表 8.5   I/O 点 分 配

输	入	输	出
SB$_1$	X1	KM$_{F1}$	Y1
SB$_2$	X2	KM$_{R1}$	Y2
SQ$_a$	X3	KM$_{F2}$	Y3
SQ$_b$	X4	KM$_{R2}$	Y4
SQ$_c$	X5		
SQ$_d$	X6		

（2）外部接线图、梯形图及指令语句表。如图 8.30 所示。

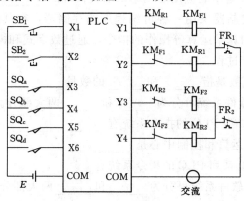

（a）

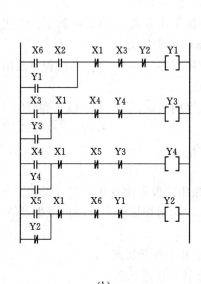

地址	指	令
0	ST	X6
1	AN	X2
2	OR	Y1
3	AN/	X1
4	AN/	X3
5	AN/	Y2
6	OT	Y1
7	ST	X3
8	OR	Y3
9	AN/	X1
10	AN/	X4
11	AN/	Y4
12	OT	Y3
13	ST	X4
14	OR	Y4
15	AN/	X1
16	AN/	X5
17	AN/	Y3
18	OT	Y4
19	ST	X5
20	OR	Y2
21	AN/	X1
22	AN/	X6
23	AN/	Y1
24	OT	Y2
25	ED	

（b）   （c）

图 8.30 加热炉自动上料控制

（a）外部接线图；（b）梯形图；（c）指令语句表

习 题

1. 填空题

(1) PLC 输入输出接点的连接方式有＿＿＿＿方式和＿＿＿＿方式。

(2) 选择 PLC 型号时，需要估算＿＿＿＿，并据此估算出程序的存储容量，是系统设计的最重要环节。

(3) PLC 扫描过程的任务有：＿＿＿＿、与编程器等的通信处理、＿＿＿＿、＿＿＿＿和输出处理。

(4) 可编程序控制器主要由＿＿＿＿、＿＿＿＿、＿＿＿＿、＿＿＿＿组成。

(5) PLC 的输入模块一般使用＿＿＿＿来隔离内部电路和外部电路。

(6) PLC 的最基本的应用是用它来取代传统的＿＿＿＿进行＿＿＿＿控制。

(7) 可编程控制器采用一种可编程序的存储器，在其内部存储执行逻辑运算、＿＿＿＿、定时、计数和算术运算等操作的指令，通过数字式和模拟式的＿＿＿＿来控制各种类型的机械设备和生产过程。

(8) I/O 总点数是指＿＿＿＿和＿＿＿＿的数量。

(9) PLC 的软件系统可分为＿＿＿＿和＿＿＿＿两大部分。

(10) S7—200 型 PLC 的指令系统有＿＿＿＿、＿＿＿＿、＿＿＿＿三种形式。

(11) PLC 的运算和控制中心是＿＿＿＿。

(12) S7—200 系列 PLC 的指令系统有＿＿＿＿、＿＿＿＿、＿＿＿＿三种类型。

(13) PLC 的软件系统可分为＿＿＿＿和＿＿＿＿两大部分。

2. 选择题

(1) PLC 的工作方式为（ ）。

A. 等待命令工作方式 　　B. 循环扫描工作方式 　　C. 中断工作方式

(2) PLC 应用控制系统设计时所编制的程序是指（ ）。

A. 系统程序 　　　　　B. 用户应用程序 　　　　C. 系统程序及用户应用程序

(3) PLC 的扫描周期与（ ）有关。

A. PLC 的扫描速度 　　B. 用户程序的长短 　　　C.（1）和（2）

(4) PLC 输出端的状态（ ）。

A. 随输入信号的改变而立即发生变化

B. 随程序的执行不断在发生变化

C. 根据程序执行的最后结果在刷新输出阶段发生变化

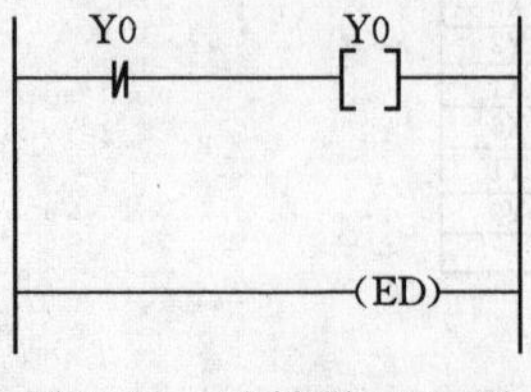

(5) 图 8.31 所示梯形图中，输出继电器 Y0 的状态变化情况为（ ）。

A. Y0 一直处于断开状态

B. Y0 一直处于接通状态

C. Y0 在接通一个扫描周期和断开一个扫描周期之间交替循环

图 8.31　选择题（5）图

3. 综合题

（1）什么是扫描周期，它主要受什么影响？

（2）简述可编程控制器的工作过程（以小型机为例）。

（3）简述可编程控制器的主要特点。

（4）举例说明 PLC 的梯形图与继电接触控制系统线路图有什么区别。

（5）试画出图 8.32 所示指令语句表所对应的梯形图。

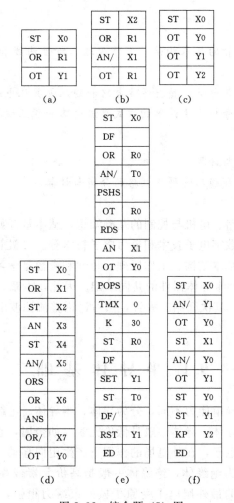

图 8.32 综合题（5）图

（6）试编制能实现瞬时接通、延时 3s 断开的电路的梯形图和指令语句表，并画出动作时序图。

（7）有两台三相笼型电动机 M_1 和 M_2。今要求 M_1 先启动，经过 5s 后 M_2 启动，M_2 启动后，M_1 立即停车。试用 PLC 实现上述控制要求，画出梯形图，写出指令语句表。

第9章 二极管及整流滤波电路

本章要求：

1. 了解二极管及稳压管的基本构造、工作原理、特性曲线和主要参数的意义；集成稳压电路的性能及应用。

2. 熟悉二极管的单向导电性；整流滤波电路和稳压管稳压电路的工作原理。

3. 掌握二极管电路的分析方法；单相桥式整流电路和稳压管稳压电路参数的计算。

本章难点：

1. 二极管电路的分析与计算。

2. 单相桥式整流电路和稳压管稳压电路的分析与计算。

前几章分别介绍了电路、电机与控制的基础知识，从本章开始，介绍电子技术。电子技术分为模拟电子技术、数字电子技术和电力电子技术等。二极管和双极型晶体管是最常用的半导体器件；它们的基本结构、工作原理、特性和参数是学习电子技术必不可少的基础，而 PN 结又是构成各种半导体器件的共同基础。因此，本章首先介绍半导体的导电特性和 PN 结的单向导电性，其次介绍二极管，然后讨论整流滤波电路，最后分析直流稳压电源。

9.1 半 导 体 基 础

在自然界中，按物质导电能力不同，分为导体、半导体、绝缘体三大类。

容易导电的物质称为导体，导体一般是低价元素。如金属，它们的最外层电子极易摆脱原子核的束缚成为自由电子，在外电场的作用下产生定向移动，形成电流。

几乎不导电的物质称为绝缘体，绝缘体一般是高价元素或高分子物质，如橡胶、陶瓷、塑料和石英等，它们的最外层电子受原子核的束缚力很强，难以成为自由电子形成电流。

导电能力介于导体和绝缘体之间的物质称为半导体，半导体是一种特殊性质的物质，常见的半导体有硅（Si）、锗（Ge）、砷化镓（GaAs）等。

半导体器件是现代电子技术的重要组成元件，由于它具有体积小、重量轻、使用寿命长、输入功率小和功率转换效率高等优点而得到了广泛的应用。集成电路特别是大规模和超大规模集成电路不断更新换代，使电子设备在微型化、可靠性和电子系统设计的灵活性等方面有了重大的进步，使电子技术成为当代高新技术的龙头。

半导体除了在导电能力方面与导体和绝缘体不同外，它还具有不同于其他物质的特点，下面介绍半导体的特性。

9.1.1 半导体的特性

1. 光敏性

半导体在受到光照时导电能力有明显的增强，这就是光敏效应。如硫化镉（CdS），在没有光照时，电阻高达几十兆欧；受到光照射时，电阻可降至几十千欧，相差几千倍。利用半导体的这种特性，研制出各种光敏元件，如光敏电阻、光电二极管、发光二极管和太阳能电池等。

2. 热敏性

半导体对温度的变化反应很灵敏，其导电能力随环境温度升高而增强，这就是热敏效应。利用半导体的这种特性，研制出各种热敏元件，如各种自动控制装置中常用的热敏电阻传感器和能迅速测量物体温度变化的半导体体温计等。

3. 掺杂性

在纯净的半导体中掺入微量的其他元素就可以使半导体的导电能力大大增强，这就是掺杂效应。如在硅中掺入亿分之一的硼元素，其导电能力可以增加两万倍以上。利用该特性制成的各种杂质半导体材料的导电性能具有较强的可控性。如常见的 P 型和 N 型半导体就是分别在本征半导体内掺杂了少量的硼（B）和磷（P）。

9.1.2 本征半导体

制造半导体器件的主要材料是硅和锗，原子的最外层有四个价电子，拥有与碳原子结构类似的金刚石结构。每个原子周围都有四个近邻的原子，组成如图 9.1 所示的正四面体结构，四个原子分别处在正四面体的四个顶角上，任意顶角上的原子和中心原子各贡献一个价电子为该两个原子所共有，形成共价键。

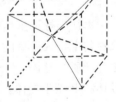

图 9.1 晶体中原子的
排列方式

本征半导体（Intrinsic Semiconductor）就是指完全纯净的、具有晶体结构的半导体。如图 9.2 所示为晶体结构平面示意图。在共价键结构中，原子最外层虽然拥有八个电子并处于较为稳定的状态，但共价键中电子并不会像绝缘体中的价电子那样稳定。在获得一定能量（热、光等）后，即可挣脱原子核的束缚而成为自由电子（Free Electron）。温度愈高，晶体中产生的自由电子便愈多。

在电子挣脱共价键的束缚成为自由电子后，共价键中就留下一个空位，称为空穴（Hole）。在一般情况下，原子是电中性的。当电子挣脱共价键的束缚成为自由电子后，原子的电中性便被破坏，而显出带正电。

在热能、外电场或其他能量激发下，有空穴的原子可以吸引相邻原子中的价电子，填补这个空穴，该过程叫做复合。同时，在失去了一个价电子的相邻原子的共价键中出现另一个空穴，它也可以由相邻原子中的价电子来填补，如图 9.3 所示。复合过程不断重复并连续进行，就好像空穴在运动。而空穴运动的方向与价电子运动的方向相反，因此空穴运动相当于正电荷的运动。

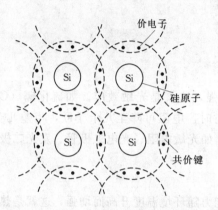

图 9.2　硅晶体中的共价键结构

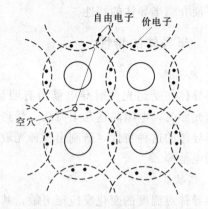

图 9.3　自由电子和空穴的形成

因此，当半导体两端加上外电压时，可以理解为半导体中将出现两部分电流：一是自由电子作定向运动所形成的电子电流；二是与其方向相反的空穴运动形成的空穴电流。

在半导体中，同时存在着电子导电和空穴导电，这是半导体导电方式的最大特点，也是半导体和金属在导电原理上的本质差别。

自由电子和空穴都称为载流子（Carriers）。

本征半导体中的自由电子和空穴总是成对出现，同时又不断复合。在一定温度下，载流子的产生和复合达到动态平衡，于是半导体中的载流子（自由电子和空穴）便维持一定数目。温度愈高，载流子数目愈多，导电性能也就愈好。所以，温度对半导体器件性能的影响很大。

9.1.3　杂质半导体

本征半导体虽然有自由电子和空穴两种载流子，但浓度较低，导电能力仍然很差。如果在其中掺入微量的杂质（某种元素）后，其导电性能大大增强。这种掺有杂质的半导体称为杂质半导体（Doped Semiconductor）。根据掺入杂质的不同，杂质半导体分为 N 型半导体和 P 型半导体。

1. N 型半导体

在本征半导体硅或锗中掺入微量的五价元素（例如磷或锑），就可以使自由电子的浓度大大增加，使自由电子成为多数载流子，空穴成为少数载流子。这种半导体以自由电子导电为主，所以称为电子半导体或 N 型半导体（N－Type Semiconductor）。

2. P 型半导体

在本征半导体硅或锗中掺入微量的三价元素（例如硼或铟），就可以使空穴的浓度大大增加，使空穴成为多数载流子，自由电子成为少数载流子。这种半导体以空穴导电为主，所以称为空穴半导体或 P 型半导体（P－Type Semiconductor）。

在杂质半导体中，多数载流子的浓度主要取决于杂质的含量，少数载流子的浓度主要与温度有关，它对温度的变化非常敏感，其大小随温度的升高基本上按指数规律增大。因此温度是影响半导体性能的一个重要因素。需要注意的是，无论是 N 型半导体还是 P 型半导体，尽管它们各自都有一种载流子占多数，但是整个半导体仍然呈电中性。

9.2　PN 结及其单向导电性

通常在一块 N 型（或 P 型）半导体的局部再掺入浓度较大的三价（或五价）杂质，使其变为 P 型（N 型）半导体。P 区空穴浓度远大于 N 区，因此带正电荷的空穴就向 N 区扩散，扩散的结果在边界处 P 区一侧就形成了不能移动的带负电的离子。同样 N 区自由电子浓度也远大于 P 区，它也要向 P 区扩散，在边界处 N 区一侧也产生了不能移动的带正电的离子。在 P 型半导体和 N 型半导体的交界面就形成一个特殊的薄层，称为 PN 结（PN Junction）。空间电荷区内电场的方向是从带正电的离子指向带负电的离子，如图 9.4 所示。

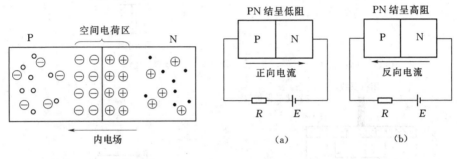

图 9.4　PN 结的形成

图 9.5　PN 结的单向导电性
（a）正向偏置；（b）反向偏置

如图 9.5（a）所示，即电源正极接 P 区，负极接 N 区，称为正向偏置（Forward Bias）。外电场和内电场方向相反，使空间电荷区变窄，这时 PN 结呈现低电阻，可以通过比较大的（正向）电流，其数值由外电路决定，称为导通状态。

如图 9.5（b）所示，电源正极接 N 区，负极接 P 区，称为反向偏置（Backward Bias）。外电场和内电场方向相同，使空间电荷区变宽，这时 PN 结呈现高电阻，通过的（反向）电流极小，处于截止状态。

PN 结正向偏置导通，反向偏置截止的这种特性称为单向导电性（Unidirectinal Conductiuity）。

9.3　二　极　管

9.3.1　基本结构和型号

1. 基本结构

将 PN 结装上电极引线及管壳，就制成了二极管（Diode）。其中由 P 区引出的是正极（阳极 Anode），由 N 区引出的是负极（阴极 Cathode）。按结构分，二极管有点接触型（Point Contact Type）、面接触型（Junction Type）和平面型（Plane Type）三类。点接触型二极管（一般为锗管）如图 9.6（a）所示，它的 PN 结结面积很小，因此不能通过较大电流，但其高频性能好，故一般适用于高频检波电路、开关电路和小功率整流电路；面接触型二极管（一般为硅管），如图 9.6（b）所示，它的 PN 结结面积较大，结电容面积较大，故可通过较大电流，但其工作频率较低，一般应用于低频电路，如整流电路中；平面型二极管如图 9.6（c）所示，一般结面积较大的应用于整流电路中，结面积较小的应用于高频开关电路。图 9.6（d）所示为二极管的表示符号。

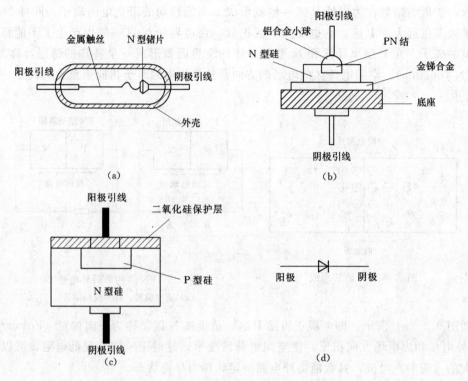

图 9.6　二极管
(a) 点接触型；(b) 面接触型；(c) 平面型；(d) 表示符号

图 9.7 所示为常见二极管的外形图。

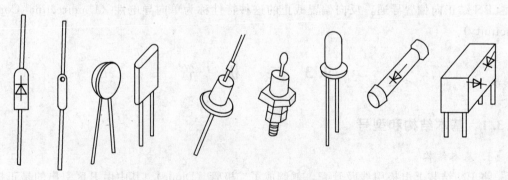

图 9.7　常见二极管的外形图

2. 型号

按照 GB 249—74《半导体型号器件命名方法》的规定，国产二极管的型号由五个部分组成，见表9.1。

表 9.1   **晶体二极管的型号**

第1部分 （数字）	第2部分 （拼音）	第3部分 （拼音）	第4部分 （数字）	第5部分 （拼音）
电极数目	材料与极性	二极管类型	二极管的类型	规格号
2—二极管	A—N 锗材料 B—P 锗材料 C—N 硅材料 D—P 硅材料 E—化合物材料	P—普通管 W—稳压管 Z—整流管 K—开关管 F—发光管 U—光电管	表示某些性能 与参数上的差别	表示同型 号中的挡别

例如，2CP10 是 N 型硅制作的普通二极管。2CZ14 是 N 型硅制作的整流二极管，2CZ14F 是 2CZ14 型整流管系列中的 F 挡。

9.3.2 伏安特性

二极管的伏安特性是指二极管两端外加电压 u 和流过二极管电流 i 之间的关系。将 u 和 i 的关系画成曲线，称为二极管的伏安特性曲线。不同的二极管伏安特性曲线是有差异的，但基本形状相似。

实测二极管 2CP10（硅管）和 2AP10（锗管）的伏安特性曲线如图 9.8 所示。由图可见，伏安特性可分为三个区域。

1. 正向特性

由图 9.8 所示曲线可知，当正向电压较小时，流过二极管的正向电流几乎为零。当正向电压超过某一数值时，正向电流明显增加。正向特性上的这一数值通常称为死区电压 U_{ON}（又称开启电压）。死区电压的大小与二极管的材料及温度等因素有关。通常，硅管的死区电压约为 0.5V，锗管约为 0.1V。

当正向电压超过死区电压后，电流将随正向电压的增大按指数规律增大，二极管呈现出很小的电阻。二极管导通时的正向压降很小，硅管约为 0.6~0.7V，锗管约为 0.2~0.3V。

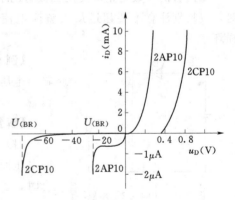

图 9.8 二极管 2CP10 和 2AP10 的伏安特性

2. 反向特性

在反向电压的作用下，形成很小的反向电流；当反向电压增大到一定程度时，反向电流基本不变，即达到饱和，该反向电流称为反向饱和电流。反向饱和电流越小，说明二极管的单向导电性能越好。

3. 反向击穿特性

当反向电压增加到一定数值时，反向电流急剧增大，这种现象称为反向击穿。此时，将会产生很大热量，使二极管烧坏，失去单向导电性。产生击穿时的电压称为反向击穿电压 $U_{(BR)}$。不同型号的二极管反向击穿电压是不同的，范围在几十伏到几百伏之间，最高可达 300V 以上。

9.3.3　主要参数

二极管的特性除用伏安特性曲线表示外，还可用一些数据来说明，这些数据就是二极管的参数。二极管的主要参数有下面几个。

1. 最大整流电流 I_{OM}

最大整流电流 I_{OM} 是指二极管长时间使用时，允许流过的最大正向平均电流。其大小由 PN 结的结面积和外界散热条件决定；使用时，二极管的平均电流不得超过这一数值，否则会使 PN 结过热而使管子损坏。

2. 反向工作峰值电压 U_{RWM}

反向工作峰值电压 U_{RWM} 是指保证二极管不被击穿而加在二极管上的反向电压的最大值。实际上它是反向击穿电压 $U_{(BR)}$ 的 50%，以保证二极管安全可靠地工作。如 2CP10 硅二极管的反向工作峰值电压约为 40V，而反向击穿电压约为 80V（图 9.8）。

3. 反向峰值电流 I_{RM}

反向峰值电流 I_{RM} 是指在二极管上加反向工作峰值电压时的反向电流值。反向电流大，说明二极管的单向导电性能差，并且受温度的影响大。硅管的反向电流较小，一般在几个微安以下。锗管的反向电流较大，为硅管的几十到几百倍。

二极管的参数是正确使用二极管的依据，这些参数可以在半导体手册中查到，在使用时，应特别注意不要超过最大整流电流 I_{OM} 和反向工作峰值电压 U_{RWM}，否则管子容易损坏。

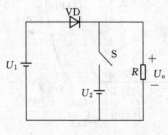

图 9.9　［例 9.1］电路

【例 9.1】　如图 9.9 所示，计算开关 S 断开和闭合时输出电压 U_o 的值。其中 $U_1 = 5V$，$U_2 = 10V$，VD 为硅二极管。

【解】

（1）二极管在理想情况下，S 断开时，二极管因加正向电压而处于导通状态，故输出电压 $U_o = U_1 = 5V$；S 闭合时，二极管加反向电压处于截止状态，故输出电压 $U_o = U_2 = 10V$。

（2）二极管在实际情况下，正向导通时导通压降 $U_D = 0.7V$，S 断开时，输出电压 $U_o = U_1 - U_D = 4.3V$；S 闭合时，输出电压 $U_o = U_2 = 10V$。

9.3.4　二极管应用电路

二极管的应用很广，利用二极管的单向导电性和正向导通压降较小等特性，可应用于整流、开关、限幅、续流、检波等电路中。

1. 削峰电路

二极管削峰电路可以用来将输入波形的尖峰消除，可以用于消除信号中的毛刺。削峰电路分串联和并联两种形式，举例如下。

【例 9.2】 在图 9.10 所示电路中，输入电压 $u_i = U\sin\omega t$，二极管死区电压 $U_{ON} \ll U$，试画出输出电压 u_o 的波形。

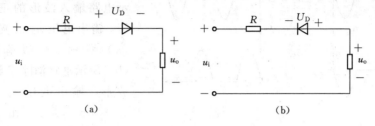

图 9.10 ［例 9.2］电路

【解】 在图 9.10（a）所示电路中，当输入电压 u_i 为正半周时，且幅值 U 远大于二极管死区电压 U_{ON}，二极管正向偏置并导通；当输入电压 u_i 为负半周时，二极管处于反向偏置并截止；所以输出电压 u_o 的波形如图 9.11（a）所示。

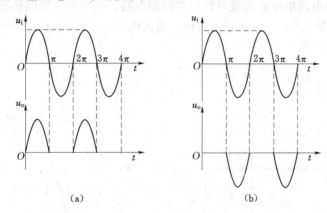

图 9.11 ［例 9.2］波形

在图 9.10（b）所示电路中，则输出电压 u_o 的波形如图 9.11（b）所示。由于负载阻抗，输出电压 u_o 的幅值比输入电压 u_i 的幅值略小。

图 9.10 所示两个电路中，二极管与输出端为串联关系。

【例 9.3】 在图 9.12 所示电路中，输入电压 $u_i = U\sin\omega t$，试画出输出电压 u_o 的波形。

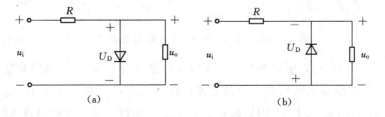

图 9.12 ［例 9.3］电路

【解】 在图 9.12（a）所示电路中，当输入电压 u_i 为正半周时，且输入电压幅值 U 大于二极管的死区电压 U_{ON}，二极管导通，此时输出电压 $u_o = U_{ON} = 0.7\text{V}$；当输入电压 u_i

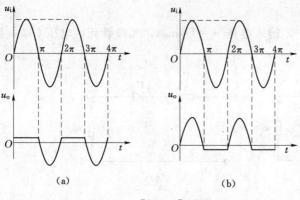

图 9.13　［例 9.3］波形

小于二极管死区电压 U_{ON} 时，二极管反偏截止，此时输入波形可以传递到输出端。所以图 9.12（a）所示电路输入波形的正半周被消除了，输出电压 u_o 的波形如图 9.13（a）所示。类似情况，图 9.12（b）所示电路消除了负半周的输入波形，输出电压 u_o 的波形如图 9.13（b）所示。由于负载阻抗，输出波形幅值比输入波形幅值略小。

图 9.12 所示两个电路中，二极管与输出端为并联关系。

2. 限幅电路

将前面的削峰电路稍加修改就可以得到限幅电路，主要用于限制输出电压的幅度。

【例 9.4】　在图 9.14（a）所示电路中，输入电压 $u_i = U\sin\omega t$，试画出输出电压 u_o 的波形（$U > E$）。

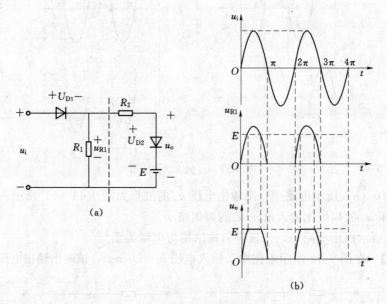

图 9.14　［例 9.4］电路与波形

【解】　在图 9.14（a）所示电路中，虚线左边部分为［例 9.1］所示串联型整流电路，此部分电路具有消除输入波形负半周的功能；虚线右边，二极管 VD_2 在 $u_{R1} > E$ 时导通，$u_o = U_{D2} + E \approx E$；当 $u_{R1} < E$ 时 VD_2 截止，$u_o = u_{R1}$。所以，输入波形经过该限幅电路后的输出 u_o 幅度被限定在零至 U 之间。输出电压 u_o 的波形如图 9.14（b）所示。

3. 钳位电路

钳位电路的作用是将周期性变化的波形的顶部或底部保持在某一确定的直流电平上。

如图 9.15（a）所示为常见的二极管钳位电路。输入信号是幅值为 U 的方波，在 $t=0$ 时，$u_C=0$，$u_o=U$；在 $0\sim t_1$ 时间段，二极管导通，电容充电且很快达到 $u_C=U$，$u_o=0$；在 $t_1\sim t_2$ 时间段，输入电压变为零，输出电压跳变至 $-U$，二极管截止，电容通过电阻放电；在 $t_2\sim t_3$ 时间段，输入电压变为 U，二极管导通，电容重新充电，因为此时电容内还有大量电荷，电容充电时间很短，输出端电压又迅速降为零。之后整个过程不断重复，从 u_C 和 u_o 的波形图可以看出，输出电压 u_o 的顶部基本上被限定在零电平上，于是，就称该电路为零电平正峰（或顶部）钳位电路。

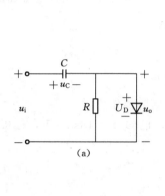

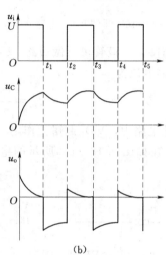

图 9.15　钳位电路及其波形图

综上所述，二极管电路的分析步骤如下：

（1）定性分析。判断二极管的工作状态是导通还是截止。

（2）分析方法。将二极管断开，分析二极管两端电位的高低或所加电压 U_D 的正负。

1）若 $V_{阳}>V_{阴}$ 或 U_D 为正，则二极管导通。

2）若 $V_{阳}<V_{阴}$ 或 U_D 为负，则二极管截止。

若二极管是理想的，正向导通时正向管压降为零，反向截止时二极管相当于断开。否则，正向管压降，硅管约为 $0.6\sim0.7V$，锗管约为 $0.2\sim0.3V$。

【例 9.5】　在如图 9.16 所示的电路中，求 U_{AB}。

【解】　取 B 点作参考点，断开二极管，分析二极管阳极和阴极的电位。

$$V_{阳}=-6V，\quad V_{阴}=-12V，\quad V_{阳}>V_{阴}，\quad 二极管导通。$$

若忽略管压降，二极管可看作短路，$U_{AB}=-6V$；否则，U_{AB} 低于 $-6V$ 一个管压降，为 $-6.3V$ 或 $-6.7V$。

在这里，二极管起钳位作用。

【例 9.6】　在如图 9.17 所示的电路中，求 U_{AB}。

【解】　取 B 点作参考点，断开二极管，分析二极管阳极和阴极的电位。

$V_{1阳}=-6V$，$V_{2阳}=0V$，$V_{1阴}=V_{2阴}=-12V$，$U_{D1}=6V$，$U_{D2}=12V$，因为 $U_{D2}>U_{D1}$，所以 VD_2 优先导通，VD_2 的钳位使 VD_1 截止。

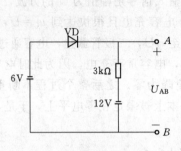

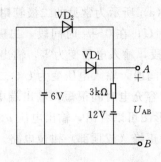

图 9.16　[例 9.5] 电路　　　　　　　图 9.17　[例 9.6] 电路图

若忽略管压降，二极管可看做短路，$U_{AB}=0V$。

流过 VD_2 的电流为

$$I_{D2}=\frac{12}{3}=4\ (mA)$$

因此，在该电路中，VD_2 起钳位作用，VD_1 起隔离作用。

【例 9.7】　在如图 9.18（a）所示的电路中，已知 $u_i=18\sin\omega t\ V$，二极管是理想的，试画出 u_o 波形。

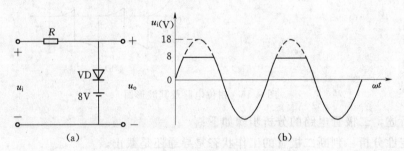

图 9.18　[例 9.7] 电路及波形图

【解】　二极管的阴极电位 $V_{阴}=8V$。

当 $u_i>8V$ 时，二极管导通，可看做短路，则 $u_o=8V$；

当 $u_i<8V$ 时，二极管截止，可看做开路，则 $u_o=u_i$。

由以上分析可画出 u_o 的波形，如图 9.18（b）所示。

9.4　整　流　电　路

在生产和科学实验中主要采用交流电，但是在某些场合，如电解、电镀、蓄电池的充电、直流电动机以及电子设备和自动控制装置都需要直流电源供电。为了得到直流电，除了用直流发电机外，目前广泛采用各种半导体直流电源。

图 9.19 所示为半导体直流电源的原理方框图，它表示把交流电变换为直流电的过程。图中各环节的功能如下。

（1）变压器：将交流电源电压变换为符合整流需要的电压。

（2）整流电路：将交流电压变换为单向脉动的直流电压（整流电压），这是图 9.19 所示电路中的主要部分。

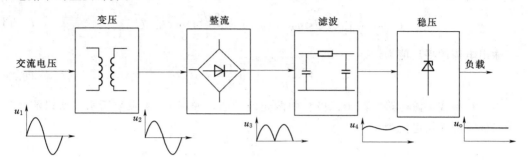

图 9.19 半导体直流电源的原理方框图

（3）滤波电路：减小整流电压的脉动程度，以适合负载的需要。

（4）稳压电路：在交流电源电压波动或者负载变动时，使直流输出电压稳定。对于稳定性要求不高的电路，经整流、滤波后的直流电压可以作为供电电源使用，稳压环节可以不要。

整流电路就是利用具有单向导电性能的整流元件（二极管或晶闸管）将交流电压变换为直流电压的电路，整流电路可以分为单相整流电路和三相整流电路等，常见的整流电路有单相半波、全波和桥式整流电路。本节讨论单相桥式整流电路。

为了便于分析，把二极管视为理想元件，即当二极管加正向电压时，将其视为短路处理，当加反向电压时，将其视为开路处理。

如图 9.20（a）所示，它由四个二极管接成电桥的形式构成。在电压 u 的正半周，二极管 VD_1 和 VD_3 导通，VD_2 和 VD_4 截止，电流为 i_1，其通路如图 9.20（a）中实线所示。在 u 的负半周，VD_2 和 VD_4 导通，VD_1 和 VD_3 截止，电流为 i_2，其通路如虚线所示。可见，通过负载电阻 R_L 的 i_1 和 i_2 始终是单一方向的脉动电流，电压、电流的波形如图 9.20（c）所示。此外电路还有一种简化画法，如图 9.20（b）所示。

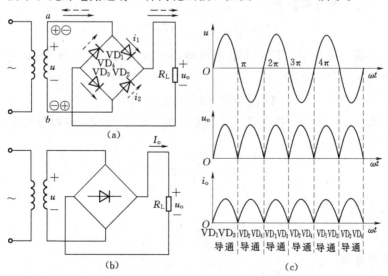

图 9.20 单相桥式整流电路及电压和电流和波形

217

单相桥式整流电路输出电压的平均值为

$$U_o = \frac{1}{\pi}\int_0^\pi \sqrt{2}U\sin\omega\, t\,\mathrm{d}(\omega t) = \frac{2\sqrt{2}}{\pi}U = 0.9U \tag{9.1}$$

输出电流的平均值为

$$I_o = \frac{U_o}{R_L} = 0.9\frac{U}{R_L} \tag{9.2}$$

由于在桥式整流电路中四个二极管两两轮流导通，如图 9.20（c）所示，所以流经每一个二极管的平均电流为

$$I_D = \frac{1}{2}I_o = \frac{0.45U}{R_L} \tag{9.3}$$

每个二极管承受的最大反向电压为

$$U_{DRM} = \sqrt{2}U \tag{9.4}$$

式中　U——变压器二次电压有效值。

式（9.1）～式（9.4）就是分析设计整流电路选择元器件参数的依据。整流桥可以用四个二极管连接构成，也可以直接选用硅整流全桥器件。

【例 9.8】　已知负载电阻 $R_L = 80\Omega$，负载电压 $U_o = 110$V。今采用单相桥式整流电路，交流电源电压为 380V。

（1）如何选用晶体二极管？

（2）求整流变压器的变比及容量。

【解】

（1）负载电流为

$$I_o = \frac{U_o}{R_L} = \frac{110}{80} = 1.4\ (A)$$

每个二极管通过的平均电流为

$$I_D = \frac{1}{2}I_o = 0.7\ (A)$$

变压器二次电压的有效值为

$$U = \frac{U_o}{0.9} = \frac{110}{0.9} = 122\ (V)$$

考虑到变压器二次绕组及管子上的电压降，变压器的二次侧电压大约要高出 10%，即 $122\times1.1 = 134$（V），于是

$$U_{DRM} = \sqrt{2}\times134 = 189\ (V)$$

因此可选用 2CZ55E 二极管，其最大整流电流为 1A，反向工作峰值电压为 300V。

（2）变压器的变比为

$$K = \frac{380}{134} = 2.8$$

变压器二次电流的有效值为

$$I = \frac{I_o}{0.9} = \frac{1.4}{0.9} = 1.55\ (A)$$

变压器的容量为

$$S = UI = 134\times1.55 = 208\ (VA)$$

可选用 BK300(300VA)，380V/134V 的变压器。

9.5 滤 波 电 路

整流电路虽然可以把交流电转换为直流电，但是所得到的输出电压是单向脉动电压。在某些设备（例如电镀、蓄电池充电等设备）中，这种电压的脉动是允许的。但是在大多数电子设备中，整流电路中都要加接滤波电路，以改善输出电压的脉动程度。常见的滤波电路有电容滤波、电感滤波和复式滤波等。

9.5.1 电容滤波

如图 9.21（a）所示，一个简单的电容滤波电路由整流电路的负载并联一个滤波电容所组成。电容滤波（Capacitor Filter）是通过电容的充放电滤掉整流电压中的交流分量，使之趋于平直。

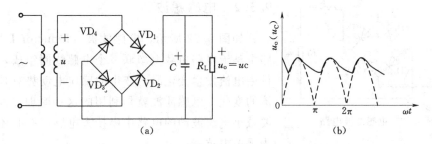

图 9.21 单相桥式整流、电容滤波电路及其波形

在 u 的正半周，且 $u > u_C$ 时，VD_1 和 VD_3 导通，一方面供电给负载，同时对电容器 C 充电。当充到最大值，即 $u_C = U_m$ 后，u_C 和 u 都开始下降，u 按正弦规律下降，当 $u < u_C$ 时，VD_1 和 VD_3 承受反向电压而截止，电容器对负载放电，u_C 按指数规律下降。在 u 的负半周，情况类似，只是在 $|u| > u_C$ 时，VD_2 和 VD_4 导通。经滤波后 $u_。$ 的波形如图 9.21（b）所示，脉动显然减小。放电时间常数 $R_L C$ 大一些，脉动就小一些。

由图 9.21（b）可见，加电容滤波后，输出电压平均值明显增大，当然它也和负载有关。在一般情况下要满足

$$R_L C \geqslant (3 \sim 5) \frac{T}{2} \tag{9.5}$$

式中　T——u 的周期。

在电流较小、负载变动不大情况下，输出电压平均值可以按照以下公式近似估算

$$U_。 = U （半波整流电容滤波） \tag{9.6}$$

$$U_。 = 1.2U （桥式或全波整流电容滤波） \tag{9.7}$$

滤波电容的选取可以依照式（9.5），一般容量在几十微法到几千微法，电容器的耐压应该大于 $\sqrt{2}U$。

滤波电容器 C 选用电解电容或钽电容，它们是有极性电容，接入电路时要把带有"＋"号的引线连接到高电位端。

【**例 9.9**】 一台半导体收音机原来使用四节 1.5V 电池供电,最大输出电流 80mA,现在想改为用 220V 交流电源供电。试设计一个整流电路,要求采用电容滤波,试选择整流元件、滤波电容,并确定变压器二次侧电压 U。

【**解**】 已知条件 $U_o = 6$V,如果采用桥式整流电路且采用电容滤波,则

$$U_o = 1.2U, \quad U = \frac{U_o}{1.2} = \frac{6}{1.2} = 5 \text{ (V)}$$

$$I_D = \frac{80}{2} = 40 \text{ (mA)}, \quad U_{DRM} = \sqrt{2}U = \sqrt{2} \times 5 = 7.07 \text{ (V)}$$

查手册,选用 1N4001 型二极管 4 只(参数:1A,50V)。

$$R_L = \frac{6}{80 \times 10^{-3}} = 75 \text{ (}\Omega\text{)}, \quad C \geqslant 5 \times \frac{T}{2R_L} = 5 \times \frac{0.02}{2 \times 75} \approx 670 \text{ (}\mu\text{F)}$$

(交流电的频率是 50Hz,周期 $T = 0.02$s)

选用 1000μF,耐压 16V 的电解电容器 1 只。

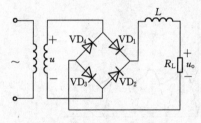

图 9.22 电感滤波电路

9.5.2 电感滤波

如图 9.22 所示,电感滤波(Inductor Filter)电路由整流电路负载上串联一个电感线圈组成。电感元件中电流发生变化时,产生的感应电动势总是阻碍电流的变化,电感滤波就是利用的这一原理。因此在需要减小电流波动的电路中串接大电感,有时还把它称为平波电抗器。

电感滤波电路输出电压的平均值小于整流电路输出电压的平均值,在忽略线圈的电阻的情况下,$U_o = 0.9U$。

滤波用的线圈为了增大电感,一般都有铁芯。电感滤波一般用于负载变动较大以及负载电流较大的场合。

9.5.3 复式滤波电路

前面介绍的两种滤波电路都是单独使用电容或者电感构成的,但为了改善滤波质量,提高滤波电路的可调节性,可以采用由 R、L、C 组合而成的复式滤波电路。常见的几种复式滤波电路如图 9.23 所示。图中 u_i 为整流后的电压,u_o 为滤波后的电压。

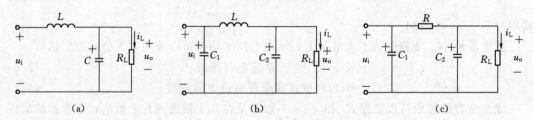

图 9.23 几种常见的复式滤波电路

(a) LC 滤波电路;(b) CLC 滤波电路;(c) CRC 滤波电路

9.6 稳压管及稳压电路

经过整流、滤波后的电压，虽然脉动减小，但还会随交流电源电压的波动和负载的变化而变化。电压的不稳定有时会产生测量和计算的误差，引起控制装置的工作不稳定，甚至无法正常工作。特别是精密电子测量仪器、自动控制、计算装置及晶闸管的触发电路等都要求有很稳定的直流电源供电。因此，就需要增加稳压电路。

9.6.1 稳压二极管

稳压二极管是一种特殊的面接触型半导体硅二极管。由于它在电路中与适当数值的电阻配合后能起稳定电压的作用，故称为稳压二极管。它的伏安特性曲线和符号如图9.24所示。

稳压二极管的伏安特性曲线与普通二极管的类似，如图9.24所示，其差异是稳压二极管的反向特性曲线比较陡。

稳压二极管工作于反向击穿区。从反向特性曲线上可以看出，反向电压在一定范围内变化时，反向电流很小。当反向电压增高到击穿电压时，反向电流突然剧增（图9.24），稳压二极管反向击穿。此后，电流虽然在很大范围内变化，但稳压二极管两端

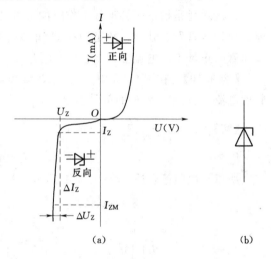

图 9.24 稳压二极管的伏安特性曲线和符号
(a) 伏安特性曲线；(b) 符号

的电压变化很小。利用这一特性，稳压二极管在电路中能起稳压作用。稳压二极管与一般二极管不一样，它的反向击穿是可逆的。当去掉反向电压之后，稳压二极管又恢复正常。但是，如果反向电流超过允许范围，稳压二极管将会发生热击穿而损坏。

稳压二极管的主要参数有如下几个。

1. 稳定电压 U_Z

稳定电压就是稳压二极管在正常工作下管子两端的电压。在简单稳压电路中，由于稳压管是与负载并联的，因此负载需要几伏的稳定电压，就选 U_Z 是多少伏的稳压二极管。手册中所列的都是在一定条件（工作电流、温度）下的数值，即使是同一型号的稳压二极管，由于工艺方面和其他原因，稳压值也有微小的差异。如 2CW59 稳压二极管的稳压值为 10～11.8V。

2. 动态电阻 r_Z

动态电阻是指在稳定工作时，稳压二极管两端电压的变化量与相应电流变化量的之比，即

$$r_Z = \frac{\Delta U_Z}{\Delta I_Z} \tag{9.8}$$

r_Z 愈小，则反向伏安特性曲线愈陡，稳压性能愈好。

3. 稳定电流 I_Z

稳定电流是指稳压管正常工作时的参考电流。工作电流小于稳定电流 I_Z 时，动态电阻 r_Z 增大，稳压效果变差；工作电流大于稳定电流 I_Z 时，动态电阻 r_Z 减小，稳压效果得到改善。当流经稳压管的电流过小时（$I_Z < I_{Zmin}$），无法反向击穿稳压管，稳压管无法正常工作；当流经稳压管的电流过大时（$I_Z > I_{Zmax}$），稳压管会过热而损坏。其中 I_{Zmin} 为最小稳定电流，I_{Zmax} 为最大稳定电流。

4. 额定功耗 P_Z

额定功耗是指稳压管正常工作时的最大功率损耗。稳压管工作时的部分功耗转化为热能，使稳压管发热升温，额定功耗 P_Z 取决于稳压管允许的最高温升，$P_Z = U_Z I_{Zmax}$。所以稳压管的正常工作电流应为 $I_{Zmin} \leqslant I_Z \leqslant I_{Zmax}$。

【例 9.10】 在图 9.25 中，已知 $R = 1.6\text{k}\Omega$，$U_Z = 12\text{V}$，$I_{Zmax} = 18\text{mA}$，试问通过稳压管的电流 I_Z 是多少？R 的值是否合适？

【解】 $I_Z = \dfrac{20 - 12}{1.6 \times 10^3} = 5$ （mA）

因为　　　　　　　　　　　　　$I_Z < I_{Zmax}$

所以，电阻值合适。

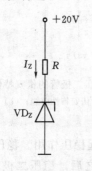 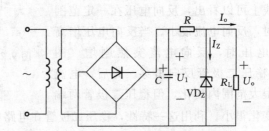

图 9.25　[例 9.10] 电路　　　　　图 9.26　稳压二极管稳压电路

9.6.2　稳压二极管稳压电路

最简单的直流稳压电源是采用稳压二极管来稳定电压的。图 9.26 所示为一种稳压二极管稳压电路，经过桥式整流电路和电容滤波器得到直流电压 U_1，再经过限流电阻 R 和稳压二极管 VD_Z 组成的稳压电路接到负载电阻 R_L 上。这样，负载上得到的就是一个比较稳定的电压 U_o，显然 $U_o = U_L = U_Z$。

电阻 R 所起的作用是限流和调整电压。由于 R 是串联在电路中，它保证了流过稳压管的电流 I_Z 不会超过最大稳定电流 I_{Zmax}，从而保证了稳压二极管的安全。

流过 R 的电流 $I = I_Z + I_o$，当电网电压升高使 U_1 也随着增加时，负载电压 U_o 也增加；U_o 即为稳压二极管两端的反向电压。当负载电压 U_o 稍有增加时，稳压二极管的电流 I_Z 就显著增加，流过 R 的电流也增加，致使 R 上的电压增加，以抵偿 U_1 的增加，从而使输出电压 U_o 基本保持不变。

若电网电压稳定，而负载电流变化时，流过稳压二极管的电流 I_Z 将与负载电流作相反变化，进行调整，从而保持负载电压保持基本稳定。例如，当负载电流增大时，电阻 R 上的电压增大，负载电压 U_o 下降。只要 U_o 下降一点，稳压二极管电流就显著减小，通过电阻 R 的电流和电阻上的电压保持近似不变，因此负载电压 U_o 也就近似稳定不变。当负载电流减小时，稳压过程相反。

稳压二极管稳压电路所用元器件少，但是稳定电流有限，只是应用在输出电流较小的电路中。

选择稳压二极管时，一般取 $U_Z = U_o$，$U_1 = (2 \sim 3)U_o$，$I_{Zmax} = (1.5 \sim 3)I_{omax}$。

9.6.3 集成稳压电路

随着半导体工艺技术的发展，现在已生产并广泛应用的单片集成稳压电源具有体积小、可靠性高、使用灵活、价格低廉等优点。简单的集成稳压器只有输入（I）、输出（O）和地（GND）或调整（ACJ）三个端子，故称为三端集成稳压器。按输出电压的可调节性可以分为固定式稳压电路和可调式稳压电路。

常用的三端集成稳压器有 W78×× 系列（输出固定正电压）、W79×× 系列（输出固定负电压）和 W117/217/317 系列（输出电压可调）三种。例如，W7812 输出 +12V。集成稳压器具有过电流、过热等保护功能，所以使用安全可靠。图 9.27 所示为 W78×× 系列集成稳压器的封装外形图和接线图，表 9.2 为 W 系列集成稳压器的引脚排列。

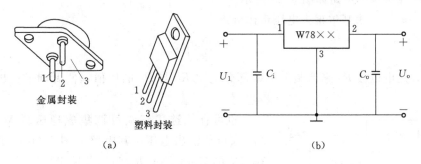

（a）
（b）

图 9.27 W78×× 系列稳压器
（a）封装外形；（b）接线图

表 9.2   W 系列集成稳压器的引脚排列

引脚编号 系列	金属封装			塑料封装		
	1	2	3	1	2	3
W78××	I	O	GND	I	GND	O
W79××	GND	O	I	GND	I	O
W117/217/317	ADJ	I	O	ADJ	O	I

图 9.27（b）所示为 W78×× 系列（金属封装）三端集成稳压器的接线图，使用时只须在其输入端和输出端与地端之间各并联一个电容即可。C_i 用以抵消输入端较长接线的电感效应，防止产生自激振荡，接线不长时也可不用。C_o 是为了瞬时增减负载电流时不致引起输出电压有较大的波动。C_i 一般在 $0.1 \sim 1\mu F$ 之间，如 $0.33\mu F$；C_o 可用 $1\mu F$。

W78××系列输出的固定正电压有 5V、6V、9V、12V、15V、18V 和 24V 七个等级。电流等级有三个，即 1.5A(W78××)；0.5A(W78M××)；0.1A(W78L××)。输入和输出电压相差不得小于 2V，一般在 5V 左右。W79××系列输出固定负电压，其参数与 W78××系列基本相同。下面介绍两个三端集成稳压器的应用电路。

1. 正、负电压同时输出的电路

正、负电压同时输出的电路如图 9.28 所示。

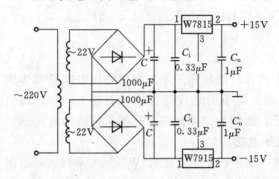

图 9.28　正、负电压同时输出的电路

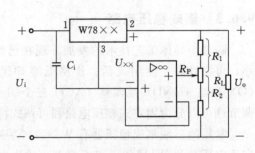

图 9.29　输出电压可调的电路

2. 输出电压可调的电路

输出电压可调的电路如图 9.29 所示。

因 $U_+ \approx U_-$，由基尔霍夫电压定律可得

$$U_\text{o} = \left(1 + \frac{R_2}{R_1}\right) U_{\times\times} \tag{9.9}$$

可见，用电位器 R_P 来调整上下两部分电阻 R_2 与 R_1 的比值，便可调节输出电压 U_o 的大小。

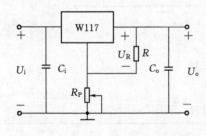

图 9.30　输出电压可调的稳压器

也可直接选用三端可调集成稳压器 W117/217/317 来调节输出电压，其电路如图 9.30 所示，U_R 为 1.25V 的基准电压，R_P 为调节输出电压的电位器，R 一般可取 240Ω。由于调整端的电流可忽略不计，输出电压为

$$U_\text{o} = \left(1 + \frac{R_\text{P}}{R}\right) \times 1.25(\text{V}) \tag{9.10}$$

如果 $R_\text{P} = 6.8\text{k}\Omega$，则 U_o 的可调范围为 1.25～37V。

习　　题

1. 填空题

(1) N 型半导体的多子是＿＿＿＿，P 型半导体的多子是＿＿＿＿。

(2) 直流稳压电源由＿＿＿＿、＿＿＿＿、＿＿＿＿、＿＿＿＿部分组成。

(3) 二极管的正极电位为 -5V，负极电位为 -4.3V，则二极管处于＿＿＿＿状态。

（4）稳压管是特殊的二极管，它一般工作在_____。

2. 选择题

（1）对半导体而言，其正确说法是（　　）。

A. P 型半导体中由于多数载流子为空穴，所以它带正电

B. N 型半导体中由于多数载流子为自由电子，所以它带负电

C. P 型半导体和 N 型半导体本身都不带电

D. P 型半导体和 N 型半导体本身都带电

（2）当温度升高时，半导体的导电能力将（　　）。

A. 增强　　　　　　B. 减弱　　　　　　C. 不变　　　　　　D. 不一定

（3）在 PN 结中形成空间电荷区的正、负离子都带电，所以空间电荷区的电阻率
（　　）。

A. 很高　　　　　　　　　　　　B. 很低

C. 等于 N 型半导体的电阻率　　　D. 等于 P 型半导体的电阻率

（4）二极管的主要特点是具有（　　）。

A. 电流放大作用　　B. 单向导电性　　　C. 电压放大作用　　D. 稳压作用

（5）把一个小功率二极管直接同一个电源电压为 1.5V、内阻为零的电池实行正向连
接，电路如图 9.31 所示，则后果是该管（　　）。

A. 击穿　　　　　　B. 电流为零　　　　C. 电流正常　　　　D. 电流过大使管子烧坏

（6）电路如图 9.32 所示，$U_S = 5V$，二极管 D 为理想元件，则电压 $u_o =$（　　）。

A. U_S　　　　　　B. $U_S/2$　　　　　C. $U_S/4$　　　　　D. 零

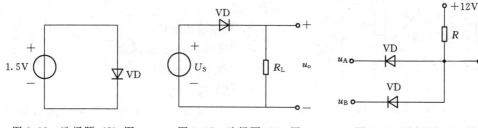

图 9.31　选择题（5）图　　　图 9.32　选择题（6）图　　　图 9.33　选择题（7）图

（7）电路如图 9.33 所示，二极管为同一型号的理想元件，电阻 $R = 4k\Omega$，当 $u_A = 1V$，$u_B = 3V$ 时，则 $u_F =$（　　）。

A. 1V　　　　　　　B. 3V　　　　　　　C. 12V　　　　　　D. 9V

（8）稳压管反向击穿后，其后果为（　　）。

A. 永久性损坏

B. 流过稳压管电流不超过规定值允许范围，管子无损

C. 由于击穿而导致性能下降

D. 流过稳压管电流不超过规定值允许范围，管子未击穿，但性能下降

（9）稳压管的动态电阻 r_Z 是指（　　）。

A. 稳定电压 U_Z 与相应电流 I_Z 之比

B. 稳压管端电压变化量 ΔU_Z 与相应电流变化量 ΔI_Z 的比值

C. 稳压管端电压变化量 ΔU_Z 与稳定电流 I_Z 的比值

D. 稳压管正向压降与相应正向电流的比值

（10）动态电阻 r_Z 是表示稳压管的一个重要参数，它的大小对稳压性能的影响是（　　）。

A. r_Z 小则稳压性能差   B. r_Z 小则稳压性能好

C. 无影响   D. 不确定

（11）整流电路如图 9.34 所示，设变压器副边电压有效值为 U_2，输出电流平均值为 I_o。二极管承受最高反向电压为 $\sqrt{2}U_2$，通过二极管的电流平均值为 $\frac{1}{2}I_o$ 且能正常工作的整流电路是图 9.34 中（　　）。

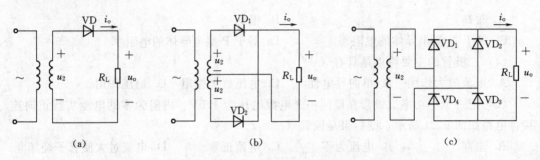

图 9.34　选择题 (11) 图

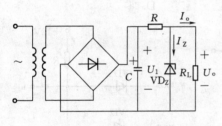

图 9.35　选择题 (12) 图

（12）稳压管稳压电路如图 9.35 所示，电阻 R 的作用是（　　）。

A. 稳定输出电流

B. 抑制输出电压的脉动

C. 调节电压和限制电流

D. 降低输出电压

（13）电路如图 9.36 所示，三端集成稳压器电路是指图（　　）。

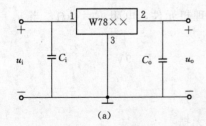

(a)

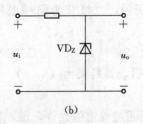

(b)

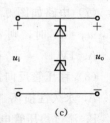

(c)

图 9.36　选择题 (13) 图

（14）三端集成稳压器的应用电路如图 9.28 所示，该电路可以输出（　　）。

A. ±9V   B. ±5V   C. ±15V   D. 0V

3. 综合题

(1) 电路如图 9.37 所示，试分析当 $u_i=3V$ 时，哪些二极管导通？当 $u_i=0V$ 时，哪些二极管导通？（写出分析过程并设二极管正向压降为 0.7V）。

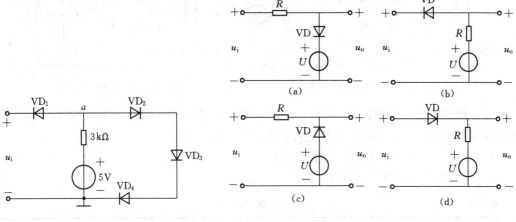

图 9.37　综合题（1）图　　　　　图 9.38　综合题（2）图

(2) 在图 9.38 所示的各电路图中，$U=5V$，$u_i=10\sin\omega t\,V$，二极管的正向压降可忽略不计，试分别画出输出电压 u_o 的波形。这四种均为二极管消波电路。

(3) 在图 9.39 中，试求下列几种情况下输出端的电位 V_Y 及各元器件 R，VD_A，VD_B 中通过的电流。（二极管的正向压降可忽略不计）

1) $V_A=V_B=0$。

2) $V_A=+3V$，$V_B=0V$。

3) $V_A=V_B=+3V$。

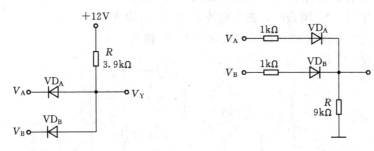

图 9.39　综合题（3）图　　　　　图 9.40　综合题（4）图

(4) 在图 9.40 中，试求下列几种情况下输出端电位 V_Y 及各元器件中通过的电流（设二极管的正向电阻为零，反向电阻为无穷大）：

1) $V_A=+10V$，$V_B=0V$。

2) $V_A=+6V$，$V_B=+5.8V$。

3) $V_A=V_B=+5V$。

(5) 在图 9.41 所示的电路中，二极管为理想元件，u_1 为正弦交流电压，已知交流电压表 (V_1) 的读数为 100V，负载电阻 $R_L=1k\Omega$，求开关 S 断开和闭合时直流电压表

（V_2）和电流表（A）的读数。（设各电压表的内阻为无穷大，电流表的内阻为零）。

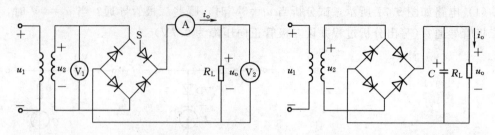

图 9.41　综合题（5）图　　　　　　　　图 9.42　综合题（6）图

（6）整流滤波电路如图 9.42 所示，二极管为理想元件，已知负载电阻 $R_L = 400\Omega$，负载两端直流电压 $U_o = 60V$，交流电源频率 $f = 50Hz$。要求：

1）在表 9.3 中选出合适型号的二极管。

2）计算出滤波电容器的电容。

表 9.3　　　　　　　　　　　　　　综 合 题（6）表

型　　号	最大整流电流平均值（mA）	最高反向峰值电压（V）
2CP11	100	50
2CP12	100	100
2CP13	100	150

（7）整流滤波电路如图 9.43 所示，二极管是理想元件，电容 $C = 500\mu F$，负载电阻 $R_L = 5k\Omega$，开关 S_1 闭合、S_2 断开时，直流电压表（V）的读数为 141.4V，设电流表内阻为零，电压表内阻为无穷大。求：

1）开关 S_1 闭合、S_2 断开时，直流电流表（A）的读数。

2）开关 S_1 断开、S_2 闭合时，直流电流表（A）的读数。

3）开关 S_1、S_2 均闭合时，直流电流表（A）的读数。

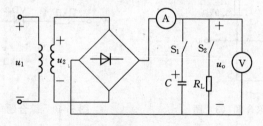

图 9.43　综合题（7）图

（8）电路如图 9.35 所示，已知 $U_1 = 30V$，$U_o = 12V$，$R = 2k\Omega$，$R_L = 4k\Omega$，稳压管的稳定电流 $I_{Zmin} = 5mA$ 与 $I_{Zmax} = 18mA$。试求：

1）通过负载和稳压管的电流。

2）变压器副边电压的有效值。

3）通过二极管的平均电流和二极管承受的最高反向电压。

第 10 章　晶体管及基本放大电路

本章要求：

1. 了解晶体管的基本结构和工作原理；放大电路输入和输出电阻的概念；射极输出器、多级放大电路及功率放大电路的工作原理。

2. 熟悉晶体管的特性曲线和主要参数的意义；单管交流放大电路的放大作用和共发射极、共集电极放大电路的工作原理和性能特点。

3. 掌握静态工作点的估算方法及放大电路的微变等效电路分析法。

本章难点：

1. 放大电路的工作原理及分析方法。

2. 互补对称功率放大电路。

晶体管是放大器件，它的主要用途之一是利用其放大作用组成放大电路。在生产和科学实验中，往往要求用微弱的信号去控制较大功率的负载。例如，在自动控制机床上，需要将反映加工要求的控制信号加以放大，得到一定输出功率以推动执行元件（电磁铁、电动机、液压机构等）。又例如，在电动单元组合仪表中，首先将温度、压力、流量等非电量通过传感器变换为微弱的电信号，经过放大以后（使用的放大器的放大倍数从几百到几万倍），从显示仪表上读出非电量的大小，或者用来推动执行元件以实现自动调节。就是在常见的收音机和电视机中，也是将天线收到的微弱信号放大到足以推动扬声器和显像管工作的程度。可见放大电路的应用十分广泛，是电子设备中最普遍的一种基本单元。

本章首先介绍晶体管的结构、类型，其次介绍晶体管的电流放大作用及三极管的主要参数，然后以 NPN 型三极管为例介绍放大电路的基本原理、分析方法及特点，最后讨论如何稳定静态工作点，实际电路的具体分析方法。

10.1　双极型晶体管

双极型晶体管又称三极管，通常简称为晶体管，由于它内部有两种载流子（自由电子和空穴）参与导电，所以又称为双极型晶体管（Bipolar Junction Transistor，BJT）。它的放大作用和开关作用促使电子技术飞跃发展。

10.1.1　基本结构

晶体管的结构，目前最常见的有平面型和合金型两类，如图 10.1 所示。硅管主要是平面型，锗管都是合金型。常见晶体管的外形如图 10.2 所示。

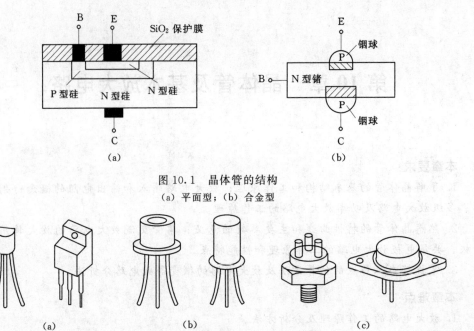

图 10.1　晶体管的结构
(a) 平面型；(b) 合金型

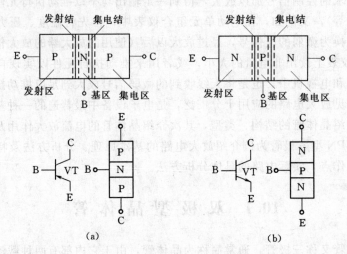

图 10.2　常见晶体管的外形
(a) 硅酮塑料封装；(b) 金属封装小功率管；(c) 金属封装大功率管

不论平面型或合金型，都分成 NPN 或 PNP 三层，因此又把晶体管分为 NPN 型和 PNP 型两类，其结构示意图和表示符号如图 10.3 所示。

图 10.3　晶体管的结构和符号
(a) PNP 型；(b) NPN 型

每一类都分成基区、发射区和集电区，分别引出基极 B（Base）、发射极 E（Emitter）和集电极 C（Collector）。每一类都有两个 PN 结。基区和发射区之间的结称为发射结，基区和集电区之间的结称为集电结。

为了使晶体管具有放大作用，在制造时应具有以下结构特点：

(1) 集电区比发射区面积大，掺杂浓度比发射区小，专门用于收集载流子。

(2) 发射区掺杂浓度远大于基区的杂质浓度，以便于有足够的载流子供"发射"。

(3) 基区很薄，杂质浓度很低，以减小载流子在基区的复合机会。

由于上述结构的不对称性，虽然发射区和集电区同是 P 型区或同是 N 型区，但在放大电路中发射极和集电极不能对调使用。基区薄，掺杂少正是晶体管具有放大作用的关键所在。

晶体管的应用十分广泛，首先它是集成电路的重要组成部分，集成电路中制造二极管、晶体管比制造电阻容易。晶体管在模拟电路中用于放大和信号处理，在数字电路中用作开关，在电力电子电路中用于控制等。

10.1.2　电流分配和放大原理

为了了解晶体管的放大原理和其中电流的分配，先来分析一个实验电路，如图 10.4 所示，把晶体管接成两个回路：基极回路和集电极回路。发射极是公共端，因此这种接法称为晶体管的共发射极接法。要使晶体管 VT（这里选用 3DG6，NPN 型管）能够起到放大作用，必须使发射结正向偏置，集电结反向偏置。这里电源 E_B 正极通过 R_B 接于 VT 发射结的 P 区，E_B 负极接于 N 区，则 $V_B > V_E$ 发射结正向偏置；由于 $E_C > E_B$，集电结反向偏置。

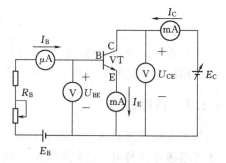

图 10.4　晶体管电流放大的实验电路

当改变电位器 R_B 时，基极电流 I_B、集电极电流 I_C 和发射极电流 I_E 都发生变化，各电流的测量结果列于表 10.1 中。

表 10.1　　　　　　　　　　　　**晶体管电流测量数据**

次数 电流	1	2	3	4	5	6	7
I_B(mA)	−0.001	0	0.02	0.04	0.06	0.08	0.10
I_C(mA)	0.001	0.01	0.70	1.50	2.30	3.10	3.95
I_E(mA)	0	0.01	0.72	1.54	2.36	3.18	4.05

由此实验测量的数据可得出如下结论。

1. 晶体管中的电流分配关系

在表 10.1 中，每一列 I_B、I_C、I_E 数据都符合以下关系

$$I_E = I_B + I_C$$

此结果符合基尔霍夫电流定律。

2. 晶体管的电流放大作用

从表 10.1 中可看出，$I_C \approx I_E$，I_B 比 I_C、I_E 小得多。当 I_B 有微小变化时，I_C 有较大的变化。这种把基极电流的微小变化能够引起集电极电流较大变化的特性称为晶体管的电流放大作用。I_C 与 I_B 的比值用 $\overline{\beta}$ 表示，称为静态电流（直流）放大系数。

$$\overline{\beta}=\frac{I_C}{I_B} \tag{10.1}$$

表 10.1 中的 I_C 的变化量 ΔI_C 比 I_B 的变化量 ΔI_B 大，其比值用 β 表示，称为晶体管的动态电流（交流）放大系数。

$$\beta=\frac{\Delta I_C}{\Delta I_B} \tag{10.2}$$

在图 10.4 所示电路中，当 I_B 从 0.04mA 变到 0.06mA 时，I_C 从 1.50mA 变到 2.30mA，则该管的放大系数

$$\overline{\beta}=\frac{I_C}{I_B}=\frac{1.50}{0.04}=37.5$$

$$\beta=\frac{\Delta I_C}{\Delta I_B}=\frac{0.8}{0.02}=40$$

可以看出，虽然 $\overline{\beta}$ 和 β 的含义不同，但两者数值接近，即 $\overline{\beta}\approx\beta$。因此，在工程计算中不作严格区分，把它们统称为电流放大系数（Current Amplification Coefficient）。

10.1.3　特性曲线

为了正确使用晶体管，需要了解它的伏安特性曲线。晶体管的伏安特性曲线全面地反映了各电极电流与电压之间的关系，是管内载流子运动的外部表现，它反应了晶体管的性能，是分析放大电路的重要依据。最常用的是共发射极接法时的输入特性曲线和输出特性曲线。这些特性曲线可用晶体管特性图示仪直观地显示出来，也可以通过如图 10.4 所示的实验电路进行测绘。

1. 输入特性曲线

输入特性曲线是指当集—射极电压 U_{CE} 为常数时，输入回路（基极回路）中基极电流 I_B 与基—射极电压 U_{BE} 之间的关系曲线 $I_B=f(U_{BE})$。

在如图 10.4 所示的实验电路中，通过调节电位器 R_B，改变基极的输入电流 I_B，可以测出对应的电压 U_{BE}，将所有测试点连接起来，得到一条曲线，该曲线描述了当 U_{CE} 为某一数值时，输入电流 I_B 与输入电压 U_{BE} 之间的关系，即 $I_B=f\ (U_{BE})\ \big|_{U_{CE}=常数}$。改变 U_{CE} 值，重复上述测试，可得到另一条曲线。如图 10.5 给出了 U_{CE} 分别为 0V、1V 两种情况下的输入特性曲线。可以看出当 U_{CE} 增大时，曲线右移，在 $U_{CE}>1V$ 以后曲线基本重合。所以，通常只画 $U_{CE}\geqslant1V$ 的一条输入特性曲线。

由图 10.5 可见，晶体管的输入特性曲线和二极管的伏安特性曲线一样。晶体管输入特性也有一段死区。只有在发射结外加电压大于死区电压时，晶体管才会出现 I_B。硅管的死区电压约为 0.5V，锗管的死区电压约为 0.1V。在正常工作情况下，发射结压降变化很小，硅管约为 0.6~0.7V，锗管约为 0.2~0.3V。

2. 输出特性曲线

输出特性曲线是指当基极电流 I_B 为常数时，输出回路（集电极回路）中集电极电流 I_C 与集—射极电压 U_{CE} 之间的关系曲线 $I_C=f(U_{CE})$，即 $I_C=f\ (U_{CE})\big|_{I_B=常数}$。

在如图 10.4 所示的实验电路中，调节电位器 R_B，使基极的电流表读数为 $20\mu A$，再调节 E_C，使它在 0~12V 之间变化，每对应一个 E_C 值，可以记录下一个对应的 I_C 值，就可以

在坐标系中找到一个点，把它们连成一条曲线就是图 10.6 中所示 $I_B = 20\mu A$ 的那条曲线。依此类推，就可以分别绘出 $I_B = 40\mu A$、$60\mu A$、$80\mu A$ 的一组曲线，如图 10.6 所示。

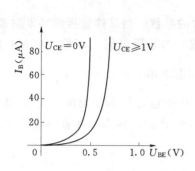

图 10.5 晶体管的输入特性曲线

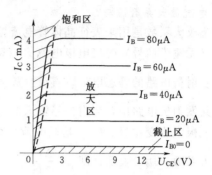

图 10.6 晶体管的输出特性曲线

通常把晶体管的输出特性曲线组分为三个工作区（图 10.6），就是晶体管有三种工作状态。

（1）放大区。发射结正偏，集电结反偏时，对应的曲线中近似于水平部分组成的区域即放大区，此时 I_C 与 U_{CE} 基本无关，仅受 I_B 控制，即 $I_C = \beta I_B$。I_B 微量的变化会引起 I_C 较大的变化。I_B 不变时 I_C 几乎不变，晶体管具有恒流特性。由于 I_C 与 I_B 成正比关系，所以该区也称为线性区。晶体管只有工作在这个区域中才具有电流放大作用，故把这个区域叫放大区。

（2）饱和区。当 $U_{CE} < U_{BE}$ 时，发射结、集电结均正偏，因 U_{CE} 较低，此时 I_C 不受 I_B 控制，晶体管失去电流放大作用，处于饱和状态。饱和时 $U_{CE} \approx 0$，而 I_C 较大，C、E 极之间电阻低，相当于短路，如同一个闭合的开关。

（3）截止区。从特性曲线上看，$I_B = 0$ 的那条曲线以下的区域即为截止区，截止时晶体管的发射结反偏、集电结也反偏，晶体管失去了放大作用，此时集电极仍有很小的电流，此电流称为穿透电流 I_{CEO}。截止时 C、E 极之间的电压最大，即 $U_{CE} \approx E_C$，而 $I_C \approx 0$，晶体管呈现高电阻，C、E 之间相当于断路，如同一个断开的开关。

晶体管工作在放大区具有放大作用，在模拟电子电路中得到广泛应用；工作在饱和区和截止区时具有开关作用，主要用在数字电路中。

【例 10.1】 图 10.6 所示为晶体管的输出特性曲线，试分析它的电流放大系数。

【解】 由输出特性曲线可知，当 I_B 从 $40\mu A$ 变到 $60\mu A$，即 $\Delta I_B = 60 - 40 = 20\mu A = 0.02mA$，$I_C$ 从 2mA 变到 3mA，即 $\Delta I_C = 3 - 2 = 1$（mA），则该管的放大系数为

$$\beta = \frac{\Delta I_C}{\Delta I_B} = \frac{1}{0.02} = 50$$

电流放大系数为 50。

10.1.4 主要参数

晶体管的特性除用特性曲线表示外，还可以用一些数据来说明，这些数据就是晶体管的参数。晶体管的参数分为两类：一类是晶体管的性能参数，它反映了晶体管工作时性能

的优劣；另一类是晶体管的极限参数，它反映出晶体管工作时不能超过的极限条件。主要参数如下。

1. 电流放大系数 β 与 $\bar{\beta}$

电流放大系数是用来表征晶体管电流控制能力的参数。当晶体管接成共发射极电路，在静态（无输入信号）时集电极电流 I_C（输出电流）与基极电流 I_B（输入电流）的比值称为共发射极电路的静态电流（直流）放大系数，用 $\bar{\beta}$ 表示，即 $\bar{\beta} = \dfrac{I_C}{I_B}$。

在共发射极电路中，当有信号输入时，晶体管基极电流 I_B 和集电极电流 I_C 都产生变化，集电极电流变化量 ΔI_C 与基极电流变化量 ΔI_B 的比值，称为晶体管的动态电流（交流）放大系数，用 β 表示，即 $\beta = \dfrac{\Delta I_C}{\Delta I_B}$。

常用晶体管的 β 值一般在 20～200 之间，手册中用 h_{FE} 表示，选择使用晶体管时不是 β 值愈大愈好，β 值过大将会使工作不稳定。

2. 穿透电流 I_{CEO}

当基极开路（$I_B = 0$），且集电极和发射极间加正向电压时的集电极电流称为穿透电流 I_{CEO}。I_{CEO} 愈小愈好，它受温度影响比较大，所以 I_{CEO} 大的管子工作稳定性差。此项参数硅管性能优于锗管。

3. 集电极最大允许电流 I_{CM}

集电极电流 I_C 超过一定数值时，晶体管的 β 值要下降，一般把使 β 值下降到额定值 2/3 时的集电极电流称为集电极最大允许电流 I_{CM}。使用时如果 $I_C > I_{CM}$，晶体管不一定损坏，但 β 值显著下降。

4. 集—射极反向击穿电压 $U_{(BR)CEO}$

基极开路时，加在集电极和发射极之间的最大允许电压，称为集—射极反向击穿电压 $U_{(BR)CEO}$。当 $U_{CE} > U_{(BR)CEO}$ 时，I_{CEO} 大幅度上升，晶体管已被击穿。

5. 集电极最大允许耗散功率 P_{CM}

由于集电极电流 I_C 在流经集电结时将产生热量，使结温升高，从而会引起晶体管参数变化。当晶体管因受热而引起参数变化不超过允许值时，集电极所消耗的最大功率，称为集电极最大允许耗散功率 P_{CM}。如果集电极耗散功率超过 P_{CM}，将使晶体管性能变差，甚至烧坏。

β 和 I_{CEO} 是晶体管的性能指标，它表明了晶体管的优劣；I_{CM}、$U_{(BR)CEO}$ 和 P_{CM} 是晶体管的极限参数，是使用限制指标。

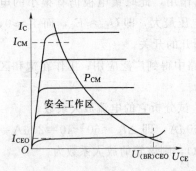

图 10.7　晶体管的安全工作区

由 I_{CM}、$U_{(BR)CEO}$ 和 P_{CM} 三者共同确定晶体管的安全工作区，如图 10.7 所示。

10.2　基 本 放 大 电 路

在生产中，常常把温度、压力、流量等的变化，通过传感器变换成微弱的电信号，要实现对这些信号的传输或控制，就需要某种电路使微弱的电信号不失真或在规定的失真范围内将其放大。实现这一功能的电路称为放大电路。放大电路实质上是一种能量控制电路。它通过具有较小能量的输入信号控制有源元件（晶体管、场效应管等）从电源吸收电能，使其输出一个与输入变化相似但数值却大得多的信号。

根据输入回路和输出回路的公共端的不同，晶体管放大电路可分为共发射极电路、共基极电路和共集电极电路三种类型。晶体管放大电路常用于交流小信号的放大，本节主要讨论共发射极基本放大电路的组成、工作原理和分析方法。

10.2.1 放大电路的组成和工作原理

1. 电路组成

要使晶体管具有放大作用，必须使发射结正向偏置，集电结反向偏置，如图 10.8 所示为共发射极（简称共射极）基本放大电路。

在图 10.8 所示电路中，E_B 和 E_C 分别是基极回路和集电极回路的直流电源，一般为几伏到几十伏，直流电源可以为晶体管提供工作于放大区的偏置条件，使发射结正向偏置，集电结反向偏置。通常情况下，选择合适的 R_B 和 R_C 的值，把两个电源合二为一（例如，检测电路、收音机电路中有个放大电路，但是只有一个直流电源），如图 10.9 所示为简化共射极基本放大电路。

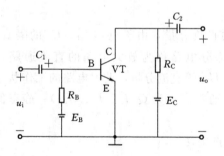

图 10.8　共射极基本放大电路　　　图 10.9　简化共射极基本放大电路

R_B 为基极回路电阻，在电源 E_B 的作用下，可为晶体管提供一个合适的基极电流，这个电流称为偏置电流，R_B 称为偏置电阻，一般取值为几十千欧到几百千欧。

R_C 为集电极电阻，可将集电极电流的变化转变成电压的变化送到输出端，以实现电压放大。R_C 一般取值为几千欧到几十千欧。R_C 很重要，若没有 R_C，晶体管集电极的电位始终是直流电源电压值，不会随输入信号的变化而变化，也不会有输出电压信号。

电容 C_1、C_2 称为耦合电容，起到隔直流通交流的作用。一方面是隔直作用，C_1 用来隔断放大电路与信号源之间的直流通路，而 C_2 则用来隔断放大电路与负载之间的直流通路，使三者之间无直流联系，互不影响；另一方面是交流耦合作用，保证交流信号畅通无阻地经过放大电路，沟通信号源、放大电路和负载三者之间的交流通路。通常要求耦合电容上的交流压降小到可以忽略不计，即对交流信号可视作短路；因此电容值要取得较大，对交流信号频率其容抗近似为零。C_1、C_2 一般取值为几微法到几十微法，通常采用电解电容，在电路连接时要注意极性，正极必须接高电位，否则晶体管电路不能正常工作。

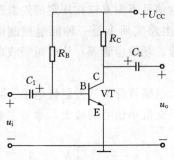

图 10.10　共射极基本放大电路的习惯画法

在放大电路中，通常把公共端作为零电位参考点。把两个直流电源的正极接于一点，记为 $+U_{CC}$，作为最高电位点，可以把电路简化为如图 10.10 所示，这也是放大电路的习惯画法。如果用 PNP 型管，连接时只需将电源 $+U_{CC}$ 改为 $-U_{CC}$，耦合电容 C_1、C_2 极性调换即可。

2. 电路的工作原理

共发射极基本放大电路可以看成是有两个电源的电路，即直流电源和交流信号源，因此电路电量的求取就可以分为两部分，即直流分量部分和交流分量部分，最后可以用叠加定理进行分析。

当没有输入信号时，即 $u_i = 0$ 时，电路中各节点间的电压和各支路电流完全由直流电源决定，此时电路的状态称为静态。规定静态直流分量用大写字母加大写下标表示，如 I_B、I_C 和 U_{CE}。

当有输入信号时，设 $u_i = \sqrt{2}U\sin\omega t$ V，电路的状态称为动态。动态交流分量的瞬时值用小写字母加小写下标表示，如 i_b、i_c 和 u_{ce}。总电压和总电流的交直流叠加量用小写字母加大写下标表示，如 i_B、i_C 和 u_{CE}。

10.2.2　电路的静态分析

当 $u_i = 0$ 时，电路中只有直流电源形成的直流分量，由于电容 C_1、C_2 的隔直作用，直流分量仅存在于 C_1、C_2 之间的电路，这部分电路称为放大电路的直流通路，如图 10.11 所示。由直流通路可以计算出 I_B、I_C 和 U_{CE} 等直流分量，此时电路的工作状态称为静态，I_B、I_C 和 U_{CE} 称为静态值，静态工作点通常表示为 $Q(I_B$、I_C、$U_{CE})$。静态值是影响晶体管放大电路能否正常工作的重要电量。

静态工作点的求取方法有两种：估算法和图解法。

1. 估算法

估算法是根据放大电路的直流通路进行计算的一种方法。

由图 10.11 所示电路的直流通路，可得出静态时的基极电流

$$I_B = \frac{U_{CC} - U_{BE}}{R_B} \approx \frac{U_{CC}}{R_B} \tag{10.3}$$

式中，由于 U_{BE}（硅管约为 0.7V，锗管约为 0.3V）比 U_{CC} 小得多，故 U_{BE} 有时可以忽略不计。估算法可以满足工程计算精度的要求。

由 I_B 可得出静态时的集电极电流

$$I_C = \beta I_B \tag{10.4}$$

静态时的集—射极电压

$$U_{CE} = U_{CC} - I_C R_C \tag{10.5}$$

图 10.12 所示电路为静态时，共发射极基本放大电路的电压和电流波形。由图 10.12 可以得到，晶体管各极的

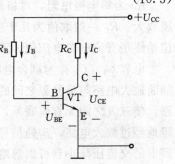

图 10.11　基本放大电路的直流通路

电压和电流都是直流，交流量为零。

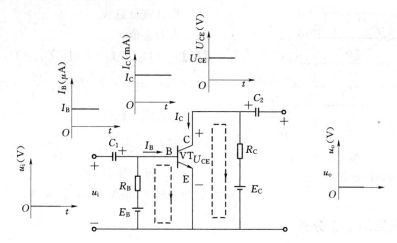

图 10.12　基本放大电路静态时工作原理

【例 10.2】　电路如图 10.10 所示，已知 $U_{CC}=12V$，$R_C=4k\Omega$，$R_B=300k\Omega$，$\beta=37.5$，试求放大电路的静态值。

【解】　根据直流通路，如图 10.11 可得出

$$I_B\approx\frac{U_{CC}}{R_B}=\frac{12}{300\times10^3}=0.04\times10^{-3}\ (A)\ =40\ (\mu A)$$

$$I_C=\beta I_B=37.5\times0.04=1.5\ (mA)$$

$$U_{CE}=U_{CC}-I_C R_C=12-1.5\times10^{-3}\times4\times10^3=6\ (V)$$

2. 图解法

图解法是在给定晶体管的输入、输出特性曲线的条件下，根据输入、输出回路方程在输入、输出特性曲线上作出相应曲线得到静态工作点的另一种方法。

根据式（10.5）可以得到

$$I_C=\frac{U_{CC}}{R_C}-\frac{U_{CE}}{R_C} \tag{10.6}$$

在式（10.6）中，当 $I_C=0$ 时，$U_{CE}=U_{CC}$；当 $U_{CE}=0$ 时，$I_C=\frac{U_{CC}}{R_C}$。可在图 10.13 所示的晶体管输出特性曲线组上作出一直线，称为直流负载线，其斜率为 $-\frac{1}{R_C}$。它与晶体管输出特性曲线画于同一坐标系内，直流负载线与估算法得到的 I_B 所对应的输出特性曲线的交点 Q 称为静态工作点，Q 点对应的静态值坐标应该与上述估算法计算出的 I_B、I_C 和 U_{CE} 一致。由图 10.13 可见，基极电流 I_B 的大小不同，静态工作点在负载线上的位置也就不同。根据对晶体管工作状态的要求不同，要有一个相应不同的合适的工作点，可通过改变 I_B 的大小来获得。因此，I_B 很重要，它确定晶体管的工作状态，通常称它为偏置电流，简称偏流。产生偏流的电路，称为偏置电路，在图 10.11 中，其路径为 $U_{CC}\rightarrow R_B\rightarrow$ 发射结→"地"。通常是改变偏置电阻 R_B 的大小来调整偏流 I_B 的大小。

【例 10.3】　电路如图 10.10 所示，已知 $U_{CC}=12V$，$R_C=4k\Omega$，$R_B=300k\Omega$。晶体管

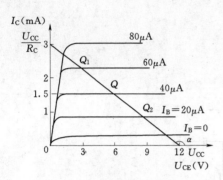

图 10.13 用图解法确定放大
电路的静态工作点

的输出特性曲线组已给出（图 10.13）。

（1）作直流负载线。

（2）求静态值。

【解】 （1）当 $I_C = 0$ 时，$U_{CE} = U_{CC} = 12V$。

当 $U_{CE} = 0$ 时，$I_C = \dfrac{U_{CC}}{R_C} = \dfrac{12}{4 \times 10^3} = 3$（mA）。

可作出直流负载线。

（2）由 $I_B \approx \dfrac{U_{CC}}{R_B} = \dfrac{12}{300 \times 10^3} = 0.04 \times 10^{-3}$（A）

$= 40$（μA），得出静态工作点 Q（图 10.13），因此

静态值为：$I_B = 40\mu A$，$I_C = 1.5mA$，$U_{CE} = 6V$。

10.2.3 电路的动态分析

当放大电路有输入信号（$u_i \neq 0$）时，晶体管的各个电流和电压都含有直流分量和交流分量。直流分量一般即为静态值，由上面所述的静态分析来确定。动态分析是在静态值确定后分析信号的传输情况，考虑的只是电流和电压的交流分量。

动态分析的两种基本方法：微变等效电路法和图解法。

1. 微变等效电路法

所谓放大电路的微变等效电路，就是把非线性元件晶体管所组成的放大电路等效为一个线性电路，也就是把晶体管线性化，等效为一个线性元件。

（1）晶体管的微变等效电路。图 10.14（a）所示为晶体管的输入特性曲线，是非线性的。但当输入信号很小时，在静态工作点 Q 附近的工作段可认为是直线。当 U_{CE} 为常数时，ΔU_{BE} 与 ΔI_B 之比

$$r_{be} = \frac{\Delta U_{BE}}{\Delta I_B}\Big|_{U_{CE}} \tag{10.7}$$

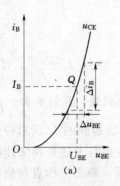

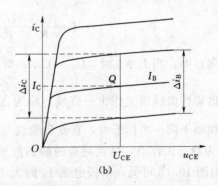

（a）   （b）

图 10.14 从晶体管的特性曲线求 r_{be} 和 β

称为晶体管的输入电阻。在小信号放大区，r_{be} 是一常数。对交流分量则可写成 $r_{be} = \dfrac{u_{be}}{i_b}$。因此，晶体管的输入端可用 r_{be} 等效代替，如图 10.15 所示。

低频小功率晶体管的输入电阻可以用以下公式估算

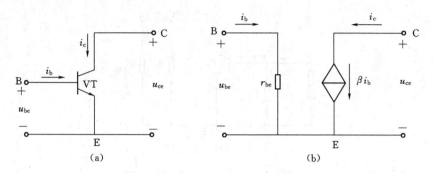

图 10.15 晶体管及其微变等效电路

$$r_{be} = 200\Omega + (1+\beta)\frac{26(mV)}{I_E(mA)} \tag{10.8}$$

它一般为几百欧到几千欧。r_{be} 是对交流而言的一个动态电阻。

图 10.14（b）所示为晶体管的输出特性曲线，在放大区是一组近似与横轴平行等距的直线。当 U_{CE} 为常数时，ΔI_C 与 ΔI_B 之比

$$\beta = \frac{\Delta I_C}{\Delta I_B}\Big|_{U_{CE}} \tag{10.9}$$

即为晶体管的电流放大系数。在小信号放大区，β 是一常数。对交流分量则可写成 $i_c = \beta i_b$，这表示 i_c 受 i_b 的控制关系。因此，晶体管的输出端可用一等效电流源代替，如图 10.15 所示。因其电流 i_c 受 i_b 的控制，故称为受控电流源。

由此得到如图 10.15（b）所示的晶体管微变等效电路。

（2）放大电路的微变等效电路。根据晶体管的微变等效电路和放大电路的交流通路可画出放大电路的微变等效电路。如前所述，静态值可由直流通路确定，而交流分量则由相应的交流通路来分析计算。图 10.16（a）所示为图 10.10 所示交流放大电路的交流通路。对交流分量，电容 C_1、C_2 可视作短路；同时，一般直流电源的内阻很小，可以忽略不计，对交流来讲直流电源也可以认为短路，据此就可画出交流通路。再把交流通路中的晶体管用它的微变等效电路代替，即为放大电路的微变等效电路，电路如图 10.16（b）所示，电路中的电压和电流都是正弦交流分量，都用瞬时值符号表示。根据正弦交流电路的分析方法，电压电流还可以用相量形式表示，如图 10.16（c）所示。

（3）电压放大倍数 A_u。晶体管放大电路的电压放大倍数，是衡量放大电路放大能力的指标。电压放大倍数定义为输出电压与输入电压之比，用 A_u 表示。

$$A_u = \frac{\dot{U}_o}{\dot{U}_i} \tag{10.10}$$

由图 10.16（c）可得

$$\dot{U}_i = r_{be}\dot{I}_b$$

$$\dot{U}_o = -R'_L\dot{I}_c = -\beta R'_L\dot{I}_b$$

式中，$R'_L = R_C /\!/ R_L$。

则由电压放大倍数的定义得

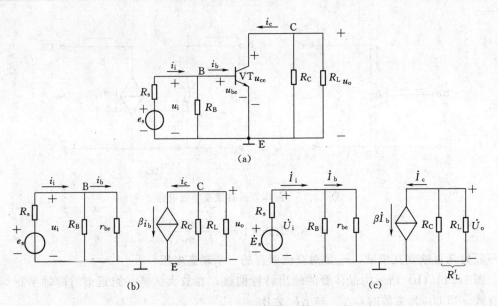

图 10.16　共射极放大电路

(a) 交流通路；(b) 微变等效电路的瞬时值形式；(c) 微变等效电路的相量形式

$$A_u = \frac{\dot{U}_o}{\dot{U}_i} = -\beta \frac{R'_L}{r_{be}} \tag{10.11}$$

式中，负号表明输出电压与输入电压相位相反。

当放大电路输出端开路（未接 R_L）时，则

$$A_u = -\beta \frac{R_C}{r_{be}}$$

可见 R_L 愈小，则电压放大倍数愈低。

【例 10.4】　电路如图 10.10 所示，已知 $U_{CC} = 12V$，$R_C = 4k\Omega$，$R_B = 300k\Omega$，$\beta = 37.5$，接负载 $R_L = 4k\Omega$，试求电压放大倍数 A_u。

【解】　在［例 10.2］中已求出 $I_C = 1.5mA \approx I_E$，由式（10.8）得

$$r_{be} = 200\Omega + (1+\beta)\frac{26(\text{mV})}{I_E(\text{mA})} = 200 + (1+37.5)\frac{26}{1.5} = 0.867 \text{（k}\Omega\text{）}$$

又有 $R'_L = R_C // R_L = 2k\Omega$，所以

$$A_u = -\beta \frac{R'_L}{r_{be}} = -37.5 \times \frac{2}{0.867} = -86.5$$

（4）放大电路的输入电阻 r_i。放大电路对信号源（或对前级放大电路）来说，是一个负载，可用一个电阻来等效代替。这个电阻是信号源的负载电阻，也就是放大电路的输入电阻 r_i，即

$$r_i = \frac{\dot{U}_i}{\dot{I}_i} \tag{10.12}$$

它是对交流信号而言的一个动态电阻。

式（10.12）中 $\dot{U}_i$、$\dot{I}_i$ 分别为放大电路的输入电压和输入电流。由图 10.16（c）

可得

$$r_i = \frac{\dot{U}_i}{\dot{I}_i} = R_B // r_{be} \approx r_{be} \tag{10.13}$$

通常由于 $R_B \gg r_{be}$，放大电路的输入电阻主要由晶体管的输入电阻 r_{be} 决定。r_i 越大，信号源提供的电流越小，信号源内阻上分压越小，放大电路从信号源获得的电压越大，这样，为了减小信号源在内阻上的损失，一般要求放大电路的输入电阻大一些好。

注意：r_i 和 r_{be} 意义不同，不能混淆。

（5）放大电路的输出电阻 r_o。放大电路对负载（或对后级放大电路）而言，是一个信号源，其内阻即为放大电路的输出电阻 r_o，它也是一个动态电阻。

如果放大电路的输出电阻较大（相当于信号源的内阻较大），当负载变化时，输出电压的变化较大，也就是放大电路带负载的能力较差。因此，r_o 越小带负载能力越强，所以要求输出电阻 r_o 越小越好。

求放大电路的输出电阻的条件是：电路中所有的电源置零（$\dot{U}_i = 0$），输出端开路。

求放大电路输出电阻的电路如图 10.17 所示。当 $\dot{U}_i = 0$ 时，$\dot{I}_b = 0$，则 $\dot{I}_c = \beta \dot{I}_b = 0$，受控电流源相当于开路，则输出电阻为

$$r_o = \frac{\dot{U}_o}{\dot{I}_o} \approx R_C \tag{10.14}$$

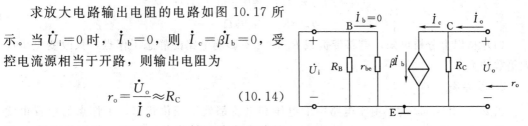

图 10.17　输出电阻的计算电路

R_C 一般为几千欧，因此，共发射极放大电路的输出电阻较高。

【例 10.5】　电路如图 10.18（a）所示，已知 $U_{CC} = 12V$，$R_C = 3.9 k\Omega$，$R_B = 300 k\Omega$，$\beta = 50$，$R_L = 3.9 k\Omega$，U_{BE} 可忽略不计，试求：

（1）电路的静态值。

（2）画出电路的微变等效电路。

（3）电路的电压放大倍数 A_u，输入电阻 r_i，输出电阻 r_o。

（4）分析负载对哪些量有影响。

【解】

（1）图 10.18（a）所示的直流通路与图 10.11 相同，因此静态值的计算如下

$$I_B \approx \frac{U_{CC}}{R_B} = \frac{12}{300 \times 10^3} = 0.04 \times 10^{-3} \text{（A）} = 40 \text{（}\mu A\text{）}$$

$$I_E \approx I_C = \beta I_B = 50 \times 0.04 = 2 \text{（mA）}$$

$$U_{CE} = U_{CC} - I_C R_C = 12 - 2 \times 10^{-3} \times 3.9 \times 10^3 = 4.2 \text{（V）}$$

（2）电路的微变等效电路如图 10.18（b）所示。

（3）$r_{be} = 200\Omega + (1+\beta)\frac{26(mV)}{I_E(mA)} = 200 + (1+50)\frac{26}{2} = 0.863 \text{（k}\Omega\text{）}$

又有　　　　　　　　　　　　$R_L' = R_C // R_L = 1.95 \text{（k}\Omega\text{）}$

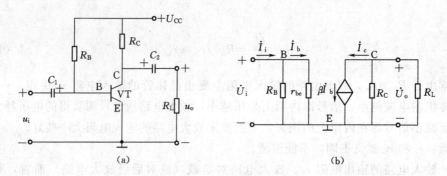

图 10.18　[例 10.5] 电路

(a) 电路；(b) 微变等效电路

所以
$$A_u = -\beta \frac{R'_L}{r_{be}} = -50 \times \frac{1.95}{0.863} = -113$$

从以上式子中可以看出，电压放大倍数 A_u，不但和 R_C 有关，还和负载 R_L 有关。

$$r_i = R_B /\!/ r_{be} \approx r_{be} = 0.863 \quad (k\Omega)$$

$$r_o \approx R_C = 3.9 k\Omega$$

(4) 从以上分析可知，电路带负载 R_L 时，不影响电路的静态工作点，只改变电压放大倍数的大小。

2. 图解法

当 $u_i = \sqrt{2}U\sin\omega t$ 时，由于电路中的电压和电流都处于变化状态，工作点的位置也就发生了变化，此时电路处于动态工作情况。根据叠加定理，如果只分析交流输入信号对电路的作用，把直流电压源置零，电容相对于正弦交流信号短路，可以得到交流通路。图 10.19 给出有输入信号时，各点纯交流工作电压和交流电流原理图（这些交流信号是叠加在静态直流量之上的，在晶体管上反映的是大小变化而方向不变的电压和电流，图 10.20 作了进一步说明），可以看出输出电压 u_o 和电压 u_{ce} 相等，而输出电压与输入电压的相位相反。

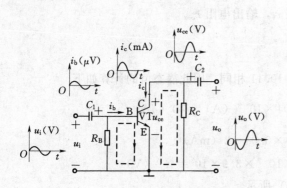

图 10.19　基本放大电路纯交流输入时的
工作原理波形

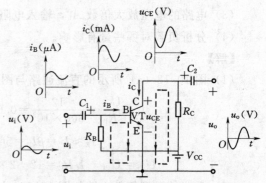

图 10.20　基本放大电路总的工作原理波形

根据图 10.12 和图 10.19，经过叠加，得到放大电路在有交流输入信号时总的工作原

理图，如图 10.20 所示。其中

$$i_B = i_b + I_B \tag{10.15}$$

$$i_C = i_c + I_C \tag{10.16}$$

$$u_{CE} = u_{ce} + U_{CE} = U_{CC} - i_C R_C \tag{10.17}$$

用图解法可以较直观地分析电路中的电压、电流，以及放大电路的动态工作范围。

由式（10.17）可以看出，集—射极的总电压 u_{CE} 与集电极总电流 i_C 之间的关系仍然是线性的，在晶体管的输出特性曲线上画出式（10.17）所表示的直线，这条直线称为交流负载线，空载时它与直流负载线重合，如图 10.21 所示。当 i_B 在 i_{B1} 和 i_{B2} 之间变化时，交流负载线与输出特性曲线的交点 Q 也在 Q_1 和 Q_2 之间沿着交流负载线变动。

【例 10.6】 试分析当共射极基本放大电路输出端带有负载 R_L 时，交流负载线还和直流负载线重合吗？如果不是，应该是怎样的直线？

【解】 当电路输出端接负载 R_L 时，电路如图 10.21（a）所示。则 $u_{CE} = u_{ce} + U_{CE} = U_{CC} - i_C(R_C // R_L)$，即交流负载线的斜率发生了变化，和空载时相比，带负载的交流负载线斜率绝对值更大，直线更陡，如图 10.21（b）所示。因此交流负载线和直流负载线不重合。

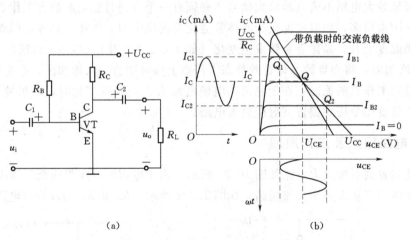

图 10.21 基本放大电路带负载时的图解分析
(a) 基本放大电路；(b) 输出电路图解

根据图 10.21（b）还可以看出，如果静态工作点选取在不同位置，会影响晶体管是否能工作在放大区。如果静态工作点取得过高，如在 Q_1 点，则晶体管很容易进入饱和区工作，这样 i_C 的正半周和 u_{CE} 的负半周出现了失真，由于这种失真是由晶体管饱和引起的，称为饱和失真。相反，如果静态工作点取得过低，则 i_C 和 u_{CE} 很容易进入截止区工作，i_C 的负半周和 u_{CE} 的正半周出现失真，称为截止失真，如图 10.22 所示。在放大电路中，这两种情况都是需要避免的。因此，静态工作点的选取对于放大电路来说非常重要。

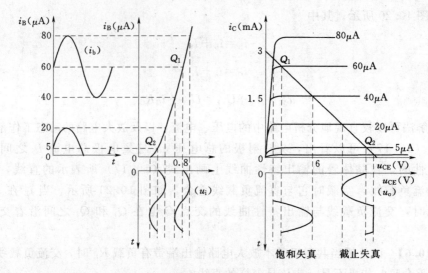

图 10.22　工作点不合适引起输出电压波形失真

10.3　分压式偏置放大电路

为了保证放大电路不失真地放大信号，必须有一个合适且稳定的静态工作点。影响静态工作点的因素很多，如温度变化、晶体管老化及更换电源、电压波动等，但温度的影响最大。如果温度上升，晶体管参数发生变化（如 I_{CEO}、β 上升），都会导致输出电流 I_C 增加。当 I_C 增加时，将会导致晶体管的静态工作点上移可能会进入饱和区，产生饱和失真。因此稳定静态工作点的关键就在于稳定集电极电流 I_C。当温度变化时，要想使 I_C 近似维持不变，通常要用分压式偏置共射极放大电路。

10.3.1　电路组成及工作原理

分压式偏置共射极放大电路如图 10.23 所示，由于电容的"隔直通交"作用，电容对直流相当于断路，从而得出直流通路，如图 10.24 所示。R_{B1} 和 R_{B2} 构成分压电路。

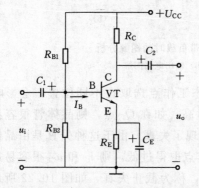

图 10.23　分压式偏置共射极放大电路

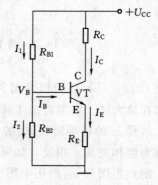

图 10.24　分压式偏置共射极放大
电路的直流通路

设置参数使电路满足 $I_2 \gg I_B$，一般 $I_2 = (5 \sim 10) I_B$，忽略 I_B，从而基极电位 V_B 为

$$V_B = \frac{R_{B2}}{R_{B1} + R_{B2}} U_{CC} \tag{10.18}$$

发射极串联电阻 R_E 后，由直流通路的输入回路可以列出

$$V_B = U_{BE} + I_E R_E$$

如果满足 $V_B \gg U_{BE}$，一般 $V_B = (5 \sim 10) U_{BE}$，则有

$$I_C \approx I_E = \frac{V_B - U_{BE}}{R_E} \approx \frac{V_B}{R_E} \tag{10.19}$$

由式（10.18）和式（10.19）可以看出，在满足一定的条件下，可以近似认为 I_C 只和直流电源 U_{CC} 与线性电阻 R_{B1}、R_{B2} 和 R_E 有关，与非线性元件晶体管的参数无关，也就是说 I_C 不受温度影响，静态工作点基本稳定。当 I_C 因温度升高而增加时，稳定静态工作点的过程为：温度 $T \uparrow \rightarrow I_C \uparrow \rightarrow I_E \uparrow \rightarrow U_{BE}(I_E R_E) \uparrow \rightarrow U_{BE} \downarrow$（因 V_B 不变）$\rightarrow I_B \downarrow \rightarrow I_C \downarrow$

这个过程是个负反馈调节过程，将在以后内容中介绍。

10.3.2 电路静态工作点的计算

根据图 10.24 所示的分压式偏置电路的直流通路，归纳出近似计算静态工作点的公式如下

$$V_B = \frac{R_{B2}}{R_{B1} + R_{B2}} U_{CC}$$

$$I_C \approx I_E = \frac{V_B - U_{BE}}{R_E} \approx \frac{V_B}{R_E}$$

$$U_{CE} = U_{CC} - I_C R_C - I_E R_E = U_{CC} - I_C (R_C + R_E) \tag{10.20}$$

$$I_B = \frac{I_C}{\beta} \tag{10.21}$$

10.3.3 电路的动态分析

分析分压式偏置电路的动态性能指标，也要先画出电路的微变等效电路。如图 10.25 所示为分压式偏置电路的微变等效电路。由于发射极电阻 R_E 和电容 C_E 并联，电容对于交流信号短路，从而在交流微变等效电路中，R_E 被电容 C_E 短路，R_E 对交流参数无影响，因此 C_E 称为旁路电容。

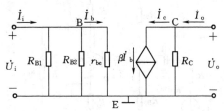

图 10.25 分压式偏置电路微变等效电路

1. 电压放大倍数 A_u

根据式（10.19）得出的静态电流 I_E，可估算出晶体管的输入电阻 r_{be} 为

$$r_{be} = 200\Omega + (1 + \beta) \frac{26(\text{mV})}{I_E(\text{mA})}$$

在图 10.24 所示微变等效电路中，可求出电路的电压放大倍数 A_u 为

$$A_u = \frac{\dot{U}_o}{\dot{U}_i} = -\frac{\beta \dot{I}_b R_C}{r_{be} \dot{I}_b} = -\beta \frac{R_C}{r_{be}}$$

由上式可以看出，分压式放大电路的电压放大倍数和共射极放大电路的放大倍数相同，这是由于旁路电容 C_E 的作用。

2. 输入电阻 r_i

$$r_i = \frac{\dot{U}_i}{\dot{I}_i} = R_{B1} // R_{B2} // r_{be} \approx r_{be} \tag{10.22}$$

3. 输出电阻 r_o

$$r_o = \frac{\dot{U}_o}{\dot{I}_o} = R_C$$

从以上分析可以看出，图 10.23 所示的分压式偏置放大电路的动态参数和共射极放大电路的动态参数的计算方法相同。

【例 10.7】　在图 10.26 所示的分压式偏置放大电路中，已知 $U_{CC} = 12V$，$R_C = 2k\Omega$，$R_E = 2k\Omega$，$R_{B1} = 20k\Omega$，$R_{B2} = 10k\Omega$，$R_L = 6k\Omega$，$\beta = 37.5$。试求：

(1) 静态值。

(2) 画出微变等效电路。

(3) 计算该电路的 A_u，r_i 和 r_o。

【解】

(1)
$$V_B = \frac{R_{B2}}{R_{B1} + R_{B2}} U_{CC} = \frac{10}{20 + 10} \times 12V = 4 \ (V)$$

$$I_C \approx I_E = \frac{V_B - U_{BE}}{R_E} = \frac{4 - 0.6}{2 \times 10^3} \ (A) = 1.7 \ (mA)$$

$$I_B = \frac{I_C}{\beta} = \frac{1.7}{37.5} = 0.045 \ (mA)$$

$$U_{CE} = U_{CC} - I_C(R_C + R_E) = 12 - 1.7 \times 10^{-3} (2 + 2) \times 10^3 = 5.2 \ (V)$$

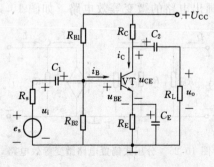

图 10.26　分压式偏置放大电路

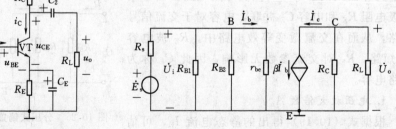

图 10.27　图 10.26 电路的微变等效电路

(2) 微变等效电路如图 10.27 所示。

(3)　$r_{be} = 200\Omega + (1+\beta)\dfrac{26(mV)}{I_E(mA)} = 200 + (1+37.5) \times \dfrac{26}{1.7} \ (\Omega) = 0.79 \ (k\Omega)$

$$R'_{L}=R_{C}//R_{L}=\frac{2\times6}{2+6}=1.5\ (\text{k}\Omega)$$

$$A_{u}=-\beta\frac{R'_{L}}{r_{be}}=-37.5\times\frac{1.5}{0.79}=-71.2$$

$$r_{i}=R_{B1}//R_{B2}//r_{be}\approx r_{be}=0.79\ (\text{k}\Omega)$$

$$r_{o}=R_{C}=2\ (\text{k}\Omega)$$

【**例 10.8**】 电路如图 10.28 所示，已知 $U_{CC}=12\text{V}$，$R_{C}=2\text{k}\Omega$，$R_{E}=2\text{k}\Omega$，$R_{B1}=82\text{k}\Omega$，$R_{B2}=39\text{k}\Omega$，$R_{L}=2\text{k}\Omega$，$R_{s}=500\Omega$，$\beta=80$，U_{BE} 可忽略不计。试求：

（1）电路的静态值。

（2）画出电路的微变等效电路。

（3）电路的电压放大倍数 A_{u}，A_{us}，输入电阻 r_{i} 和输出电阻 r_{o}。

【**解**】

（1）
$$V_{B}=\frac{R_{B2}}{R_{B1}+R_{B2}}U_{CC}=\frac{39}{82+39}\times12=3.87\ (\text{V})$$

$$I_{C}\approx I_{E}=\frac{V_{B}-U_{BE}}{R_{E}}\approx\frac{V_{B}}{R_{E}}=\frac{3.87}{2\times10^{3}}\ (\text{A})=1.935\ (\text{mA})$$

$$I_{B}=\frac{I_{C}}{\beta}=\frac{1.935}{80}\ (\text{mA})=24\ (\mu\text{A})$$

$$U_{CE}=U_{CC}-I_{C}(R_{C}+R_{E})=12-1.935\times10^{-3}(2+2)\times10^{3}=4.26\ (\text{V})$$

（2）由于电路中没有旁路电容，电阻 R_{E} 要保留在发射极和公共地之间，将晶体管线性化后得到图 10.29 所示的微变等效电路。

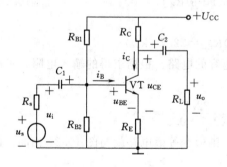

图 10.28 ［例 10.8］电路

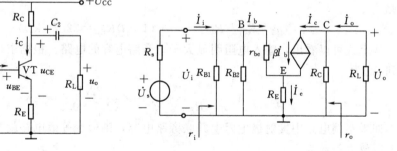

图 10.29 微变等效电路

（3）$r_{be}=200\Omega+(1+\beta)\dfrac{26(\text{mV})}{I_{E}(\text{mA})}=200+(1+80)\times\dfrac{26}{1.935}\ (\Omega)=1.288\ (\text{k}\Omega)$

1）电压放大倍数 A_{u}。因为输入电压 $\dot{U}_{i}$ 可以表示为晶体管输入电阻 r_{be} 上电压和发射极电阻 R_{E} 上电压之和，输出电压 $\dot{U}_{o}$ 是集电极电阻 R_{C} 和负载电阻 R_{L} 并联后总电阻上的电压，所以

$$\dot{U}_{i}=r_{be}\dot{I}_{b}+R_{E}\dot{I}_{e}=r_{be}\dot{I}_{b}+(1+\beta)R_{E}\dot{I}_{b}$$

$$\dot{U}_{o}=-(R_{C}//R_{L})\dot{I}_{c}=-\beta R'_{L}\dot{I}_{b}$$

式中，负号表示电流 i_{c} 和电压 u_{o} 方向相反，$R'_{L}=R_{C}//R_{L}$。则电压放大倍数 A_{u} 为

$$A_u = \frac{\dot{U}_o}{\dot{U}_i} = -\beta \frac{R'_L}{r_{be}+(1+\beta)R_E} \qquad (10.23)$$

则

$$A_u = -\beta \frac{R'_L}{r_{be}+(1+\beta)R_E} = -80 \times \frac{1}{1.288+(1+80)\times 2} \approx -0.49$$

可见，没有旁路电容会导致放大电路的放大倍数减小，所以，为了保证一定的放大倍数，并且还能有稳定的合适的静态工作点，需要在发射极并联旁路电容。

A_{us} 是输出电压相对于信号源的电压放大倍数，定义为

$$A_{us} = \frac{\dot{U}_o}{\dot{U}_s} = \frac{\dot{U}_o}{\dot{U}_i}\frac{\dot{U}_i}{\dot{U}_s} = A_u \frac{r_i}{r_i+R_S}$$

所以要想求 A_{us}，先求放大电路的输入电阻 r_i。

2）输入电阻 r_i。根据求等效电阻的定义

$$r_i = \frac{\dot{U}_i}{\dot{I}_i}$$

可知 $\dot{I}_i$ 是 $\dot{I}_b$ 与 R_{B1}、R_{B2} 并联电阻上电流的之和，把 $\dot{I}_i$ 用输入电压 $\dot{U}_i$ 表示如下

$$\dot{I}_i = \frac{\dot{U}_i}{R_{B1}//R_{B2}} + \dot{I}_b = \frac{\dot{U}_i}{R_{B1}//R_{B2}} + \frac{\dot{U}_i}{r_{be}+(1+\beta)R_E}$$

则

$$r_i = R_{B1}//R_{B2}//[r_{be}+(1+\beta)R_E] \qquad (10.24)$$

因此

$$r_i = R_{B1}//R_{B2}//[r_{be}+(1+\beta)R_E] = 22.7 \ (k\Omega)$$

从上式可以看出，输入电阻明显大于有旁路电容的电路。根据求得的输入电阻，可以得到 A_{us} 为

$$A_{us} = A_u \frac{r_i}{r_i+R_S} = -0.49 \times \frac{22.7}{22.7+0.5} = 0.48$$

如果本例电路中发射极电阻上并联旁路电容，则微变等效电路就与图 10.27 相同，此时电压放大倍数为

$$A_u = \frac{\dot{U}_o}{\dot{U}_i} = -\beta \frac{R'_L}{r_{be}} = -80 \times \frac{1}{1.288} = -62$$

可见发射极电阻上并联旁路电容 C_E 后，可使放大倍数大大增加。

3）输出电阻 r_o。根据求输出电阻的条件，首先把信号电压源短路，这样电流 $\dot{I}_b = 0$，从而 $\dot{I}_c = 0$，受控电流源相当于开路，把负载开路后，得到输出电阻为

$$r_o = R_C = 2k\Omega$$

通过对上面几种类型电路的分析，可以总结出分析晶体管放大电路的一般步骤：①根据电路的直流通路计算电路的静态值；②根据交流通路画出电路的微变等效电路；③根据微变等效电路，计算电路的动态性能指标，即电压放大倍数 A_u、输入电阻 r_i 和输出电

阻 r_o。

由［例10.8］可见，共发射极电路的发射极电阻 R_E 如果未并联旁路电容 C_E，将使电路的放大倍数下降（R_E 的存在实际上是引入了负反馈，反馈的概念将在后面介绍），它是以牺牲放大倍数为代价，换得稳定静态工作点、稳定放大倍数、提高输入电阻等优点。但是也可以通过改变发射极电阻的办法来调节电压放大倍数。如图10.30所示为电视机视频放大器的局部电路，它输入的是视频信号（图像信号），是共发射极电路，电源

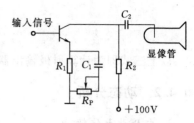

图 10.30　视频放大器实例

电压＋100V，通过调节电位器 R_P 改变发射极回路电阻（总阻抗），使放大倍数得到改变，从而调节图像的对比度（电容 C_1 不仅有旁路作用，还会在调节电位器 R_P 时不致影响静态工作点）。

10.4　射极输出器

根据输入、输出回路公共端的不同，晶体管电路可分为共发射极电路、共集电极电路和共基极电路，前面介绍的两种电路都属于共发射极电路，本节介绍共集电极电路。

图10.31所示为共集电极电路，从图中可以看出，共集电极电路是从基极输入信号，从发射极输出信号，所以，共集电极电路又称为射极输出器。图10.32（b）所示为射极输出器的交流通路，从交流通路可以看出集电极是输入信号和输出信号的公共端。

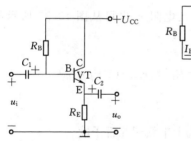

图 10.31　射极输出器

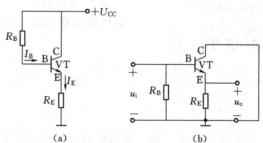

图 10.32　射极输出器的直流通路和交流通路
(a) 直流通路；(b) 交流通路

10.4.1　静态分析

图10.32（a）所示为图10.31所示射极输出器的直流通路。由于电阻 R_E 对静态工作点的自动调节作用，该电路的静态工作点基本稳定。

由直流通路可得

$$U_{CC} = R_B I_B + U_{BE} + R_E I_E$$

因此

$$I_E = I_B + I_C = (1 + \beta) I_B \tag{10.25}$$

$$I_B = \frac{U_{CC} - U_{BE}}{R_B + (1+\beta)R_E} \tag{10.26}$$

$$U_{CE} = U_{CC} - R_E I_E \tag{10.27}$$

以上三式即为计算射极输出器静态工作点的公式。

10.4.2　动态分析

1. 电压放大倍数 A_u

由图 10.32 (b) 可画出射极输出器的微变等效电路，如图 10.33 所示。根据电压放大倍数的定义可得出

$$A_u = \frac{\dot{U}_o}{\dot{U}_i} = \frac{R_E \dot{I}_{R_E}}{r_{be}\dot{I}_b + R_E \dot{I}_{R_E}} = \frac{R_E \dot{I}_e}{r_{be}\dot{I}_b + R_E \dot{I}_e} = \frac{(1+\beta)R_E \dot{I}_b}{r_{be}\dot{I}_b + (1+\beta)R_E \dot{I}_b}$$

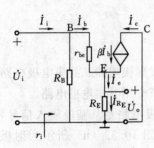

图 10.33　射极输出器的
微变等效电路

化简后得到

$$A_u = \frac{(1+\beta)R_E}{r_{be} + (1+\beta)R_E} \tag{10.28}$$

从式 (10.28) 可以看出，射极输出器的电压放大倍数 $A_u < 1$，没有电压放大作用。输出电压 u_o 和输入电压 u_i 相位相同。当 $(1+\beta) \gg r_{be}$ 时，$A_u \approx 1$，即输出电压 u_o 和输入电压 u_i 大小近似相等，因此射极输出器又称为射极电压跟随器。

2. 输入电阻 r_i

射极输出器的输入电阻 r_i 也可从图 10.33 所示的微变等效电路经过计算得出，即

$$r_i = \frac{\dot{U}_i}{\dot{I}_i} = \frac{\dot{U}_i}{\dfrac{\dot{U}_i}{R_B} + \dfrac{\dot{U}_i}{r_{be} + (1+\beta)R_E}} = R_B //[r_{be} + (1+\beta)R_E] \tag{10.29}$$

由式 (10.29) 可以看出，输入电阻较高，可达几十千欧到几百千欧。

以上所求的电压放大倍数 A_u、输入电阻 r_i 都是在放大电路不带负载的状态下求取的。如果电路带负载 R_L，同理可得出

电压放大倍数为

$$A_u = \frac{(1+\beta)R'_L}{r_{be} + (1+\beta)R'_L} \tag{10.30}$$

输入电阻为

$$r_i = R_B //[r_{be} + (1+\beta)R'_L] \tag{10.31}$$

在式 (10.30) 和式 (10.31) 中，$R'_L = R_E //R_L$。

3. 输出电阻 r_o

计算输出电阻的电路如图 10.34 所示，输入电压置零，根据输出电阻的定义有

$$r_o = \frac{\dot{U}_o}{\dot{I}_o}\Bigg|_{u_i=0,\,R_L=\infty}$$

$$r_o = \frac{\dot{U}_o}{\dot{I}_o} = \frac{\dot{U}_o}{\dot{I}_e + \dot{I}_{R_E}} = \frac{\dot{U}_o}{(1+\beta)\dot{I}_b + \dot{I}_{R_E}} = \frac{\dot{U}_o}{(1+\beta)\dfrac{\dot{U}_o}{r_{be}} + \dfrac{\dot{U}_o}{R_E}} = R_E // \frac{r_{be}}{1+\beta}$$

上式说明，射极电压跟随器的输出电阻比较小，一般 $R_E \gg \dfrac{r_{be}}{1+\beta}$，所以

$$r_o \approx \frac{r_{be}}{1+\beta} \approx \frac{r_{be}}{\beta} \tag{10.32}$$

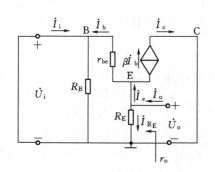

图 10.34　求取射极输出器输出电阻电路

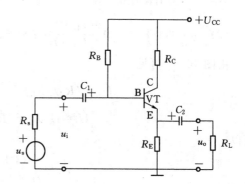

图 10.35　[例 10.9] 电路

【例 10.9】　电路如图 10.35 所示，已知 $U_{CC}=12V$，$R_S=1k\Omega$，$U_{BE}=0.7V$，$R_B=200k\Omega$，$R_C=1k\Omega$，$R_E=1.2k\Omega$，$R_L=1.8k\Omega$，$\beta=50$。试求：

(1) 电路的静态值。

(2) 画出电路的微变等效电路。

(3) 电路的电压放大倍数 A_u，输入电阻 r_i 和输出电阻 r_o。

(4) 若 u_s 的有效值 $U_S=200mV$，求 u_o 的有效值。

【解】　根据观察可以看出，图 10.35 所示电路与图 10.31 所示电路的共同点是：信号从基极输入，从发射极输出，是射极输出器。它们的不同点是：图 10.35 所示电路的输入是带内阻的电压源信号，输出端带负载 R_L，并且集电极带有电阻 R_C。因此，分析图 10.35 所示电路的方法和分析图 10.31 的方法相同，但是处理细节方面略有不同。

(1) 该电路的直流通路如图 10.36 所示。由直流通路可知

$$I_B = \frac{U_{CC}-U_{BE}}{R_B+(1+\beta)R_E} = \frac{12-0.7}{200+(1+50)\times1.2} \approx 46 \,(\mu A)$$

$$I_C = \beta I_B = 50\times46(\mu A) = 2.3 \,(mA)$$

$$U_{CE} = U_{CC} - (R_C + R_E)I_E = 12 - (1+1.2)\times2.3 = 6.9 \,(V)$$

可见，由于集电极带有电阻 R_C，集、射极间电压 U_{CE} 和 R_C 有关。

(2) 电路的微变等效电路如图 10.37 所示。

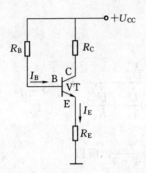

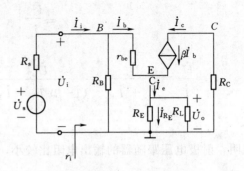

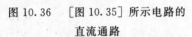

图 10.36 [图 10.35] 所示电路的
直流通路

图 10.37 [例 10.9] 微变等效电路

（3） $r_{be}=200+(1+\beta)\dfrac{26(mV)}{I_E(mA)}=200+(1+50)\times\dfrac{26}{2.3}=776（\Omega）$

由图 10.37 可见

$$\dot{U}_o=(R_E//R_L)\dot{I}_e=(R_E//R_L)(1+\beta)\dot{I}_b$$

$$\dot{U}_i=r_{be}\dot{I}_b+(R_E//R_L)(1+\beta)\dot{I}_b$$

所以

$$A_u=\frac{(1+\beta)R'_L}{r_{be}+(1+\beta)R'_L}\approx0.98$$

$$r_i=R_B//[r_{be}+(1+\beta)R'_L]\approx31.57（k\Omega）$$

求输出电阻时，信号源置零，即电压源 u_s 短路，并去掉负载，如图 10.38 所示，可见

$$\dot{U}_o=R_E\dot{I}_{R_E}=(r_{be}+R_B//R_S)\dot{I}_b$$

$$\dot{I}_o=\dot{I}_e+\dot{I}_{R_E}=(1+\beta)\dot{I}_b+\dot{I}_{R_E}$$

$$r_o=\frac{\dot{U}_o}{\dot{I}_o}=\frac{\dot{U}_o}{(1+\beta)\dfrac{\dot{U}_o}{r_{be}+(R_B//R_S)}+\dfrac{\dot{U}_o}{R_E}}=R_E//\frac{r_{be}+(R_B//R_S)}{1+\beta}\approx34（\Omega）$$

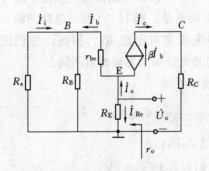

图 10.38 [例 10.9] 求
输出电阻电路

在此电路中，输入信号由晶体管的基极输入、输出信号由发射极取出，在交流通路中，集电极通过一个电阻接地，是共集电极组态。

电阻 R_C（阻值较小）主要是为了防止测试时不慎将 R_E 短路，造成电源电压 U_{CC} 全部加到晶体管的集电极与发射极之间，使集电结和发射结过载被烧坏而接入的，称为限流电阻。

（4） 当 $U_S=200mV$ 时，有

$$U_o=A_{us}U_s=A_u\frac{R_i}{R_i+R_S}U_s=0.98\times0.97\times200$$

$$=190（mV）$$

综上所述，射极输出器的特点是：电压放大倍数小于 1 而接近于 1，通常取 1；输出电压与输入电压同相位；输入电阻高 $r_i = R_B // [r_{be} + (1+\beta)R'_L]$，输出电阻低 $r_o \approx \dfrac{r_{be}}{1+\beta} \approx \dfrac{r_{be}}{\beta}$。

10.5　多级放大电路

大多数放大电路或系统需要把微弱的毫伏级或微伏级信号放大为具有足够大的输出电压或电流的信号去推动负载工作。而前面讨论的基本单元放大电路，其性能通常很难满足电路或系统的这种要求，因此，实际使用时需采用两级或两级以上的基本单元放大电路连接起来组成多级放大电路，以满足电路或系统的需要，如图 10.39 所示。通常把与信号源相连接的第一级放大电路称为输入级，与负载相连接的末级放大电路称为输出级，输出级与输入级之间的放大电路称为中间级。输入级与中间级的位置处于多级放大电路的前几级，故又称为前置级。前置级一般都属于小信号工作状态，主要进行电压放大；输出级属于大信号放大，以提供给负载足够大的信号，常采用功率放大电路。

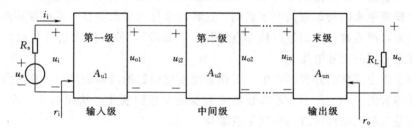

图 10.39　多级放大电路的组成框图

10.5.1　多级放大电路的级间耦合方式

多级放大电路各级间的连接方式称为耦合。耦合方式可分为阻容耦合、直接耦合和变压器耦合等。阻容耦合方式在分立元件多级放大电路中被广泛使用，放大缓慢变化的信号或直流信号则采用直接耦合的方式，变压器耦合由于频率响应不好、笨重、成本高、不能集成等缺点，在放大电路中的应用逐渐被淘汰。下面只介绍前两种级间耦合方式。

1. 阻容耦合

图 10.40 所示为两级阻容耦合共射极放大电路。阻容耦合又称为电容耦合，前一级和后一级之间通过电容 C_2 连接。这种耦合方式的优点是电路各级之间有相互独立的静态工作点，可以分别计算各自的静态工作点，方法和单级放大电路一样。不足之处是这种耦合方式不能传递直流信号或者是变化比较缓慢的信号，并且在集成电路中使用的大容量电容器很难制造。

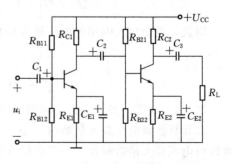

图 10.40　两级阻容耦合共射极放大电路

2. 直接耦合

直接耦合就是把前一级放大电路的输出端直接连接到下一级电路的输入端，如图 10.41 所示即为两级直接耦合放大电路。放大缓慢变化的信号（如热电偶测量炉温变化时送出的电压信号）或直流信号时，就不能采用阻容耦合方式的放大电路，而要采用直接耦合的放大电路。

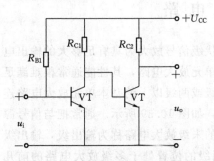

图 10.41 两级直接耦合放大电路

直接耦合方式可省去级间耦合元件，信号传输的损耗小，它不仅能放大交流信号，而且还能放大变化十分缓慢的信号，但由于级间为直接耦合，所以前后级之间的直流信号相互影响，使得多级放大电路的各级静态工作点不能独立，当某一级的静态工作点发生变化时，其前后级也将受到影响。例如，当工作温度或电源电压等外界因素发生变化时，直接耦合放大电路中各级静态工作点也将跟随变化，这种变化称为工作点漂移。值得注意的是，第一级的工作点漂移会随着信号传送至后级，并逐级被放大。这样一来，即便输入信号为零，输出电压也会偏离原来的初始值而上下波动，这种现象称为零点漂移。零点漂移将会造成有用信号的失真，严重时有用信号将被零点漂移所"淹没"，使人们无法辨认输出电压是漂移电压，还是有用的信号电压。

在引起工作点漂移的外界因素中，工作温度变化引起的漂移最严重，称为温漂。这主要是由于晶体管的 β、I_{CBO}、U_{BE} 等参数都随温度的变化而变化，从而引起工作点的变化。输入级采用差分放大电路可有效抑制零点漂移。

10.5.2 多级放大电路的参数

在图 10.39 所示多级放大电路的框图中，如果各级电压放大倍数分别为

$$A_{u1} = \frac{\dot{U}_{o1}}{\dot{U}_i}, \ A_{u2} = \frac{\dot{U}_{o2}}{\dot{U}_{i2}}, \ \cdots, \ A_{un} = \frac{\dot{U}_o}{\dot{U}_{in}}$$

信号是逐级被传送放大的，前级的输出电压便是后级的输入电压，即

$$\dot{U}_{o1} = \dot{U}_{i2}, \ \dot{U}_{o2} = \dot{U}_{i3}, \ \cdots, \ \dot{U}_{o(n-1)} = \dot{U}_{in}$$

因此，整个放大电路的电压放大倍数为

$$A_u = \frac{\dot{U}_o}{\dot{U}_i} = \frac{\dot{U}_{o1}}{\dot{U}_i} \frac{\dot{U}_{o2}}{\dot{U}_{i2}} \cdots \frac{\dot{U}_o}{\dot{U}_{in}} = A_{u1} A_{u2} \cdots A_{un} \tag{10.33}$$

式（10.33）表明，多级放大电路的电压放大倍数等于各级电压放大倍数的乘积。

在计算各级电压放大倍数时，必须要考虑到后级的输入电阻对前级的负载效应。即计算每级电压放大倍数时，下一级的输入电阻应作为上一级的负载来考虑。

多级放大电路的输入电阻一般是输入级（第一级）的输入电阻，即 $r_i = r_{i1}$。

多级放大电路的输出电阻就是输出级（末级）的输出电阻，即 $r_o = r_{on}$。

【例 10.10】 两级放大电路如图 10.42 所示。已知 $U_{CC} = 12V$，$R_S = 100\Omega$，$\beta_1 = 60$，$R_{B1} = 200k\Omega$，$R_{E1} = 2k\Omega$，$R'_{B1} = 20k\Omega$，$R'_{B2} = 10k\Omega$，$R_{C2} = 2k\Omega$，$R_{E2} = 2k\Omega$，$\beta_2 = 37.5$，$R_L = 6k\Omega$。试求：

(1) 前后级放大电路的静态值。

(2) 放大电路的输入电阻 r_i 和输出电阻 r_o。

(3) 各级电压放大倍数 A_{u1}，A_{u2} 及两级电压放大倍数 A_u。

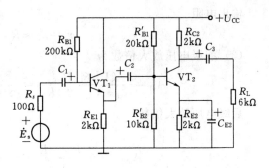

图 10.42 两级阻容耦合放大电路

【解】

(1) 前级静态值为

$$I_{B1} = \frac{U_{CC} - U_{BE1}}{R_{B1} + (1+\beta_1)R_{E1}} = \frac{12 - 0.6}{200 \times 10^3 + (1+60) \times 2 \times 10^3} \text{ (A)} \approx 0.035 \text{ (mA)}$$

$$I_{C1} \approx I_{E1} = (1+\beta_1)I_{B1} = (1+60) \times 0.035 = 2.14 \text{ (mA)}$$

$$U_{CE1} = U_{CC} - R_{E1}I_{E1} = 12 - 2 \times 10^3 \times 2.14 \times 10^{-3} = 7.72 \text{ (V)}$$

后级静态值为

$$V_{B2} = \frac{R'_{B2}}{R'_{B1} + R'_{B2}}U_{CC} = \frac{10}{20+10} \times 12 = 4 \text{ (V)}$$

$$I_{C2} \approx I_{E2} = \frac{V_{B2} - U_{BE2}}{R_{E2}} = \frac{4 - 0.6}{2 \times 10^3} \text{ (A)} = 1.7 \text{ (mA)}$$

$$I_{B2} = \frac{I_{C2}}{\beta_2} = \frac{1.7}{37.5} = 0.045 \text{ (mA)}$$

$$U_{CE2} = U_{CC} - I_{C2}(R_{C2} + R_{E2}) = 12 - 1.7 \times 10^{-3}(2+2) \times 10^3 = 5.2 \text{ (V)}$$

(2) 放大电路的输入电阻为

$$r_i = r_{i1} = R_{B1} // [r_{be1} + (1+\beta_1)R'_{L1}]$$

式中

$$R'_{L1} = R_{E1} // r_{i2}$$

为前级的负载电阻，其中 r_{i2} 为后级的输入电阻，而

$$r_{be2} = 200 + (1+\beta_2)\frac{26(\text{mV})}{I_{E2}(\text{mA})} = 200 + (1+37.5) \times \frac{26}{1.7} \text{ (}\Omega\text{)} = 0.79 \text{ (k}\Omega\text{)}$$

$$r_{i2} = R'_{B1} // R'_{B2} // r_{be2} \approx r_{be2} = 0.79(\text{k}\Omega)$$

于是

$$R'_{L1} = R_{E1} // r_{i2} = 0.57 \text{ (k}\Omega\text{)}$$

又由于

$$r_{be1} = 200 + (1+\beta_1)\frac{26(\text{mV})}{I_{E1}(\text{mA})} = 200 + (1+60) \times \frac{26}{2.14} \text{ (}\Omega\text{)} = 0.94 \text{ (k}\Omega\text{)}$$

于是得出

$$r_i = r_{i1} = R_{B1} // [r_{be1} + (1+\beta_1)R'_{L1}] = 30.3 \text{ (k}\Omega\text{)}$$

输出电阻

$$r_o = r_{o2} \approx R_{C2} = 2 \ (\text{k}\Omega)$$

（3）前级电压放大倍数为

$$A_{u1} = \frac{(1+\beta_1)R'_{L1}}{r_{be1} + (1+\beta_1)R'_{L1}} = \frac{(1+60) \times 0.57}{0.94 + (1+60) \times 0.57} \approx 0.98$$

后级电压放大倍数

$$A_{u2} = -\beta_2 \frac{R_{C2} /\!/ R_L}{r_{be2}} = -37.5 \times \frac{\dfrac{2 \times 6}{2+6}}{0.79} = -71.2$$

两级电压放大倍数

$$A_u = A_{u1} \times A_{u2} = 0.98 \times (-71.2) = -69.8$$

可见，输入级采用射极输出器后，放大电路的输入电阻提高了很多。

*10.6　功率放大电路

功率放大电路与电压放大电路一样，都是以晶体管为核心组成的放大电路。不同之处在于，电压放大电路的主要任务是把微弱的电压信号的幅度加以放大，然后输出较大的电压信号；而功率放大电路的主要任务是既能输出较大的电压信号，又能输出较大的电流信号，以保证一定的功率输出，驱动负载（扬声器、继电器、电动机等）。

10.6.1　功率放大电路概述

1. 功率放大电路的特点

一个放大器常常由电压放大电路和功率放大器组成，如图 10.43 所示。

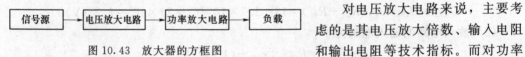

图 10.43　放大器的方框图

对电压放大电路来说，主要考虑的是其电压放大倍数、输入电阻和输出电阻等技术指标。而对功率放大电路来说，主要考虑的是输出功率，而且由于输出功率较大，所以效率也是功率放大电路的重要技术指标。

（1）输出功率尽可能大。为了获得足够大的输出功率，要求功放管的电压和电流都要有足够大的输出幅度，因此，功放管常常工作在接近极限的状态下，但又不超过其极限参数 $U_{(BR)CEO}$、I_{CM}、P_{CM}。

（2）效率要高。效率是指在不失真情况下功率放大电路输出的最大功率 P_{om} 与电源输出的直流功率 P_E 之比，用 η 表示。

$$\eta = \frac{P_{om}}{P_E} \times 100\% \tag{10.34}$$

显然功率放大电路的效率越高越好。

（3）非线性失真要小。由于功率放大电路工作在大信号状态下，不可避免地会产生非线性失真，而且同一功率管输出功率越大，非线性失真越严重，这使得输出功率与非线性失真存在矛盾。在实际功放电路中，需要根据非线性失真的要求确定其输出功率。

（4）要考虑功率管的散热和保护问题。由于功放管要承受高电压和大电流，为保护功放管，使用时必须安装合适的散热片，并要考虑过电压和过电流的保护措施。

另外，在分析方法上，由于功放管工作于大信号状态，不能采用小信号状态下的微变等效电路分析法，而应采用图解法。

2. 功率放大电路的分类

按照功放管在一个信号周期内导通的时间不同，功率放大器可分为甲类、乙类和甲乙类三种。

（1）甲类功率放大器。如图 10.44（a）所示，静态工作点 Q 设在负载线中点附近，功放管在输入信号的整个周期内均导通，波形无失真。但由于静态电流 I_C 大，故管耗大，放大器效率低。

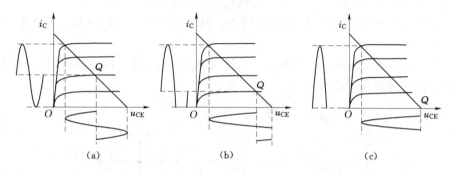

图 10.44 功率放大器的分类
(a) 甲类；(b) 甲乙类；(c) 乙类

（2）乙类功率放大器。如图 10.44（c）所示，静态工作点 Q 设在截止区的边缘上，功放管在输入信号的正（或负）半个周期内导通，非线性失真严重。但由于静态电流 $I_C \approx 0$，故管耗小，放大器效率高。

（3）甲乙类功率放大器。如图 10.44（b）所示，静态工作点 Q 介于甲类和乙类之间，功放管在输入信号的一个周期内有半个以上的周期导通。非线性失真和效率介于甲类和乙类之间。

由以上分析可知，乙类功率放大器的效率最高，甲乙类其次，甲类最低。虽然乙类和甲乙类功放电路效率较高，但波形失真严重。为了解决这一问题，可以采用互补对称功率放大电路，它既能提高效率，又能减小信号波形的失真。

10.6.2 互补对称放大电路

互补对称放大电路是集成功率放大电路输出级的基本形式。当它通过容量较大的电容与负载耦合时，由于省去了变压器而被称为无输出变压器（Output Transformerless）电路，简称 OTL 电路。若互补对称电路直接与负载相连，输出电容也省去，就成为无输出电容（Output Capacitorless）电路，简称 OCL 电路。

OTL 电路采用单电源供电，OCL 电路采用双电源供电。

1. OTL 功放电路

图 10.45 所示为 OTL 功放电路。VT_1、VT_2 特性基本相同，VT_1 为 NPN 管，VT_2

为 PNP 管，两管均接成射极输出器，输出端有大电容，单电源供电。

在静态时，调节 R_3，使 A 点的电位为 $\frac{1}{2}U_{CC}$，输出耦合电容 C_L 上的电压即为 A 点和"地"之间的电位差，也等于 $\frac{1}{2}U_{CC}$；并获得合适的 $U_{B_1 B_2}$（即 R_1 和 VD_1、VD_2 串联电路上的电压），使 VT_1、VT_2 两管工作于甲乙类状态。

当输入交流信号 u_i 时，在它的正半周，VT_1 导通，VT_2 截止，电流 i_{C1} 的通路如图 10.45 中实线所示；在 u_i 的负半周，VT_1 截止，VT_2 导通，电容 C_L 放电，电流 i_{C2} 的通路如图 10.45 中虚线所示。

由以上分析可见，在输入正弦信号 u_i 的一个周期内，电流 i_{C1} 和 i_{C2} 以正反不同的方向轮流通过负载电阻 R_L，在 R_L 上合成一个完整的正弦输出电压 u_o。

为了使输出波形对称，在 C_L 放电过程中，其上电压不能下降过多，因此 C_L 的容量必须足够大。

由于静态时两管的集电极电流很小，故其功率损耗也很小，因而提高了效率。可以证明，这种电路的最高理论效率为 78.5%。

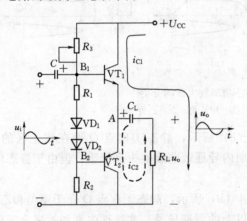 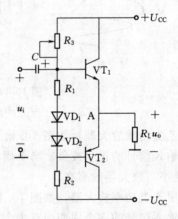

图 10.45　OTL 功率放大电路　　　图 10.46　OCL 功率放大电路

2. OCL 功放电路

图 10.46 所示为 OCL 功放电路。上述 OTL 互补对称放大电路中，由于采用大容量的极性电容器 C_L 与负载耦合的，因而影响低频性能和无法实现集成化。为此，可去掉电容 C_L 加上一个负电源给 VT_2 管供电，OCL 电路为双电源供电。

图 10.46 所示的功放电路工作在甲乙类状态。由于电路对称，静态时两管的电流相等，负载电阻 R_L 中无电流流过，即两管的发射极电位 $V_A = 0$。

当有信号输入时，两管轮流导通，其工作情况与 OTL 电路基本相同。

10.6.3　复合管

互补对称功率放大电路要求有一对特性相同、类型分别为 NPN 与 PNP 型的晶体管，在电路的输出功率比较大时，满足上述要求的一对晶体管是很难找到的，电路中通常采用复合管。如图 10.47（a）、（b）所示分别为两种结构的复合管，在图 10.47（a）所示电路中构成复合管的两个晶体管均为 NPN 型，晶体管 VT_1 基极电流的方向是流入，依此类推可以确定复合管三个电极的电流方向，由复合管三个电极的电流方向可以确定复合管的类型为 NPN 型。在图 10.47（b）所示电路中构成复合管的两个晶体管类型不同，晶体管 VT_1 是 PNP 型管，晶体管 VT_2 是 NPN 型管，晶体管 VT_1 基极电流的方向是流出，依此类推可以确定复合管三个电极的电流方向，由这三个电极的电流方向可以确定复合管的类型为 PNP 型。由此可见，复合管的类型是由前面那个晶体管 VT_1 的类型决定的，晶体管 VT_1 是 NPN 型，复合管就是 NPN 型，晶体管 VT_1 是 PNP 型，复合管就是 PNP 型。

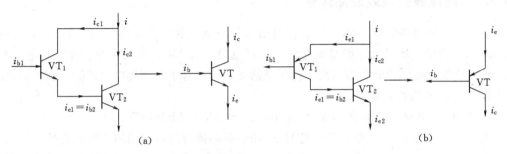

图 10.47　复合管

（a）NPN 复合管；（b）PNP 复合管

由图 10.47（a）可以看出，复合管的基极电流就是晶体管 VT_1 的基极电流，即 $i_b = i_{b1}$，晶体管 VT_2 的基极电流就是晶体管 VT_1 的发射极电流，即 $i_{b2} = i_{e1}$，则复合管的集电极电流为

$$i_c = i_{c1} + i_{c2} = \beta_1 i_{b1} + \beta_2 i_{b2} = \beta_1 i_{b1} + \beta_2 i_{e1} = \beta_1 i_{b1} + \beta_2 (1 + \beta_1) i_{b1} = (\beta_1 + \beta_2 + \beta_1 \beta_2) i_b$$

式中，$\beta_1 + \beta_2 \ll \beta_1 \beta_2$，则复合管的电流放大倍数为

$$\beta = \frac{i_c}{i_b} \approx \beta_1 \beta_2 \tag{10.35}$$

目前，我国已制造出中、小功率的集成功率放大器，而且应用越来越广泛，将逐步取代分立元件的功放电路。有关集成功率放大器的使用方法，可查阅集成电路手册。

10.7　场效应晶体管及其放大电路

场效应晶体管 FET（Field Effect Transistor）是 20 世纪 60 年代才出现的半导体器件，同样是信号放大器件，场效应晶体管也能够将输入的微小信号放大后输出，由于场效应晶体管的制造工艺与晶体管不同，所以场效应晶体管的工作原理也与晶体管不同。晶体管的微变等效模型是一个电流控制电流源，在晶体管正常工作时，信号源需要向晶体管提供一个信号电流，晶体管将接收到的电流信号放大后输出，电路的输出信号是电流信号；同时晶体管放大电路具有比较高的电压放大倍数，但是由晶体管构成的放大电路等效输入电阻比较低，仅有 $10^2 \sim 10^4 \Omega$。场效应晶体管的微变等效模型是一个电压控制电流源，在场效应晶体管正常工作时，信号源并不向场效应晶体管提供输入电流，而是只提供一个信号电压，场效应晶体管将接收到的电压信号放大后输出，放大电路的输出信号是电流信号。与晶体管相比较，场效应晶体管的制造工艺简单，使用的硅片面积小，场效应晶体管放大电路的等效输入电阻高，可高达 $10^9 \sim 10^{14}\,\Omega$，但是电路的工作频率低于晶体管放大电路。此外，场效应晶体管还具有其他优点，所以现在已被广泛应用于放大电路和数字电路中。

场效应晶体管按照内部结构分为结型场效应晶体管和绝缘栅型场效应晶体管，本书只介绍绝缘栅型场效应晶体管。

10.7.1　绝缘栅型场效应晶体管

由于绝缘栅型场效应晶体管的结构是由金属—氧化物—半导体（Metal Oxide Semiconductor）构成，所以绝缘栅型场效应晶体管也简称为 MOS 场效应管。按照制造工艺，绝缘栅型场效应晶体管分为增强型与耗尽型两类，按照管子内部导电沟道的类别，场效应晶体管又分为 N 沟道管和 P 沟道管。

1. 增强型 MOS 场效应晶体管（Enhancement Mode MOSFET）

如图 10.48 所示为 N 沟道增强型 MOS 场效应晶体管的内部结构及图形符号。

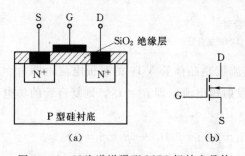

图 10.48　N 沟道增强型 MOS 场效应晶体管的内部结构及其符号

(a) 场效应晶体管内部结构；
(b) N 沟道管图形符号

N 沟道增强型 MOS 场效应晶体管的内部结构是在 P 型半导体衬底上分别做出两个高浓度掺杂的 N^+ 杂质区，在硅片表面上覆盖了一层很薄的 SiO_2 绝缘层，在二氧化硅薄膜表面及两个 N^+ 区分别连接了 MOS 场效应晶体管的三个电极：源极 S（Source）、漏极 D（Drain）和栅极 G（Grid）。其中栅极与源极和漏极之间由 SiO_2 薄膜隔开，相互之间不导通，所以 MOS 场效应晶体管的栅极没有电流流入，而栅极电流 $I_G = 0$，栅极与源极之间的等效栅—源电阻 R_{GS} 很高，最高可达 $10^{14}\,\Omega$。

（1）工作原理。由如图 10.48 所示 N 沟道增强型 MOS 场效应晶体管的内部结构可以看出，在两个 N^+ 区源极与漏极之间是由 P 型半导体衬底隔开，源极区与漏极区之间有两个 PN 结，不论在 MOS 场效应晶体管的源极与漏极之间所加的电压极性如何，这两个 PN 结中总有一个是反向偏置，反向偏置的 PN 结阻断电流的通路，这时场效应晶体管不导通，也没有信号放大能力。

在增强型场效应晶体管的栅极与源极之间加上栅—源电压 U_{GS}，当 $U_{GS} > 0$ 时，在 SiO_2 绝缘层与 P 型衬底之间就产生了垂直于衬底表面的电场，这个电场的作用力将吸引 P 型衬底中的少数载流子（自由电子）向栅极下方运动，当栅—源电压 U_{GS} 增大时，这个电场的作用力增大，被电场力吸引到栅极的自由电子数增加，当栅—源电压 U_{GS} 增大到某个临界值 $U_{GS(th)}$ 时，栅极的 SiO_2 绝缘层下聚集了足够多的自由电子，使得栅极下出现了一个特殊的区域，如图 10.49 所示，在这个特殊的区域中自由电子数多，而空穴数少，区域呈现出 N 型半导体的特征，这个出现在 P 型衬底中的 N 型区域称为反型层。由于反型层将源极 S 与漏极 D 这两个 N^+ 区域连接了起来，使得电流能够通过，所以反型层也称为导电沟道，使反型层出现的临界电压 $U_{GS(th)}$ 称为开启电压，只有在 $U_{GS} > U_{GS(th)}$ 的条件下，增强型场效应晶体管中才会出现反型层，才会允许电流流过。如果反型层是 N 型半导体，导电沟道就称为 N 沟道，相应的场效应晶体管就称为 N 沟道管。反之，如果场效应晶体管的衬底是 N 型半导体，反型层是 P 型半导体，则该场效应晶体管就称为 P 沟道管。

由反型层的形成机理可以知道，栅—源电压 U_{GS} 数值的大小决定了 MOS 管中是否能够出现导电沟道，当 $U_{GS} < U_{GS(th)}$ 时，栅极下方没有导电沟道，也就没有电流通过 MOS 管，MOS 管也没有信号放大能力；当 $U_{GS} > U_{GS(th)}$ 后，MOS 管中的导电沟道出现并连通了 MOS 管的漏极与源极，这时电流才可以通过 MOS 管。栅—源电压 U_{GS} 越大，导电沟道越宽，允许通过的电流数值也越大，MOS 场效应晶体管输出电流的数值就大；反之，输出电流的数值就比较小。

MOS 场效应晶体管的导电沟道还受漏—源电压 U_{DS} 的影响，在正向 U_{DS} 的影响下，反型层中的自由电子在漏极高电位的吸引下向漏极漂移，使得反型层中出现了一个耗尽层，这时导电沟道的形状在漏极处开始变窄，U_{DS} 数值增大，反型层中被吸引走的自由电子数越多，导电沟道在漏极处变得越窄，U_{DS} 继续增大直至导电沟道在漏极处出现夹断，如图 10.50 所示。导电沟道在漏极处出现的夹断称为预夹断，预夹断出现前导电沟道的电阻比较小，沟道内允许流过的电流数值比较大，预夹断出现后，导电沟道内原来是反型层的地方现在由耗尽层替代，这时导电沟道的电阻开始增大；U_{DS} 数值越大，导电沟道的夹断区越向源极扩展，沟道电阻的数值也就越大。在 MOS 场效应晶体管中，当导电沟道出现预夹断后，沟道电阻数值的增加随 U_{DS} 的增加同比率变化，因此在预夹断出现后，导电沟道中的电流出现恒流特征，漏极电流 I_D 不随 U_{DS} 的增大而增大。

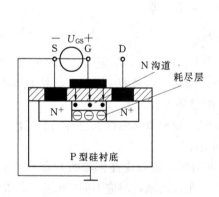

图 10.49 N 沟道增强型 MOS 场效应晶体管导电沟道的形成

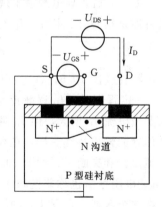

图 10.50 N 沟道增强型 MOS 场效应晶体管的导通

由 MOS 场效应晶体管的工作原理可知，场效应晶体管的输入信号是 U_{GS}，输入电压 U_{GS} 的大小决定导电沟道是否出现及导电沟道的宽度，U_{GS} 越大，栅极下方的导电沟道就越宽，允许通过的电流数值越大。场效应晶体管的输出信号是 I_D，I_D 由漏极经导电沟道流向源极，在场效应晶体管中，漏极电流与源极电流数值相等，即 $I_D = I_S$。I_D 变化的规律是由 U_{DS} 大小来决定的，当 U_{DS} 较小时，I_D 随 U_{DS} 的增大而线性增大；当 U_{DS} 增大到一定程度时，I_D 的增幅减小，出现饱和特性；当 U_{DS} 的数值增大到使导电沟道出现预夹断后，U_{DS} 的数值再增大，I_D 将基本恒定，不随 U_{DS} 而变，所以出现预夹断后场效应晶体管的电路模型是电流源。

（2）特性曲线。场效应晶体管的特性曲线分为转移特性曲线和输出特性曲线，这两个特性分别反映了场效应晶体管的电压与电流之间的关系，如图 10.51 所示。

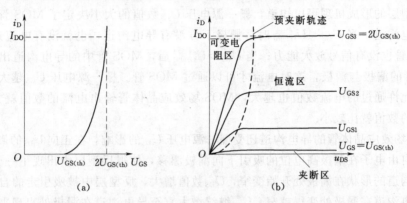

图 10.51　N 沟道增强型 MOS 场效应晶体管的特性曲线

（a）转移特性；（b）输出特性

转移特性是指 U_{DS} 一定时，I_D 与 U_{GS} 之间的关系，即

$$I_D = f(U_{GS}) \big|_{U_{DS}=常数} \tag{10.36}$$

由转移特性［图 10.51（a）］可以看出，当 $U_{GS} < U_{GS(th)}$ 时，导电沟道没有开启，$I_D = 0$，当 $U_{GS} > U_{GS(th)}$ 后，导电沟道出现，I_D 随着 U_{GS} 的增大而增大。

输出特性是指 U_{GS} 一定时，I_D 与 U_{DS} 之间的关系，即

$$I_D = f(U_{DS}) \big|_{U_{GS}=常数} \tag{10.37}$$

由输出特性［图 10.51（b）］可以看出，当 U_{DS} 较小时，I_D 随 U_{DS} 的增大而线性增大；当 U_{DS} 大到一定程度时，I_D 逐渐转入恒流状态；当输入信号 U_{GS} 增大时，导电沟道宽度增大，输出漏极电流 I_D 增大，但 I_D 随 U_{DS} 变化的趋势不变。

与晶体管的输出特性一样，在场效应晶体管的输出特性曲线上也有三个工作区：可变电阻区、恒流区和夹断区，如图 10.51（b）所示。

1）可变电阻区（也称非饱和区）在可变电阻区，场效应晶体管的 $U_{GS} > 0$，但 U_{DS} 数值很小，在这个区域，I_D 随 U_{DS} 的增大而增大。在这区域，对应不同的 U_{GS}，I_D 曲线的斜率不同，对应于导电沟道等效电阻的阻值不同，这时的场效应晶体管相当于一个受 U_{GS} 控制的可变电阻。

2）恒流区（也称饱和区）。在恒流区，$U_{GS} > U_{GS(th)}$，I_D 呈现恒流特性，当 U_{DS} 变化时 I_D 基本不变。如果增加输入电压 U_{GS}，导电沟道宽度增大，I_D 曲线平行向上移动。

3）夹断区。在夹断区，$U_{GS} < U_{GS(th)}$，栅极与源极之间的导电沟道被夹断，$I_D \approx 0$，场效应晶体管在截止状态。

如图 10.52 所示，是 P 沟道增强型 MOS 场效应晶体管的结构示意图。它的工作原理与前一种相似，只是要调换电源的极性，电流的方向也相反。

2. 耗尽型 MOS 场效应晶体管（Depletion Mode MOSFET）

耗尽型 MOS 场效应晶体管在制造时，在 SiO_2 绝缘层中掺入了大量的正离子，由掺入 SiO_2 薄膜的正离子所产生的电场力就可以吸引足够多的自由电子在栅极下方形成反型层，所以耗尽型 MOS 场效应晶体管在 $U_{GS}=0$ 时存在原始导电沟道，如果 $U_{DS}\neq0$，$I_D\neq0$，图 10.53 所示为耗尽型 MOS 场效应晶体管的内部结构、图形符号及特性曲线。

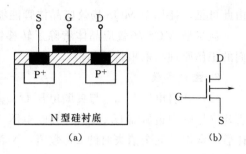

图 10.52 P 沟道增强型 MOS 场效应晶体管的结构及其符号

(a) 场效应晶体管内部结构；(b) 图形符号

由耗尽型 MOS 场效应晶体管的转移特性可以看出，在 $U_{GS}=0$ 时，$I_D=I_{DSS}$，I_{DSS} 称为场效应晶体管的漏极饱和电流；当 $U_{GS}>0$ 时，$I_D>I_{DSS}$；当 $U_{GS(off)}<U_{GS}<0$ 时，$0<I_D<I_{DSS}$；当 $U_{GS}=U_{GS(off)}$ 时，导电沟道消失，$I_D=0$，$U_{GS(off)}$ 称为夹断电压。

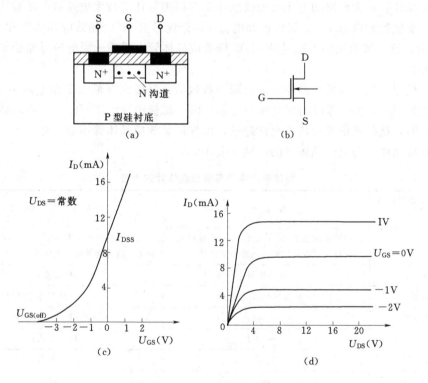

图 10.53 沟道耗尽型场效应晶体管

(a) 内部结构；(b) 图形符号；(c) 转移特性；(d) 输出特性

从增强型 MOS 场效应晶体管与耗尽型 MOS 场效应晶体管的转移特性可以看出：增强型 MOS 场效应晶体管仅在 $U_{GS}>U_{GS(off)}>0$ 时导通；也就是说，增强型场效应晶体管仅在栅极控制电压是正值且大于开启电压时导通；而耗尽型 MOS 场效应晶体管的栅极控制电压可以是零值，也可以是正值或负值，只要 $U_{GS}>U_{GS(off)}$ 时，场效应晶体管就可以导通，由此可见，耗尽型 MOS 场效应晶体管能够适应较宽变化范围的输入信号。

耗尽型 MOS 场效应晶体管除了转移特性与增强型 MOS 场效应晶体管不一样外，它们的工作原理与输出特性相似。

3. 主要参数

（1）开启电压 $U_{GS(th)}$ 与夹断电压 $U_{GS(off)}$。开启电压 $U_{GS(th)}$ 是增强型 MOS 场效应晶体管建立导电沟道所需 U_{GS} 数值，夹断电压（Pinch—Off Voltage）是耗尽型 MOS 场效应晶体管导电沟道完全消失时的 U_{GS} 数值，N 沟道 MOS 场效应晶体管的开启电压 $U_{GS(th)}>0$，夹断电压 $U_{GS(off)}<0$。

（2）跨导 g_m。跨导（Transconductance）是在 U_{DS} 一定时，漏极电流变化量与栅—源电压变化量的比值，即

$$g_m = \frac{\Delta I_D}{\Delta U_{GS}}\bigg|_{U_{DS}=常数} \tag{10.38}$$

跨导 g_m 的单位是电导的单位（西门子，S），跨导 g_m 的数值反映了场效应晶体管的放大能力，由于场效应晶体管的跨导 g_m 数值小于双极型晶体管的电流放大倍数 β 值，所以场效应晶体管放大电路的电压放大倍数小于双极型晶体管放大电路的电压放大倍数。

（3）漏极饱和电流 I_{DSS}。漏极饱和电流 I_{DSS} 是耗尽型 MOS 场效应晶体管在 $U_{GS}=0$ 时 I_D 的数值，这个数值反映了耗尽型 MOS 场效应晶体管在零栅—源电压时原始导电沟道的导电能力。

（4）极限参数。场效应晶体管的极限参数包括：漏极允许最大工作电流 I_{DM}、漏极最大耗散功率 P_{DM}、栅—源极击穿电压 $U_{(BR)GS}$、漏—源极击穿电压 $U_{(BR)DS}$。在场效应晶体管正常工作时，这些极限参数均不允许超过，以保证场效应晶体管不被损坏。

场效应晶体管与双极晶体管的区别见表 10.2。

表 10.2　场效应晶体管与双极晶体管的比较

器件名称 项　目	双 极 晶 体 管	场 效 应 晶 体 管
载流子	两种不同极性的载流子（电子与空穴）同时参与导电，故称为双极型晶体管	只有一种极性的载流子（电子或空穴）参与导电，故称为单极型晶体管
控制方式	电流控制	电压控制
类型	NPN 型和 PNP 型两种	N 沟道和 P 沟道两种
放大参数	$\beta=30\sim300$	$g_m=1\sim5$ （mA/V）
输入电阻	$10^2\sim10^4\ \Omega$	$10^7\sim10^{14}\ \Omega$
输出电阻	r_{ce} 很高	r_{ds} 很高
热稳定性	差	好
制造工艺	较复杂	简单，成本低
对应极	基极—栅极，发射极—源极，集电极—漏极	

*10.7.2　场效应晶体管放大电路

由于场效应晶体管具有高输入电阻的特点，它适用于作为多级放大电路的输入级，尤

其对高内阻信号源，采用场效应晶体管才能有效地放大。

场效应晶体管与双极晶体管均为放大元件，场效应晶体管的外特性也与双极晶体管的外特性相似，所以场效应晶体管放大电路的结构及分析方法与双极晶体管放大电路的相似。在双极晶体管放大电路中必须设置合适的静态工作点，否则将造成输出信号的失真。同理，场效应晶体管放大电路也必须设置合适的工作点。

图 10.54 所示为场效应晶体管的分压式偏置共源极放大电路，图中 R_G、R_{G1}、R_{G2} 是栅极偏置电阻，其中 $R_G \gg R_{G1}$ 与 R_{G2}，R_S 是源极电阻，R_D 是漏极电阻，C_S 是源极旁路电容，C_1、C_2 是耦合电容，U_{DD} 是电源电压。

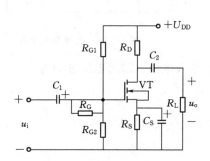

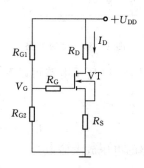

图 10.54　分压式偏置共源极放大电路　　　图 10.55　图 10.54 的直流通路

1. 静态分析

由于 MOS 场效应晶体管的栅极电流为零，所以图 10.55 所示电路中场效应晶体管的栅极电位为

$$V_G = \frac{R_{G2}}{R_{G1} + R_{G2}} U_{DD} \tag{10.39}$$

则栅—源电压为

$$U_{GS} = V_G - V_S = \frac{R_{G2}}{R_{G1} + R_{G2}} U_{DD} - R_S I_D$$

增强型场效应晶体管在恒流区的转移特性可以表示为

$$I_D = K(U_{GS} - U_{GS(th)})^2$$

式中，K 为常数，由场效应晶体管的结构决定，如果已知场效应晶体管的转移特性，可以通过开启电压 $U_{GS(th)}$ 和特性曲线上任一点的 U_{GS} 与 I_D 的数值估算出 K 值的大小。

综上所述，电路静态工作点的计算公式为

$$I_D = K(U_{GS} - U_{GS(th)})^2 \tag{10.40}$$

$$U_{GS} = \frac{R_{G2}}{R_{G1} + R_{G2}} U_{DD} - R_S I_D \tag{10.41}$$

$$U_{DS} = U_{DD} - (R_D + R_S) I_D \tag{10.42}$$

2. 动态分析

图 10.56 所示电路为图 10.54 所示电路的交流通路。MOS 场效应晶体管的微变等效电路是电压控制电流源，其中受控源的控制量是输入信号 $\dot{U}_{gs}$，受控源的输出信号是漏极

电流 $\dot{I}_D = g_m \dot{U}_{gs}$，分压式偏置共源极放大电路的微变等效电路如图 10.57 所示，根据微变等效电路可以计算电路的动态参数。

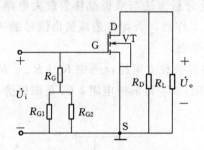

图 10.56　交流通路

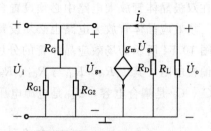

图 10.57　微变等效电路

由如图 10.57 所示电路可以看出，电路的输入电压、输出电压分别为

$$\dot{U}_i = \dot{U}_{gs}$$

$$\dot{U}_o = -(R_D // R_L)\dot{I}_d = -g_m \dot{U}_{gs} R'_L$$

则电路的电压放大倍数为

$$A_u = \frac{\dot{U}_o}{\dot{U}_i} = \frac{-g_m R'_L \dot{U}_{gs}}{\dot{U}_{gs}} = -g_m R'_L \qquad (10.43)$$

电路的等效输入电阻为

$$r_i = R_G + R_{G1} // R_{G2} \qquad (10.44)$$

电路的等效输出电阻为

$$r_o = R_D \qquad (10.45)$$

图 10.58　源极输出器

图 10.58 所示为源极输出器的放大电路，它和双极晶体管的射极输出器一样，具有电压放大倍数小于但接近于 1，输入电阻高和输出电阻低等优点。

场效应晶体管放大电路与双极晶体管放大电路的比较：

（1）由于 MOS 场效应晶体管的跨导 g_m 数值较小，所以场效应晶体管放大电路的电压放大倍数比较低。

（2）由于 MOS 场效应晶体管的栅极电流 $i_d = 0$，所以场效应晶体管放大电路不从信号源取信号电流，信号源只需提供一个信号电压，放大电路就可以将信号放大后输出。

（3）偏置电阻 R_G 是一个兆欧级的高阻值电阻，由于没有直流电流流过电阻 R_G，所以 R_G 对放大电路的静态工作点没有影响，但是电阻 R_G 存在于放大电路的微变等效电路中，由式（10.44）可以看出，电阻 R_G 的存在将大大提高场效应晶体管放大电路的等效输入电阻，比较高的输入电阻还可以减小信号电压在信号源内阻上的损失，MOS 场效应晶体管放大电路的输入电阻要比晶体管放大电路的输入电阻高很多。

（4）由于 MOS 场效应晶体管的制造工艺简单，制作一个晶体管的硅片面积可以制作多个 MOS 场效应晶体管，所以场效应晶体管放大电路集成度较高。

（5）由于场效应晶体管是由栅—源电压 U_{GS} 控制导电沟道的状态，进而控制漏极电流 I_D，而导电沟道不论是开启还是夹断都需要时间，所以场效应晶体管的工作频率比晶体管的工作频率低。

（6）如果场效应晶体管在制造时源极没有和衬底连接在一起，那么场效应晶体管的漏极和源极可以互换使用，而晶体管则不能，如果将晶体管的发射极与集电极调换使用，管子的电流放大倍数将变得很小。

尽管场效应晶体管的放大倍数小、工作频率低，但是由于它的制造工艺简单、易于集成，目前场效应晶体管大量使用在集成电路中，并且应用范围不断扩展。

【例 10.11】　试分析图 10.59 所示多级放大电路每一级是何种电路，并说明它有何优点。

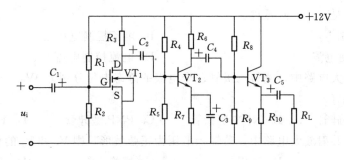

图 10.59　多级放大电路

【解】　在图 10.59 所示电路中，由场效应管 VT_1 组成的第一级放大电路属于共源极放大电路，它的主要优点是输入电阻大，可以减小信号源输出电流，获得尽可能大的电压信号。第二级是由晶体管 VT_2 组成的分压式偏置共射极放大电路。末级是射极输出器，具有输出电阻小的优点，带负载能力强。

习　　题

1. 填空题

（1）为了放大从热电偶取得的反映温度变化的微弱信号，放大电路应采用_____耦合方式，为了实现阻抗变换，使信号与负载间有较好的配合，放大电路应采用_____耦合方式。

（2）三极管的输出特性曲线可化分成_____区、_____区和_____区。

（3）三极管工作在放大区时，发射结为_____偏置，集电结为_____偏置；工作在饱和区时发射结为_____偏置，集电结为_____偏置。

（4）两个电流放大系数分别为 β_1 和 β_2 的 BJT 复合，其复合管的 β 值约为_____。

（5）一个由 NPN 型 BJT 组成的共射极组态的基本交流放大电路，如果其静态工作点偏低，则随着输入电压的增加，输出将首先出现_____失真；如果静态工作点偏高，则随着输入电压的增加，输出将首先出现_____失真。

（6）处于放大状态的 NPN 型晶体管，U_B、U_C、U_E 三个电位之间的关系是_____；处于饱和状态的 NPN 型晶体管，U_B、U_C、U_E 三个电位之间的关系是_____。

（7）某晶体管的极限参数 $P_{CM}=200mW$，$I_{CM}=100mA$，$U_{(BR)CEO}=30V$，若它的工作电压 U_{CE} 为 10V，则工作电流不得超过_____mA；若工作电流 $I_C=1mA$，则工作电压不得超过_____V。

（8）一个由 NPN 型 BJT 组成的共射极组态的基本交流放大电路，如果其静态工作点偏低，则随着输入电压的增加，输出将首先出现_____失真；如果静态工作点偏高，则随着输入电压的增加，输出将首先出现_____失真。

2. 选择题

（1）当 NPN 型 BJT 的 $V_{CE}>V_{BE}$ 且 $V_{BE}>0.5V$ 时，则 BJT 工作在（　　）。

A. 截止区　　　　　B. 放大区　　　　　C. 饱和区　　　　　D. 击穿区

（2）三极管是（　　）器件。

A. 电压控制电压　　　　　　　　　　B. 电流控制电压

C. 电压控制电流　　　　　　　　　　D. 电流控制电流

（3）在某放大电路中，测得三极管三个电极的静态电位分别为 0V，$-10V$，$-9.3V$，则这只三极管是（　　）。

A. NPN 型硅管　　B. NPN 型锗管　　C. PNP 型硅管　　D. PNP 型锗管

（4）在单级共射放大电路中，若输入电压为正弦波形，则 V_o 和 V_i 的相位（　　）。

A. 同相　　　　　B. 反相　　　　　C. 相差 90°　　　　D. 不确定

（5）射级输出器有（　　）。

A. 有电流放大作用，没有电压放大作用

B. 既有电流放大作用，又有电压放大作用

C. 没有电流放大作用，有电压放大作用

D. 没有电流放大作用，没有电压放大作用

（6）在图 10.10 所示的放大电路中，若将偏置电阻 R_B 的阻值调小，则晶体管仍工作在放大区，则电压放大倍数应（　　）。

A. 增大　　　　　B. 减小　　　　　C. 基本不变　　　　D. 不确定

（7）共发射级交流放大电路中，（　　）是正确的。

A. $\dfrac{u_{BE}}{i_B}=r_{BE}$　　　B. $\dfrac{U_{BE}}{I_B}=r_{BE}$　　　C. $\dfrac{u_{be}}{i_b}=r_{be}$　　　D. $\dfrac{U_{be}}{I_b}=r_{be}$

（8）图 10.11 所示电路中晶体管原处于放大状态，若将 R_B 阻值调至零，则晶体管（　　）。

A. 处于饱和状态　　B. 仍处于放大状态　　C. 被烧毁　　　D. 处于截止状态

（9）图 10.11 所示电路中，$U_{CC}=12V$，$R_C=3k\Omega$，$\beta=50$，U_{BE} 可忽略，若使 $U_{CE}=6V$，则 R_B 应为（　　）。

A. 300kΩ　　　　B. 400kΩ　　　　C. 420kΩ　　　　D. 600kΩ

（10）在图 10.23 所示的分压式偏置放大电路中，通常偏置电阻 R_{B1}（　　）R_{B2}。

A. 大于　　　　　B. 小于　　　　　C. 等于　　　　　D. 不确定

(11) 在图 10.23 所示的电路中，若只将交流旁路电容 C_E 除去，则电压放大倍数（　　）。

A. 增大　　　　　　B. 减小　　　　　　C. 不变　　　　　　D. 不确定

(12) 场效应管是利用外加电压产生的（　　）来控制漏极电流的大小的。

A. 电流　　　　　　B. 电场　　　　　　C. 电压　　　　　　D. 磁场

(13) 场效应管是（　　）器件。

A. 电压控制电压　　B. 电流控制电压　　C. 电压控制电流　　D. 电流控制电流

(14) 某场效应管的转移特性如图 10.60 所示，该管为（　　）。

A. P 沟道增强型 MOS 管

B. P 沟道结型场效应管

C. N 沟道增强型 MOS 管

D. N 沟道耗尽型 MOS 管

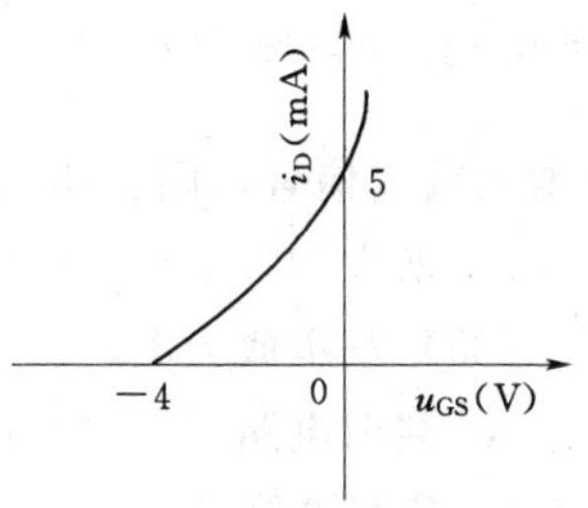

图 10.60　选择题（14）图

(15) 结型场效应管利用删源极间所加的（　　）来改变导电沟道的电阻。

A. 反偏电压　　　　　　　　　　B. 反向电流

C. 正偏电压　　　　　　　　　　D. 正向电流

(16) 场效应管漏极电流由（　　）的漂移运动形成。

A. 少子　　　　　　B. 电子　　　　　　C. 多子　　　　　　D. 两种载流子

(17) P 沟道结型场效应管的夹断电压 U_p 为（　　）。

A. 正值　　　　　　B. 负值　　　　　　C. U_{GS}　　　　　　D. 零

(18) 所谓电路的最大不失真输出功率是指输入正弦波信号幅值足够大，使输出信号基本不失真且幅值最大时（　　）。

A. 晶体管上得到的最大功率　　　　B. 电源提供的最大功率

C. 负载上获得的最大直流功率　　　D. 负载上获得的最大交流功率

(19) 所谓效率是指（　　）。

A. 输出功率与输入功率之比

B. 输出功率与晶体管上消耗的功率之比

C. 输出功率与电源提供的功率之比

D. 最大不失真输出功率与电源提供的功率之比

(20) 甲类功放效率低是因为（　　）。

A. 只有一个功放管　　　　　B. 静态电流过大

C. 管压降过大　　　　　　　D. 放大倍数小

(21) 功放电路的效率主要与（　　）有关。

A. 电源供给的直流功率

B. 电路输出信号最大功率

C. 电路的工作状态

D. 电路的放大倍数

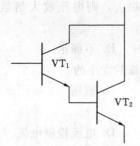

图 10.61　选择题（22）图

（22）如图 10.61 所示复合管，已知 VT_1 的 $\beta_1=30$，VT_2 的 $\beta_2=50$，则复合后的 β 约为（　　）。

A. 1500　　　　　B. 80

C. 50　　　　　　D. 30

（23）在甲类工作状态的功率放大电路中，在不失真的条件下增大输入信号，则电源供给的功率（　　）。

A. 增大　　　　　B. 不变

C. 减小　　　　　D. 无法确定

（24）在甲类工作状态的功率放大电路中，在不失真的条件下增大输入信号，则管耗（　　）。

A. 增大　　　　B. 不变　　　　C. 减小　　　　D. 无法确定

（25）基本放大电路：

A. 共射电路　　　B. 共集电路　　　C. 共基电路　　　D. 共源电路

E. 共漏电路

根据要求选择合适电路组成两级放大电路。

1）要求输入电阻为 1～2kΩ，电压放大倍数大于 3000，第一级应采用（　　），第二级应采用（　　）。

2）要求输入电阻大于 10MΩ，电压放大倍数大于 300，第一级应采用（　　），第二级应采用（　　）。

3）要求输入电阻为 100～200kΩ，电压放大倍数数值大于 100，第一级应采用（　　），第二级应采用（　　）。

4）要求电压放大倍数的数值大于 10，输入电阻大于 10MΩ，输出电阻小于 100Ω，第一级应采用（　　），第二级应采用（　　）。

5）设信号源为内阻很大的电压源，要求将输入电流转换成输出电压，且 $|\dot{A}_{ui}| = |\dot{U}_o / \dot{I}_i| > 1000$，输出电阻 $R_o < 100\Omega$，第一级应采用（　　），第二级应采用（　　）。

3. 综合题

（1）用万用表测得在某电路中工作的晶体管的 $U_{CE}=3V$，$U_{BE}=0.67V$，$I_E=5.1mA$，$I_C=5mA$，求 I_B 和 β 的大小。

（2）测量某晶体管各电极对地的电压值如下，试判别管子工作在什么区域。

A. $U_C=6V$　　　$U_B=0.7V$　　　$U_E=0V$

B. $U_C=6V$　　　$U_B=2V$　　　$U_E=1.3V$

C. $U_C=6V$　　　$U_B=6V$　　　$U_E=5.4V$

D. $U_C=6V$　　　$U_B=4V$　　　$U_E=3.6V$

E. $U_C=3.6V$　　　$U_B=4V$　　　$U_E=3.4V$

（3）如何用万用表判断出一个晶体管是 NPN 还是 PNP 型？如何判断出管子的三个管脚？又如何通过实验来区分是硅管还是锗管？

（4）试分析如图 10.62 所示各电路是否能够放大正弦交流信号，简述理由。设图中所有电容对交流信号均可视为短路。

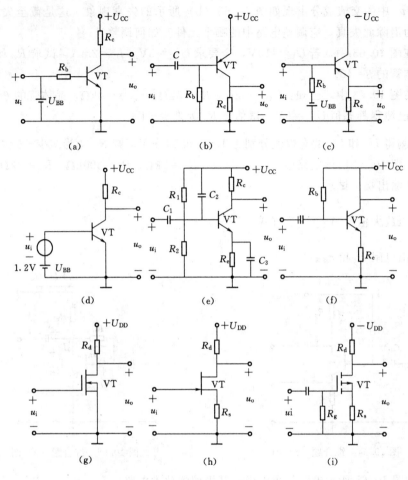

图 10.62　综合题（4）图

（5）电路如图 10.63 所示，已知晶体管的 $\beta=100$，$U_{BE}=-0.7V$，$R_b=300k\Omega$，$R_c=2k\Omega$。

1）试估算该电路 Q 点。

2）画出微变等效电路。

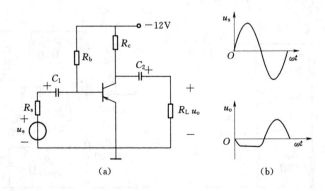

图 10.63　综合题（5）图

3）计算该电路的 A_u，r_i 和 r_o。

4）若 u_o 中的交流成分出现如图 10.63（b）所示的失真现象，这是截至失真还是饱和失真？为消除此失真，应调整电路中的哪个元件？如何调整？

（6）在图 10.63 中，若 $U_{CC}=10V$，今要求 $U_{CE}=5V$，$I_C=2mA$，试求 R_c 和 R_b 的阻值。设晶体管的 $\beta=40$。

（7）在图 10.63 中，已知：$U_{CC}=12V$，$R_c=3k\Omega$，$r_{be}=1.4k\Omega$，晶体管的 $\beta=100$。

1）现已测得静态值 $U_{CE}=6V$，试估算 R_b 为多少千欧？

2）若测得 $\dot U_i$ 和 $\dot U_o$ 的有效值分别为 1mV 和 100mV，则 R_L 约为多少千欧？

（8）如图 10.64 所示电路中，$U_{CC}=20V$，$R_c=2k\Omega$，$R_b=300k\Omega$，$R_E=2k\Omega$，$\beta=50$。电路有两个输出端。试求：

1）电压放大倍数 $A_{u1}=\dfrac{\dot U_{o1}}{\dot U_i}$ 和 $A_{u2}=\dfrac{\dot U_{o2}}{\dot U_i}$。

2）输出电阻 r_{o1} 和 r_{o2}。

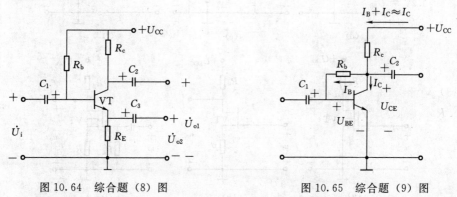

图 10.64　综合题（8）图　　　　图 10.65　综合题（9）图

（9）如图 10.65 所示电路是集电极—基极偏置放大电路。

1）试说明其稳定静态工作点的物理过程。

2）设 $U_{CC}=20V$，$R_C=10k\Omega$，$R_b=330k\Omega$，$\beta=50$，试求其静态值。

（10）源极输出器电路如图 10.66 所示，已知 FET 工作点上的互导 $g_m=0.9mS$。其他参数如图 10.66 中所示。计算该电路的 A_u，r_i 和 r_o。

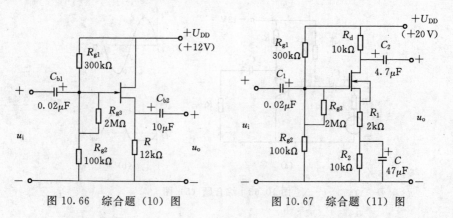

图 10.66　综合题（10）图　　　　图 10.67　综合题（11）图

(11) 已知电路参数如图 10.67 所示，FET 工作点上的互导 $g_m = 1mS$，设 $r_{ds} \gg R_d$。

1) 画出电路的微变等效电路。

2) 求 A_u 和 r_i。

(12) 电路如图 10.68 所示，设 $\beta = 100$，$r'_{bb} \approx 0$，$U_{BE} = 0.7V$，C_1、C_2 足够大。求：

1) 静态工作点。

2) 画出微变等效电路。

3) 计算 A_u、r_i 和 r_o。

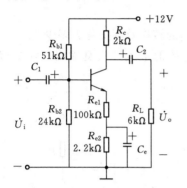

图 10.68 综合题 (12) 图

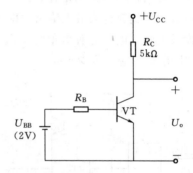

图 10.69 综合题 (13) 图

(13) 电路如图 10.69 所示，$U_{CC} = 15V$，$\beta = 100$，$U_{BE} = 0.7V$。试问：

1) $R_B = 50k\Omega$ 时，u_o 为多少。

2) 若 VT 临界饱和，则 R_B 为多少？

(14) 放大电路如图 10.70 所示，已知：$U_{CC} = 12V$，$R_{B1} = 120k\Omega$，$R_{B2} = 39k\Omega$，$R_C = 3.9k\Omega$，$R_E = 2.1k\Omega$，$R_L = 3.9k\Omega$，$r'_{bb} = 200\Omega$，电流放大系数 $\beta = 50$，电路中电容容量足够大。

1) 求静态值 I_B，I_C 和 U_{CE}（设 $U_{BE} = 0.6V$）。

2) 画出放大电路的微变等效电路。

3) 计算该电路的 A_u，r_i 和 r_o。

4) 去掉旁路电容 C_E，求该电路的 A_u，r_i。

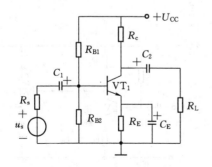

图 10.70 综合题 (14) 图

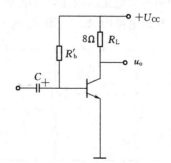

图 10.71 综合题 (15) 图

(15) 在如图 10.71 所示电路中，设晶体管的 $\beta = 100$，$U_{BE} = 0.7V$，$U_{CES} = 0.5V$，

$I_{CEO}=0$，电容 C 对交流可视为短路。输入信号 u_i 为正弦波。

1）计算电路可能达到的最大不失真输出功率 P_{CM}。

2）此时 R_b' 应调到多少？

3）此时电路的效率 η 为多少。

（16）电路如图 10.72 所示，已知 VT_1 和 VT_2 的饱和管压降 $|U_{CES}|=2V$，功耗可忽略不计。

回答下列问题：

1）R_3、R_4 和 T_3 的作用是什么？

2）负载上可能获得的最大输出功率 P_{OM} 和电路的转换效率 η 各为多少？

3）设最大输入电压的有效值为 1V。为了使电路的最大不失真输出电压的峰值达到 16V，电阻 R_6 至少应取多少千欧？

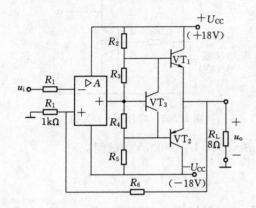

图 10.72 综合题（16）图

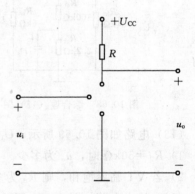

图 10.73 综合题（17）图

（17）未画完的场效应管放大电路如图 10.73 所示，试将合适的场效应管接入电路，使之能够正常放大。要求给出两种方案。

（18）BJT 组成的两极电压放大电路如图 10.74 所示。VT_1、VT_2 的电流放大倍数分别为 β_1、β_2；图中各电容可视为交流短路。

1）写出各级静态工作点的表达式。

2）画出放大电路的微变等效电路。

3）计算该电路的 A_u、r_i 和 r_o 的表达式。

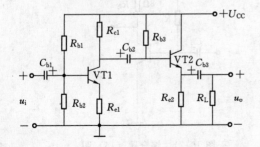

图 10.74 综合题（18）图

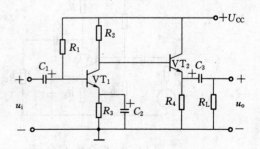

图 10.75 综合题（19）图

（19）两级放大电路如图 10.75 所示，已知三极管的参数：VT_1 的 β_1、r_{be1}，VT_2 的 β_2、r_{be2}，电容 C_1、C_2、C_E 在交流通路中可视为短路。

1）分别指出 VT_1、VT_2 的电路组态。

2）画出该电路的微变等效电路。

3）计算 A_u、r_i 和 r_o。

（20）如图 10.76 所示是什么电路？VT_4 和 VT_5 是如何连接的？起什么作用？在静态时，$V_A = 0$，这时 VT_3 的集电极电位 V_{C3} 应调到多少？设各管的发射结电压为 0.6V。

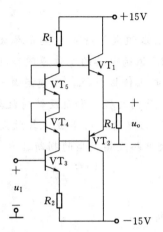

图 10.76　综合题（20）图

第11章 集 成 运 算 放 大 电 路

本章要求：

1. 了解集成运算放大器的基本组成、特点及主要参数的意义，负反馈的类型，正弦波振荡电路自激振荡的条件，RC振荡电路的工作原理和应用。

2. 熟悉集成运算放大器的电压传输特性，理想运算放大器并掌握其基本分析方法，电压比较器的工作原理和应用；反馈的概念和负反馈对放大电路工作性能的影响。

3. 掌握"虚短"和"虚断"的概念，用集成运算放大器组成的比例、加减、微分和积分运算电路的工作原理；放大电路反馈类型的判断。

本章难点：

1. 两级运算电路的分析。

2. 放大电路反馈类型的判断。

集成电路是相对于分立电路而言的，由各种单个元件连接起来的电路称为分立电路，前两章介绍的就是分立电路。集成电路（Integrated Circuits）简称IC，是20世纪60年代初期发展起来的一种新型电子器件，其特点是将晶体管、电阻元件和引线制作在面积仅为 $0.5mm^2$ 的硅片上，成为一个单元部件。随着电子技术的发展和半导体工艺的不断完善，目前集成电路已进入到大规模集成体制，各项技术指标不断改善，价格日益低廉，而且出现了适应各种要求的专用电路，如高速、高阻抗、大功率、低功耗、低漂移等多种类型。目前集成电路有小规模、中规模、大规模和超大规模（即 SSI，MSI，LSI 和 VLSI）之分，按导电类型可分为双极型、单极型（场效应晶体管）和两者兼容的；按功能可分为模拟集成电路和数字集成电路，模拟集成电路又有集成运算放大器、集成功率放大器、集成稳压电源、集成数模和集成模数转换器等许多种。

集成放大器是一种具有很高放大倍数的多级直接耦合放大电路（Direct Coupling Amplifer）。由于最初多用于模拟计算机中的各种信号运算（如比例、加减、积分、微分等），故被称为集成运算放大电路（Integrated Operational Ampliner Circuit），简称集成运放。现在它的用途早已不限于运算，而人们仍沿用此名称。集成运放具有元件密度高、体积小、重量轻、成本低等许多优点，而且实现了元件电路和系统的有机结合，使外部引线大大减少，极大地提高了设备的可靠性和稳定性。集成运放的应用几乎渗透到电子技术的各个领域，它除了用来进行信号的运算外，还可以用来进行信号的变换、处理、检测以及各种信号波形的产生等，具有十分广泛的应用领域。

本章主要介绍集成运放的功能和外部特性，并通过几种典型运算电路，掌握集成运放电路的分析方法及应用。

11.1 集成运放的概述

如图 11.1 所示为几种常见的集成电路外形，图中标示出它们的引脚排列，图 11.1 (a) 是金属管壳封装；图 11.1 (b)、(c)、(d) 是双列直插塑封；图 11.1 (e)、(f) 是单列直插塑封；图 11.1 (g)、(h)、(i) 是片状小型集成电路，专用于表面贴装工艺的电路中。

模拟集成运算放大器是模拟集成电路的代表器件，在模拟集成电路中占据主导地位。

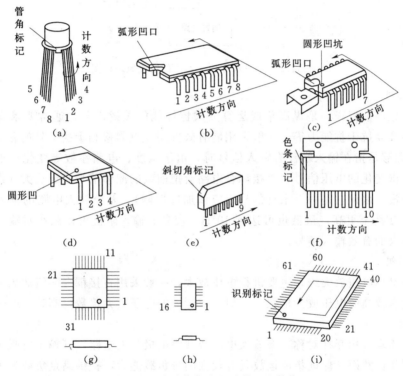

图 11.1　半导体集成电路外观和管脚

11.1.1　集成运放的特点

集成运算放大器简称集成运放，它与分立元器件相比，集成电路元器件有下述一些特点：

（1）单个元器件的精度不高，受温度影响也较大，但在同一硅片上用相同工艺制造出来的元器件性能比较一致，对称性好，相邻元器件的温度差别小，因而同一类元器件温度特性也基本一致。

（2）集成电阻及电容的数值范围窄，数值较大的电阻、电容占用硅片面积大。集成电阻一般在几十欧到几十千欧范围内，电容一般为几十皮法。大电阻常用三极管恒流源代替，电位器需外接；电感不能集成，大电容、电感和变压器均需外接。

（3）二极管多用三极管的发射结代替。

11.1.2 集成运放的基本组成

集成运放通常由差动输入级、中间放大级、输出级和偏置电路四个基本部分组成。如图 11.2 所示，为集成运放的基本结构，一般输入级前接信号源或前一级电路，输出级接负载。

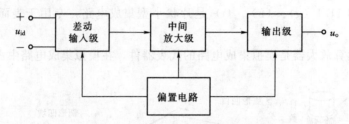

图 11.2 集成运算放大器内部组成原理框图

1. 输入级

输入级也叫前置级，是提高集成运算放大器性能的关键部分，通常要求有高输入电阻、低漂移和高抗干扰能力等，一般采用能有效抑制零点漂移和干扰信号的差分放大电路（所谓零点漂移是指在输入端没有输入信号时，由于温度、电路参数等变化在输出端也会产生一个缓慢变化的电压信号，直接耦合电路会把前级的漂移信号逐级放大，严重时会把输入信号淹没，因此它是一个干扰信号，应该加以抑制）。差分放大电路的输入电阻可高达 $10^5 \sim 10^6\,\Omega$ 甚至更高，最低也可达到 $10^4\,\Omega$，较高的输入阻抗可以减小对输入信号的衰减，得到更大的有效输入信号。

2. 中间级

中间级又称电压放大级，主要进行电压放大，一般采用直接耦合多级放大电路，保证集成运放具有较高的电压放大倍数。一般集成运放的电压放大倍数可高达 $10^5 \sim 10^7$。

3. 输出级

输出级通常采用互补对称功率放大电路或共集电极放大电路，其输出电阻很小，只有几十欧姆到几百欧姆，保证集成运放具有较强的带负载能力，提供满足负载要求的输出电压和输出电流。

4. 偏置电路

偏置电路的作用是为各级放大电路提供合适的和稳定的偏置电流，决定各级放大电路的静态工作点，一般采用恒流源组成偏置电路。

11.1.3 集成运放的主要参数和特性

1. 集成运放的符号和电压传输特性

集成运放的产品型号较多，但工作原理相似。它的引出端有输入端，输出端，正、负电源引入端，调零端，相位补偿端等。但对分析应用电路来讲，重点关注的只有两个输入端和一个输出端。因此，常用带两个输入端和一个输出端的矩形符号来代表集成运算放大器，其图形符号如图 11.3 所示。

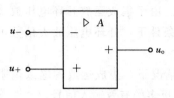

图 11.3 集成运放的
图形符号

图中"＋"端称为同相输入端，"－"端称为反相输入端。这里"同相"是指输出电压和同相输入端的输入电压相位相同，"反相"是指输出电压和反相输入端的输入电压相位相反。

在运算放大器的两个输入端加上大小相等、极性相反的电压信号，这种输入方式称为差模输入方式，这种信号称为差模输入信号，差模输入信号是需要被放大的有用信号。如果运算放大器两个输入端加上大小相等、极性相同的电压信号，则称为共模输入方式，这种信号称为共模信号，共模输入信号是干扰信号，是需要被抑制的。

集成运放的电压传输特性曲线是指开环工作时输出电压 u_o 与输入电压 $u_{id}=(u_+ - u_-)$ 的关系曲线，即 $u_o=f(u_{id})$。集成运放的电压传输特性曲线如图 11.4 所示，它包括一个线性区和两个饱和区。

在线性区，输出电压与输入电压为线性关系，即

$$u_o=A_u u_{id}=A_u(u_+ - u_-) \tag{11.1}$$

式中　u_+、u_-——同相输入端和反相输入端对地的电压；

A_u——开环差模电压放大倍数。

通常 A_u 很大，可见线性区曲线愈陡，A_u 的值愈大。由于输出电压是有限值，所以，集成运放的线性区很窄。

在正向饱和区和负向饱和区，输出电压和输入电压是非线性关系，所以饱和区也称为非线性区。其中，$+U_{om}$ 和 $-U_{om}$ 分别是输出正饱和电压和负饱和电压，理想情况下，它们分别等于正、负电源的电压值。集成运放在开环情况下很容易进入非线性区，通常为避免这种情况出现，都要引入负反馈，使其工作在闭环工作状态。

2. 集成运放的主要参数

要合理选用和正确使用集成运放，必须了解它的主要参数。

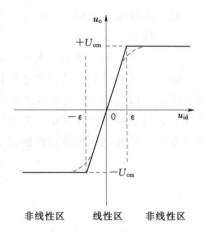

图 11.4 集成运算放大器的
电压传输特性

（1）最大输出电压 U_{OPP}。能使输出电压和输入电压保持不失真关系的最大输出电压称为运算放大器的最大输出电压。F700 集成运算放大器的最大输出电压为 ±13V。

（2）开环电压放大倍数 A_{uo} 或 A_{od}（称为电压增益）。开环电压放大倍数是指集成运算放大器在开环工作时的差模电压放大倍数，即

$$A_{uo}=\frac{u_o}{u_{id}} \tag{11.2}$$

在工程上，常用分贝（dB）表示，定义为

$$A_{od}=20\lg\left|\frac{u_o}{u_{id}}\right|（dB） \tag{11.3}$$

A_{uo} 愈高，所构成的运算电路越稳定，运算精度也越高。由于集成运放开环电压放大倍数 A_{uo} 一般约为 $10^4 \sim 10^7$，即 $80 \sim 140\text{dB}$。所以，在理想条件下，开环电压放大倍数可看成是无穷大，即 $A_{uo} \rightarrow \infty$。

（3）输入电阻 r_{id}。集成运放的输入电阻很高，在理想情况下，集成运放的输入电阻 $r_{id} \rightarrow \infty$。较高的输入阻抗可以减小对输入信号的衰减，得到更多的有效输入信号。

（4）输出电阻 r_o。集成运放的输出电阻很低，在理想条件下，集成运放的输出电阻 $r_o \rightarrow 0$。输出电阻低可以提高带负载的能力。

另外，还有共模抑制比 K_{CMRR}、输入失调电压 U_{IO}、输入失调电流 I_{IO}、最大共模输入电压 U_{ICM}、输入偏置电流 I_{IB} 和大差模输入电压 U_{IDM} 等参数，这些参数及要求在相关的产品手册中都有说明，可在使用过程中自行查阅。

11.1.4 理想运放

1. 理想运放的主要性能指标

在分析集成运放的应用电路时，为了简化分析过程，一般将集成运放理想化。理想化的条件主要是：

（1）开环电压放大倍数 $A_{uo} \rightarrow \infty$。

（2）差模输入电阻 $r_{id} \rightarrow \infty$。

（3）输出电阻 $r_o \rightarrow 0$。

（4）共模抑制比 $K_{CMRR} \rightarrow \infty$。

由于实际运放的上述技术指标接近理想化的条件，因此在分析时用理想运算放大器代替实际运算放大器所引起的误差并不严重，在工程上是允许的，但这样就使分析过程大大简化。在以后的分析计算中，集成运放都按理想运放来考虑。图 11.5 和图 11.6 所示为理想运放的符号和电压传输特性曲线。

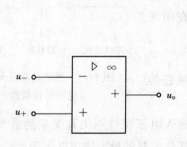

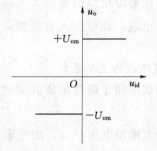

图 11.5　理想运算放大器的
电路符号

图 11.6　理想运算放大器的
电压传输特性

2. 理想运算放大器的特点分析

（1）虚短。理想运放工作在线性区时，由于开环电压放大倍数 $A_{uo} \rightarrow \infty$，而输出电压 u_o 有限，根据 $u_o = A_u(u_+ - u_-)$ 可知，输入电压 u_{id} 很小，即 $(u_+ - u_-) \rightarrow 0$，也就是说，运放两个输入端的电位相等，即 $u_+ \approx u_-$，这说明两个输入端之间相当于短路，但又不是真正直接用导线相连的短路，故称为"虚短"。

（2）虚断。理想运放工作在线性区时，输入电压 $u_{id}=(u_+ - u_-)\rightarrow 0$，而输入电阻 $r_i\rightarrow$ ∞，因此输入电流 $i_i=\dfrac{u_{id}}{r_i}$ 很小，可认为 $i_i\rightarrow 0$，故可把运放的两输入端视为开路，但又没有真正断开，故称为"虚断"。

（3）由于理想运放的输出电阻 $r_o\rightarrow 0$，所以当负载变化时，输出电压 u_o 不变，相当于一个恒压源。

（4）理想运放工作在非线性区时，输出电压取值只有两种可能

当 $u_+ > u_-$ 时 $\qquad\qquad\qquad\qquad u_o = +U_{om}$ （11.4）

当 $u_+ < u_-$ 时 $\qquad\qquad\qquad\qquad u_o = -U_{om}$ （11.5）

理想运放工作在线性区和非线性区的特点不同，因此，在分析各种应用电路时，首先判断其中的理想运放工作在哪个区。

注意：虚短和虚断的概念只能运用于分析理想运放工作在线性工作状态。

【例 11.1】 电路如图 11.7（a）所示，集成运放是理想的，集成运放由 $\pm12V$ 电源供电，在同相输入端输入信号。分析：当 $u_+ = +100mV$、$-100mV$、$1V$、$2\sin\omega t V$ 时的输出电压，并绘制相应波形。

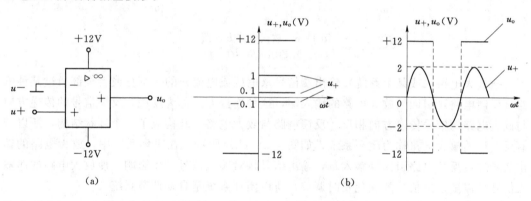

图 11.7 ［例 11.1］电路图和波形图
（a）电路图；（b）波形图

【解】 由图 11.7 可知，集成运放工作在开环状态下，则集成运放工作在非线性区，且 $u_- = 0$。

（1）当 $u_+ = +100mV$ 时，$u_+ > u_-$，$u_o = +U_{OM} = +12V$。

（2）当 $u_+ = -100mV$ 时，$u_+ < u_-$，$u_o = -U_{OM} = +12V$。

（3）当 $u_+ = +1mV$ 时，$u_+ > u_-$，$u_o = +U_{OM} = +12V$。

（4）当 $u_+ = 2\sin\omega t V$ 时，分成两种情况：

1）$u_+ = 2\sin\omega t V < 0$ 时，$\omega t\in[n\pi,(2n+1)\pi]$，则 $u_+ > u_- = 0$，$u_o = +U_{OM} = +12V$。

2）$u_+ = 2\sin\omega t V > 0$ 时，$\omega t\in[(2n+1)\pi,2n\pi)]$，则 $u_+ < u_-$，$u_o = -U_{OM} = -12V$。

其中 $n = 0,1,2,\cdots$

画出相应波形如图 11.7（b）所示。

11.2　放大电路中的反馈

11.2.1　反馈的基本概念

在放大电路中，待放大信号由放大电路的输入端送入，经放大电路放大后输出给负载，在放大过程中信号始终从左向右沿一个方向传递，这种信号传递方式称为开环系统，如图 11.8（a）所示。在开环系统中，放大电路输入端的信号确定后就不再改变，不论放大电路输出信号是正常还是存在失真，输入端的信号都不会发生变化。如果放大电路的输出信号出现了失真，开环系统自身不能调节电路输入端的信号以消除输出端的失真，因此开环系统是不控系统。

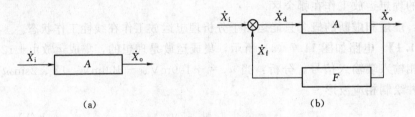

图 11.8　放大电路方框图
(a) 无反馈；(b) 有反馈

把放大电路（或某个系统）输出端信号（电压或电流）的一部分或者全部通过某种电路（反馈电路）引回到放大电路的输入端，这种连接方式称为反馈。反馈信号的传递方向与放大电路的信号传递方向相反，反馈电路与放大电路一起构成了一个环状结构，所以带有反馈环的放大电路称为闭环系统，如图 11.8（b）所示。在闭环系统中，放大电路的输出信号通过反馈电路引回到输入端，输出信号将对输入信号产生影响，使放大电路的净输入信号可以随输出信号的变化及时调节，所以闭环系统是自动调节系统。

如图 11.8 所示分别为无反馈的和带有反馈的放大电路的方框图。图中 A 方框称为基本放大电路，它可以是单级或多级的，一般由晶体管、电阻及电容构成，它的功能是对输入信号进行放大。图中 F 方框称为反馈电路，反馈电路多数是由电阻元件构成，它将采集到的输出信号反方向传递到放大电路的输入端，与放大电路的输入信号进行比较（"$\otimes$"是比较环节的符号），正、负号表示反馈电路引回到输入端的反馈信号极性。

图 11.8 中，用 X 表示信号，它既可表示电压，也可表示电流。信号的传递方向如图中箭头所示，$\dot{X}_i$、$\dot{X}_o$ 和 $\dot{X}_f$ 分别为输入信号、输出信号和反馈信号。$\dot{X}_f$ 和 $\dot{X}_i$ 在输入端进行比较，得出净输入信号 $\dot{X}_d$。在闭环系统中定义基本放大电路的输出信号 $\dot{X}_o$ 与净输入信号 $\dot{X}_d$ 的比值为开环放大倍数，用 A 表示；定义反馈电路的反馈信号 $\dot{X}_f$ 与输出信号 $\dot{X}_o$ 的比值为反馈系数，用 F 表示；定义闭环系统的输出信号 $\dot{X}_o$ 与输入信号 $\dot{X}_i$ 的比值为闭环放大倍数，用 A_f 表示。由于放大电路的输入、输出及反馈信号均为相量，所以开环放大倍数、反馈系数及闭环放大倍数均为复数。因此，它们的定义式分别为

$$A=\frac{\dot{X}_\text{o}}{\dot{X}_\text{d}},\ F=\frac{\dot{X}_\text{f}}{\dot{X}_\text{o}},\ A_\text{f}=\frac{\dot{X}_\text{o}}{\dot{X}_\text{i}}$$

由于反馈信号与输入信号叠加后会影响电路的净输入信号，因此根据净输入信号的变化可定义：反馈信号使放大电路的净输入信号减小称为负反馈；反馈信号使放大电路的净输入信号增大称为正反馈。当电路是负反馈时，则电路的净输入信号 $\dot{X}_\text{d}=\dot{X}_\text{i}-\dot{X}_\text{f}$，这时电路的闭环放大倍数为

$$A_\text{f}=\frac{\dot{X}_\text{o}}{\dot{X}_\text{i}}=\frac{\dot{X}_\text{o}}{\dot{X}_\text{d}+\dot{X}_\text{f}}=\frac{\dot{X}_\text{o}}{\dot{X}_\text{d}\left(1+\dfrac{\dot{X}_\text{f}}{\dot{X}_\text{d}}\right)}=\frac{\dfrac{\dot{X}_\text{o}}{\dot{X}_\text{d}}}{1+\dfrac{\dot{X}_\text{o}}{\dot{X}_\text{d}}\times\dfrac{\dot{X}_\text{f}}{\dot{X}_\text{o}}}=\frac{A}{1+AF} \qquad (11.6)$$

由式（11.6）可以看出，电路的闭环放大倍数可以用开环放大倍数及反馈系数来表示，当负反馈放大电路的结构复杂，难以直接求出电路的闭环放大倍数时，可以先求解电路的开环放大倍数及反馈系数，然后根据式（11.6）求解。

11.2.2 反馈类型的判别方法

1. 负反馈与正反馈的判别

瞬时极性法是判别电路中负反馈与正反馈的基本方法。设接"地"参考点的电位为零，电路中某点在某瞬时的电位高于零电位者，则该点电位的瞬时极性为正（用⊕表示），反之为负（用⊖表示）。

具体步骤如下：

（1）首先假设输入信号某一时刻的瞬时极性为正（用⊕表示）或负（用⊖表示），⊕号表示该瞬间信号有增大的趋势，⊖则表示有减小的趋势；

（2）根据输入信号与输出信号的相位关系，逐步推断电路有关各点此时的极性，最终确定输出信号和反馈信号的瞬时极性。

（3）根据反馈信号与输入信号的连接情况，分析净输入量的变化，如果反馈信号使净输入量增强，即为正反馈，反之为负反馈。

在图 11.9（a）中，R_F、R_1 为反馈电阻，跨接在输出端与反相输入端之间。设某一瞬时输入电压 u_i 为正，则同相输入端电位的瞬时极性为⊕，输出端电位的瞬时极性也为⊕。输出电压 u_o 经 R_F 和 R_1 分压后在 R_F 上得出反馈电压 u_F（根据图中的参考方向 u_F 应为正值），它减小了净输入电压 u_D，故为负反馈。或者说，输出端电位的瞬时极性为正，通过反馈提高了反相输入端的电位，从而减小了净输入电压。

对于理想运算放大器，由于 $A_\text{uo}\to\infty$，即使在两个输入端之间加一微小电压，输出电压就达到正或负的饱和值。因此必须引入负反馈，使 $u_\text{D}\approx0$，才能使运算放大器工作在线性区。

在图 11.9（b）中，设 u_i 为正时，反相输入端电位的瞬时极性为⊕，输出端电位的瞬时极性为⊖。u_o 经 R_F 和 R_2 分压后在 R_2 上得出反馈电压 u_F（在图中 u_F 应为正值）。显

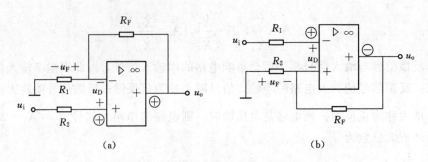

图 11.9　负反馈与正反馈的判别

(a) 负反馈；(b) 正反馈

然，u_F 使净输入电压 u_D 增大了，故为正反馈。或者说，输出端电位的瞬时极性为负，通过反馈降低了同相输入端的电位，从而增大了净输入电压。

【例 11.2】 试判断如图 11.10 所示电路中引入的是正反馈还是负反馈。

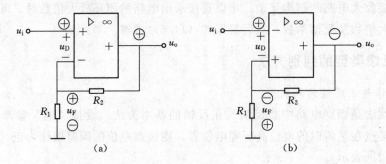

图 11.10　〔例 11.2〕图

(a) 负反馈；(b) 正反馈

【解】 在图 11.10 (a) 所示电路中，假设集成运算放大器同相输入端输入信号 u_i 瞬时极性为 $\oplus$，因而输出电压 u_o 的极性对地为 $\oplus$，u_o 通过电阻 R_2 在电阻 R_1 上产生的反馈电压 u_F 的极性对地也为 $\oplus$，所以净输入电压 u_D 等于输入电压 u_i 减去反馈电压 u_F，即 $u_D = u_i - u_F$，显然反馈的结果使净输入电压减小，说明该电路引入的反馈是负反馈。

在图 11.10 (b) 所示的电路中，假设集成运算放大器反相输入端输入信号 u_i 瞬时极性为 $\oplus$，输出电压 u_o 的极性对地为 $\ominus$，u_o 通过电阻 R_2 在电阻 R_1 上产生的反馈电压 u_F 的极性对地为 $\ominus$，显然净输入电压 u_D 等于输入电压 u_i 加上反馈电压 u_F，即 $u_D = u_i + u_F$，反馈的结果使净输入电压增加，说明此电路引入的反馈是正反馈。

通过〔例 11.2〕可知，对于单个集成运算放大器，若通过纯电阻网络将反馈引到反相输入端，则为负反馈；引到同相输入端，则为正反馈。

2. 直流反馈与交流反馈的判别

按照反馈量中包含交、直流成分的不同，有直流反馈和交流反馈之分。如果反馈量中只含有直流成分，称为直流反馈。如果反馈量中只含有交流成分，称为交流反馈。在集成运算放大器反馈电路中，往往是两者兼有。直流负反馈的主要作用是稳定静态工作点；交流负反馈则影响电路的动态性能。

关于交、直流反馈的判断方法，主要看交流通路或直流通路中有无反馈通路，若存在反馈通路，必有对应的反馈。例如，在如图 11.11（a）所示的放大电路中，只引入了直流反馈；图 11.11（b）中则只引入了交流反馈。

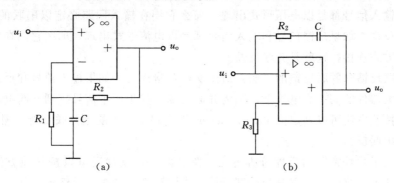

（a）　　　　　　　　　　（b）

图 11.11　交、直流反馈的判断

（a）直流反馈；（b）交流反馈

3. 电压反馈与电流反馈的判别

按照反馈量在放大电路输出端取样方式的不同，可分为电压反馈和电流反馈。如果反馈量取自输出电压，和输出电压成正比，则称为电压反馈；如果反馈量取自输出电流，和输出电流成正比，则称为电流反馈。

对于电路中引入的是电压反馈还是电流反馈，判断方法为：首先假设输出电压 $u_o=0$，即将放大电路的输出端和地短路，然后看反馈信号是否依然存在，如果短路后反馈信号消失，则为电压反馈；否则，反馈信号依然存在，就是电流反馈。原因很简单，因为输出端和地短路后输出电压为零，如果反馈信号消失，表示它与输出电压有关，所以是电压反馈；如果反馈信号依然存在，表示它与输出电压无关，因而是电流反馈，这种判断电压、电流反馈的方法称为输出短路法。

按上述方法可以判定，如图 11.12（a）所示的放大电路中引入的是电压反馈，如图 11.12（b）中引入的是电流反馈。

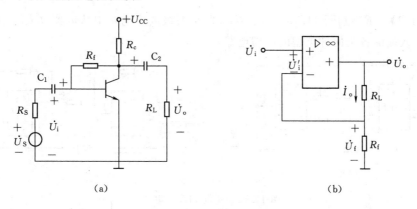

（a）　　　　　　　　　　（b）

图 11.12　反馈电路举例

（a）电压反馈；（b）电流反馈

4. 串联反馈与并联反馈的判别

串联反馈和并联反馈是指反馈信号在放大电路的输入回路和输入信号的连接形式。

反馈信号可以是电压形式或电流形式；输入信号也可以是电压形式或电流形式。如果反馈信号和输入信号都是以电压形式出现，那么它们在输入回路必定以串联的方式连接，这就是串联反馈；如果反馈信号和输入信号都是以电流形式出现，那么它们在输入回路必定以并联的方式连接，这就是并联反馈。

判断串联反馈和并联反馈的方法：对于交流分量而言，如果输入信号和反馈信号分别接到同一放大器件的同一个电极上，则为并联反馈；如果两个信号接到不同电极上，则为串联反馈。按此方法可以判定图 11.12（a）放大电路中引入的是并联反馈，图 11.12（b）中引入的是串联反馈。

以上提出了几种常见的反馈分类方法。除此之外，反馈还可以按其他方法分类。例如，在多级放大电路中，可以分为局部反馈（本级反馈）和级间反馈；又如，在差动放大电路中，可以分为差模反馈和共模反馈等，此处不再一一列举。

根据以上分析可知，实际放大电路中的反馈形式是多种多样的，本节将着重分析各种形式的负反馈。对于负反馈来说，根据反馈信号在输出端取样方式以及在输入回路中叠加形式的不同，共有四种组态，分别是电压串联负反馈，电压并联负反馈，电流串联负反馈，电流并联负反馈。

综上所述，运算放大器电路反馈类型的判别方法为：

（1）反馈电路直接从输出端引出的是电压反馈；负载电阻 R_L 的靠近"地"端引出的是电流反馈。

（2）输入信号和反馈信号分别加在两个输入端（同相和反相）上的是串联反馈；加在同一个输入端（同相或反相）上的是并联反馈。

（3）对串联反馈，输入信号和反馈信号的极性相同时是负反馈；极性相反时是正反馈。

（4）对并联反馈，净输入电流等于输入电流和反馈电流之差时是负反馈；否则是正反馈。

【例 11.3】　试判别图 11.13（a）、（b）两个两级放大电路中从运算放大器 A_2 输出端引至 A_1 输入端的各是何种类型的反馈电路。

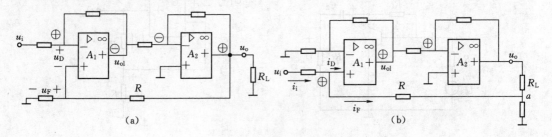

图 11.13　［例 11.3］电路

【解】　（1）在图 11.13（a）中，从运算放大器 A_2 输出端引至 A_1 同相输入端的是串联电压负反馈电路：

1）反馈电路从 A_2 的输出端引出，故为电压反馈。

2）反馈电压 u_F 和输入电压 u_i 分别加在 A_1 的同相和反相两个输入端，故为串联反馈。

3）设 u_i 为正，则 u_{o1} 为负，u_o 为正。反馈电压 u_F 使净输入电压 $u_D = u_i - u_F$ 减小，故为负反馈。

（2）在图 11.13（b）中，从负载电阻 R_L 的靠近"地"端引至 A_1 同相输入端的是并联电流负反馈电路：

1）反馈电路从 R_L 的靠近"地"端引出，故为电流反馈。

2）反馈电流 i_F 和输入电流 i_i 加在 A_1 的同一个输入端，故为并联反馈。

3）设 u_i 为正，则 u_{o1} 为正，u_o 为负。A_1 同相输入端的点位高于 a 点，反馈电流 i_F 的实际方向即如图中所示，它使净输入电流 $i_D = i_i - i_F$ 减小，故为负反馈。

11.2.3 负反馈对放大电路性能的影响

当放大电路引入负反馈后，放大电路的结构变得复杂，电路的分析也相对困难，但是负反馈对放大电路的工作性能有明显的影响，使放大电路的工作性能得到较多改善，下面从几个方面分析负反馈对放大电路性能的影响。

1. 降低放大倍数

放大电路引入负反馈后，使得放大电路的净输入信号减小，在输入信号不变的情况下，放大电路净输入信号的减小将使电路的输出信号也跟着减小，电路的放大倍数将出现下降。由闭环放大倍数的表示式 $A_f = \dfrac{A}{1 + AF}$ 可以看出，负反馈放大电路中的闭环放大倍数小于开环放大倍数。

2. 提高放大电路的稳定性

如果由于外界因素（电源电压波动、元器件老化、电路参数改变等）的变化使放大电路的放大倍数出现波动，放大倍数的波动将造成输出电压的不稳定，这时电路中的负反馈能够使放大倍数的波动量减小。设开环放大倍数的相对变化率为 dA/A，闭环放大倍数的相对变化率为 dA_f/A_f，对闭环放大倍数的表示式求导得

$$\frac{dA_f}{dA} = \frac{d}{dA}\left(\frac{A}{1+AF}\right) = \frac{1}{(1+AF)^2} = \frac{1}{1+AF}\frac{A_f}{A}$$

整理上式可得闭环放大倍数的相对变化率

$$\frac{dA_f}{A_f} = \frac{1}{1+AF}\frac{dA}{A} \tag{11.7}$$

由式（11.7）可以看出，闭环放大倍数的变化要比开环放大倍数的变化小，引入负反馈后，放大倍数的稳定性却提高了。

3. 改善波形失真

前面已介绍过，由于工作点选择不合适，或者输入信号过大，都将引起信号波形的失真，如图 11.14（a）所示。但引入负反馈之后，可将输出端的失真信号反送到输入端，使净输入信号发生某种程度的失真，经过放大之后，即可使输出信号的失真得到一定程度的补偿。从本质上说，负反馈是利用失真了的波形来改善波形的失真，因此只能减小失真，不能完全消除失真，如图 11.14（b）所示。

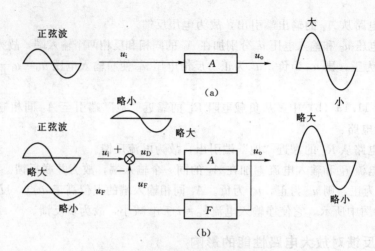

图 11.14　利用负反馈改善波形失真

由于反馈电路通常由电阻组成，故 u_F 和 u_o 是一样的失真波形。

4. 对放大电路输入电阻和输出电阻的影响

当引入负反馈后，改变了放大电路的结构及输入电阻 r_i 和输出电阻 r_o。负反馈对放大电路输入电阻 r_i 和输出电阻 r_o 的影响与反馈类型有关。

在串联负反馈放大电路（图 11.15 和图 11.16）中，由于 u_i 被 u_F 抵消一部分，致使信号源供给的输入电流减小，此即意味着增高了输入电阻。

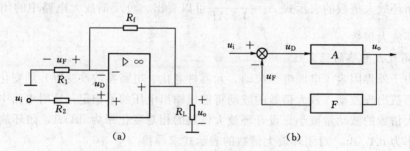

图 11.15　串联电压负反馈电路
(a) 电路；(b) 方框图

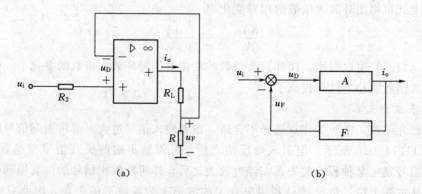

图 11.16　串联电流负反馈电路
(a) 电路；(b) 方框图

在并联负反馈放大电路（图 11.17 和图 11.18）中，信号源除供给 i_D 外，还要增加一个分量 i_F，致使输入电流 i_i 增大，此即意味着减低了输入电阻。

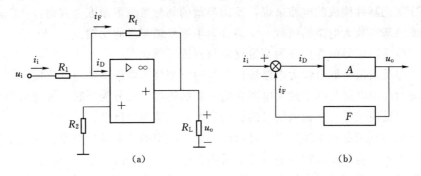

（a）　　　　　　　　　　　　　（b）

图 11.17　并联电压负反馈电路

（a）电路；（b）方框图

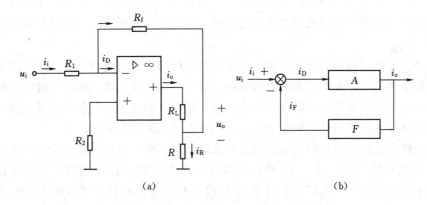

（a）　　　　　　　　　　　　　（b）

图 11.18　并联电流负反馈电路

（a）电路；（b）方框图

电压负反馈放大电路具有稳定输出电压 u_o 的作用，如对图 11.15 的电路而言，有

$$u_o \downarrow \rightarrow u_F \downarrow \rightarrow u_D \uparrow \rightarrow u_o \uparrow$$

此即具有恒压输出特性，这种放大电路的内阻即其输出电阻 r_o 很低。

电流负反馈放大电路具有稳定输出电流 i_o 的作用，如对图 11.16 的电路而言，有

$$i_o \uparrow \rightarrow u_F \uparrow \rightarrow u_D \downarrow \rightarrow i_o \downarrow$$

此即具有恒流输出特性，这种放大电路的内阻即其输出电阻 r_o 较高。

上述四种负反馈类型对输入电阻 r_i 和输出电阻 r_o 的影响见表 11.1。

表 11.1　　　　　　　　　　　　四种负反馈类型对 r_i 和 r_o 的影响

输入、输出电阻	串联电压负反馈	串联电流负反馈	并联电压负反馈	并联电流负反馈
r_i	增高	增高	减低	减低
r_o	减低	增高	减低	增高

*11.2.4　分立元件放大电路中的反馈

对由分立元器件构成的电路来说，反馈类型的划分考虑下面五个方面：

（1）按照基本放大电路的级数，反馈分为单级反馈与级间反馈。

（2）按照反馈信号的性质分为交流反馈与直流反馈。

（3）按照反馈信号取自放大电路输出信号的类型分为电压反馈与电流反馈。

（4）按照反馈电路与基本放大电路在输入端的连接方式分为并联反馈与串联反馈。

（5）按照反馈信号对净输入信号的影响分为正反馈与负反馈。

反馈类型的判断是从上述五方面进行的。需要说明的是上述分类方法应用于分立元器件电路；对于集成运放，反馈类型只包含后面三种。

反馈类型的前两种可以直接在电路中判断，观察电路的结构就可以确定反馈类型是单级反馈还是级间反馈、是直流反馈还是交流反馈，但是反馈类型的后面三种就需要使用相应的判断方法。反馈类型的判断方法比较多，有框图法、公式法、短接法和变量分离法，这几种判断方法均可以应用于反馈类型的判断，在反馈类型判别时，掌握上述方法中的一种即可。

对由分立元器件构成的电路来说，单级反馈与级间反馈的判别是由反馈环内基本放大电路的级数来决定的，基本放大电路为单级，反馈即为单级反馈，单级反馈仅对单级放大电路有影响，对反馈环外的电路没有影响。当反馈环内的基本放大电路是多级时，反馈即为级间反馈，级间反馈的反馈信号将影响反馈环内的各级放大电路。

直流反馈与交流反馈的判别是由反馈电路的结构来决定的，如图 11.19 所示为不同元件组成的反馈电路。图 11.19（a）中的反馈电阻 R_f 与旁路电容 C_f 并联，旁路电容短接了反馈电阻中的交流信号，在反馈电阻 R_f 上将没有交流反馈信号，引回到放大电路输入端的信号只有直流信号，反馈类型为直流反馈。图 11.19（b）中的反馈电阻 R_f 与耦合电容 C_f 串联，电容 C_f 隔断信号的直流通路，反馈电路引回到放大电路输入端的信号只有交流信号，反馈类型为交流反馈。图 11.19（c）中的反馈电路仅有反馈电阻 R_f，反馈电路中直流信号、交流信号均可通过，反馈类型为交直流反馈。

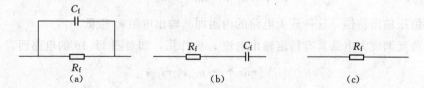

图 11.19　反馈电路结构
(a) 直流反馈；(b) 交流反馈；(c) 交直流反馈

1. 电压反馈与电流反馈的判别

根据定义，电压反馈与电流反馈是由反馈电路在放大电路输出端采集到的信号性质来决定的，所以在判断反馈类型是电压反馈还是电流反馈时只考虑放大电路的输出端。如图 11.20 所示为基本放大电路 A 方框与反馈电路 F 方框在放大电路输出端的连接方式，如果 A、F 方框在输出端并联，如图 11.20（a）所示，反馈电路 F 方框输入端采集到的输入电压就是基本放大电路 A 方框的输出电压，而 F 方框输入端的电流并不是基本放大电路 A 方框的输出电流，所以反馈类型是电压反馈；如果 A、F 方框在输出端串联，如图 11.20（b）所示，串联电路流过的电流相同而串联元件的电压不同，所以反馈电路采集到的信号是输出电流，反馈类型是电流反馈。

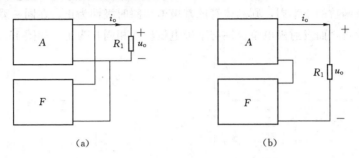

图 11.20 A、F 方框在放大电路输出端的连接
(a) 电压反馈；(b) 电流反馈

公式法需要写出反馈电路的输入信号与输出信号之间的关系式，在关系式中出现的输出参数 $X_o = U_o$，反馈即为电压反馈，出现的输出参数 $X_o = I_o$（或为 I_C、I_E），反馈即为电流反馈。

2. 并联反馈与串联反馈的判别

按照定义，A、F 方框在放大电路的输入端是并联结构就称为并联反馈，A、F 方框在放大电路的输入端是串联结构就称为串联反馈，所以并联反馈、串联反馈的判别仅考虑放大电路的输入端。框图法可以直接由 A、F 方框的连接方式判定，A、F 方框在输入端并联时，如图 11.21（a）所示，信号源送来的信号电流 i_i 在 a 点分流，有 $i_i = i_d + i_f$，由此可见并联反馈时，输入信号 X_i、净输入信号 X_d 及反馈信号 X_f 均以电流的形式出现；当 A、F 方框在输入端串联时，如图 11.21（b）所示，在输入回路中有 $u_i = u_d + u_f$，由此可见串联反馈时，输入信号 X_i、净输入信号 X_d 及反馈信号 X_f 均以电压的形式出现，反馈电路的这个特性就是公式判别法的判别依据。公式判别法要求写出反馈信号 X_f 的表示式，如果 $X_f = I_f$，反馈就是并联反馈；如果 $X_f = U_f$，反馈就是串联反馈。

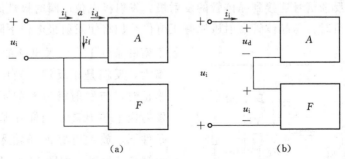

图 11.21 A、F 方框在放大电路输入端的连接
(a) 并联反馈；(b) 串联反馈

3. 正反馈与负反馈的判别

正反馈与负反馈的判别通常使用瞬时极性法。瞬时极性是指晶体管的三个电极在某一瞬时的电位极性，与电位极性对应的是正弦函数的波形，电位的瞬时极性为正对应于正弦波形的正半周，电位的瞬时极性为负对应于正弦函数的负半周。在晶体管放大电路中，如果晶体管基极收到正弦函数的正半周，则晶体管的基极电位瞬时极性为正，在同一瞬时晶体管的集电极电位极性为负，而发射极电位极性与基极电位极性相同，为正，如图 11.22 所示。

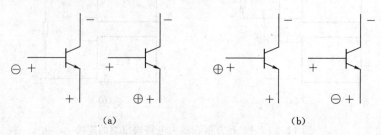

图 11.22　正、负反馈的判别

（a）负反馈；（b）正反馈

当电路连接有反馈电路时，反馈电路将在放大电路的输出端采集信号并将采集到的信号返送回放大电路的输入端。在反馈信号的传输过程中，反馈电路不会改变信号的极性，反馈电路采集到的信号极性为正，返送回输入端的信号极性就是正；采集到的信号极性为负，返送回输入端的信号极性就是负。为了与晶体管的三个电极上原来的信号极性相区别，反馈电路返送回输入端的信号极性使用圆圈圈起来，如图 11.22 所示。由于晶体管在放大电路的输入端连接有两个电极，所以反馈信号返送回输入端时可以返送至晶体管的基极，也可以返送至晶体管的发射极，返送回来的反馈信号要与输入端原有的信号叠加，叠加后反馈信号使放大电路的净输入信号增大，反馈就是正反馈；叠加后反馈信号使放大电路的净输入信号减小，反馈就是负反馈。

图 11.22 给出了晶体管三个电极原有信号的极性与反馈信号的极性，如果反馈信号连接到晶体管的基极，当反馈信号的极性为负时，与晶体管基极原有的正电位叠加将使基极电位下降，放大电路的净输入信号 i_b 减小，反馈是负反馈；当反馈信号的极性为正时，与基极原有的正电位叠加将使基极电位增大，放大电路的净输入信号 i_b 随之增大，反馈是正反馈。如果反馈信号连接到晶体管的发射极，发射极电位的瞬时极性原本为正，当反馈信号的极性为负时，与晶体管发射极原有正电位叠加将使发射极电位下降，在基极电位不变的条件下，放大电路的净输入信号 u_{be} 增大，反馈是正反馈；当反馈信号的极性为正时，与发射极原有的正电位叠加将使发射极电位升高，同样在基极电位不变的条件下，放大电路的净输入信号 u_{be} 减小，反馈是负反馈，如图 11.22 所示。

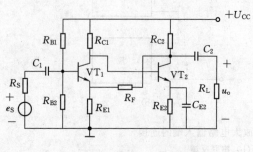

图 11.23　［例 11.4］电路

【例 11.4】　判断图 11.23 所示电路中的负反馈类型。

【解】 R_{E2} 对交流不起作用，引入的是直流反馈；R_{E1}、R_F 对交、直流均起作用，所以引入的是交、直流反馈；R_{E1} 对本级引入串联电流负反馈。

VT$_2$ 集电极的 $\oplus$ 反馈到 VT$_1$ 的发射极，提高了 E_1 的交流电位，使 U_{be1} 减小，故为负反馈；反馈从 VT$_2$ 的集电极引出，是电压反馈；反馈电压引入到 VT$_1$ 的发射极，是串联反馈。

R_{E1}、R_F 引入越级串联电压负反馈。

11.3 集成运放的线性运算

由集成运放和外接电阻、电容可以构成比例、加法、减法、积分和微分的运算电路（基本运算电路），此外还可以构成滤波器电路。这时集成运放必须工作在传输特性曲线的线性区范围。在分析基本运算电路的输出与输入的运算关系或电压放大倍数时，将集成运放看成是理想集成运放，可根据"虚短"和"虚断"的特点来进行分析较为简便。下面介绍其中的几种运算电路。

11.3.1 比例运算

比例运算放大器的基本作用是将输入信号按比例放大，它包括两种类型：反相比例放大器和同相比例放大器。

1. 反相比例运算

输入信号从运算放大器的反相输入端引入的运算称为反相运算。

如图 11.24 所示为反相比例运算电路，输入电压 u_i 通过 R_1 接入集成运放的反相端，同相输入端经电阻 R_2 接"地"。R_F 为反馈电阻，它把输出端与反相输入端连通，使电路引入了电压并联负反馈。为了保持运放输入差动放大级电路的对称性，则 $R_2 = R_1 // R_F$，R_2 称为平衡电阻。

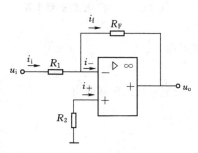

图 11.24 反相比例运算电路

根据运算放大器工作在线性区时"虚短"和"虚断"的两条分析依据可得

$$i_i \approx i_f, u_+ \approx u_- = 0$$

由图 11.24 可列出

$$i_i = \frac{u_i - u_-}{R_1} = \frac{u_i}{R_1}$$

$$i_f = \frac{u_- - u_o}{R_F} = -\frac{u_o}{R_F}$$

由此得出

$$u_o = -\frac{R_F}{R_1} u_i \qquad\qquad (11.8)$$

该电路的闭环电压放大倍数为

$$A_{uf} = \frac{u_o}{u_i} = -\frac{R_F}{R_1} \qquad (11.9)$$

由式（11.9）可知，输出电压的大小与输入电压的大小成比例变化，或者说是比例运算关系，输入电压通过该电路成比例地得到了放大，式（11.9）中的负号表示输出电压与输入电压的相位相反，此种运算关系简称为反相比例运算。所以，在 R_1 和 R_F 的阻值足够精确，运算放大器的开环电压放大倍数很大的条件下，就可以认为 u_o 与 u_i 间的关系只取决于 R_F 与 R_1 的比值，而与运算放大器本身的参数无关，从而保证了比例运算的精度和稳定性。

若取 $R_1 = R_F$，则由式（11.8）和式（11.9）可得 $u_o = -u_i$，则

$$A_{uf} = \frac{u_o}{u_i} = -\frac{R_F}{R_1} = -1 \qquad (11.10)$$

此时，输出电压与输入电压大小相等，相位相反，称为反相器。

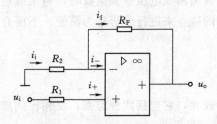

图 11.25　同相比例运算电路

2. 同相比例运算

输入信号从同相输入端引入的运算称为同相运算。

如图 11.25 所示为同相比例运算电路，输入信号 u_i 经外接电阻 R_1 接到集成运放的同相输入端，反馈电阻 R_F 接在反相输入端和输出端之间，引入电压串联负反馈。其中 R_1 为平衡电阻，$R_1 = R_2 // R_F$。

根据理想运算放大器工作在线性区时的分析依据可得

$$u_+ \approx u_- = u_i, \; i_i \approx i_f$$

由图 11.25 可列出

$$i_i = \frac{-u_-}{R_2} = \frac{-u_i}{R_2}$$

$$i_f = \frac{u_- - u_o}{R_F} = \frac{u_i - u_o}{R_F}$$

所以

$$u_o = u_i - R_F\left(-\frac{u_i}{R_2}\right) = u_i + \frac{R_F}{R_2}u_i = \left(1 + \frac{R_F}{R_2}\right)u_i \qquad (11.11)$$

闭环电压放大倍数为

$$A_{uf} = \frac{u_o}{u_i} = 1 + \frac{R_F}{R_2} \qquad (11.12)$$

可见 u_o 与 u_i 间的比例关系仍然与运算放大器本身的参数无关，运算精度和稳定性都很高。式（11.12）中 A_{uf} 为正值，表示输出电压与输入电压同相，并且电压放大倍数 A_{uf} 总是大于或等于 1，不会小于 1，这与反相比例运算不同。

当 $R_F = 0$ 或 $R_1 \to \infty$ 时，可得 $u_o = u_i$，则

$$A_{uf} = \frac{u_o}{u_i} = 1 \qquad (11.13)$$

称此种运算电路为电压跟随器,如图 11.26 所示。电压跟随器虽然放大倍数只有 1,但放大电路的输入电阻趋于无穷大,且输出电阻很小,可以提高带负载能力。

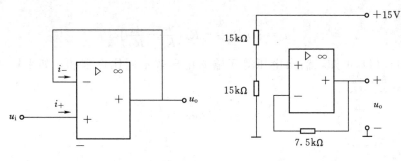

图 11.26　电压跟随器　　　图 11.27　［例 11.5］图

【例 11.5】 试计算图 11.27 所示电路中 u_o 的大小。

【解】 图 11.27 所示电路为一电压跟随器,电源＋15V 经两个 15kΩ 的电阻分压后在同相输入端得到＋7.5V 的输入电压,故 $u_\text{o}=+7.5\text{V}$。

由［例 11.5］可见,u_o 只与电源电压和分压电阻有关,其精度和稳定性较高,可作为基准电压。

【例 11.6】 在图 11.28 所示的两级运算电路中,$R_1=50\text{k}\Omega$,$R_\text{F}=100\text{k}\Omega$。若输入电压 $u_\text{i}=1\text{V}$,试求输出电压 u_o。

【解】 输入级 A_1 是电压跟随器,它的输出电压 $u_\text{o1}=u_\text{i}=1\text{V}$,作为输出级 A_2 的输入。A_2 是反相比例运算电路,可得

$$u_\text{o}=-\frac{R_\text{F}}{R_1}u_\text{o1}=-\frac{100}{50}\times1=-2\ \text{（V）}$$

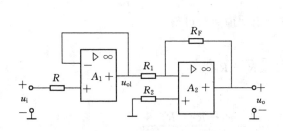

图 11.28　［例 11.6］图

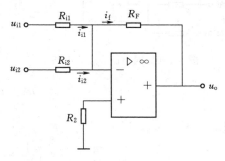

图 11.29　反相加法运算电路

11.3.2　加法运算

加法运算放大器的基本作用是将若干输入信号的和按比例放大。

如果在反相输入端增加若干输入电路,则构成反相加法运算电路,如图 11.29 所示。

根据理想运算放大器工作在线性区时的分析依据可得

$$i_\text{i1}+i_\text{i2}=i_\text{f},\ u_+\approx u_-=0$$

则

$$i_{i1} = \frac{u_{i1}}{R_{i1}}, i_{i2} = \frac{u_{i2}}{R_{i2}}, i_f = \frac{-u_o}{R_F}$$

所以

$$u_o = -i_f R_F = -R_F \left(\frac{u_{i1}}{R_{i1}} + \frac{u_{i2}}{R_{i2}} \right) \tag{11.14}$$

由式（11.14）可知，输出电压等于输入电压按不同比例求和，如果取 $R_{i1} = R_{i2} = R_i$，则

$$u_o = -\frac{R_F}{R_i}(u_{i1} + u_{i2}) \tag{11.15}$$

如果 $R_i = R_F$，则

$$u_o = -(u_{i1} + u_{i2}) \tag{11.16}$$

此时，输出电压等于各输入电压之和，实现了加法运算。在实际应用时，可适当地增加或减少输入端的个数，以适应不同的需要。

由式（11.14）~式（11.16）可见，加法运算电路也与运算放大器本身的参数无关，只要外接电阻阻值足够精确，就可保证加法运算的精度和稳定性。

平衡电阻

$$R_2 = R_{i1} // R_{i2} // R_F$$

【例 11.7】 如图 11.30 所示为同相加法运算电路，求输出电压 u_o。

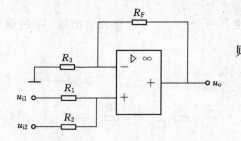

图 11.30 同相加法运算电路

【解】 由"虚断"可得

$$i_+ = i_- = 0$$

则

$$u_- = \frac{R_3}{R_3 + R_F} u_o$$

$$\frac{u_{i1} - u_+}{R_1} + \frac{u_{i2} - u_+}{R_2} = 0$$

由"虚短"可得

$$u_+ = u_- = \frac{R_3}{R_3 + R_F} u_o$$

所以

$$\frac{u_{i1}}{R_1} + \frac{u_{i2}}{R_2} = \left(\frac{1}{R_1} + \frac{1}{R_2} \right) u_+ = \frac{R_1 + R_2}{R_1 R_2} \frac{R_3}{R_3 + R_F} u_o$$

$$u_o = \left(1 + \frac{R_F}{R_3} \right) \left(\frac{R_1}{R_1 + R_2} u_{i1} + \frac{R_2}{R_1 + R_2} u_{i2} \right)$$

当 $R_1 = R_2 = R_3 = R_F$ 时，$u_o = u_{i1} + u_{i2}$。

11.3.3 减法运算

减法运算放大器的输出电压与两个输入信号之差成正比。

如果运算放大器的两个输入端都有信号输入，则称为差分输入，此时实现的运算称为差分运算，减法运算是差分运算的特例。差分运算在测量和控制系统中应用较多，如图

11.31（a）所示为减法运算电路。

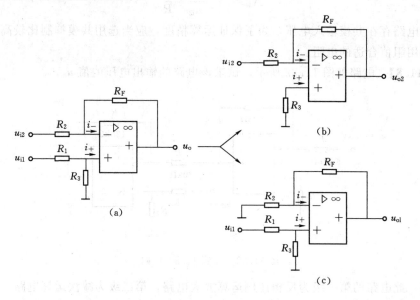

图 11.31　减法运算电路

输入信号分别从运算放大电路的同相输入端和反相输入端送入，当有多个输入信号时，根据叠加定理，首先令 $u_{i1}=0$，此时让 u_{i2} 单独作用，电路成为反相比例运算电路，如图 11.31（b）所示，则

$$u_{o2}=-\frac{R_F}{R_2}u_{i2}$$

令 $u_{i2}=0$，当 u_{i1} 单独作用时，电路成为同相比例运算电路，如图 11.31（c）所示。根据分压公式，可得

$$u_+=\frac{R_3}{R_1+R_3}u_{i1}$$

则

$$u_{o1}=\left(1+\frac{R_F}{R_2}\right)u_+=\left(1+\frac{R_F}{R_2}\right)\frac{R_3}{R_1+R_3}u_{i1}$$

因此

$$u_o=u_{o1}+u_{o2}=\left(1+\frac{R_F}{R_2}\right)\frac{R_3}{R_1+R_3}u_{i1}-\frac{R_F}{R_2}u_{i2} \qquad (11.17)$$

当取 $R_1=R_2$，$R_3=R_F$ 时，则式（11.17）变为

$$u_o=\frac{R_F}{R_2}(u_{i1}-u_{i2}) \qquad (11.18)$$

当 $R_2=R_F$ 时，则

$$u_o=u_{i1}-u_{i2} \qquad (11.19)$$

由式（11.18）和式（11.19）可见，在一定条件下，输出电压 u_o 与两个输入电压 u_{i1}、u_{i2} 的差值成正比，所以差分运算电路可以进行减法运算。

由式（11.18）可得出，$R_1=R_2$，$R_3=R_F$ 时的电压放大倍数为

$$A_{uf} = \frac{u_o}{u_{i1} - u_{i2}} = \frac{R_F}{R_1} \qquad (11.20)$$

由于电路存在共模输入电压，为了保证运算精度，应当选用共模抑制比较高的运算放大器或选用阻值合适的电阻。

【**例 11.8**】 电路如图 11.32 所示，试求该电路的输出电压的值 u_o。

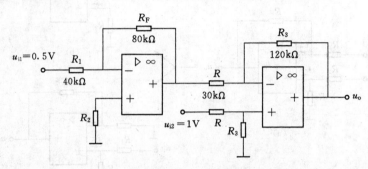

图 11.32 〔例 11.8〕电路

【**解**】 此电路的第一级为反相比例运算放大电路，第二级为减法运算电路。

（1）先求第一级输出电压 u_{o1}。

$$u_{o1} = -\frac{R_F}{R_1} u_{i1} = -1 \ (\text{V})$$

（2）求第二级减法运算电路的输出电压 u_o。其输入电压为 u_{i1} 和 u_{i2}，由（减法的运算关系式）式可得

$$u_o = \frac{R_3}{R}(u_{i2} - u_{o1}) = 4(u_{i2} - u_{o1}) = 8 \ (\text{V})$$

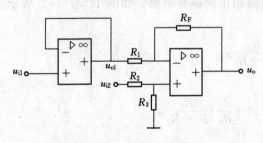

图 11.33 〔例 11.9〕电路图

【**例 11.9**】 试写出图 11.33 中输出电压 u_o 的表达式。

【**解**】 第一级运算电路是电压跟随器，所以有 $u_{o1} = u_{i1}$。它的输入电阻很大，可以起到减轻输入信号源负担的作用。

第二级运算电路是差分减法运算电路，由式（11.17）可得

$$u_o = \left(1 + \frac{R_F}{R_1}\right)\frac{R_3}{R_3 + R_2} u_{i2} - \frac{R_F}{R_1} u_{o1}$$

最后得

$$u_o = \left(1 + \frac{R_F}{R_1}\right)\frac{R_3}{R_3 + R_2} u_{i2} - \frac{R_F}{R_1} u_{i1}$$

11.3.4 积分运算

积分运算是模拟计算机中的基本单元电路，其功能就是完成积分运算，即输出电压与输入电压的积分成比例。在反相比例运算电路中，用电容 C 代替电阻 R_F 作为反馈元件，就得到积分运算电路，如图 11.34 所示。

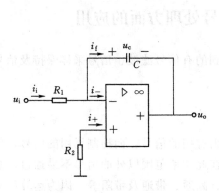

图 11.34 积分运算电路图

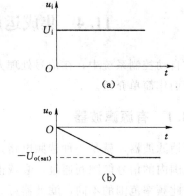

图 11.35 积分运算电路的阶跃响应

根据理想运算放大器工作在线性区时的分析依据可得

$$u_+ \approx u_- = 0, \quad i_i = i_f$$

因此

$$i_i = i_f = \frac{u_i}{R_1}$$

$$u_o = -u_c = -\frac{1}{C}\int i_f \mathrm{d}t = -\frac{1}{R_1 C}\int u_i \mathrm{d}t \tag{11.21}$$

由式（11.21）可以看出，输出电压 u_o 是输入电压 u_i 对时间的积分，负号表示 u_o 与 u_i 反相。$R_1 C$ 称为积分时间常数。

当 u_i 为如图 11.35（a）所示的阶跃电压时，则有

$$u_o = -\frac{u_i}{R_1 C}t \tag{11.22}$$

其波形如图 11.35（b）所示，输出电压最后达到负饱和值 $-U_{o(sat)}$。

11.3.5 微分运算

微分运算是积分运算的逆运算，将积分运算电路中反相输入端的电阻和反馈电容调换位置，就成为微分运算电路，如图 11.36 所示。

由图 11.36 可列出

$$i_i = C\frac{\mathrm{d}u_C}{\mathrm{d}t} = C\frac{\mathrm{d}u_i}{\mathrm{d}t}$$

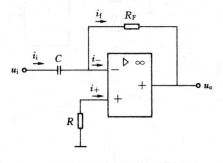

图 11.36 微分运算电路

$$u_o = -i_f R_F = -i_i R_F$$

所以

$$u_o = -R_F C\frac{\mathrm{d}u_i}{\mathrm{d}t} \tag{11.23}$$

由式（11.23）可以看出，输出电压 u_o 与输入电压 u_i 对时间的微分成正比，且 u_o 与 u_i 反相。

11.4　集成运放在信号处理方面的应用

在自动控制系统中，在信号处理方面常见到的有信号滤波、信号采样保持及信号比较等，下面作简单介绍。

*11.4.1　有源滤波器

所谓滤波器，就是一种选频电路。它能选出有用的信号，而抑制无用的信号，使一定频率范围内的信号能顺利通过，衰减很小，而在此频率范围以外的信号不易通过，衰减很大。按此频率范围的不同，滤波器可分为低通、高通、带通及带阻等。因为运算放大器是有源器件，所以这种滤波器称为有源滤波器。与无源滤波器比较，有源滤波器具有体积小、效率高、频率特性好等一系列优点，因而得到广泛应用。现将有源低通滤波器和高通滤波器的电路与频率特性分述如下。

1. 有源低通滤波器

图 11.37 (a) 所示为有源低通滤波器的电路。设输入电压 u_i 为某一频率的正弦电压，则可用相量表示。先由 RC 电路得出

$$\dot{U}_+ = \dot{U}_C = \frac{\frac{1}{j\omega C}}{R + \frac{1}{j\omega C}}\dot{U}_i = \frac{\dot{U}_i}{1 + j\omega RC}$$

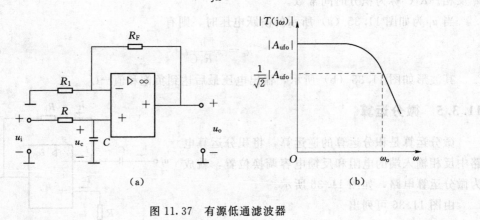

图 11.37　有源低通滤波器

(a) 电路；(b) 幅频特性

根据同相比例运算电路的式 (11.11) 得出

$$\dot{U}_o = \left(1 + \frac{R_F}{R_1}\right)\dot{U}_+$$

故

$$\frac{\dot{U}_o}{\dot{U}_i} = \frac{1 + \frac{R_F}{R_1}}{1 + j\omega RC} = \frac{1 + \frac{R_F}{R_1}}{1 + j\frac{\omega}{\omega_o}}$$

式中 ω_o——截止角频率，$\omega_o = \dfrac{1}{RC}$。

若频率 ω 为变量，则该电路的传递函数为

$$T(j\omega) = \frac{U_o(j\omega)}{U_i(j\omega)} = \frac{1 + \dfrac{R_F}{R_1}}{1 + j\dfrac{\omega}{\omega_o}} = \frac{A_{ufo}}{1 + j\dfrac{\omega}{\omega_o}} \tag{11.24}$$

其模为

$$|T(j\omega)| = \frac{|A_{ufo}|}{\sqrt{1 + \left(\dfrac{\omega}{\omega_o}\right)^2}}$$

辐角为

$$\phi(\omega) = -\arctan\frac{\omega}{\omega_o}$$

$\omega = 0$ 时

$$|T(j\omega)| = |A_{ufo}|$$

$\omega = \omega_o$ 时

$$|T(j\omega)| = \frac{|A_{ufo}|}{\sqrt{2}}$$

$\omega = \infty$ 时

$$|T(j\omega)| = 0$$

有源低通滤波器的幅频特性如图 11.37（b）所示。可见低通滤波器具有使低频信号较易通过而抑制高频率信号的作用。

为了改善滤波效果，使 $\omega > \omega_o$ 时信号衰减得快些，常将两节 RC 电路串接起来，如图 11.38（a）所示，称为二阶有源低通滤波器，其幅频特性如图 11.38（b）所示。

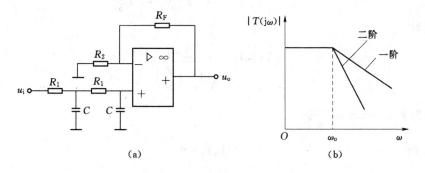

（a）
（b）

图 11.38 二阶有源低通滤波器

（a）电路；（b）幅频特性

2. 有源高通滤波器

如图 11.39（a）所示为有源高通滤波器的电路。

先由 RC 电路得出

$$\dot{U}_+ = \frac{R}{R + \dfrac{1}{j\omega C}}\dot{U}_i = \frac{\dot{U}_i}{1 + \dfrac{1}{j\omega RC}}$$

而后根据同相比例运算电路的式（11.11）得出

$$\dot{U}_o = \left(1 + \frac{R_F}{R_1}\right)\dot{U}_+$$

$$\frac{\dot{U}_o}{\dot{U}_i}=\frac{1+\dfrac{R_F}{R_1}}{1+\dfrac{1}{j\omega RC}}=\frac{1+\dfrac{R_F}{R_1}}{1-j\dfrac{\omega_o}{\omega}}$$

式中，$\omega_o=\dfrac{1}{RC}$。

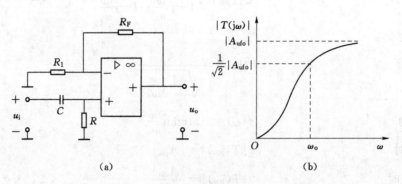

(a) (b)

图 11.39 有源高通滤波器

(a) 电路；(b) 幅频特性

若频率 ω 为变量，则该电路的传递函数为

$$T(j\omega)=\frac{U_o(j\omega)}{U_i(j\omega)}=\frac{1+\dfrac{R_F}{R_1}}{1-j\dfrac{\omega_o}{\omega}}=\frac{A_{ufo}}{1-j\dfrac{\omega_o}{\omega}}$$

其模为

$$|T(j\omega)|=\frac{|A_{ufo}|}{\sqrt{1+\left(\dfrac{\omega_o}{\omega}\right)^2}}$$

辐角为 $\phi(\omega)=\arctan\dfrac{\omega_o}{\omega}$。

$\omega=0$ 时　　　　　　　　　　$|T(j\omega)|=0$

$\omega=\omega_o$ 时　　　　　　　　　$|T(j\omega)|=\dfrac{|A_{ufo}|}{\sqrt{2}}$

$\omega=\infty$ 时　　　　　　　　　$|T(j\omega)|=|A_{ufo}|$

有源高通滤波器的幅频特性如图 11.39（b）所示。可见，高通滤波器具有使高频信号较易通过而抑制较低频率信号的作用。

*11.4.2　采样保持电路

当输入信号变化较快时，要求输出信号能快速而准确地跟随输入信号的变化进行间隔采样，在两次采样之间保持上一次采样结束时的状态。图 11.40 所示是它的简单电路和输入输出信号波形。

图 11.40 中 S 是一模拟开关，一般由场效晶体管构成。当控制信号为高电平时，开关闭合（即场效晶体管导通），电路处于采样周期。这时 u_i 对存储电容元件 C 充电，$u_o=u_c=u_i$，即输出电压跟随输入电压的变化（运算放大器接成跟随器）。当控制电压变为低电平时，开关断开（即场效晶体管截止），电路处于保持周期。因为电容元件无放电电路，故 $u_o=u_c$。这种将采样到的数值保持一定时间，在数字电路、计算机及程序控制等装置中都得到应用。

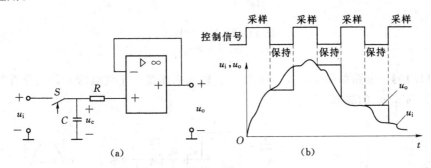

图 11.40 采样保持电路

(a) 电路；(b) 输入输出信号波形

11.4.3 电压比较器

电压比较器的作用是用来比较输入电压和参考电压，图 11.41（a）所示电路是其中一种。U_R 是参考电压，加在同相输入端，输入电压 u_i 加在反相输入端。运算放大器工作于开环状态，由于开环电压放大倍数很高，即使输入端有一个非常微小的差值信号，也会使输出电压饱和。因此，用作比较器时，运算放大器工作在饱和区，即非线性区。当 $u_i < U_R$ 时，$u_o=+U_{o(sat)}$；当 $u_i>U_R$ 时，$u_o=-U_{o(sat)}$，图 11.41（b）所示为电压比较器的传输特性。可见，在比较器的输入端进行模拟信号大小的比较，在输出端则以高电平或低电平为数字信号，来反映比较结果。

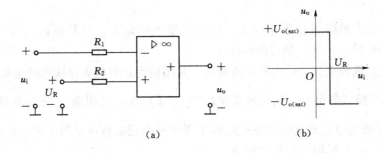

图 11.41 电压比较器

(a) 电路；(b) 传输特性

当 $U_R=0$ 时，即输入电压和零电平比较，称为过零比较器，其电路和传输特性如图 11.42 所示。当输入电压为正弦波电压 u_i 时，则 u_o 为矩形波电压，如图 11.43 所示。

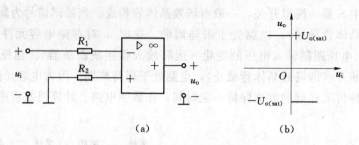

图 11.42 过零比较器

(a) 电路；(b) 传输特性

【例 11.10】 电路如图 11.44 (a) 所示，输入电压是一正弦电压 u_i，试分析并画出输出电压 u_o''，u_o'，u_o 的波形。

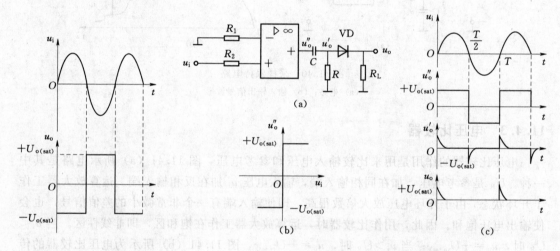

图 11.43 过零比较器将正弦
波电压变换为矩形波电压

图 11.44 [例 11.10] 图

(a) 电路；(b) 传输特性；(c) 输入和输出电压的波形

【解】

(1) 运算放大器构成过零比较器，从同相输入端输入，反相输入端接"地"，和图 11.42 相反。图 11.44 (b) 是其传输特性。

(2) u_i 是正弦波电压，u_o'' 为矩形波电压，其幅值为运算放大器输出的正负饱和值。

(3) 设 RC 组成的电路，其时间常数 $RC \ll \dfrac{T}{2}$（T 为 u_i 的周期），充放电很快。当 $u_o'' = +U_{o(sat)}$ 时，迅速充电，充电电流在电阻 R 上得出一个正尖脉冲；当 $u_o'' = -U_{o(sat)}$ 时，则得出一负尖脉冲。u_o' 为周期性正负尖脉冲。

(4) 二极管 VD 起削波作用，削去负尖脉冲，使输出限于正尖脉冲。

有时为了将输出电压限制在某一特定值，以与接在输出端的数字电路的电平配合，可在比较器的输出端与"地"之间跨接一个双向稳压二极管 VD_z，作双向限幅用。稳压二极管的电压为 U_z。电路和传输特性如图 11.45 所示。u_i 与零电平比较，输出电压 u_o 被限制在 $+U_z$ 或 $-U_z$。

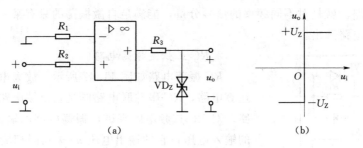

图 11.45 有限幅的过零比较器

(a) 电路；(b) 传输特性

上述比较器是用通用型运算放大器构成的比较器，输入的是模拟量，输出的不是高电平就是低电平，即为数字量，以与数字电路配合。

11.5 集成运放在波形产生方面的应用

本节讨论 RC 正弦波振荡电路。

1. 自激振荡

电路中无外加输入电压，而在输出端有一定频率和幅度的信号输出，这种现象就是电路的自激振荡。图 11.46 所示为自激振荡电路的方框图。
A 是放大电路，F 是正反馈电路。图中无外加输入信号，放大电路的输入电压 u_i 是由输出电压 u_o 通过反馈电路而得到的，即为反馈电压 u_f，设均为正弦量。

于是，放大电路的电压放大倍数为

$$A_u = \frac{\dot{U}_o}{\dot{U}_i} = \frac{\dot{U}_o}{\dot{U}_f}$$

反馈电路的反馈系数为

$$F = \frac{\dot{U}_f}{\dot{U}_o}$$

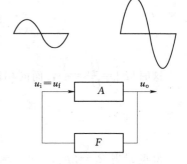

图 11.46 自激振荡电路的方框图

即 $A_u F = 1$。因此，振荡电路自激振荡的条件是：①u_o 和 u_f 要同相，也就是必须是正反馈；②要有足够的反馈量，使 $|A_u F| = 1$，即反馈电压要等于所需的输入电压。

讨论自激振荡，还有两个问题要说明：

（1）既然自激振荡电路无需外接信号源，那么起始信号从何而来？当将振荡电路与电源接通时，在电路中激起一个微小的扰动信号，这就是起始信号。通过正反馈电路反馈到输入端，只要满足上述两个条件，反馈电压经放大电路放大后就会有更大的输出。这样，经过反馈→放大→再反馈→再放大的多次循环过程，最后利用非线性元件使输出电压的幅度自动稳定在一个数值上。

（2）这个起始信号往往是非正弦的，含有一系列频率不同的正弦分量，那么如何能得到单一频率的正弦输出电压？为此，正弦波振荡电路中除了放大电路和正反馈电路外，还必须有选频电路。就是对不同频率的信号分量，能满足自激振荡的只有某一个特定频率的信号能被选频电路选出。

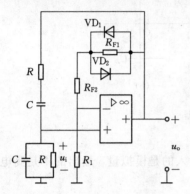

图 11.47　RC 振荡电路

2. RC 正弦波振荡电路

RC 振荡电路如图 11.47 所示。放大电路是同相比例运算电路，RC 串并联电路既是正反馈电路，又是选频电路。对 RC 选频电路来讲，振荡电路的输出电压 u_o 是它的输入电压，它的输出电压 u_i 送到同相输入端，是运算放大器的输入电压。由此得

$$F=\frac{\dot{U}_f}{\dot{U}_o}=\frac{\dfrac{-jRX_C}{R-jX_C}}{R-jX_C+\dfrac{-jRX_C}{R-jX_C}}=\frac{1}{3+j\left(\dfrac{R^2-X_C^2}{RX_C}\right)}$$

欲使 $\dot{U}_i$ 与 $\dot{U}_o$ 同相，则上式分母的虚数部分必须为零，即

$$R^2-X_C^2=0$$

$$R=X_C=\frac{1}{2\pi fC}$$

$$f=f_0=\frac{1}{2\pi RC}$$

这时 $|F|=\dfrac{U_i}{U_o}=\dfrac{1}{3}$，而同相比例运算电路的电压放大倍数则为

$$|A_u|=\frac{U_o}{U_i}=1+\frac{R_F}{R_1}$$

可见，当 $R_F=2R_1$，$|A_u|=3$，$|A_uF|=1$。

在特定频率 $f_0=\dfrac{1}{2\pi RC}$ 一定时，u_o 和 u_i 同相，也就是 RC 串并联电路具有正反馈和选频作用。u_o 和 u_i 都是正弦波电压。

在起振时，应使 $|A_uF|>1$，即 $|A_u|>3$。随着振荡幅度的增大，$|A_u|$ 能自动减小，直到满足 $|A_u|=3$ 或 $|A_uF|=1$ 时，振荡振幅达到稳定，以后并能自动稳幅。

在图 11.47 中，是利用二极管正向伏安特性的非线性来自动稳幅的。图中，R_F 分 R_{F1} 和 R_{F2} 两部分。在 R_{F1} 上正、反向并联两只二极管，它们在输出电压 u_o 的正负半周内分别导通。在起振之初，由于 u_o 幅度很小，尚不足以使二极管导通，正向二极管接近于开路，此时 $R_F>2R_1$。而后，随着振荡幅度的增大，正向二极管导通，其正向电阻渐渐减小，直到 $R_F=2R_1$ 时，振荡稳定。

振荡频率的改变，可通过调节 R、C 或同时调节 R 和 C 的数值来实现。由集成运放构成的 RC 振荡电路的振荡频率一般不超过 1MHz。

11.6 使用集成运放应注意的几个问题

11.6.1 选用元件

集成运放按其技术指标可分为通用型、高速型、高阻型、低功耗型、大功率型、高精度型等；按其内部电路可分为双极型（由晶体管组成）和单极型（由场效晶体管组成）；按每一集成片中运算放大器的数目可分为单运放、双运放和四运放。

通常根据实际要求来选用运算放大器。如测量放大器的输入信号微弱，它的第一级应选用高输入电阻、高共模抑制比、高开环电压放大倍数、低失调电压及低温度漂移的运算放大器。选好后，根据管脚图和符号图连接外部电路，包括电源、外接偏置电阻、消振电路及调零电路等。

11.6.2 消振

由于运算放大器内部晶体管的极间电容和其他寄生参数的影响，容易产生自激振荡，破坏正常工作。为此，使用时要注意消振。通常是外接 RC 消振电路或消振电容，由它来破坏产生自激振荡的条件。是否已消振，将输入端接"地"，示波器观察输出端有无自激振荡。目前由于集成工艺水平的提高，运算放大器内部已有消振元件，无需外部消振。

11.6.3 调零

由于运算放大器内部参数不可能完全对称，以致当输入信号为零时，仍有输出信号。为此，在使用时要外接调零电路。如图 11.48 所示的 F007 运算放大器，它的调零电路由 -15V 电源，1kΩ 电阻和调零电位器 R_P 组成。先消振，再调零，调零时应将电路接成闭环。一种是在无输入时调零，即将两个输入端接"地"，调节调零电位器，使输出电压为零；另一种是在有输入时调零，即按已知输入信号电压计算输出电压，而后将实际值调整到计算值。

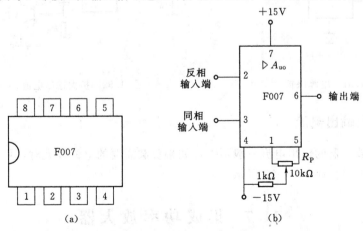

图 11.48 F007 集成运算放大器的外形、管脚和符号图

(a) 双列直插式；(b) 符号

11.6.4 保护

1. 输入端保护

当输入端所加的差模电压和共模电压过高时会损坏输入级的晶体管。为此，在输入端接入反向并联的二极管，如图 11.49 所示，将输入电压限制在二极管的正向电压降以下。

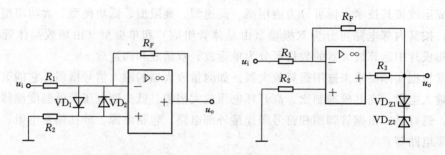

图 11.49 输入端保护   图 11.50 输出端保护

2. 输出端保护

为了防止输出电压过大，可利用稳压管来保护，如图 11.50 所示，将两个稳压管反向串联，将输出电压限制在 $(U_Z + U_D)$ 的范围内。U_Z 是稳压管的稳定电压，U_D 是它的正向电压降。

3. 电源保护

为了防止正、负电源接反，可用二极管来保护，如图 11.51 所示。

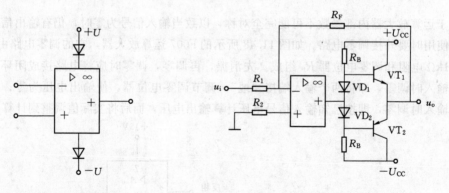

图 11.51 电源保护   图 11.52 扩大输出电流

11.6.5 扩大输出电流

由于运算放大器的输出电流一般不大，如果负载需要的电流较大时，可在输出端加接一级互补对称电路，如图 11.52 所示。

*11.7 集成功率放大器

前面所研究的电路主要用于对电压或电流信号的放大，因此称之为电压放大器或电流放大器。在经过多级放大以后，输出信号总要输送给负载，用于驱动一定的装置，如扩音机的扬声器、电动机的绕组或电磁线圈等。这就要求输出级能够输出具有一定功率的信号。这类主要用于向负载提供功率的放大电路称为功率放大器。功率放大器通常是在大信号下工作，与电压放大器相比对功率放大器的要求如下：

（1）要求输出功率尽可能大，器件往往工作在接近极限状态。

（2）效率要高。

（3）非线性失真要小。

（4）要特别注意解决散热问题等。

近年来集成功率放大器发展迅速，在很大程度上取代了分立元件组成的功放电路。

11.7.1 集成功率放大器的特点和主要性能指标

1. 集成功率放大器的结构和特点

集成功率放大器由集成运算放大器发展而来。其内部电路一般也由前置级、中间级、输出级及偏置电路等组成，不过集成功放的输出功率大、效率高。另外，为了保证器件在大功率状态下安全可靠工作，集成功放中常设有过流、过压、过热保护电路等。

2. 集成功率放大器的主要性能指标

（1）最大输出功率。不同型号的芯片其输出功率是大不相同的，可以从相关手册和产品说明书中查到。使用时应该配备标准散热器。

（2）电源电压范围。使用者可以根据实际供电电源的情况而确定，为使用者提供了方便。如果供电电压过低，则放大器动态范围受限。

（3）输入偏置电流。输出电压为零时，两个输入端静态电流的平均值定义为输入偏置电流。

其他性能指标还包括电源静态电流、电压增益、频带宽度、输入阻抗、总谐波失真等。

11.7.2 集成功率放大器的应用

集成功率放大电路具有输出功率大、外围连接元件少、使用方便等优点，目前使用越来越广泛。选用集成功率放大器时，对其指标应注意留有足够的安全余量，对大功率器件为保证器件使用安全，应按规定外接散热装置。构成集成功放应用电路时，可选用其典型应用电路，并结合电路系统的电源情况来确定是选用 OCL 还是 OTL 接法。若采用双电源供电，输出即构成 OCL 电路。若采用单电源供电，输出即构成 OTL 电路，这时必须在输出端串接大容量电容，另外还需注意给电路提供大小合适的激励信号。集成功放应用电路的最大不失真功率通常可利用 OCL 或 OTL 电路的相应公式进行估算，最大不失真输出时所需的激励电压由最大不失真输出电压除以功放电路的电压放大倍数得到。

集成功放种类很多，常用的有低频通用型小功率功放 LM386、TDA7269 和 CD4100，高性能大功率双通道音频功放 TDA1521 等。这里以 175 功放为例介绍集成功放的应用。

175、275 集成功放又称为傻瓜 IC，它与普通功放电路相比，除了免外接任何元器件、免安装调试外，还有以下特点：其内部采用较先进的、具有电子管特性的 N 沟道及 P 沟道绝缘栅场效应管作推动输出，动态频率响应宽；还具有较宽的不失真工作电压范围，以适应不同工作环境；当工作电压超过标称极限值时，能自身保护，自动停止工作。175 是单通道集成功放电路，而 275 是双通道集成功放电路。由 175 组成的功放电路如图 11.53 所示。

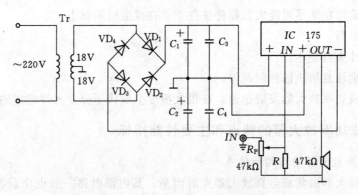

图 11.53 由 175 组成的功放电路

由图 11.53 可见，电路原理图非常简单，需要的正负电源采用整流电路、电容滤波电路直接供电即可。175 芯片只有 5 个引脚，在使用时不需要知道它的内部电路，按标识接线即可。IN 为输入端，OUT 为输出端，R_P 是音量调节电位器。如果扬声器有交流声，可以把变压器 Tr 的屏蔽隔离层接地。如果要求再高，可以考虑在整流、滤波电路后接三端稳压器 7815 或 7915，再给 175 供电。

*11.8 模拟集成电路应用实例

模拟集成电路应用十分广泛，这里以一台立体声有源音箱为例介绍它们的应用。它使用通用双运算放大器 RC4558D 作为电压放大，音频功放集成电路 TDA7269 作为功率放大。

11.8.1 主要半导体器件

1. 通用双运算放大器 RC4558D

RC4558D 是双列直插集成电路，它内部包含两个运算放大器，管脚功能如图 11.54 所示。

2. 音频功放集成电路 TDA7269

TDA7269 是双声道的集成电路芯片，它的外观和引脚功能如图 11.55 所示。

（1）RC4558D 的引脚说明。

引脚 1：OUT，运放 1 输出。

引脚 2：IN−，运放 1 反相输入端。

引脚 3：IN＋，运放 1 同相输入端。

引脚 4：V_{CC-}，接负电源。

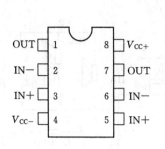

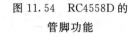

图 11.54　RC4558D 的
管脚功能

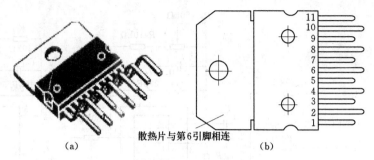

散热片与第6引脚相连

图 11.55　TDA 的外观与引脚功能

(a) TDA7269 外观；(b) 引脚功能

1—Vs；2—OUTPUT (1)；3—+Vs；4—OUTPUT (2)；5—MUTE；

6—Vs；7—$IN_{+(2)}$；8—$IN_{-(2)}$；9—GND；10—$IN_{-(1)}$；11—$IN_{+(1)}$

引脚 5：IN+，运放 2 同相输入端。

引脚 6：IN－，运放 2 反相输入端。

引脚 7：OUT，运放 2 输出。

引脚 8：V_{cc+}，接正电源。

(2) TDA7269 的引脚说明。

引脚 3：+V_S，接正电源。

引脚 1 、引脚 6：－V_S，接负电源。

引脚 7：$IN_+(2)$，功放 2 左声道输入端。

引脚 11：$IN_+(1)$，功放 1 右声道输入端。

引脚 8：$IN_-(2)$，左声道反馈。

引脚 10：$IN_-(1)$，功放 1 右声道反馈。

引脚 4：OUTPUT(2)，功放 2 左声道输出端。

引脚 2：OUTPUT(1)，功放 1 右声道输出端。

引脚 5：MUTE，静噪控制。

引脚 9：GND，接地端。

11.8.2　电路工作原理

应用 RC4558D 和 TDA7269 组成音响系统，可用于电脑的多媒体信号播放，也可用于其他信号源（如 CD 机、单放机）的信号放大和卡拉 OK 功能。应用实例的基本电路如图 11.56 所示。这里采用了±15V 双电源供电。

一个双声道的放大器，左右声道对称，电路原理完全一致，这里以左声道为例简述其工作原理。左声道（L）的两路信号从 RC4558D 输入端以反相加法的形式输入。负反馈网络是由 R_7、R_{P1A} 和 C_5 组成（C_7 为高频反馈电容，以防止发生自激现象，如果没有自激发生也可以不接入。由于它的容量很小，可以忽略）。电位器 R_{P1A} 滑动触点在最右侧时，（C_5 被短路）反馈电阻最小（只有 R_7），放大器放大倍数最小。R_{P1A} 滑动触点在最左侧时，R_{P1A} 和 C_5 并联与 R_7 串联，由于对低频信号的负反馈电阻是 $R_f = R_{P1A} + R_7$，而对高频信号

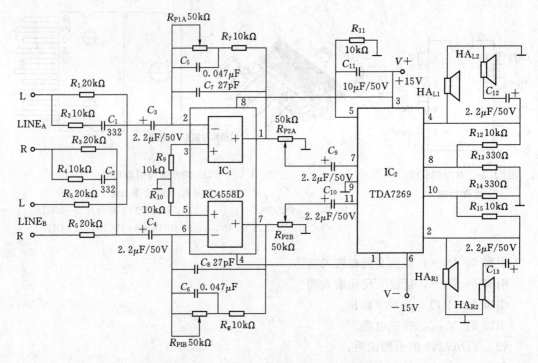

图 11.56　双声道有源音箱电路原理图

的负反馈电阻是 $R_f = R_7$（C_5 对高频信号阻抗很小，可视为短路），而运算放大器的电压

放大倍数 $A = -\dfrac{R_F}{R_1}$ 愈大，放大倍数愈大，因此这时对低频信号有提升作用，所以 R_{P1A}、

R_{P1B} 是低音提升调节电位器，采用的是双联同轴电位器。信号从运算放大器的输出端经音量调节电位器 R_{P2A} 和耦合电容 C_9 输送给 TDA7269 进行功率放大。其中信号直接耦合输出给低频扬声器 HA_{L1}，而经电容 C_{12} 耦合输出给高音扬声器 HA_{L2}。

　　由以上分析可以看出，无论是集成运算放大器还是集成功率放大器，在使用时都不必深究其内部的电路结构，只需首先选好所需要的芯片，按照产品样本给出的管脚功能说明和接线图，外接较少的元器件，一般也不需进行调整，电路就可以正常工作了（有少量集成电路需要进行电路调试，如消振或调零电路等）。这是现代电子技术给人们提供的极大方便之处，大大提高了设计和电路组装效率，也是当今进行电路设计的新理念。

习　　题

1. 填空题

（1）一个理想运放工作在 _____ 时，两输入端之间的电压（几乎）为零，称为

_____；运放两输入端的电流（几乎）为零，称为 _____。

（2）正弦波振荡电路的基本组成部分是 _____、_____、_____ 和 _____。

（3）串联反馈只有在信号内阻 _____ 时，其反馈效果显著，并联反馈只有在信号内

阻_____时反馈效果显著。

（4）产生正弦波振荡的幅值条件是_____，相位条件是_____。

（5）集成运算放大器实质上是一种具有_____的采用_____耦合的放大电路，它最大的优点是_____，主要缺点是存在_____。因此，通用型集成运算放大器的输入级大多采用_____结构电路，输出级一般采用_____电路。

（6）在反馈放大电路中，若希望减小放大电路从信号源索取的电流，可采用_____反馈；若希望负载变化时输出电流稳定，可采用_____反馈；若希望提高输出电压的稳定性，可采用_____反馈；若希望提高电路的带负载能力且提高输入电阻，可采用_____反馈。

（7）电流串联负反馈是一种输出端取样量为_____输入端比较量为_____的负反馈放大器，它使输入电阻_____，输出电阻_____。

（8）集成电路中由于制造大量电容很困难，极间耦合往往采用_____的耦合方式。

2. 选择题

（1）集成运放是一种高增益的、（　　）的多级放大电路。

A. 直接耦合　　　　　B. 阻容耦合　　　　　C. 变压器耦合　　　　　D. 以上都不是

（2）放大电路中有反馈的含义是（　　）。

A. 输出与输入之间有信号通路　　　　　B. 电路中存在反向传输的信号通路

C. 除放大电路以外还有信号通道　　　　　D. 以上都不是

（3）直流负反馈在电路中的主要作用是（　　）。

A. 提高输入电阻　　　　　B. 增大电路放大倍数

C. 稳定静态工作点　　　　　D. 减小输出电阻

（4）若反馈信号正比于输出电压，该反馈为（　　）反馈。

A. 串联　　　　　B. 电流　　　　　C. 电压　　　　　D. 并联

（5）若反馈信号正比于输出电流，该反馈为（　　）反馈。

A. 并联　　　　　B. 电流　　　　　C. 电压　　　　　D. 串联

（6）当电路中的反馈信号以电压的形式出现在电路输入回路的反馈称为（　　）反馈。

A. 并联　　　　　B. 串联　　　　　C. 电压　　　　　D. 电流

（7）当电路中的反馈信号以电流的形式出现在电路输入回路的反馈称为（　　）反馈。

A. 并联　　　　　B. 串联　　　　　C. 电压　　　　　D. 电流

（8）某反馈放大器的反馈图如图 11.57 所示，其总放大倍数为（　　）。

A. 10　　　　　B. 20　　　　　C. 100　　　　　D. 200

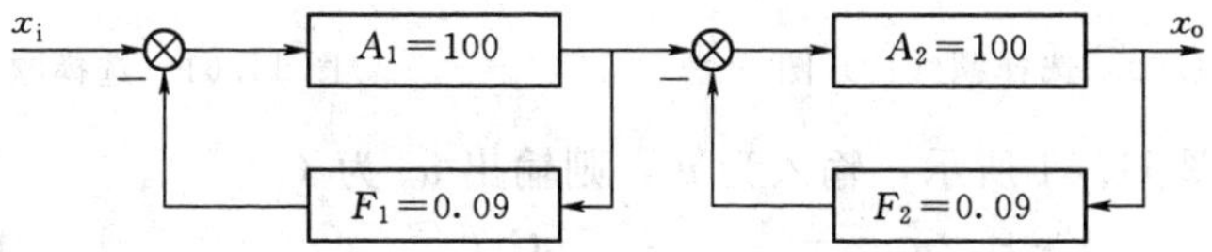

图 11.57　选择题（8）图

（9）判断如图 11.58 电路中，R_E 引入的反馈是（　　）。

A. 电压串联正反馈　　　　　　　　　B. 电压串联负反馈

C. 电流并联负反馈　　　　　　　　　D. 电流并联正反馈

（10）关于反馈对放大电路输入电阻 R_i 的影响，（　　）是正确的。

A. 负反馈增大 R_i，正反馈减小 R_i

B. 串联反馈增大 R_i，并联反馈减小 R_i

C. 并联负反馈增大 R_i，串联负反馈减小 R_i

D. 串联负反馈增大 R_i，并联负反馈减小 R_i

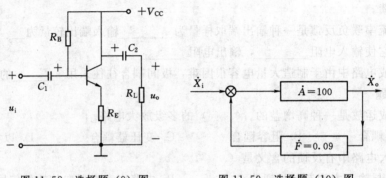

图 11.58　选择题（9）图　　　　　　图 11.59　选择题（10）图

（11）某负反馈放大电路框图如图 11.59 所示，则电路的闭环放大倍数 $\dot{A}_F = \dfrac{\dot{X}_o}{\dot{X}_i}$ 为

（　　）。

A. 100　　　　　　B. 10　　　　　　C. 90　　　　　　D. 0.09

（12）在运算放大器电路中，引入深度负反馈的目的之一是使运放（　　）。

A. 工作在线性区，降低稳定性　　　　B. 工作在非线性区，提高稳定性

C. 工作在线性区，提高稳定性　　　　D. 工作在非线性区，降低稳定性

（13）如图 11.60 所示电路实现（　　）运算。

A. 积分　　　　　B. 对数　　　　　C. 微分　　　　　D. 反对数

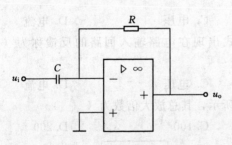

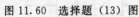

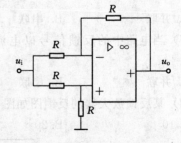

图 11.60　选择题（13）图　　　　　　图 11.61　选择题（14）图

（14）电路如图 11.61 所示，输入为 u_i，则输出 u_o 为（　　）。

A. u_i　　　　　　B. $2u_i$　　　　　　C. 0　　　　　　D. $-u_i$

（15）电路如图 11.62 所示，A 为理想运放，若要满足振荡的相应条件，其正确的接

法是（　　）。

A. 1 与 3 相接，2 与 4 相接　　　　B. 1 与 4 相接，2 与 3 相接

C. 1 与 3 相接，2 与 5 相接　　　　D. 2 与 3 相接，1 与 5 相接

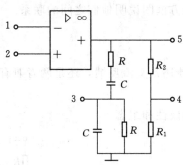

图 11.62　选择题 (15) 图　　　　　图 11.63　选择题 (16) 图

(16) 正弦波振荡电路如图 11.63 所示，其振荡频率为（　　）。

A. $f_\mathrm{o} = \dfrac{1}{2\pi RC}$　　　B. $f_\mathrm{o} = \dfrac{1}{RC}$　　　C. $f_\mathrm{o} = \dfrac{1}{2\pi\sqrt{RC}}$　　　D. $f_\mathrm{o} = 2\pi\sqrt{RC}$

(17) 正弦波振荡电路如图 11.63 所示，若能稳定振荡，则 $\dfrac{R_2}{R_1}$ 必须等于（　　）。

A. 1　　　　　　B. 2　　　　　　C. 3　　　　　　D. 4

(18) 正弦波振荡电路的振幅平衡条件是（　　）。

A. $\dot{A} = \dot{F}$　　　B. $|\dot{A}| = |\dot{F}|$　　　C. $|\dot{A}\dot{F}| = 1$　　　D. $\dot{F} = \dfrac{1}{3}$

(19) 桥式 RC 正弦波振荡器的振荡频率取决于（　　）。

A. 放大器的开环电压放大倍数的大小　　B. 反馈电路中的反馈系数 F 的大小

C. 选频电路中 RC 的大小　　　　　　D. 放大器的闭环电压放大倍数的大小

(20) 图 11.64 所示电路，两个稳压管的正向导
通压降均为 0.7V，稳定电压均为 5.3V。图中运放
为理想运放，所用电源电压为 ±12V。若 $u_\mathrm{i} = 0.5$V，
则输出电压 $u_\mathrm{o} =$（　　）。

A. −12V　　　　　B. 12V

C. 6V　　　　　　D. −6V

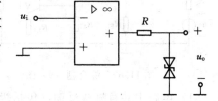

图 11.64　选择题 (20) 图

(21) 若希望抑制 500Hz 以下的信号，应采用
（　　）类型的滤波电路。

A. 低通　　　　B. 带通　　　　C. 带阻　　　　D. 高通

(22) 为避免 50Hz 电网电压的干扰进入放大器，应选用以下哪种有源滤波电路
（　　）。

A. 高通滤波器　　B. 低通滤波器　　C. 带通滤波器　　D. 带阻滤波器

3. 综合题

(1) 通用型集成运放一般由几部分电路组成，每一部分常采用哪种基本电路，通常对每一部分性能的要求分别是什么？

(2) 工作在线性区的运放电路为什么必须引入负反馈？

(3) 负反馈放大电路一般由哪些部分组成？用方框图说明他们之间的联系。

(4) 如何识别一个放大电路有无反馈？

(5) 已知电路如图 11.65 所示。

1) 说明电路引入哪两种级间反馈，是直流反馈还是交流反馈，还是两者兼有。

2) 试判断交流反馈的极性和类型。

(6) 电路如图 11.66 所示，试判断级间反馈的极性和组态。

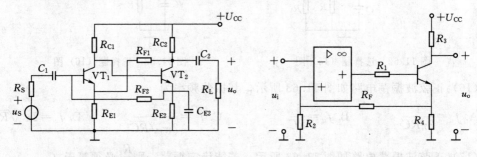

图 11.65　综合题（5）图　　　　　图 11.66　综合题（6）图

(7) 试画出一种引入并联电压负反馈的单级晶体管放大电路。

(8) 当保持收音机收听的音量不变，能否在收音机的放大电路中引入负反馈来减小外部干扰信号的影响？负反馈能不能抑制放大电路内部出现的干扰信号？

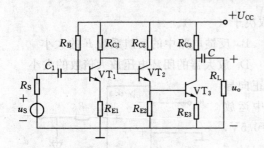

图 11.67　综合题（9）图

(9) 为了实现下述要求，如图 11.67 所示电路中应该引入何种类型的反馈？反馈电阻 R_F 应从何处引至何处？

1) 减小输入电阻，增大输出电阻。

2) 稳定输出电压，此时输入电阻增大。

3) 稳定输出电流，并减小输入电阻。

(10) 在如图 11.68 所示的电路中，回答以下问题：

1) 电路中共有哪些反馈（包括级间反馈和本级反馈)？分别说明他们的极性和组态。

2) 如果要求 R_{F1} 只引入交流反馈，R_{F2} 只引入直流反馈，应该如何改变？请画在图上。

3) 在第 2) 小题情况下，上述两路反馈各对电路产生什么影响？

(11) 电路如图 11.69 所示，已知电容器 C 的初始电压 $u_c(0)=0V$，当 $R_1=R_2=R_3=R_f$ 时，写出 u_o 的表达式。

(12) 在如图 11.70 所示电路中，已知 $u_i=4V$，$R_f=3R_2$ 试求 u_o。

(13) 试求图 11.71 所示电路输出电压与输入电压的运算关系。

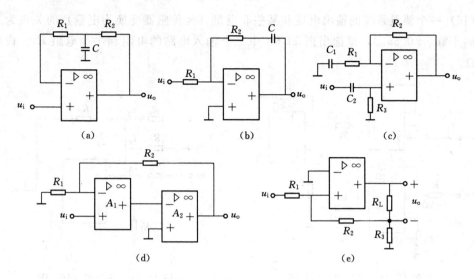

图 11.68　综合题（10）图

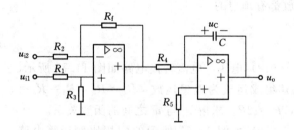

图 11.69　综合题（11）图

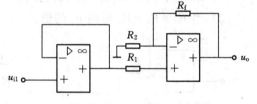

图 11.70　综合题（12）图

（14）如图 11.72 所示电路是自动化仪表中常用的"电流—电压"和"电压—电流"转换电路。试用"虚短"或"虚断"概念推导：

1）图（a）中 U_o 和 I_S 的关系式。

2）图（b）中 I_o 和 U_S 的关系式。

（15）如图 11.73 所示运算放大电路中，已知 $u_{i1} = 10\text{mV}$，$u_{i2} = 30\text{mV}$，求 $u_o = ?$

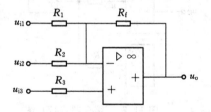

图 11.71　综合题（13）图

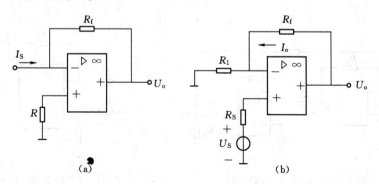

图 11.72　综合题（14）图

（16）一个测量系统的输出电压和某些非电量（经传感器变换为电量）的关系为 $u_o = -(4u_{i1} + 2u_{i2} + 0.5u_{i3})$，试选出图 11.74 中三个输入电路的电阻和平衡电阻 R_2。设 $R_F = 100k\Omega$。

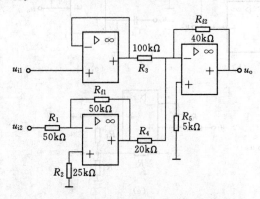

图 11.73　综合题（15）图

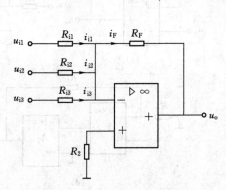

图 11.74　综合题（16）图

（17）电路如图 11.75 所示，设所有运放都有理想的。

1）求 u_{o1}、u_{o2}、u_{o3} 及 u_o 的表达式。

2）当 $R_1 = R_2 = R_3$ 时的 u_o 的值。

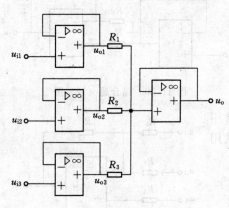

图 11.75　综合题（17）图

（18）电压—电流转换电路如图 11.76 所示，已知集成运放为理想运放，$R_2 = R_3 = R_4 = R_7 = R$，$R_5 = 2R$。求解 i_L 与 u_i 之间的函数关系。

（19）如图 11.77 所示的同相比例运算电路中，已知 $R_1 = 2k\Omega$，$R_F = 10k\Omega$，$R_2 = 2k\Omega$，$R_3 = 18k\Omega$，$u_i = 1V$，求 u_o。

（20）在图 11.78 所示的积分运算电路中，如果 $R_1 = 50k\Omega$，$C_F = 1\mu F$，u_i 如图所示，试画出输出电压 u_o 的波形。设 $u_c(0) = 0V$。

（21）电路如图 11.79 所示，已知 $u_{i1} = 1V$，$u_{i2} = 2V$，$u_{i3} = 3V$，$u_{i4} = 4V$，$R_1 = R_2 = 2k\Omega$，$R_3 = R_4 = R_F = 1k\Omega$，试计算输出电压 u_o。

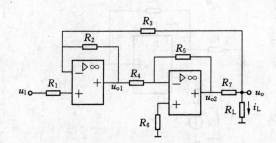

图 11.76　综合题（18）图

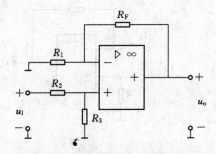

图 11.77　综合题（19）图

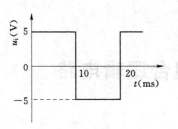

图 11.78　综合题（20）图

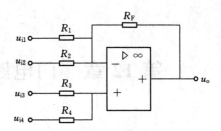

图 11.79　综合题（21）图

（22）电路如图 11.80 所示，已知集成运放均为理想运放，输出电压的最大幅值 $\pm U_{OM}$ 为 $\pm 14V$；稳压管的限流电阻取值合适。求解下列个电路的电压传输特性。

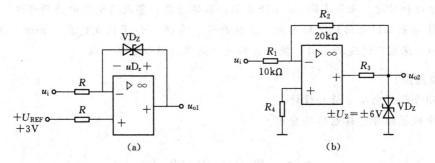

图 11.80　综合题（22）图

（23）电路如图 11.81 所示，试判断哪个能振荡，哪个不能，说明理由。

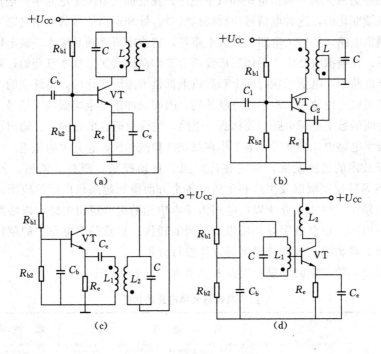

图 11.81　综合题（23）图

第 12 章　门电路与组合逻辑电路

本章要求：

1. 了解三态门电路、TTL 门电路、CMOS 门电路及常见集成门电路的特点。

2. 熟悉逻辑代数的基本运算法则；加法器、编码器、二进制译码器等组合逻辑电路的工作原理和功能；七段 LED 显示译码驱动器的功能；集成门电路的使用方法。

3. 掌握基本门电路的逻辑功能、逻辑符号、真值表和逻辑表达式，并能运用逻辑代数法则和卡诺图化简逻辑函数，能分析和设计简单的组合逻辑电路。

本章难点：

1. 组合逻辑电路分析和设计。

2. 中规模组合逻辑电路的应用。

12.1　数　字　电　路　概　述

电子电路分为两大类：模拟电路和数字电路。在前面几章电子电路中，电信号都是在时间和数值上连续变化的，这种电信号叫做模拟信号。处理模拟信号的电子电路叫做模拟电子电路，简称模拟电路，如整流电路、放大电路等，它注重研究的是输入、输出信号之间的大小及相位关系。在模拟电路中，晶体三极管通常工作在放大区。从本章开始，我们讨论数字电路。在数字电路中，电信号在时间上和数值上都是不连续变化的，是跃变的，叫做脉冲信号。脉冲信号可以方便地用来表示二进制数码，因而脉冲信号也叫做数字信号。处理数字信号的电子电路叫做数字电子电路，简称数字电路，它注重研究的是输入、输出信号之间的逻辑关系。在数字电路中，晶体管一般工作在截止区和饱和区，起开关的作用。

数字电子技术的迅速发展，使它在计算机、自动控制、测量、通信、雷达、广播电视、仪器仪表等科技领域以及生产和生活的各个方面得到越来越广泛的应用。

在数字电路中，将主要介绍以门电路为基本单元的组合逻辑电路，以触发器为基本单元的时序逻辑电路，以及数字量和模拟量之间的转换。重点是对电路中的逻辑关系，主要应用逻辑代数、逻辑状态表和波形图等方法进行分析。

由上述可见，数字电路和模拟电路差异很大，见表 12.1。

表 12.1　　　　　　　　　　　　　数字电路与模拟电路的比较

项目　　　　电路	模　拟　电　路	数　字　电　路
工作信号	模拟信号	数字信号
抗干扰性	弱	强

续表

项目　　　电路	模 拟 电 路	数 字 电 路
工作状态	放大	开关（饱和导通、截止）
研究对象	放大性能	逻辑功能
单元电路	放电器	门电路、触发器
分析方法	图解法、微变等效电路法	逻辑代数

12.1.1　脉冲信号的波形和参数

脉冲是一种短时作用于电路的电压或电流信号。其波形特点是在极短时间内发生突变。图 12.1（a）、（b）所示的矩形波信号及尖顶波信号就是常用的脉冲信号。

现以矩形波为例说明数字电路中脉冲信号的参数。在实际工作中所用的矩形波信号并不像图 12.1（a）所示那样理想，它的实际波形如图 12.2 所示。

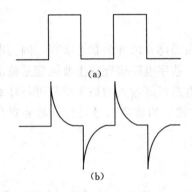

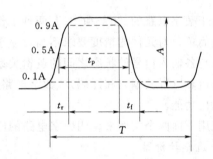

图 12.1　常见的脉冲波形　　　　图 12.2　实际的矩形波

（1）脉冲幅值 A。脉冲信号变化的最大值。

（2）脉冲上升时间 t_r。从脉冲幅值的 10% 上升到 90% 所需的时间。

（3）脉冲下降时间 t_f。从脉冲幅值的 90% 下降到 10% 所需的时间。

（4）脉冲宽度 t_p。从上升沿的脉冲幅度的 50% 到下降沿的脉冲幅度的 50% 所需的时间，这段时间也称为脉冲持续时间。

（5）脉冲周期 T。周期性脉冲信号相邻两个上升沿（或下降沿）的脉冲幅度的 10% 两点之间的时间间隔。

（6）脉冲频率 f。单位时间的脉冲数，$f=\dfrac{1}{T}$。

在数字电路中，通常是根据脉冲信号的有无、个数、宽度和频率来进行工作的，所以抗干扰能力较强（干扰往往只影响脉冲幅度），准确度较高。

另外，根据实际工作的需要，脉冲信号有正和负之分。当脉冲信号跃化后的值比初始值高，称之为正脉冲；当脉冲信号跃化后的值比初始值低，称之为负脉冲。正、负脉冲如图 12.3（a）、（b）所示。

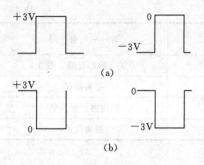

图 12.3　正脉冲和负脉冲

(a) 正脉冲；(b) 负脉冲

12.1.2　脉冲信号的逻辑状态

由于数字电路的工作信号是如上所述的脉冲信号，从信号的波形上看，它只有两种相反的工作状态，如开关的通断、电位的高低、事件发生与否等。把这些不同的状态称为逻辑变量，通常用字母表示，变量的取值只有逻辑"1"和逻辑"0"两种，逻辑"1"和逻辑"0"不代表数值大小，仅表示两种状态。门电路输入和输出信号都是用电位（或叫电平）的高低来表示的，若规定高电位为"1"，低电位为"0"，称为正逻辑。若规定低电位为"1"，高电位为"0"，称为负逻辑。当分析一个逻辑电路时，首先要弄清是正逻辑还是负逻辑，否则将出现错误的结果。通常未加特殊说明时，均采用正逻辑。

12.1.3　数字电路的特点与应用

由于数字电路的"0"和"1"两种工作状态可由晶体管的开关状态实现，因而电路结构比较简单，对元件的精度要求不高，易于集成化。数字电路研究的主要问题是输出信号的状态与各输入信号的状态之间的逻辑关系。数字电路可对输入的数字信号进行算术运算和逻辑运算（以及编码和译码）。数字电路也可以对输入的数字信号进行计数和寄存，并具有记忆功能。

现用下面两个实例来说明数字电路的应用。

1. 汽车计价器

如图 12.4 所示为汽车计价器的方框图。来自车轴上的脉冲信号经过整形电路形成一个数字电路能够接受的脉冲序列，输入计数器进行累加，累加到某个数值，就输入计算器。计算器将输入的二进制数以倍率折合成乘车价格，然后输入译码器，译成能用显示器显示出的十进制数。乘车结束，显示器就显示出最终乘车价格，并由存储器将这次乘车时间、行程和价格储存下来，以备查考。本例是一个比较完整的数字系统。

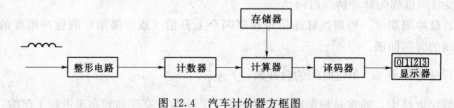

图 12.4　汽车计价器方框图

2. 料位测量系统

在某些工业生产及物品储藏系统中，需要随时地检测料位的高低。检测料位高度的方法很多，这里仅举一个较为简单并且直观的数字式料位测量装置，其结构原理如示意图12.5 所示。

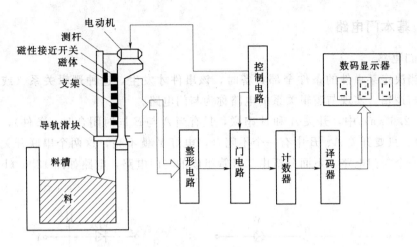

图 12.5 料位测量系统

料槽的上部装有一个支架，支架的长度等于料槽的高度。支架上每相隔一定位置就装一个磁性接近开关。当需要检测料位高度时，发出检测信号，电动机开始转动，带动测杆向下运动。与此同时，控制电路将门电路打开，计数器准备计数。测杆上的磁体与支架上的磁性接近开关相遇，磁性接近开关产生脉冲信号。测杆向下运动与磁性接近开关相遇的次数就是脉冲信号的个数，脉冲信号的个数反映了料槽中的料位的高低。这些脉冲信号经过整形电路整形，变成具有一定幅值、一定宽度的标准脉冲，然后通过门电路送到计数器按二进制方式进行计数。当测杆碰到料位时，测杆停止运动，控制电路立即将门电路关闭，计数器停止计数，译码显示器就将料槽中的料位数据按十进制方式反映出来。然后测杆上升回到原位，由于这时控制电路已经将门电路关闭，上升过程中即使测杆上的磁体与磁性接近开关相遇，计数器也不再计数。

在上面的例子中所用的门电路、计数器、译码器和显示器将在本章和下一章介绍。

12.2 基本门电路及其组合

在数字电路中，逻辑门电路是基本的逻辑元件，它的应用极为广泛。由于半导体集成技术的发展，目前数字电路中所使用的各种逻辑门电路几乎全部采用集成元件。为了便于理解，首先从分立元件逻辑门电路开始介绍。

12.2.1 基本概念

所谓"门"电路就是一种逻辑开关，当它的输入信号满足某种条件时，才有信号输出，否则就没有信号输出。如果把输入信号看作条件，把输出信号看作结果，那么当条件具备时，结果才会发生。也就是说在门电路的输入信号与输出信号之间存在着一定的因果关系，即逻辑关系。基本逻辑关系有三种，分别为与逻辑、或逻辑和非逻辑。实现这些逻辑关系的电路分别称为与门、或门和非门。由这三种基本门电路可以组成多种复合门电路。

12.2.2　基本门电路

1. 与门电路

只有当决定某事件的条件全部具备时，该事件才发生，这种逻辑关系（或称因果关系）称为与逻辑。实现与逻辑关系的电路称为与门电路。

在图 12.6（a）中，开关 A 和 B 串联，只有当 A 与 B 同时闭合时（条件），电灯 Y 才亮（结果）。只要开关 A、B 中有一个不闭合，电灯 Y 就不亮，这两个串联开关所组成的电路就是一个与门电路。下面分析由二极管组成的与门电路，电路如图 12.6（b）所示。

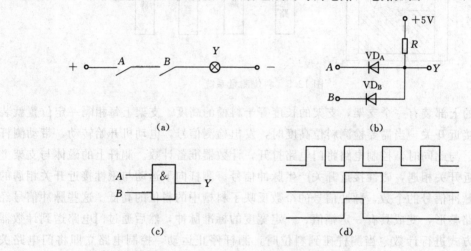

图 12.6　与门电路

(a) 开关组成的与门电路；(b) 二极管组成的与门电路；(c) 逻辑符号；(d) 波形图

在图 12.6（b）中，A、B 为输入信号，Y 为输出信号。设输入信号高电平为 3V，低电平为 0V，忽略二极管的正向压降。

（1）当 $A=B=0$（即 $V_A=V_B=0V$）时，二极管 VD_A、VD_B 都处于正向导通状态，所以 $Y=0$（即 $V_Y=0V$）。

（2）当 $A=0$，$B=1$（即 $V_A=0V$，$V_B=3V$）时，VD_A 优先导通，则 $Y=0$（即 $V_Y=0V$）。VD_B 因承受反向电压而截止。

（3）当 $A=1$，$B=0$（即 $V_A=3V$，$V_B=0V$）时，VD_B 优先导通，则 $Y=0$（即 $V_Y=0V$）。VD_A 因承受反向电压而截止。

（4）当 $A=B=1$（即 $V_A=V_B=3V$）时，VD_A、VD_B 都导通，$Y=1$（即 $V_Y=3V$）。

因此，只有当输入变量全为"1"时，输出变量 Y 才为"1"，这合乎与逻辑的关系。因此，与门电路的逻辑关系式为

$$Y=A \cdot B \tag{12.1}$$

由以上分析可知，输入信号有"1"和"0"两种状态，共有四种组合，把这四种输入端的情况及相应的输出端的情况见表 12.2，表 12.2 称为真值表，此表表达了该电路所有可能的逻辑关系。

表 12.2 真 值 表

A	B	Y
0	0	0
0	1	0
1	0	0
1	1	1

由真值表可以看出，与门电路的逻辑功能为：有"0"出"0"，全"1"出"1"。即只有输入端都为高电平时，输出端才为高电平，只要输入端有一个为低电平，输出端即为低电平。

与门电路的逻辑符号和波形图，分别为图 12.6（c）、（d）所示。

现代电子技术的发展已使与门电路集成化，制造成集成与门电路，例如，74LS08 是集成与门电路，但不论哪一种，其逻辑功能是相同的，在逻辑电路中统一用图 12.6（c）符号表示。

【例 12.1】 如图 12.7 所示的三个与门电路中，A 为信号端，B 为控制端，试说明输出信号 Y 的波形。

【解】 在图 12.7（a）中：当 B=1 时，则 A=1，Y=1；A=0，Y=0。此时与门开通，A 端信号能通过。

在 12-7（b）中：当 B=0 时，不论 A=0 或 A=1，输出信号 Y=0。此时与门关断，A 端信号不能通过。

图 12.7（c）的电路自行分析。

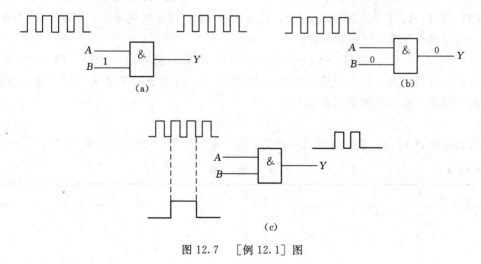

图 12.7 ［例 12.1］图

2. 或门电路

只要决定某事件的条件之一具备时，该事件就发生，这种逻辑关系称为或逻辑。实现或逻辑关系的电路称为或门电路。

在图 12.8（a）中，开关 A 和 B 并联，只要 A 和 B 中有一个或一个以上闭合（条件），电灯 Y 就亮（结果）；只有当 A、B 两个开关都不闭合，电灯 Y 才灭。这个并联开关所组成的电路就是一个或门电路。

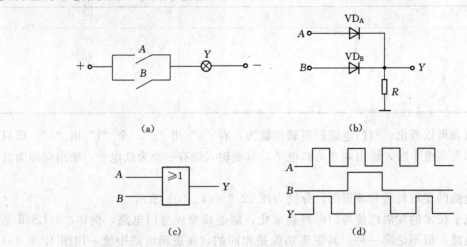

图 12.8　或门电路

(a) 开关组成的或门电路；(b) 二极管组成的或门电路；(c) 逻辑符号；(d) 波形图

如图 12.8（b）所示电路是由二极管组成的或门电路，A、B 为输入信号，Y 为输出信号。设输入信号高电平为 3V，低电平为 0V，忽略二极管的正向压降。

（1）当 $A=B=0$（即 $V_A=V_B=0V$）时，二极管 VD_A、VD_B 都处于截止状态，所以 $Y=0$（即 $V_Y=0V$）。

（2）当 $A=0$，$B=1$（即 $V_A=0V$，$V_B=3V$）时，VD_B 优先导通，则 $Y=1$（即 $V_Y=3V$）。VD_A 因承受反向电压而截止。

（3）当 $A=1$，$B=0$（即 $V_A=3V$，$V_B=0V$）时，VD_A 优先导通，则 $Y=1$（即 $V_Y=3V$）。VD_B 因承受反向电压而截止。

（4）当 $A=B=1$（即 $V_A=V_B=3V$）时，VD_A、VD_B 都导通，$Y=1$（即 $V_Y=3V$）。

由以上分析可知，只有当输入变量全为"0"时，输出变量 Y 才为"0"，这符合或逻辑关系。因此，或门的逻辑关系式为

$$Y=A+B \tag{12.2}$$

其真值见表 12.3。总结其逻辑功能为：全"0"出"0"，有"1"出"1"。

表 12.3　　　　　　　　　　　　　　真　值　表

A	B	Y
0	0	0
0	1	1
1	0	1
1	1	1

同与门电路一样，或门电路也普遍应用集成电路，其逻辑功能与分立元件或门电路相同。图 12.8（c）和图 12.8（d）所示分别是或门的逻辑符号和波形图。

与门和或门的输入变量可以是两个以上。

3. 非门电路

当决定某一事件的条件满足时，事件不发生；条件不满足时，事件发生。这种逻辑关系称为非逻辑。也就是说，非逻辑关系是否定或相反的意思。在图 12.9（a）中，开关 A 闭合（条件）时，电灯 Y 就灭（结果）；而当开关 A 断开时，电灯 Y 亮。这个开关电路就是一个非门电路。

晶体管非门电路如图 12.9（b）所示，晶体管非门电路不同于放大电路，它工作在饱和区和截止区。非门电路只有一个输入端 A，当输入高电平（设其电位为 3V）时，A 为 "1"，晶体管饱和导通，其集电极电位即输出端 Y 为 "0"（其电位在 0V 附近）；当输入低电平时，A 为 "0"，晶体管截止，输出端 Y 为高电位（其电位近似等于 U_{CC}），即输出端 Y 为 "1"。这符号非逻辑的关系。因此，非门的逻辑关系式为

$$Y = \overline{A} \tag{12.3}$$

式中，"—" 表示逻辑非，若 A 称为原变量，则称 $\overline{A}$ 为其反变量，读作 A 非。

如果对非门电路的输入条件 A 和输出条件 Y 也做出和与门电路相同的假设，其真值见表 12.4。图 12.9（c）和图 12.9（d）所示分别是非门的逻辑符号和波形图。逻辑符号中的小圆圈 "。" 表示取反，非门又称为反相器。

表 12.4 真 值 表

A	Y
0	1
1	0

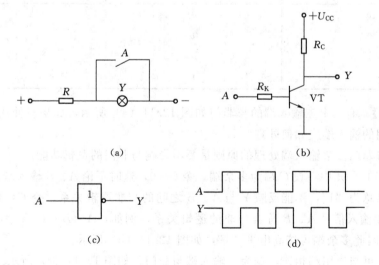

图 12.9 非门电路

（a）开关组成的非门电路；（b）晶体管组成的非门电路；（c）逻辑符号；（d）波形图

12.2.3 基本门电路的组合

在实际工作中，经常把基本门电路组合成为复合门电路，如与非门、或非门、同或门

和异或门等，以丰富逻辑功能，满足实际需要。

1. 与非门电路

将与门放在前面，非门放在后面，两个门串联起来就构成了与非门电路，简称与非门，其逻辑电路和逻辑符号如图 12.10 （a）、（b）所示。由此可见，与非门的逻辑关系是先与后非，其逻辑表达式为

$$Y = \overline{A \cdot B} \tag{12.4}$$

与非门的逻辑功能：当输入变量全为"1"时，输出为"0"；当输入变量有一个或几个为"0"时，输出为"1"。简言之，即全"1"出"0"，有"0"出"1"。

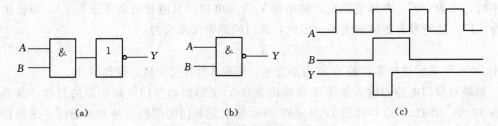

图 12.10　与非门电路
(a) 逻辑图；(b) 逻辑符号；(c) 波形图

与非门电路的波形图如图 12.10 （c）所示，其真值表见表 12.5。

表 12.5　　　　　　　　　　　与 非 门 真 值 表

A	B	Y
0	0	1
0	1	1
1	0	1
1	1	0

【例 12.2】　有一个三输入端的与非门如图 12.11 （a）所示，如果只使用其中两个输入端时，不用的输入端应如何处理？

【解】　与非门多余输入端处理的原则是要不影响与非门的逻辑功能。

在图 12.11 （a）中，设 C 端为多余端。令 $C=0$，这时不论 A、B 输入端的状态如何，与非门的输出总为"1"，不能反映 Y 与 A、B 之间的与非逻辑关系。令 $C=1$，这时与非门的输出 Y 和输入信号 A、B 符合与非的逻辑关系，例如，$A=B=1$，$Y=0$；$A=0$，$B=1$，$Y=1$。因此多余端可接高电平"1"，如图 12.11 （b）所示。

多余端也可与使用端相连，变为二输入端与非门，如图 12.11 （c）所示。

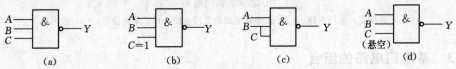

图 12.11　[例 12.2] 图

第三个办法是把多余端悬空，悬空相当于接高电平"1"，如图 12.11（d）所示。但多余端悬空会引入干扰，所以一般多采用前面两种处理方法。

2. 或非门电路

或门在前，非门在后，将两个门串联起来就构成了或非门电路，简称或非门，其逻辑电路和逻辑符号如图 12.12（a）、（b）所示。由此可见，或非门的逻辑关系是先或后非，其逻辑表达式为

$$Y=\overline{A+B} \tag{12.5}$$

或非门的逻辑功能：当输入变量全为"0"时，输出为"1"；当输入变量有一个或几个为"1"时，输出"0"。简言之，即全"0"出"1"，有"1"出"0"。

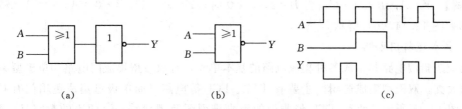

图 12.12 或非门电路
(a) 逻辑图；(b) 逻辑符号；(c) 波形图

或非门电路的波形图如图 12.12（c）所示，其真值表见表 12.6。

表 12.6 或 非 门 真 值 表

A	B	Y
0	0	1
0	1	0
1	0	0
1	1	0

3. 与或非门电路

与或非门电路的逻辑图和逻辑符号如图 12.13（a）、（b）所示，其逻辑关系式为

$$Y=\overline{A \cdot B+C \cdot D} \tag{12.6}$$

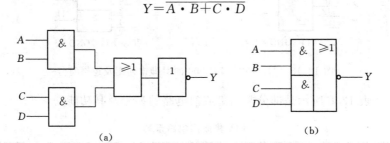

图 12.13 与或非门电路
(a) 逻辑图；(b) 逻辑符号

【例 12.3】 试写出图 12.14（a）所示电路的逻辑表达式，当 $B=1$，$C=0$ 时，画出输出变量 Y 的波形。

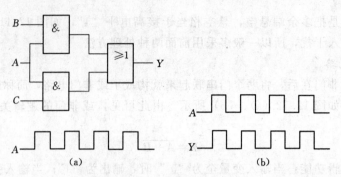

图 12.14　[例 12.3] 图

【解】　$Y = A \cdot B + A \cdot C$，当 $B = 1$，$C = 0$ 时，$Y = A \cdot 1 + B \cdot 0 = A + 0 = A$，输出 Y 的波形如图 12.14（b）所示。

4. 集成逻辑门电路

集成逻辑门电路是组成各种集成电路的基本单元，有双极型集成门电路和单极型集成门电路两大类。双极型集成逻辑门主要有 TTL、ECL 等电路，而单极型集成逻辑门有 CMOS 电路。图 12.15 所示是两种 TTL 与非门的引脚排列图及逻辑符号。两边的数字是引脚号，一片集成电路内的各个逻辑门相互独立，可以单独使用，但共用一根电源引线和一根地线。

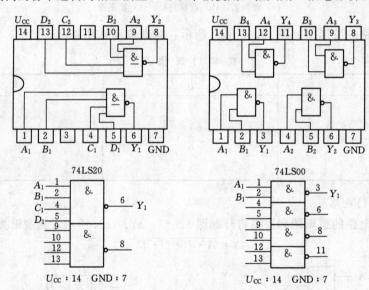

图 12.15　74LS20 与 74LS00 的引脚排列图及逻辑符号

表 12.7 和表 12.8 所示是部分常用集成门电路的型号及其功能。

表 12.7　　　　　　　　　　　　　　　　**TTL 集成门电路系列**

型　　号	名　　称	主　要　功　能
74LS00	四 2 输入与非门	
74LS02	四 2 输入或非门	
74LS04	六反相器	

型　　号	名　　称	主　要　功　能
74LS05	六反相器	OC 门
74LS08	四 2 输入与门	
74LS13	双 4 输入与非门	施密特触发
74LS30	8 输入与非门	
74LS32	四 2 输入或门	
74LS64	4—2—3—2 输入与或非门	
74LS133	13 输入与非门	
74LS136	四异或门	OC 输出
74LS365	六总线驱动器	同相、三态、公共控制
74LS368	六总线驱动器	反相、三态、两组控制

表 12.8　　　　　　　　　　**CMOS 集成门电路系列**

型　　号	名　　称	主　要　功　能
CC4001	四 2 输入或非门	
CC4011	四 2 输入与非门	
CC4030	四异或门	
CC4049	六反相器	
CC4066	四双向开关	
CC4071	四 2 输入或门	
CC4073	三 3 输入与门	
CC4077	四异或非门	
CC4078	8 输入或/或非门	
CC4086	2—2—2—2 输入与或非门	可扩展
CC4097	双 8 选 1 模拟开关	
CC4502	六反相器/缓冲器	三态、有选通端

集成逻辑门电路种类很多，在使用时可通过查阅相关的手册或网络资料，了解它的逻辑功能、引脚图及使用注意事项等；按照功能要求，基本达到会正确使用。

5. 三态与非门电路

三态与非门电路与一般的与非门电路不同，一般的与非门电路输出端只有两个状态，即高电平和低电平，而三态与非门的输出端有三种状态，即高电平状态、低电平状态和高阻抗状态。三态与非门电路的逻辑符号如图 12.16（a）、（b）所示。

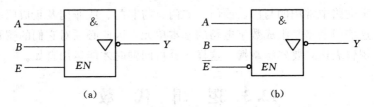

(a)　　　　　　　　　　(b)

图 12.16　三态与非门的逻辑符号

三态与非门除输入端和输出端外，还有一个控制端 E，E 端控制三态与非门输出的状态。从图 12.16（a）、（b）中可以看出，它具有两种不同的形式。对于图 12.16（a），当 $E=1$ 时，三态与非门的输出处于正常与非工作状态，当 $E=0$ 时，三态与非门输出处于高阻抗状态。对于图 12.16（b），当 $\overline{E}=0$ 时，三态与非门输出处于正常与非工作状态，当 $\overline{E}=1$ 时，三态与非门输出处于高阻抗状态。

表 12.9 为图 12-16（a）三态与非门电路的真值表。

表 12.9　　　　　　　　　　　三态与非门电路的真值表

控制端 E	输　入　端		输出端 Y
	A	B	
1	0	0	1
	0	1	1
	1	0	1
	1	1	0
0	×	×	高阻

注　×表示任意状态

三态门最重要的一个用途是可以实现用一根导线轮流传送几个不同的数据或控制信号，如图 12.17 所示，这根导线称为母线或总线。只要让各门的控制端轮流处于高电平，即任何时间只能有一个三态门处于工作状态，而其余三态门均处于高阻状态，这样，总线就会轮流接受各三态门的输出。这种用总线来传送数据或信号的方法，在计算机中被广泛采用。

图 12.18 所示为一数据双向传输电路。

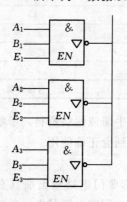

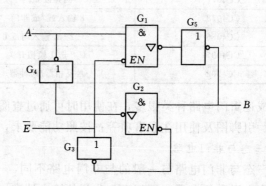

图 12.17　三态与非门
电路的应用　　　　　　图 12.18　数据双向传输电路

以上对数字电路中常用的与门、或门、非门、与非门、或非门及集成门电路做了比较详细的分析，这些门电路是组成数字电路的基本单元，因此必须对它们的逻辑图、逻辑功能、真值表、逻辑表达式要熟练掌握，这样在分析问题时才能运用自如。

12.3　逻　辑　代　数

逻辑代数是由英国数学家布尔于 19 世纪中叶创立的，也又称为布尔代数（Boolean

Algebra），它是分析与设计逻辑电路的数学工具。它虽然和普通代数一样也用字母（A，B，C，…）表示变量，但变量的取值只有"1"和"0"两种，所谓逻辑"1"和逻辑"0"，它们不是数字符号，如前一节所述，而是代表两种相反的逻辑状态。逻辑代数所表示的是逻辑关系，不是数量关系，这是它与普通代数本质上的区别。

在逻辑代数中只有逻辑乘（与运算）、逻辑加（或运算）和求反（非运算）三种基本运算。根据这三种基本运算可以推导出逻辑运算的一些法则，就是下面列出的逻辑代数运算法则。

12.3.1 逻辑代数运算法则

1. 基本运算法则

（1）$0 \cdot A = 0$。

（2）$1 \cdot A = A$。

（3）$A \cdot A = A$。

（4）$A \cdot \overline{A} = 0$。

（5）$0 + A = A$。

（6）$1 + A = 1$。

（7）$A + A = A$。

（8）$A + \overline{A} = 1$。

（9）$\overline{\overline{A}} = A$。

2. 交换律

（1）$AB = BA$。

（2）$A + B = B + A$。

3. 结合律

（1）$ABC = (AB)C = A(BC)$。

（2）$A + B + C = A + (B + C) = (A + B) + C$。

4. 分配律

（1）$A(B + C) = AB + AC$。

（2）$A + BC = (A + B)(A + C)$。

证明：$(A + B)(A + C) = AA + AB + AC + BC$

$= A + A(B + C) + BC$

$= A[1 + (B + C)] + BC = A + BC$

5. 吸收律

(1) $A(A+B)=A$。

证明：$A(A+B)=AA+AB=A+AB=A(1+B)=A$

(2) $A(\overline{A}+B)=AB$。

(3) $A+AB=A$。

(4) $A+\overline{A}B=A+B$。

证明：$A+\overline{A}B=A(\overline{B}+B)+\overline{A}B=AB+A\overline{B}+AB+\overline{A}B$
$\qquad\qquad =A(B+\overline{B})+B(A+\overline{A})=A+B$

(5) $AB+A\overline{B}=A$。

(6) $(A+B)(A+\overline{B})=A$。

证明：$(A+B)(A+\overline{B})=AA+AB+A\overline{B}+B\overline{B}=A+A(B+\overline{B})$
$\qquad\qquad =A+A=A$

6. 反演律（摩根定律）

(1) $\overline{AB}=\overline{A}+\overline{B}$。

证明：见表 12.10。

表 12.10 　　　　　　　　　　　　反演律 $\overline{AB}=\overline{A}+\overline{B}$ 证明

A	B	$\overline{A}$	$\overline{B}$	$\overline{AB}$	$\overline{A}+\overline{B}$
0	0	1	1	1	1
0	1	1	0	1	1
1	0	0	1	1	1
1	1	0	0	0	0

(2) $\overline{A+B}=\overline{A}\cdot\overline{B}$。

证明：见表 12.11。

表 12.11 　　　　　　　　　　　　反演律 $\overline{A+B}=\overline{A}\cdot\overline{B}$ 证明

A	B	$\overline{A}$	$\overline{B}$	$\overline{A+B}$	$\overline{A}\cdot\overline{B}$
0	0	1	1	1	1
0	1	1	0	0	0
1	0	0	1	0	0
1	1	0	0	0	0

12.3.2　逻辑函数的化简

前面已介绍了与、或、非、与非、或非、与或非的逻辑关系，输出变量与输入变量之间是一种函数关系，这种函数关系称为逻辑函数。逻辑函数有五种表示方法：逻辑表达式（把输出变量与输入变量之间的逻辑关系用与、或、非等运算的组合来表示，就是逻辑表达式，简称逻辑式）、真值表、逻辑图、波形图、卡诺图。这几种表示方法可以互相转换。有时表示逻辑函数的逻辑式较为复杂，可进行化简，即可以少用元件，可靠性也因而提高。

1. 逻辑代数法化简逻辑函数

代数法化简是利用逻辑函数的运算法则、定律来化简函数，消去函数中的乘积项和每个乘积项中的多余因子，使之成为最简式。代数法化简过程中常用到以下几种方法。

（1）并项法。应用 $A+\overline{A}=1$ 或者 $AB+A\overline{B}=A$，可消去一个或两个变量。

【例 12.4】 试用并项法化简逻辑函数 $Y=\overline{AB}\,\overline{C}+A\overline{C}+\overline{BC}$。

【解】 $Y=\overline{AB}\,\overline{C}+A\overline{C}+\overline{BC}$

$\qquad =(\overline{AB})\overline{C}+(A+\overline{B})\overline{C}$

$\qquad =(\overline{AB})\overline{C}+\overline{AB}\,\overline{C}$ （应用 $\overline{AB}+\overline{\overline{AB}}=1$ 消去变量 A、B）

$\qquad =\overline{C}$

（2）配项法。应用 $B=B(A+\overline{A})$，通过增加 $(A+\overline{A})$，然后按照分配律展开来化简。

【例 12.5】 试用配项法化简函数 $Y=AB+\overline{A}\overline{C}+B\overline{C}$。

【解】 $Y=AB+\overline{A}\overline{C}+B\overline{C}$

$\qquad =AB+\overline{A}\overline{C}+B\overline{C}(A+\overline{A})$ （增加 $A+\overline{A}$）

$\qquad =AB+\overline{A}\overline{C}+AB\overline{C}+\overline{A}B\,\overline{C}$

$\qquad =AB(1+\overline{C})+\overline{A}\overline{C}(1+B)$

$\qquad =AB+\overline{A}\overline{C}$

（3）加项法。应用 $A+A=A$，加入相同项后，合并化简。

【例 12.6】 试用加项法化简逻辑函数 $Y=ABC+\overline{A}BC+AB\overline{C}$。

【解】 $Y=ABC+\overline{A}BC+AB\overline{C}$

$\qquad =ABC+\overline{A}BC+AB\overline{C}+ABC$ （加入相同项 ABC）

$\qquad =BC(A+\overline{A})+AB(C+\overline{C})$

$\qquad =BC+AB$

（4）吸收法。应用 $A+AB=A$，消去多余因子。

【例 12.7】 应用吸收法化简逻辑函数 $Y=\overline{BC}+A\overline{BC}(D+E)$。

【解】 $Y=\overline{BC}+A\overline{BC}(D+E)$

$\qquad =\overline{BC}$

2. 卡诺图化简逻辑函数

卡诺图是美国工程师卡诺发明的，它比逻辑代数法简便、直观、规律性强，一般用于四变量及以下的逻辑函数化简。

（1）卡诺图。卡诺图是用图表表示逻辑函数的一种方法。在这种图形中，输入逻辑变量分为两组标注在图形的两侧。第一组变量的所有取值组合排放在图形的最左侧，第二组变量的所有取值组合排放在图形的最上边，由行和列两组变量取值组合所构成的每一个小方格，代表了逻辑函数的一个最小项。下面介绍卡诺图的构成方法和如何用卡诺图来表示逻辑函数。

1）函数的最小项。对于 n 输入变量的逻辑函数，就有 2^n 种组合，其相应的乘积项也有 2^n 个，则每一个乘积项就称为一个最小项。其特点是每个输入变量均在其中以原变量或反变量形式出现一次，且仅一次，因此，n 个变量的函数就有 2^n 个最小项，可记作 m_i，

$i=1$，2，$\cdots$，2^n-1，称作最小项的编号。例如，$n=3$ 时，有 $2^3=8$ 个最小项，卡诺图也相应有 8 个小方格。最小项 $\overline{A}\,\overline{B}C$ 为 "1" 对应的最小项的取值为 001，十进制数为 1，因此最小项 $\overline{A}\,\overline{B}C$ 的编号为 m_1。其余最小项的编号以此类推。

2）逻辑相邻项。如果两个最小项中只有一个变量不同，则称这两个最小项为逻辑相邻项。

卡诺图是按照相邻性的原则，用小方格来表示最小项，即在空间几何位置上相邻的最小项一定具有逻辑相邻性。二变量至四变量的卡诺图如图 12.19 所示。在卡诺图的行和列分别标出变量及其状态。变量状态的次序是 00、01、11、10，而不是二进制数递增次序 00、01、10、11；这样排列使得在空间几何位置上相邻的最小项一定具有逻辑相邻性。

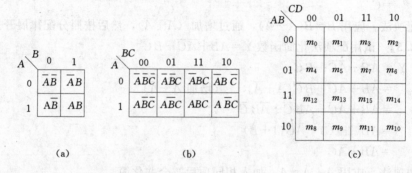

图 12.19　卡诺图

几何（位置）相邻有三种情况：第一种是有公共边的最小项集合相邻；第二种是对折重合的小方格相邻；第三种是循环相邻。

（2）应用卡诺图化简。应用卡诺图化简逻辑函数时，首先将逻辑式中的最小项（或真值表中取值为 "1" 的最小项）分别用 "1" 填入相应的小方格内。如果逻辑式中的最小项不全，则填写 0 或空着不填。如果逻辑式不是由最小项构成，一般应先化为最小项的形式再填写。

应用卡诺图化简逻辑函数时，应遵循以下几个原则：

1）将取值为 "1" 的相邻小方格圈成矩形或方形，所圈取值为 "1" 的相邻小方格的个数应为 2^n（$n=0$，1，2，3，$\cdots$），即 1，2，4，8，$\cdots$。

2）圈要尽可能大，使消去的变量数多。

3）圈的个数应最少，使得化简后的逻辑式的项数最少。

4）每圈一个新的圈时，至少要包含一个未被圈过的最小项；每一个取值为 "1" 的最小项可以被重复圈，但不能遗漏。

5）相邻的两项可合并为一项，并消去一个因子；相邻的四项可合并为一项，并消去两个因子；以此类推，相邻的 2^n 项可合并为一项，并消去 n 个因子。将合并的结果相或，即为所求的最简与或式。

若圈中只含一个小方格，则不能化简。

【例 12.8】　将 $Y=\overline{A}BC+A\,\overline{B}\,\overline{C}+AB\overline{C}+ABC$ 用卡诺图表示并化简。

【解】　卡诺图如图 12.20 所示。将相邻的两个 1 圈在一起，得出化简后的逻辑式为

$$Y=AB+BC+CA$$

【**例 12.9**】 将 $Y=\overline{A}\,\overline{B}\,\overline{C}+\overline{A}BC+\overline{A}B\overline{C}+A\,\overline{B}\,\overline{C}$ 用卡诺图表示并化简。

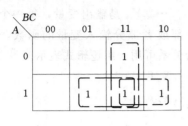

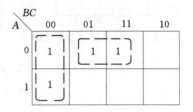

图 12.20 [例 12.8] 图 　　　　　图 12.21 [例 12.9] 图

【**解**】 卡诺图如图 12.21 所示。根据图中圈可得

$$Y=\overline{B}\,\overline{C}+\overline{A}C$$

【**例 12.10**】 将 $Y=\overline{A}\,\overline{B}\,\overline{C}\,\overline{D}+\overline{A}B\overline{C}\,\overline{D}+A\,\overline{B}\,\overline{C}\,\overline{D}+AB\overline{C}\,\overline{D}$ 用卡诺图表示并化简。

【**解**】 卡诺图如图 12.22 所示。将图中四个角上的 1 圈在一起，其相同变量为 $\overline{B}\,\overline{D}$，故直接得出

$$Y=\overline{B}\,\overline{D}$$

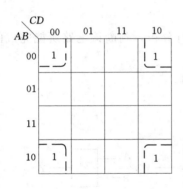

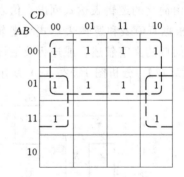

图 12.22 [例 12.10] 图 　　　　　图 12.23 [例 12.11] 图

【**例 12.11**】 将 $Y=\overline{A}+\overline{A}B+BC\overline{D}+B\overline{D}$ 用卡诺图表示并化简。

【**解**】 首先画出四变量的卡诺图（图 12.23），将式中各项在对应的卡诺图小方格内填入 1。在本例中，每一项并非只对应一个小方格。如 $\overline{A}$ 项，应在含有 $\overline{A}$ 的所有小方格内都填入 1（与其他变量为何值无关），即图中上面八个小方格。含有 $\overline{A}B$ 的小方格有最上面四个，已含在 $\overline{A}$ 项内。同理，可在 $BC\overline{D}$ 和 $B\overline{D}$ 所对应的小方格内也填入 1。而后圈成两个圈、相邻项合并，得出

$$Y=\overline{A}+B\overline{D}$$

12.4　组合逻辑电路的分析和设计

　　根据逻辑功能的不同特点，可以把数字电路分成两大类：组合逻辑电路（简称组合电路）和时序逻辑电路（简称时序电路）。组合逻辑电路的特点是任意时刻的输出仅与当时的输入有关，而与电路原来的状态无关，表现在电路结构中，无反馈回路。

图 12.24　组合逻辑电路框图

如图 12.24 所示为组合逻辑电路的框图。图中 X_1，X_2，…，X_n 是电路的输入变量，Y_1，Y_2，…，Y_m 是输出变量，每一个输出变量是全部或者部分输入变量的函数，输出与输入的关系可用一组逻辑式表示。

$$\begin{cases} Y_1 = F_1(X_1, X_2, \cdots, X_n) \\ Y_2 = F_2(X_1, X_2, \cdots, X_n) \\ \vdots \qquad\qquad \vdots \\ Y_m = F_m(X_1, X_2, \cdots, X_n) \end{cases}$$

12.4.1　组合逻辑电路的分析

组合逻辑电路的分析是根据已知的逻辑电路，找出电路的逻辑功能。组合逻辑电路分析的步骤大致如下：

（1）根据给定的逻辑电路，写出各输出端的逻辑表达式。

（2）化简逻辑表达式。

（3）由简化的逻辑表达式列出真值表。

（4）根据真值表和逻辑表达式对逻辑电路进行分析，判断该电路所能完成的逻辑功能，作出简要的文字叙述，或进行改造设计。

【例 12.12】　分析图 12.25（a）所示的逻辑图。

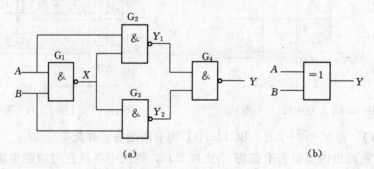

(a)　　　　　　　　　　　　　　(b)

图 12.25　[例 12.12] 图
(a) 逻辑图；(b) 异或门的逻辑符号

【解】　（1）由逻辑图写出逻辑式。从输入端到输出端，依次写出各个门的逻辑式，最后写出输出变量 Y 的逻辑式：

G$_1$ 门　　　　　　　　　　$X = \overline{AB}$

G$_2$ 门　　　　　　　　　　$Y_1 = \overline{AX} = \overline{A \cdot \overline{AB}}$

G$_3$ 门　　　　　　　　　　$Y_2 = \overline{BX} = \overline{B \cdot \overline{AB}}$

G$_4$ 门　　　　$Y = \overline{Y_1 Y_2} = \overline{\overline{A \cdot \overline{AB}} \cdot \overline{B \cdot \overline{AB}}} = \overline{\overline{A \cdot \overline{AB}}} + \overline{\overline{B \cdot \overline{AB}}}$

　　　　　　　$= A \cdot \overline{AB} + B \cdot \overline{AB} = A(\overline{A} + \overline{B}) + B(\overline{A} + \overline{B})$

　　　　　　　$= A\overline{A} + A\overline{B} + B\overline{A} + B\overline{B} = A\overline{B} + B\overline{A}$

（2）由逻辑式列出逻辑真值表。见表 12.12。

表 12.12   异 或 门 逻 辑 真 值 表

A	B	Y
0	0	0
0	1	1
1	0	1
1	1	0

（3）分析逻辑功能。当输入端 A 和 B 不是同为 1 或 0 时，输出为 1；否则，输出为 0。这种电路称为异或门电路，其逻辑符号如图 12.25（b）所示。逻辑式也可以写成

$$Y = A\overline{B} + B\overline{A} = A \oplus B$$

【例 12.13】 分析图 12.26（a）所示的逻辑图。

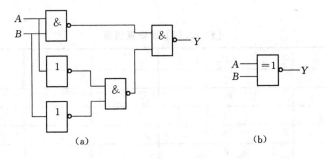

图 12.26　[例 12.13] 图

(a) 逻辑图；(b) 同或门的逻辑符号

（1）由逻辑图写出逻辑函数式。

$$Y = \overline{\overline{AB} \cdot \overline{A} \cdot \overline{B}}$$

（2）化简。

$$Y = \overline{\overline{AB} \cdot \overline{\overline{A} \cdot \overline{B}}} = \overline{AB} + \overline{\overline{A} \cdot \overline{B}} = AB + \overline{A}\,\overline{B}$$

（3）列真值表。见表 12.13。

（4）分析逻辑功能。当输入变量 A、B 同为 1 或同为 0 时，输出变量 Y 为 1；否则，输出为 0。这种电路称为同或门电路，或称为"判一致电路"，可用于判断各输入端的状态是否相同。其逻辑符号如图 12.26（b）所示。逻辑函数式可以写为

$$Y = \overline{A}\,\overline{B} + AB = A \odot B = \overline{A \oplus B}$$

表 12.13   同 或 门 逻 辑 真 值 表

A	B	Y
0	0	1
0	1	0
1	0	0
1	1	1

12.4.2 组合逻辑电路的设计

组合逻辑电路的设计过程与分析过程正好相反，它是根据给定的逻辑功能要求，求出实现相应逻辑功能的最简单逻辑电路的过程。组合逻辑电路的设计步骤大致如下：

（1）分析给定的实际逻辑问题，根据设计的逻辑要求，列出真值表。

（2）根据真值表写出逻辑表达式。

（3）化简和变换逻辑表达式。

（4）画出逻辑图。

【例 12.14】 试用与非门设计一个三人（A、B、C）表决电路，结果按"少数服从多数"的原则决定。每人有一电键，如果赞成，就按电键，表示 1；如果不赞成，不按电键，表示 0。表决结果用指示灯表示，如果多数赞成，则指示灯亮，$Y=1$；反之则不亮，$Y=0$。

【解】 （1）由题意列出逻辑真值表。共有八种组合，$Y=1$ 的只有四种。逻辑真值表见表 12.14。

表 12.14　　　　　　　　　　　　　　［例 12.14］逻辑真值表

A	B	C	Y
0	0	0	0
0	0	1	0
0	1	0	0
0	1	1	1
1	0	0	0
1	0	1	1
1	1	0	1
1	1	1	1

（2）由逻辑真值表写出逻辑式。

$$Y=AB\overline{C}+A\overline{B}C+\overline{A}BC+ABC$$

（3）变换和化简逻辑式。对上式应用逻辑代数基本运算法则（7）、（8）和分配律（1）进行变换和化简，使其只含有与非逻辑关系，得到

$$Y=AB\overline{C}+A\overline{B}C+\overline{A}BC+ABC+ABC+ABC$$
$$=AB(C+\overline{C})+BC(A+\overline{A})+CA(B+\overline{B})$$
$$=AB+BC+CA$$
$$=\overline{\overline{AB+BC+CA}}$$
$$=\overline{\overline{AB}\cdot\overline{BC}\cdot\overline{CA}}$$

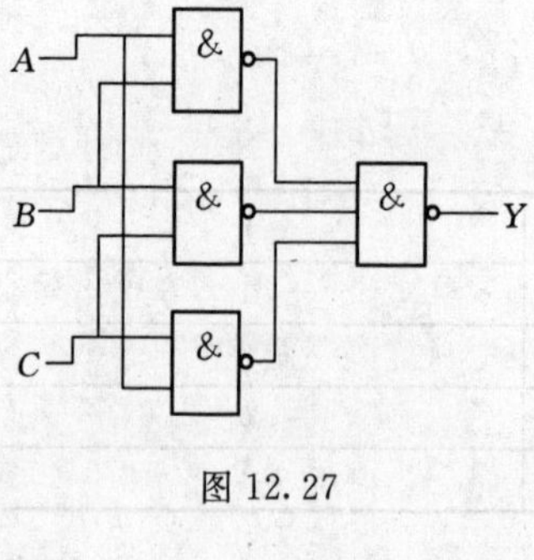

图 12.27

（4）由逻辑式画出逻辑图。由上式画出的逻辑图如图 12.27 所示。

【例 12.15】 本例为医院优先照顾重患者的呼唤电路。设医院某科有 1，2，3，4 四间病房，患者按病情由重至轻依次住进 1～4 号病房。为了优先照顾重患者，设计如下呼唤电路，即在每室分别装有 A，B，C，D 四个呼唤按钮，

按下为 1。值班室里对应的四个指示灯为 L_1，L_2，L_3，L_4，灯亮为 1。现要求 1 号病房的按钮 A 按下时，无论其他病房的按钮是否按下，只有 L_1 亮；当 1 号病房室未按按钮，而 2 号病室的按钮 B 按下时，无论 3，4 号病室的按钮是否按下，只有 L_2 亮；当 1，2 号病室均未按按钮，而 3 号病室的按钮 C 按下时，无论 4 号病室的按钮是否按下，只有 L_3 亮；只有在 1，2，3 号病室的按钮均未按下，而只按下 4 号病室的按钮 D 时，L_4 才亮。试画出满足上述要求的逻辑图。

【解】

（1）按照要求列出真值表。见表 12.15。

表 12.15 **［例 12.15］真值表**

A	B	C	D	L_1	L_2	L_3	L_4
1	×	×	×	1	0	0	0
0	1	×	×	0	1	0	0
0	0	1	×	0	0	1	0
0	0	0	1	0	0	0	1

注　×表示任意态。

（2）由逻辑真值表写出逻辑式。

$$L_1 = A，\quad L_2 = \overline{A}B，\quad L_3 = \overline{A}\,\overline{B}C，\quad L_4 = \overline{A}\,\overline{B}\,\overline{C}D$$

（3）由逻辑式画出逻辑图。图 12.28 所示。

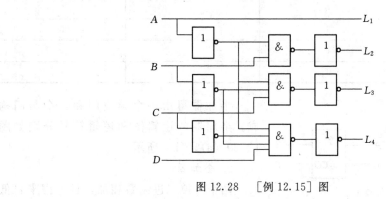

图 12.28　［例 12.15］图

12.5　常用组合逻辑电路

在解决逻辑问题的过程中，有些逻辑电路会经常使用。为了方便，人们已经把这些逻辑电路制成了中、小规模的标准化集成电路芯片。常用的组合逻辑器件有加法器、编码器、译码器、数据选择器和数据分配器等。

12.5.1　加法器

在计数体制中，通常用的是十进制，它有 0，1，2，3，…，9 十个数码，计数的基数为 10，低位向高位的进位关系是"逢十进一"，如果十进制数的整数位数是 n 位，则它每

一位的权重从高到低分别为 $10^{n-1} \sim 10^0$，如

$$(5678)_{10} = 5 \times 10^3 + 6 \times 10^2 + 7 \times 10^1 + 8 \times 10^0$$

在数字电路中，为了把电路的两个状态（1 态和 0 态）和数码对应起来，采用二进制较为方便。二进制只有 0 和 1 两个数码，计数的基数为 2，低位向高位的进位关系是"逢二进一"，如果二进制数的整数位数是 n 位，则它每一位的权重从高到低分别为 $2^{n-1} \sim 2^0$，如

$$(10011)_2 = 1 \times 2^4 + 0 \times 2^3 + 0 \times 2^2 + 1 \times 2^1 + 1 \times 2^0 = (19)_{10}$$

二进制加法运算同逻辑加法运算的含义是不同的。前者是数的运算，后者是逻辑运算。二进制加法 $1+1=10$，而逻辑加法 $1+1=1$。

两个二进制数之间的加、减、乘、除算术运算在数字计算机中的实现都要进行加法运算。因此，加法器是构成算术运算器的基本单元。

1. 半加器

两个一位二进制数相加，不考虑来自低位的进位，称为半加。实现半加运算的电路称为半加器。设 A、B 是加数和被加数，S 是半加和，C 是进位，则可以列出半加器的真值表，如表 12.16 所示。由真值表可以写出逻辑函数式为

$$S = A\overline{B} + B\overline{A} = A \oplus B$$
$$C = A \cdot B$$

表 12.16　　　　　　　　　　　半加器的逻辑真值表

A	B	S	C
0	0	0	0
0	1	1	0
1	0	1	0
1	1	0	1

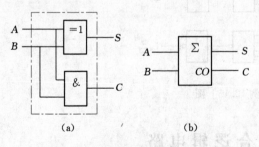

（a）　　　　　　　　（b）

图 12.29　半加器的逻辑图和逻辑符号
（a）逻辑图；（b）逻辑符号

半加器可由一个异或门和一个与门构成。半加器的逻辑图和逻辑符号分别如图 12.29（a）、（b）所示。

2. 全加器

两个一位二进制数相加，且考虑来自低位的进位，称为全加。实现全加运算的电路称为全加器。设 A_i、B_i 表示加数和被加数，C_{i-1} 表示相邻低位来的进位，S_i 表示本位的和，C_i 表示向相邻高位的进位，则可以列出全加器的真值表，见表 12.17。由真值表可以写出逻辑函数式为

$$S_i = \overline{A_i}\,\overline{B_i}C_{i-1} + \overline{A_i}B_i\,\overline{C_{i-1}} + A_i\,\overline{B_i}\,\overline{C_{i-1}} + A_iB_iC_{i-1}$$
$$= \overline{A_i}\,(B_i \oplus C_{i-1}) + A_i\,(\overline{B_i \oplus C_{i-1}})$$
$$= A_i \oplus B_i \oplus C_{i-1}$$
$$C_i = \overline{A_i}B_iC_{i-1} + A_i\,\overline{B_i}C_{i-1} + A_iB_i\,\overline{C_{i-1}} + A_iB_iC_{i-1}$$
$$= A_iB_i + A_iC_{i-1} + B_iC_{i-1}$$

表 12.17　　　　　　　　　　全加器逻辑真值表

A_i	B_i	C_{i-1}	S_i	C_i
0	0	0	0	0
0	0	1	1	0
0	1	0	1	0
0	1	1	0	1
1	0	0	1	0
1	0	1	0	1
1	1	0	0	1
1	1	1	1	1

根据上面两式，可画出全加器的逻辑图，如图 12.30（a）所示，全加器的逻辑符号如图 12.30（b）所示。

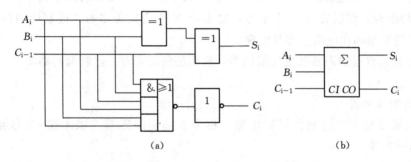

（a）　　　　　　　　　　　　　　（b）

图 12.30　全加器的逻辑图和逻辑符号

（a）逻辑图；（b）逻辑符号

全加器电路的结构形式有多种，但都应合乎表 12.17 的逻辑要求。

【例 12.16】　用四个 1 位全加器组成一个逻辑电路以实现两个 4 位二进制数 A——1101（十进制为 13）和 B——1011（十进制为 11）的加法运算。

【解】　逻辑电路如图 12.31 所示，和数是 S——11000（十进制数为 24）。根据全加器的逻辑真值表自行分析。

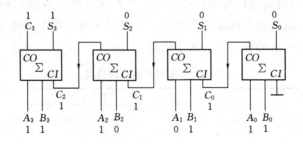

图 12.31　[例 12.16]逻辑图

这种全加器的任意 1 位的加法运算都必须等到低位加法完成送来进位时才能进行。这种进位方式称为串行进位，但和数是并行相加的。这种串行加法器的缺点是运算速度慢，但其电路比较简单，因此在对运算速度要求不高的设备中，仍不失为一种可取的全加器。

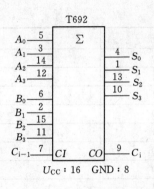

图 12.32　T692 型集成全加
器的逻辑符号

T692 型集成全加器就是这种 4 位串行加法器，图 12.32 所示是它的逻辑符号。

12.5.2　编码器

用文字、数字和符号等字符来表示某一特定对象或信号的过程称为编码，如汽车牌照、邮政编码、身份证号码等均属于编码。十进制编码或文字和符号的编码难于用电路来实现。在数字电路中，常采用二进制数码的组合对具有某种特定含义的信号进行编码，完成编码功能的逻辑器件称为编码器。编码器是多输入多输出电路，对每一个有效的输入信号，输出唯一的二进制编码与之对应。一位二进制代码有 0 和 1 两种，可以表示两个信号；两位二进制代码有 00、01、10、11 四种，可以表示四个信号；n 位代码有 2^n 种组合，可以表示 2^n 个信号，要表示 N 个信息所需的二进制代码应满足 $2^n \geqslant N$。这种二进制编码在电路上容易实现。

编码器分为普通编码器和优先编码器，常用的编码器有二进制编码器和二—十进制编码器。

1. 二进制编码器

将输入信号编成二进制代码的电路，称为二进制编码器。如 4 线—2 线编码器、8 线—3 线编码器等。

（1）普通编码器。在任何时刻只能对一个输入信号进行编码，即不允许有两个或两个以上输入信号同时存在的情况出现，否则将出现混乱，这种编码器称为普通编码器。

现以 3 位二进制普通编码器为例进行介绍。例如，要把 I_0，I_1，…，I_7 八个输入信号编成对应的二进制代码而输出，其编码过程如下：

1）确定二进制代码的位数。因为输入有 8 个信号，即 $N=8$，根据 $2^n \geqslant N$ 的关系，即 $n=3$，所以输出的是 3 位二进制代码。这种编码器通常称为 8 线—3 线编码器，即它有 8 个输入端 3 个输出端。

2）列编码表。编码表是把待编码的 8 个信号和对应的二进制代码列成的表格。这种对应关系是人为的。用 3 位二进制代码表示 8 个信号的方案很多，表 12.18 所列的是其中一种。每种方案都有一定的规律性，便于记忆。

表 12.18　　　　　　　　　　　3 位二进制编码器的编码表

输　入	输　出		
	Y_2	Y_1	Y_0
I_0	0	0	0
I_1	0	0	1
I_2	0	1	0
I_3	0	1	1
I_4	1	0	0
I_5	1	0	1
I_6	1	1	0
I_7	1	1	1

3）由编码表写出逻辑式。

$$Y_2 = I_4 + I_5 + I_6 + I_7 = \overline{\overline{I_4 + I_5 + I_6 + I_7}} = \overline{\overline{I_4} \cdot \overline{I_5} \cdot \overline{I_6} \cdot \overline{I_7}}$$

$$Y_1 = I_2 + I_3 + I_6 + I_7 = \overline{\overline{I_2 + I_3 + I_6 + I_7}} = \overline{\overline{I_2} \cdot \overline{I_3} \cdot \overline{I_6} \cdot \overline{I_7}}$$

$$Y_0 = I_1 + I_3 + I_5 + I_7 = \overline{\overline{I_1 + I_3 + I_5 + I_7}} = \overline{\overline{I_1} \cdot \overline{I_3} \cdot \overline{I_5} \cdot \overline{I_7}}$$

4）由逻辑式画出逻辑图。逻辑图如图 12.33 所示。输入信号不允许出现两个或两个以上同时输入。例如，当 $I_1 = 1$，其余为 0 时，则输出为 001；当 $I_6 = 1$，其余为 0 时，则输出为 110。二进制代码 001 和 110 分别表示输入信号 I_1 和 I_6。当 $I_1 \sim I_7$ 均为 0 时，输出为 000，即表示 I_0。

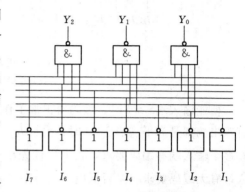

图 12.33　3 位二进制编码器的逻辑图

（2）优先编码器。在优先编码器电路中，允许有两个或两个以上的信号同时输入，电路只能对其中一个优先级别高的信号进行编码。即允许几个信号同时有效，但电路只对其中优先级别高的信号进行编码，而对其他优先级别低的信号不予理睬。至于信号的优先级别高低，则完全是由设计者根据各个输入信号的轻重缓急情况决定的。

集成芯片 74LS148 是一种常用的 8 线—3 线优先编码器，表 12.19 为其功能表，逻辑符号如图 12.34（a）所示，由表可见，有八个输入变量 $\overline{I_0}$，$\overline{I_1}$，…，$\overline{I_7}$，低电平有效，用反变量表示，在逻辑符号中加 "。" 表示；三个输出变量 $\overline{Y_0}$，$\overline{Y_1}$，$\overline{Y_2}$，带非号，反码输出。$\overline{S}$ 为使能输入端；$\overline{Y_S}$ 为选通输出端，$\overline{Y_{ES}}$ 为扩展输出端，此两端用于编码器的扩展。为方便使用集成芯片 74LS148，图 12.34（b）给出了它的引脚图。

表 12.19　　　　　　　　　　　74LS148 优先编码器真值表

| 输　入 | | | | | | | | | 输　出 | | | | |
$\overline{S}$	$\overline{I_0}$	$\overline{I_1}$	$\overline{I_2}$	$\overline{I_3}$	$\overline{I_4}$	$\overline{I_5}$	$\overline{I_6}$	$\overline{I_7}$	$\overline{Y_2}$	$\overline{Y_1}$	$\overline{Y_0}$	$\overline{Y_S}$	$\overline{Y_{EX}}$
1	×	×	×	×	×	×	×	×	1	1	1	1	1
0	1	1	1	1	1	1	1	1	1	1	1	0	1
0	×	×	×	×	×	×	×	0	0	0	0	1	0
0	×	×	×	×	×	×	0	1	0	0	1	1	0
0	×	×	×	×	×	0	1	1	0	1	0	1	0
0	×	×	×	×	0	1	1	1	0	1	1	1	0
0	×	×	×	0	1	1	1	1	1	0	0	1	0
0	×	×	0	1	1	1	1	1	1	0	1	1	0
0	×	0	1	1	1	1	1	1	1	1	0	1	0
0	0	1	1	1	1	1	1	1	1	1	1	1	0

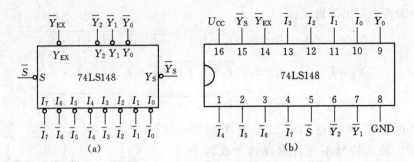

图 12.34 74LS148 优先编码器的逻辑符合和引脚图

(a) 逻辑符号；(b) 引脚图

使能输入端 $\overline{S}=0$ 时，编码器正常工作；当 $\overline{S}=1$ 时，各输出门均被封锁，编码器的所有输出端都是高平。当 $\overline{S}=0$ 时，允许 $\overline{I}_0$，$\overline{I}_1$，…，$\overline{I}_7$ 中同时有几个输入端为低电平，即有多个输入端有编码要求，其中 $\overline{I}_7$ 优先权最高，$\overline{I}_0$ 优先权最低。当 $\overline{I}_7=0$ 时，不管其他输入端有无编码要求（是否低电平，表中×表示任意状态），输出端只对 $\overline{I}_7$ 进行编码，输出端 $\overline{Y}_2\ \overline{Y}_1\ \overline{Y}_0=000$。当 $\overline{I}_7=1$，$\overline{I}_6=0$ 时，无论其他输入端有无编码要求，输出端只对 $\overline{I}_6$ 进行编码，输出端 $\overline{Y}_2\ \overline{Y}_1\ \overline{Y}_0=001$。以此类推。

由 74LS148 优先编码器功能表可得出

$$\overline{Y}_S=\overline{\overline{I}_0\ \overline{I}_1\ \overline{I}_2\ \overline{I}_3\ \overline{I}_4\ \overline{I}_5\ \overline{I}_6\ \overline{I}_7 S}$$

$$\overline{Y}_{EX}=\overline{\overline{\overline{I}_0\ \overline{I}_1\ \overline{I}_2\ \overline{I}_3\ \overline{I}_4\ \overline{I}_5\ \overline{I}_6\ \overline{I}_7 S}\cdot S}$$

当 $\overline{S}=0$ 时，只有当 $\overline{I}_0$，$\overline{I}_1$，…，$\overline{I}_7$ 均为 1（没有编码信号）的情况下才使 $\overline{Y}_S=0$。因此，$\overline{Y}_S$ 的低电平输出信号表示电路正常工作，但无编码信号输入。

当 $\overline{S}=0$ 时，只要输入端有有效输入信号（低电平 0）存在，则 $\overline{Y}_{ES}=0$。因此，$\overline{Y}_{ES}$ 的低电平输出信号表示电路正常工作，而且有编码信号输入。

2. 二—十进制编码器

二—十进制编码器就是将十进制的 10 个数码 0，1，2，3，4，5，6，7，8，9 编成二进制代码的电路。输入的是 0~9 共 10 个数码，输出的是对应的二进制代码。这组二进制代码又称二—十进制代码，简称 BCD（Binary-Coded-Decimal）码。

因为输入有 10 个数码，即 $N=10$，根据 $2^n\geqslant N$ 的关系，即 $n=4$，所以输出的应是 4 位二进制代码。4 位二进制代码共有 16 种状态，其中任何 10 种状态都可表示 0~9 这 10 个数码，方案很多。最常用的是 8421 编码方式，就是在 4 位二进制代码的 16 种状态中取出前面十种状态，表示 0~9 这 10 个数码，后面六种状态去掉，见表 12.20。二进制代码各位的 1 所代表的十进制数从高位到低位依次为 8，4，2，1，称之为"权"，而后把每个数码乘以各位的"权"相加，就得到该二进制代码所表示的十进制数。例如，二进制代码 1001 所表示的十进制数是

$$1\times2^3+0\times2^2+0\times2^1+1\times2^0=9$$

表 12.20 　　　　　　　　　　　　二—十进制 8421 编码表

输　入	输　　出			
十进制数	Y_3	Y_2	Y_1	Y_0
0 (I_0)	0	0	0	0
1 (I_1)	0	0	0	1
2 (I_2)	0	0	1	0
3 (I_3)	0	0	1	1
4 (I_4)	0	1	0	0
5 (I_5)	0	1	0	1
6 (I_6)	0	1	1	0
7 (I_7)	0	1	1	1
8 (I_8)	1	0	0	0
9 (I_9)	1	0	0	1

74LS147 型是一种常用的 10 线—4 线优先编码器，表 12.21 为其功能表，逻辑符号和引脚图如图 12.35 所示，其中 $\overline{I}_9 \sim \overline{I}_1$ 为编码输入端，低电平有效。$\overline{Y}_0 \sim \overline{Y}_3$ 为编码输出端，也是低电平有效（反码）。

表 12.21 　　　　　　　　　　　　**74LS147 型优先编码器的功能表**

输　　入									输　　出			
$\overline{I}_9$	$\overline{I}_8$	$\overline{I}_7$	$\overline{I}_6$	$\overline{I}_5$	$\overline{I}_4$	$\overline{I}_3$	$\overline{I}_2$	$\overline{I}_1$	$\overline{Y}_3$	$\overline{Y}_2$	$\overline{Y}_1$	$\overline{Y}_0$
1	1	1	1	1	1	1	1	1	1	1	1	1
0	×	×	×	×	×	×	×	×	0	1	1	0
1	0	×	×	×	×	×	×	×	0	1	1	1
1	1	0	×	×	×	×	×	×	1	0	0	0
1	1	1	0	×	×	×	×	×	1	0	0	1
1	1	1	1	0	×	×	×	×	1	0	1	0
1	1	1	1	1	0	×	×	×	1	0	1	1
1	1	1	1	1	1	0	×	×	1	1	0	0
1	1	1	1	1	1	1	0	×	1	1	0	1
1	1	1	1	1	1	1	1	0	1	1	1	0

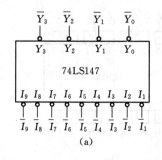

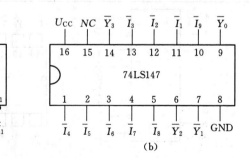

图 12.35　74LS147 优先编码器的逻辑符合和引脚图

(a) 逻辑符号；(b) 引脚图

由表 12.21 可见，输入信号的优先次序为 $\bar{I}_9 \sim \bar{I}_1$，当 $\bar{I}_9 \sim \bar{I}_1$ 均为 1 时，相当于 $\bar{I}_0 = 0$，输出代码 1111，因此 $\bar{I}_0$ 端省略了。编码器输出是 8421BCD 码的反码，如 $\bar{I}_9$ 编码输出为 0110（原码为 1001），$\bar{I}_1$ 编码输出为 1110（原码为 0001）。

12.5.3　译码器

译码是编码的反过程。编码是将某种信号或十进制的十个数码（输入）编成二进制代码（输出）。译码是将二进制代码（输入）按其编码时的原意译成对应的信号或十进制数码（输出）。具有译码功能的逻辑电路称为译码器。

常见的译码器分为两类：二进制译码器，二—十进制显示译码器。

1. 二进制译码器

二进制译码器的输入是一组二进制代码，输出中只有一个输出端是有效电平，其余输出端都是无效电平。

集成芯片 74LS138 是一种常用的二进制译码器，有三个输入端 A_2，A_1，A_0，八个输出端 $\bar{Y}_0$，$\bar{Y}_1$，$\bar{Y}_2$，…，$\bar{Y}_7$，也称为 3—8 译码器，其功能见表 12.22，逻辑符号和引脚图如图 12.36 所示。74LS138 有一个使能端 S_1 和两个控制端 $\bar{S}_2$，$\bar{S}_3$。当 $S_1 = 1$ 且 $\bar{S}_2 = \bar{S}_3 = 0$ 时，译码器工作；否则，译码器处于禁止状态，所有的输出被封锁在高电平。

表 12.22　74LS138 的功能表

使能端	控制端		输　入			输　　出							
S_1	$\bar{S}_2$	$\bar{S}_3$	A_2	A_1	A_0	$\bar{Y}_0$	$\bar{Y}_1$	$\bar{Y}_2$	$\bar{Y}_3$	$\bar{Y}_4$	$\bar{Y}_5$	$\bar{Y}_6$	$\bar{Y}_7$
0	×	×											
×	1	×	×	×	×	1	1	1	1	1	1	1	1
×	×	×											
1	0	0	0	0	0	0	1	1	1	1	1	1	1
1	0	0	0	0	1	1	0	1	1	1	1	1	1
1	0	0	0	1	0	1	1	0	1	1	1	1	1
1	0	0	0	1	1	1	1	1	0	1	1	1	1
1	0	0	1	0	0	1	1	1	1	0	1	1	1
1	0	0	1	0	1	1	1	1	1	1	0	1	1
1	0	0	1	1	0	1	1	1	1	1	1	0	1
1	0	0	1	1	1	1	1	1	1	1	1	1	0

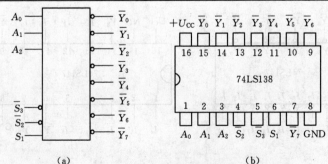

图 12.36　74LS138 集成译码器的逻辑符号和引脚图

(a) 逻辑符号；(b) 引脚图

由 74LS138 的真值表可以写出逻辑式为

$$\overline{Y}_0 = \overline{\overline{A}_2\,\overline{A}_1\,\overline{A}_0}\,,\ \overline{Y}_1 = \overline{\overline{A}_2\,\overline{A}_1 A_0}$$

$$\overline{Y}_2 = \overline{\overline{A}_2 A_1\,\overline{A}_0}\,,\ \overline{Y}_3 = \overline{\overline{A}_2 A_1 A_0}$$

$$\overline{Y}_4 = \overline{A_2\,\overline{A}_1\,\overline{A}_0}\,,\ \overline{Y}_5 = \overline{A_2\,\overline{A}_1 A_0}$$

$$\overline{Y}_6 = \overline{A_2 A_1\,\overline{A}_0}\,,\ \overline{Y}_7 = \overline{A_2 A_1 A_0}$$

【例 12.17】 用 74LS138 译码器实现逻辑式 $Y = AB + BC + CA$。

【解】 Y 是三变量函数，将逻辑式用最小项表示为

$$Y = AB(C + \overline{C}) + BC(A + \overline{A}) + CA(B + \overline{B}) = \overline{A}BC + A\,\overline{B}C + AB\,\overline{C} + ABC$$

由 74LS138 逻辑式和逻辑图可知，令

$$A_2 = A,\ A_1 = B,\ A_0 = C$$

则

$$\overline{Y}_3 = \overline{\overline{A}BC},\ \overline{Y}_5 = \overline{A\,\overline{B}C},\ \overline{Y}_6 = \overline{AB\,\overline{C}},\ \overline{Y}_7 = ABC$$

因此得出

$$Y = \overline{\overline{Y}} = \overline{\overline{A}BC + A\,\overline{B}C + AB\,\overline{C} + ABC} = \overline{\overline{A}BC \cdot A\,\overline{B}C \cdot AB\,\overline{C} \cdot \overline{ABC}} = \overline{\overline{Y}_3\,\overline{Y}_5\,\overline{Y}_6\,\overline{Y}_7}$$

用 74LS138 型译码器实现上式的逻辑图如图 12.37 所示。

常用的集成芯片还有 74LS139，其引脚图和逻辑符号如图 12.38 所示。可见，74LS139 含有两个相同、独立的 2—4 线译码器。表 12.23 列出了 2—4 线译码器的逻辑功能。需要注意的是，74LS139 双 2—4 线译码器的使能端 $\overline{S}$ 和输出端 $\overline{Y}_3$，$\overline{Y}_2$，$\overline{Y}_1$，$\overline{Y}_0$ 均为低电平有效。

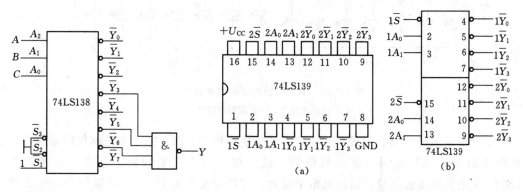

图 12.37　［例 12.17］逻辑图

图 12.38　74LS139 双 2—4 线译码器
（a）引脚图；（b）逻辑图

2. 二—十进制显示译码器

在数字仪表、计算机和其他数字系统中，常常要把测量数据和运算结果用十进制数显示出来，这就要用显示译码器，它能够把"8421"二—十进制代码译成能用显示器件显示出的十进制数。

表 12.23　　　　　　　　　　　　　　**2—4 线译码器的逻辑功能**

使能	控	制	输			出
$\overline{S}$	A_0	A_1	$\overline{Y}_3$	$\overline{Y}_2$	$\overline{Y}_1$	$\overline{Y}_0$
1	×	×	1	1	1	1
0	0	0	1	1	1	0
0	0	1	1	1	0	1
0	1	0	1	0	1	1
0	1	1	0	1	1	1

注　×表示任意态

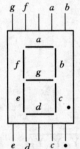

图 12.39　半导体数码管外引脚示意图

常用的显示器件有半导体数码管、液晶数码管和荧光数码管等。这里只介绍半导体数码管。

(1) 半导体数码管。半导体数码管的每一段都是一个发光二极管 (Lighting Emitting Diode，简称 LED)，因而也称 LED 数码管或 LED 七段显示器，其外引脚示意图如图 12.39 所示，选择不同字段发光，可显示不同数字。例如：a、b、c、d、e、f、g 七个字段全亮，显示数字 8，b、c 段亮时，显示出 1。

半导体数码管中的七个发光二极管有共阴极和共阳极两种接法，如图 12.40 所示。图 12.40 所示 (a) 为共阴极接法，某一字段接高电平时发光；图 12.40 (b) 所示为共阳极接法，某一字段接低电平时发光。使用时每个半导体数码管要串联限流电阻。

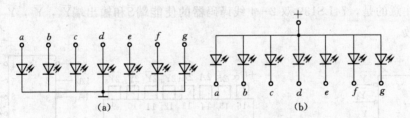

图 12.40　半导体数码管的两种接法

(a) 共阴极接法；(b) 共阳极接法

(2) 七段显示译码器。七段显示译码器的功能是把"8421"二—十进制代码译成对应于数码管的七个字段信号，驱动数码管，显示相应的十进制数码。七段显示译码器 74LS247 采用共阳极数码管，输出低电平有效，其功能表见表 12.24；如果是 74LS248 译码器，则采用共阴极数码管，输出高电平有效，其输出状态与 74LS247 所示的相反，即 1 和 0 对换。

表 12.24 所列举的是 74LS247 型译码器的功能表，图 12.41 所示为它的引脚排列图。它有四个输入端 A_3，A_2，A_1，A_0 和七个输出端 $\overline{a}$，$\overline{b}$，$\overline{c}$，$\overline{d}$，$\overline{e}$，$\overline{f}$，$\overline{g}$（低电平有效），后者接数码管七段。此外，还有三个输入控制端，其功能如下。

1) 试灯输入端 $\overline{LT}$。用来检验数码管的七段是否正常工作。当 $\overline{BI}=1$，$\overline{LT}=0$ 时，无

论 A_3，A_2，A_1，A_0 为何状态，输出 $\bar{a}$，$\bar{b}$，$\bar{c}$，$\bar{d}$，$\bar{e}$，$\bar{f}$，$\bar{g}$ 均为 0，数码管七段全亮，显示"8"字。

2）灭灯输入端 $\overline{BI}$。当 $\overline{BI}=0$，无论其他输入信号为何状态，输出 $\bar{a}$，$\bar{b}$，$\bar{c}$，$\bar{d}$，$\bar{e}$，$\bar{f}$，$\bar{g}$ 均为 1，七段全灭，无显示。

3）灭 0 输入端 $\overline{RBI}$。当 $\overline{LT}=1$，$\overline{BI}=1$，$\overline{RBI}=0$，只有当 $A_3 A_2 A_1 A_0=0000$ 时，输出 $\bar{a}$，$\bar{b}$，$\bar{c}$，$\bar{d}$，$\bar{e}$，$\bar{f}$，$\bar{g}$ 均为 1，不显示"0"字；这时，如果 $\overline{RBI}=1$，则译码器正常输出，显示"0"。当 $A_3 A_2 A_1 A_0$ 为其他组合时，不论 $\overline{RBI}$ 为 0 或 1，译码器均可正常输出。此输入控制信号常用来消除无效 0。例如，可消除 000.001 前两个 0，则显示出"0.001"。

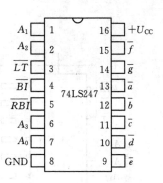

图 12.41　74LS247 引脚排列图

表 12.24　　　　　　　74LS247 七段显示译码器的功能表

功能和十进制数	输入							输出							显示
	$\overline{LT}$	$\overline{RBI}$	$\overline{BI}$	A_3	A_2	A_1	A_0	$\bar{a}$	$\bar{b}$	$\bar{c}$	$\bar{d}$	$\bar{e}$	$\bar{f}$	$\bar{g}$	
试灯	0	×	1	×	×	×	×	0	0	0	0	0	0	0	8
灭灯	×	×	0	×	×	×	×	1	1	1	1	1	1	1	全灭
灭 0	1	0	1	0	0	0	0	1	1	1	1	1	1	1	灭 0
0	1	1	1	0	0	0	0	0	0	0	0	0	0	1	0
1	1	×	1	0	0	0	1	1	0	0	1	1	1	1	1
2	1	×	1	0	0	1	0	0	0	1	0	0	1	0	2
3	1	×	1	0	0	1	1	0	0	0	0	1	1	0	3
4	1	×	1	0	1	0	0	1	0	0	1	1	0	0	4
5	1	×	1	0	1	0	1	0	1	0	0	1	0	0	5
6	1	×	1	0	1	1	0	1	1	0	0	0	0	0	6
7	1	×	1	0	1	1	1	0	0	0	1	1	1	1	7
8	1	×	1	1	0	0	0	0	0	0	0	0	0	0	8
9	1	×	1	1	0	0	1	0	0	0	1	0	0	0	9

上述三个输入控制端均为低电平有效，在正常工作时均接高电平。

图 12.42 所示为 74LS247 型译码器和共阳极 BS204 型半导体数码管的连接图。

*12.5.4　数据选择器

数据选择器又叫多选择器或多路开关，它是多输入单输出的组合逻辑电路。数据选择器能够从来自不同地址的多路数据中任意选出所需要的一路数据输出，至于选择哪一路数据输出，则完全由当时的选择控制信号决定。

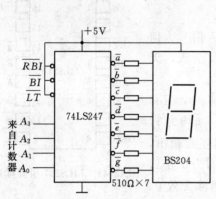

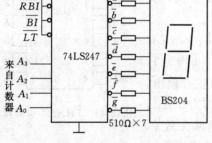

图 12.42　七段译码器和数码管的连接图　　图 12.43　74LS153 型双 4 选 1 数据选择器

如图 12.43 所示为 74LS153 型双 4 选 1 数据选择器的一个逻辑图。图中有四个输入信号 D_3、D_2、D_1、D_0；两个选择控制信号 A_1、A_0，也称为地址码或地址控制信号；一个使能端 $\overline{S}$，低电平有效；一个输出端 Y。A_1、A_0 取值分别为 00、01、10、11 时，分别选择数据 D_0、D_1、D_2、D_3 输出。

由逻辑图可写出逻辑式

$$Y = D_0 \overline{A_1}\,\overline{A_0}S + D_1 \overline{A_1}A_0 S + D_2 A_1 \overline{A_0}S + D_3 A_1 A_0 S$$

由逻辑式可列出 4 选 1 数据选择器的真值表，见表 12.25。

表 12.25　　　　　　　　　　74LS153 数据选择器的功能表

输　　入			输　　出
$\overline{S}$	A_1	A_0	Y
1	×	×	0
0	0	0	D_0
0	0	1	D_1
0	1	0	D_2
0	1	1	D_3

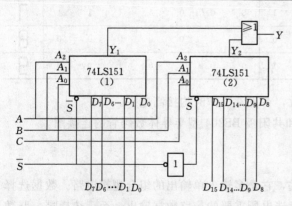

图 12.44　16 选 1 功能的数据选择器

当 $\overline{S}=1$ 时，$Y=0$，禁止选择；$\overline{S}=0$ 时，正常工作。

有四个输入端，就需要两个地址输入端，因为它们有四种组合；如果有八个输入端，就需要三个地址输入端。

图 12.44 所示是用两块 74LS151 型 8 选 1 数据选择器构成的具有 16 选 1 功能的数据选择器。当 $\overline{S}=0$ 时，第一块工作；$\overline{S}=1$ 时，第二块工作。其他自行分析。表 12.26 为 74LS151 型数据选择器的功能表。

表 12.26   **74LS151 数据选择器的功能表**

输 入				输 出
地 址			使 能	
A_2	A_1	A_0	$\overline{S}$	Y
×	×	×	1	0
0	0	0	0	D_0
0	0	1	0	D_1
0	1	0	0	D_2
0	1	1	0	D_3
1	0	0	0	D_4
1	0	1	0	D_5
1	1	0	0	D_6
1	1	1	0	D_7

数据选择器的应用一般有两个方面：一是逻辑功能的扩展；二是实现逻辑函数。

*12.5.5 数据分配器

数据分配器又叫多路分配器。数据分配器的逻辑功能是将一个输入数据传送到多个输出端中的一个输出端，具体传送到哪一个输出端，由一组选择控制信号确定。数据分配器是由译码器改接而成，没有单独生产。下面以 8 路输出数据分配器为例进行介绍。

如图 12.45 所示 8 路输出数据分配器是由 3—8 线译码器 74LS138 改接而成。将 74LS138 译码器的两个控制端 $\overline{S}_2$ 和 $\overline{S}_3$ 相连作为分配器的数据输入端 D；使能端 S_1 接高电平；译码器的输入端 A、B、C 作为分配器的地址输入端，根据它们的八种组合将数据 D 分配给八个输出端。根据表 12.22 可知：例如，当 $ABC=000$ 时，输入数据 D 分配到 $\overline{Y}_0$ 端；$ABC=001$ 时，就分配到 $\overline{Y}_1$ 端。

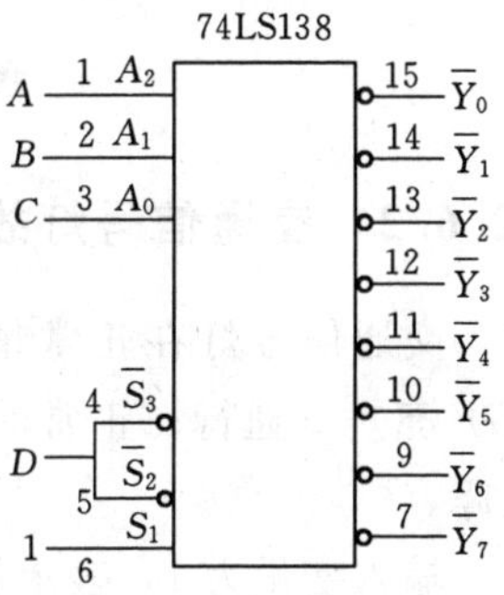

若 D 端输入的是时钟脉冲，则可将该时钟脉冲分配到 $\overline{Y}_0$ ~$\overline{Y}_7$ 的某一个输出端，从而构成时钟脉冲分配器。

图 12.45 将 74LS138 译码器改为 8 路分配器

也可将 74LS139 型 2—4 线译码器改接成 4 路数据分配器，请根据其功能表自行改接。

*12.6 组合逻辑电路应用实例

12.6.1 三人表决电路

在［例 12.14］中，从逻辑关系上实现了三人表决的功能，但是要真正实现它还需要与具体的数字集成电路联系起来。另外除了门电路的输入、输出外，还有电源引脚、输入信号和显示电路的连接方式等需要确定。

前面已经分析，三人表决电路的逻辑关系为

$$Y=AB+BC+CA$$

可以用与非门来实现，则

$$Y=\overline{\overline{AB} \cdot \overline{BC} \cdot \overline{CA}}$$

用一片 74LS00 和一片 74LS20 组成图 12.46 所示电路。当表决人的意见为同意时，通过单刀双头开关将 74LS00 输入端接高电平"1"；当表决人的意见为不同意时，74LS00 输入端则接低电平"0"。当有两个或两个以上的表决人同意，则 74LS00 三个与非门输出端有低电平"0"出现，经 74LS20 输出端输出高电平，这时发光二极管点亮，说明表决通过。否则，表决未通过。

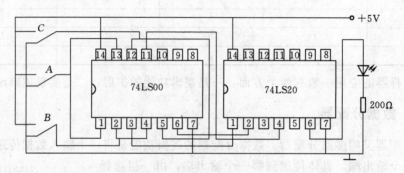

图 12.46 74LS00 和 74LS20 组成三人表决电路

12.6.2 交通信号灯故障检测电路

交通信号灯在正常情况下：红灯（R）亮——停车；黄灯（A）亮——准备；绿灯（G）亮——通行；正常时只有一个灯亮。如果灯全不亮或全亮或两个灯同时亮，都是故障。

输入变量为 1，表示灯亮；输入变量为 0，表示灯不亮。有故障时输出为 1，正常时输出为 0。由此，可列出真值表见表 12.27。

表 12.27　　　　　　　　　　　信号灯故障的真值表

R	A	G	Y
0	0	0	1
0	0	1	0
0	1	0	0
0	1	1	1
1	0	0	0
1	0	1	1
1	1	0	1
1	1	1	1

由真值表写出故障时的逻辑式为

$$Y=\overline{R}\,\overline{A}\,\overline{G}+\overline{R}AG+R\,\overline{A}G+RA\overline{G}+RAG$$

应用卡诺图 12.47 化简上式，得

$$Y=\overline{R}\,\overline{A}\,\overline{G}+RG+RA+AG$$

为了减少所用门数，将上式变换为

$$Y=\overline{\overline{\overline{R}\,\overline{A}\,\overline{G}+R(A+G)}}+AG$$
$$=\overline{\overline{R+A+G}+R(A+G)}+AG$$

由此可画出交通信号灯故障检查电路，如图 12.48 所示。发生故障时组合电路输出 Y 为高电平，晶体管导通，继电器 KA 通电，其触点闭合，故障指示灯 HL 亮。

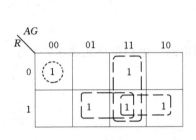

图 12.47　信号灯故障的卡诺图

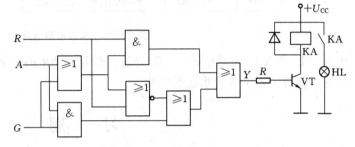

图 12.48　交通信号灯故障检查电路

信号灯旁的光电检测元件经放大器，而后接到 R，A，G 三端，信号灯亮则为高电平。

12.6.3　抢答器电路

图 12.49 所示为用 74LS147 、7447 和数码管构成的抢答器电路。74LS147 输入端当按钮按下可接入低电平"0"。当有多个选手进行抢答时，按下按钮，$\overline{I}_9\sim\overline{I}_1$ 会先后接通低电平"0"，74LS147 就会对最先按下按钮的选手进行编码。由于 74LS147 是反码输出，所以编码信号经非门，变成原码接入七段显示译码器 7447，再接上数码管，就可以把先按下抢答器的选手显示出来。

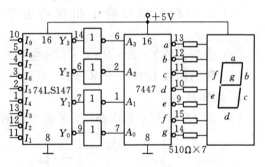

图 12.49　74LS147、7447 和数码管
构成的抢答电路

12.6.4　水位检测电路

图 12.50 所示为用 CMOS 与非门组成的水位检测电路。当水箱无水时，检测杆上的铜箍 A、B、C、D 与 U 端（电源正极）之间断开，与非门 G_1、G_2、G_3、G_4 的输入端均为低电平，输出端均为高电平。调整 3.3kΩ 电阻的阻值，使发光二极管处于微导通状态，微亮度适中。

当水箱注水时，先注到高度 A，U 与 A 之间通过水接通，这时 G_1 的输入为高电平，输出为低电平，将相应的发光二极管点亮。随着水位的升高，发光二极管逐个依次点亮。当最后一个点亮时，说明水已注满。这时 G_4 输出为低电平，而使 G_5 输出为高电平，晶

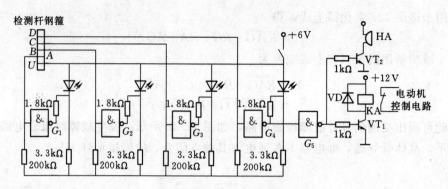

图 12.50　水位检测电路

体管 VT_1 和 VT_2 因而导通。VT_1 导通，断开电动机的控制电路，电动机停止注水；VT_2 导通，使蜂鸣器 HA 发出报警声响。

习　题

1. 填空题

(1) 基本的逻辑门电路有 _____，_____ 和 _____。

(2) 与非门逻辑关系可总结为 _____。

(3) 或非门逻辑关系可总结为 _____。

(4) 三态门的输出除了出现高电平和低电平外，还可以出现第三种状态，即 _____。

(5) 逻辑函数 $Y=\overline{A \cdot B \cdot C \cdot D}$ 可变换为 _____。

(6) 逻辑函数 $Y=AB+\overline{A}C+\overline{B}C$ 可化简为 _____。

2. 选择题

(1) 图 12.51 所示门电路中，Y 恒为 0 的是图（　）。

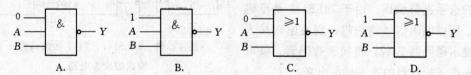

图 12.51　选择题（1）图

(2) 图 12.52 所示门电路的输出为（　）。

A. $Y=\overline{A}$　　　　B. $Y=A$　　　　C. $Y=0$　　　　D. $Y=1$

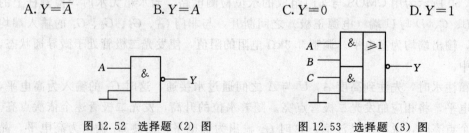

图 12.52　选择题（2）图　　　　图 12.53　选择题（3）图

(3) 图 12.53 所示门电路的逻辑式为（　　）。

A. $Y=\overline{A}\,\overline{B}+C$ 　　B. $Y=\overline{\overline{AB}\cdot C\cdot 0}$ 　　C. $Y=\overline{AB}$ 　　D. $Y=\overline{\overline{AB}\cdot C\cdot 1}$

(4) 逻辑图和输入 A 的波形如图 12.54 所示，输出 Y 的波形为（　　）。

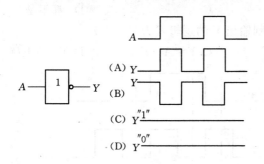

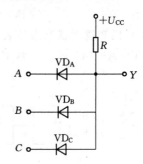

图 12.54　选择题（4）图　　　　　　　图 12.55　选择题（5）图

(5) 在正逻辑关条件下，图 12.55 所示逻辑电路为（　　）。

A. 与非门　　　　B. 与门　　　　C. 或非门　　　　D. 或门

(6) 下列逻辑式中，正确的逻辑式为（　　）。

A. $\overline{A}=1$ 　　　B. $\overline{A}=0$ 　　　C. $\overline{\overline{A}}=A$ 　　　D. $\overline{A}=\overline{A}$

(7) 与 $\overline{A+B+C}$ 相等的为（　　）。

A. $\overline{A}+\overline{B}+\overline{C}$ 　　B. $\overline{A}\cdot\overline{B}\cdot\overline{C}$ 　　C. $\overline{\overline{A}\cdot\overline{B}\cdot\overline{C}}$ 　　D. $\overline{A}+\overline{B}+\overline{C}$

(8) 与 $\overline{A}+ABC$ 相等的为（　　）。

A. $A+BC$ 　　　B. $\overline{A}+\overline{BC}$ 　　　C. $\overline{A}+BC$ 　　　D. $A+\overline{BC}$

(9) 若 $Y=A\overline{B}+AC=1$，则（　　）。

A. $ABC=001$ 　　B. $ABC=110$ 　　C. $ABC=011$ 　　D. $ABC=101$

(10) 逻辑式 $Y=A\overline{B}+B\overline{D}+A\overline{B}\,\overline{C}+AB\overline{C}\,\overline{D}$，化简后为（　　）。

A. $Y=\overline{A}B+\overline{B}C$ 　　B. $Y=\overline{A}B+BC$ 　　C. $Y=A\overline{B}+C\overline{D}$ 　　D. $Y=A\overline{B}+B\overline{D}$

(11) 逻辑式 $Y=\overline{A}BC+ABC+\overline{A}\,\overline{B}C$，化简后为（　　）。

A. $Y=\overline{A}B+\overline{B}C$ 　　B. $Y=\overline{A}B+BC$ 　　C. $Y=\overline{A}C+BC$ 　　D. $Y=\overline{A}C+\overline{B}C$

(12) 图 12.56 所示逻辑电路的逻辑式为（　　）。

A. $Y=\overline{AB+C}$ 　　B. $Y=\overline{(A+B)C}$ 　　C. $Y=AB+C$ 　　D. $Y=(A+B)C$

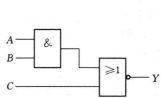

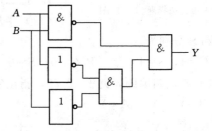

图 12.56　选择题（12）图　　　　　　图 12.57　选择题（13）图

(13) 图 12.57 所示逻辑电路的逻辑式为（　　）。

A. $Y=\overline{AB}(\overline{A+B})$ 　　　　　　　B. $Y=\overline{AB}(\overline{A}\,\overline{B})$

第 12 章　门电路与组合逻辑电路

C. $Y=(\overline{A+B})(\overline{A}+\overline{B})$　　　　　　　　D. $Y=(\overline{A+B})(\overline{A}\,\overline{B})$

（14）逻辑图和输入 A、B 的波形如图 12.58 所示，分析当输出 Y 为"1"的时刻应是（　　）。

A. t_1　　　　　　B. t_2　　　　　　C. t_3　　　　　　D. 都不是

（15）已知逻辑状态表见表 12.28，则输出 Y 的逻辑式为（　　）。

A. $Y=\overline{A}+BC$　　B. $Y=A+BC$　　C. $Y=A+B\overline{C}$　　D. $Y=A+\overline{B}C$

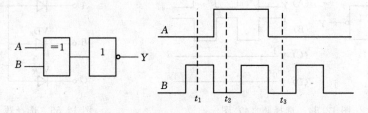

图 12.58　选择题（14）图

表 12.28

A	B	C	Y
0	0	0	0
0	0	1	0
0	1	0	0
0	1	1	1
1	0	0	1
1	0	1	1
1	1	0	1
1	1	1	1

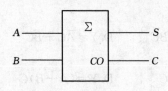

图 12.59　选择题（17）图

（16）编码器的逻辑功能是（　　）。

A. 将某种二进制代码转换成某种输出状态

B. 将某种状态转换成相应的二进制代码

C. 把二进制数转换成相应的二进制数

D. 把二进制数转换成十进制数

（17）半加器逻辑符号如图 12.59 所示，当 $A=1$，$B=1$ 时，C 和 S 分别为（　　）。

A. $C=1$，$S=1$　　B. $C=0$，$S=0$　　C. $C=0$，$S=1$　　D. $C=1$，$S=0$

（18）二进制编码表见表 12.29，指出它的逻辑式为（　　）。

A. $B=\overline{\overline{Y_2}\cdot\overline{Y_3}}$，$A=\overline{\overline{Y_1}\cdot\overline{Y_3}}$

B. $B=\overline{\overline{Y_0}\cdot\overline{Y_1}}$，$A=\overline{\overline{Y_1}\cdot\overline{Y_3}}$

C. $B=\overline{\overline{Y_0}\cdot\overline{Y_1}}$，$A=\overline{\overline{Y_2}\cdot\overline{Y_3}}$

D. $B=\overline{\overline{Y_2}\cdot\overline{Y_3}}$，$A=\overline{\overline{Y_2}\cdot\overline{Y_3}}$

表 12. 29

输 入	输 出	
	B	A
Y_0	0	0
Y_1	0	1
Y_2	1	0
Y_3	1	1

(19) 译码器的逻辑功能是（   ）。

A. 将某种二进制代码转换成某种输出状态

B. 将某种状态转换成相应的二进制代码

C. 把二进制数转换成相应的二进制数

D. 把二进制数转换成十进制数

(20) 采用共阳极数码管的译码显示电路如图 12.60 所示，若显示码是 4，译码器输出端应为（   ）。

A. $a=d=e=0$，$b=c=f=g=1$ 　　　　 B. $a=d=e=1$，$b=c=f=g=0$

C. $a=d=c=0$，$b=e=f=g=1$ 　　　　 D. $a=d=c=1$，$b=e=f=g=0$

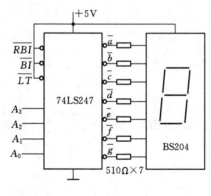

图 12.60　选择题（20）图

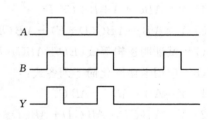

图 12.61　综合题（1）图

3. 综合题

(1) 已知某逻辑门电路输入 A，B，C 及输出 Y 的波形如图 12.61 所示，试写出逻辑真值表，写出逻辑式，画出逻辑图。

(2) 已知逻辑电路及其输入波形如图 12.62 所示，分别画出各自的输出波形。

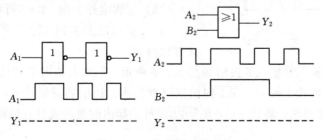

图 12.62　综合题（2）图

（3）某逻辑电路如图 12.63（a）所示，其输入波形如图 12.63（b）所示。

1）试画出输出 Y 的波形。

2）试列出其逻辑真值表并写出逻辑式。

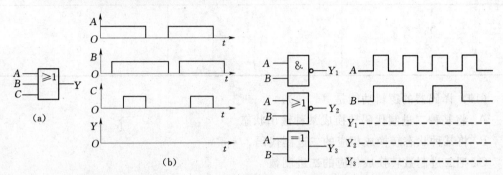

图 12.63　综合题（3）图　　　　　图 12.64　综合题（4）图

（4）已知逻辑门及其输入波形如图 12.64 所示，试分别画出输出 Y_1、Y_2、Y_3 的波形，并写出逻辑式。

（5）试用逻辑状态表证明式 $ABC+\overline{A}\,\overline{B}\,\overline{C}=\overline{A\overline{B}+B\overline{C}+C\overline{A}}$。

（6）试用逻辑代数运算法则化简下列各式：

1）$Y=AB+\overline{A}\,\overline{B}+A\overline{B}$。

2）$Y=ABC+\overline{A}B+AB\overline{C}$。

3）$Y=\overline{(\overline{A+B})+AB}$。

4）$Y=ABC+\overline{A}+\overline{B}+\overline{C}+D$。

5）$Y=A\overline{B}+A\overline{B}C(D+E)+\overline{A}\,\overline{B}(D+E)$。

（7）试证明逻辑等式 $(ED+ABC)(ED+\overline{A}+\overline{B}+\overline{C})=ED$。

（8）应用卡诺图化简下列各式：

1）$Y=AB+\overline{A}BC+\overline{A}B\,\overline{C}$。

2）$Y=A\,\overline{B}\,\overline{C}\,\overline{D}+AB\,\overline{C}\,D+\overline{A}BCD+A\,\overline{B}C\,\overline{D}$。

3）$Y=A\overline{C}+\overline{A}C+B\overline{C}+\overline{B}C$。

4）$Y=A\overline{B}+B\overline{C}\,\overline{D}+ABD+\overline{A}B\,\overline{C}D$。

5）$Y=A+\overline{A}B+\overline{A}\,\overline{B}C+\overline{A}\,\overline{B}\,\overline{C}D$。

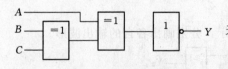

图 12.65　综合题（9）图

（9）逻辑电路如图 12.65 所示，写出逻辑式，并列出真值表。

（10）逻辑电路如图 12.66 所示，写出逻辑式。

（11）逻辑电路如图 12.67 所示，试写出逻辑式并化简之。

（12）已知逻辑图和输入的波形如图 12.68 所示，试画出输出 Y 的波形。

（13）根据逻辑式 $Y=AB+\overline{A}\,\overline{B}$ 列出逻辑真值表，说明其逻辑功能，并画出其用非门和与非门组成的逻辑图；将式 $Y=AB+\overline{A}\,\overline{B}$ 求反后得出的逻辑式具有何种逻辑功能？

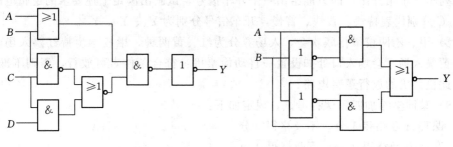

图 12.66　综合题（10）图　　　　　　图 12.67　综合题（11）图

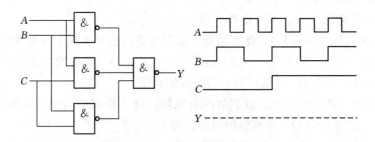

图 12.68　综合题（12）图

（14）列出逻辑真值表分析图 12.69 所示电路的逻辑功能。

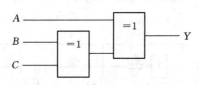

图 12.69　综合题（14）图

（15）化简 $Y=AD+\overline{C}\overline{D}+\overline{A}C+\overline{B}C+D\overline{C}$，并用 74LS20 双 4 输入与非门组成电路。

（16）某一组合逻辑电路如图 12.70 所示，试分析其逻辑功能。

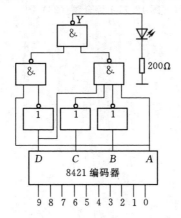

图 12.70　综合题（16）图

（17）旅客列车分特快、普快和普慢，并依此为优先通行次序。某站在同一时间只能有一趟列车从车站开出，即只能给出一个开车信号，试画出满足上述要求的逻辑电路。设 A、B、C 分别代表特快、普快、普慢，开车信号分别为 Y_A、Y_B、Y_C。

（18）甲、乙两校举行联欢会，入场券分为红、黄两种，甲校学生持红票入场，乙校学生持黄票入场。会场入口处如设置一自动检票机：符合条件者可放行，否则不准入场。试画出此检票机的放行逻辑电路。

（19）某同学参加四门课程考试，规定如下：

1）课程 A 及格得 1 分，不及格得 0 分。

2）课程 B 及格得 2 分，不及格得 0 分。

3）课程 C 及格得 4 分，不及格得 0 分。

4）课程 D 及格得 5 分，不及格得 0 分。

若总分大于 8 分（含 8 分），就可结业。试用与非门画出实现上述要求的逻辑电路。

（20）设 A、B、C、D 是一个 8421 码的 4 位，若此码表示的数字 x 符合 $x<3$ 或 $x>6$ 时，则输出为 1，否则为 0。试用与非门组成逻辑图。

（21）仿照全加器画出 1 位二进制数的全减器：输入被减数为 A，减数为 B，低位来的借位数为 C，全减差为 D，向高位的借位数为 C_1。

（22）试设计一个 4 线—2 线二进制编码器，输入信号为 $\bar{I}_3$，$\bar{I}_2$，$\bar{I}_1$，$\bar{I}_0$，低电平有效。输出的二进制代码用 Y_1，Y_0 表示。

（23）在图 12.71 中，若 u 为正弦电压，其频率 f 为 1Hz，试问七段 LED 数码管显示什么字母？

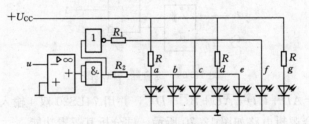

图 12.71　综合题（23）图

第 13 章　触发器和时序逻辑电路

本章要求：

1. 了解 555 定时器的内部结构、工作原理及由它组成的单稳态触发器和双稳态触发器的工作原理和应用。

2. 熟悉寄存器、移位寄存器和二进制计数器、十进制计数器的工作原理。

3. 掌握 RS 触发器、JK 触发器、D 触发器的工作原理和逻辑功能，触发器的触发方式，由触发器构成的计数器的分析方法，一般时序逻辑电路的分析方法。

本章难点：

1. 计数器和寄存器的工作原理。

2. 简单时序逻辑电路的分析和设计方法。

上一章介绍了门电路和组合逻辑电路，其共同特点是：任一时刻的输出信号仅由当时的输入信号决定，而与电路原来的状态无关，一旦输入信号消失，输出信号随即消失；也就是说，它们只有逻辑运算功能，而没有存储或记忆功能。本章将要讨论的触发器和时序逻辑电路（Sequential Logic Circuit）则具有记忆功能，即电路当前的输出信号不仅与此时的输入信号有关，而且与电路原来的状态有关，输入信号消失后，电路的状态仍能保留，可以存储信息。从电路结构而言，组合逻辑电路和时序逻辑电路的区别在于前者不存在反馈环节，而时序逻辑电路存在反馈环节。反馈环节体现的是一种"记忆"或"存储"的作用。在时序逻辑电路中，反馈环节电路也称为存储电路，它的具体表现形式是各种类型的触发器。

本章首先介绍双稳态触发器，其次介绍由触发器构成的寄存器、计数器等主要的逻辑部件及应用，最后介绍 555 定时器的内部结构、工作原理及由它组成的单稳态触发器和双稳态触发器的工作原理和应用。

13.1　双稳态触发器

能够存储一位二进制信号的基本逻辑单元电路称为触发器（Flip-Flop），触发器是在门电路的基础上加上适当的反馈电路组成，它是构成时序逻辑电路的基本单元电路。触发器有各种类型，按其工作状态可分为双稳态触发器、单稳态触发器、无稳态触发器。双稳态触发器（Bistable Flip-Flop）按其逻辑功能可分为 RS 触发器（R-S Flip-Flop）、JK 触发器（J—K Flip-Flop）、D 触发器（D Flip-Flop）和 T 触发器（T Flip-Flop）等；按其触发方式可分为直接触发器、同步触发器、主从触发器和边沿触发器等。这些触发器虽各有不同，但都具有以下共同的特点：

（1）有两个稳定状态"0"态和"1"态。

（2）能根据输入信号将触发器置成"0"态或"1"态。

（3）输入信号消失后，被置成的"0"态或"1"态能保存下来，即具有记忆功能。

13.1.1　基本 RS 触发器

1. 电路结构

基本 RS 触发器由两个与非门 G_1 和 G_2 的输入端、输出端交叉连接而成，如图 13.1（a）所示。与组合逻辑电路不同的是，每一个与非门的输出端都通过反馈线同另一个与非门的输入端相连接，也就是说，电路存在着反馈环节。

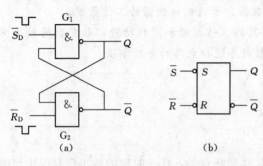

图 13.1　由与非门组成的基本 RS 触发器

(a) 逻辑图；(b) 逻辑符号

Q 和 $\overline{Q}$ 是基本 RS 触发器的两个输出端，规定二者的逻辑状态在正常情况下应互补（相反）。通常把 Q 端的状态定义为触发器的状态，$Q=0$，$\overline{Q}=1$ 称作触发器处于"0"态，输出端置 0，即输出端为低电平；$Q=1$，$\overline{Q}=0$ 则称作触发器处于"1"态，输出端置 1，即输出端为高电平。$\overline{S}_D$ 和 $\overline{R}_D$ 是基本 RS 触发器的两个输入端。

2. 工作原理

由于输出信号通过反馈线引回到输入端，那么该时刻输出端的状态就由前一时刻输出端的状态和该时刻输入信号共同决定的。由此看出，分析触发器的输出与输入之间的逻辑关系，必须要建立清晰的"时序"概念。为了更好地描述前后时刻对应的输出端状态，将前一时刻对应的输出端状态（即时钟到来前触发器的状态）称为原态或初态（Present State），记做 Q_n；将新时刻对应的输出端状态（即时钟到来后触发器的状态），称为次态或新态（Next State），记做 Q_{n+1}。两个输入端 $\overline{S}_D$ 和 $\overline{R}_D$ 共有四种状态取值组合，下面逐一分析它的状态转换和逻辑功能。

（1）$\overline{R}_D=0$，$\overline{S}_D=1$。设触发器的初态为 1，即 $Q=1$，$\overline{Q}=0$。由于 $\overline{R}_D=0$，按与非逻辑关系"有 0 出 1"，故 $\overline{Q}=1$，并通过反馈线引至 G_1 门的输入端，按"全 1 出 0"，故 $Q=0$；如果设触发器的初态为 0，通过分析不难得出 $Q=0$。因此，当 $\overline{R}_D=0$，$\overline{S}_D=1$ 时，不论触发器的初态为 0 或 1，经触发后次态都为 0 态，这种情况称为将触发器置 0 或复位。$\overline{R}_D$ 端称为触发器的置 0 端或复位端（reset）。

（2）$\overline{R}_D=1$，$\overline{S}_D=0$。设触发器的初态为 0，即 $Q=0$，$\overline{Q}=1$。由于 $\overline{S}_D=0$，则 $Q=1$，并通过反馈线引至 G_2 门的输入端，按"全 1 出 0"，故 $\overline{Q}=0$。如果设触发器的初态为 1，通过分析可知触发器的次态仍为 1。因此，当 $\overline{R}_D=1$，$\overline{S}_D=0$ 时，不论触发器的初态是 1 还是 0，次态都为 1，这种情况称将触发器置 1 或置位。$\overline{S}_D$ 端称为触发器的置 1 端或置位端（Set）。

（3）$\overline{R}_D=1$，$\overline{S}_D=1$。设触发器的初态为 1，分析可知，$Q=1$，$\overline{Q}=0$；设触发器的初态为 0，分析可知 $Q=0$，$\overline{Q}=1$。因此，当 $\overline{R}_D=1$，$\overline{S}_D=1$ 时，触发器保持初态不变，即触

发器具有保持、记忆功能。

从以上三种情况的分析可知,对于由与非门构成的基本 RS 触发器,输入信号为低电平时有效,有效的含义是起作用,至于起什么作用,就看是哪一个输入信号有效。当 $\overline{R}_D=0$,$\overline{S}_D=1$ 时,是 $\overline{R}_D$ 有效;当 $\overline{R}_D=1$,$\overline{S}_D=0$ 时,是 $\overline{S}_D$ 有效;当 $\overline{R}_D=1$,$\overline{S}_D=1$ 时,两个输入信号都无效,电路就处于保持功能。前面提到过触发器有三个特点,其中第三个特点中所谓"有效信号消失"即指输入信号从有效变为无效,反映在与非门构成的基本 RS 触发器上,就是 $\overline{R}_D$ 或 $\overline{S}_D$ 由 0 变为 1。

(4) $\overline{R}_D=0$,$\overline{S}_D=0$。当 $\overline{R}_D=0$,$\overline{S}_D=0$ 时,两个与非门输出端 Q 和 $\overline{Q}$ 都为 1,对于这种输入情况应避免出现。主要有两个原因:首先,这违背了触发器输出端 Q 和 $\overline{Q}$ 的状态应该相反的逻辑要求;其次,当 $\overline{R}_D$ 和 $\overline{S}_D$ 的信号同时消失时(即 $\overline{R}_D$ 和 $\overline{S}_D$ 同时由 0 变为 1),由于 G_1、G_2 门的传输延迟时间的不确定,触发器的次态也不能确定。如果 G_1 门的传输延迟时间快于 G_2 门(这是由于门电路状态转换的时间不一致引起的),则 $Q=0$,$\overline{Q}=1$;反之,如果 G_2 门的传输延迟时间快于 G_1 门,则 $Q=1$,$\overline{Q}=0$。

由或非门构成的基本 RS 触发器分析方法同前,在此不再介绍。

3. 逻辑功能描述

触发器输出状态和输入信号之间的关系称为触发器的逻辑功能,描述触发器的逻辑功能通常有四种方法,即功能表法、特征方程法、状态转换图法和时序图法。

描述触发器逻辑功能的方法同样适用于更复杂的时序电路。这些方法与组合电路的逻辑功能描述方法是相似的,只是要考虑一些时序电路的特点以便区分。例如,组合电路中经常用到的真值表在这里称为功能表或逻辑状态表;组合电路中用逻辑函数式描述输入输出关系,在这里称为特性方程或特征方程。下面仍以基本 RS 触发器为例对上述描述方法逐一进行介绍。

(1) 功能表法。功能表(逻辑状态表)法是以表格的形式描述触发器的逻辑功能。

由与非门组成的基本 RS 触发器的功能表见表 13.1。

表 13.1　　　　　　　　　　**基本 RS 触发器的功能表**

$\overline{R}_D$	$\overline{S}_D$	Q_n	Q_{n+1}	功　　能
0	0	0 1	× ×	禁　用
0	1	0 1	0 0	置　0
1	0	0 1	1 1	置　1
1	1	0 1	0 1	保　持

(2) 特性方程法。特性方程(特征方程)法是以表达式的形式描述触发器的逻辑功能。

由功能表可知,$\overline{R}_D$、$\overline{S}_D$ 和 Q_n 作为逻辑关系的条件,而 Q_{n+1} 作为逻辑关系的结果,通过化简可得与非门构成的基本 RS 触发器的特性方程为

$$Q_{n+1} = S_D + \overline{R}_D Q_n$$

$$\overline{R}_D + \overline{S}_D = 1 \qquad \text{(约束条件)} \tag{13.1}$$

（3）状态转换图法。状态转换图（状态图）法是以图形的形式描述触发器状态转换的规律。

图 13.2 所示为与非门构成的基本 RS 触发器的状态转换图，0 和 1 是触发器的两个状态，箭头方向表示从初态到次态，弧线上是状态转换的条件，×表示任意状态，取 1 或 0 均可。

（4）时序图法。时序图法（波形图）法是以时序波形的形式描述触发器状态转换的过程。

根据与非门构成的基本 RS 触发器的逻辑关系可画出输出 Q 和 $\overline{Q}$ 的时序图，如图 13.3 所示。

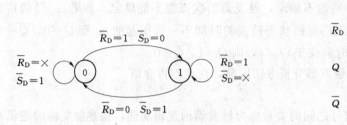

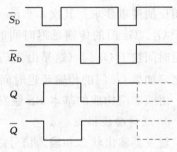

图 13.2 基本 RS 触发器的状态转换图　　　　　　图 13.3 波形图

4. 逻辑符号

图 13.1（b）所示为由与非门构成的基本 RS 触发器的逻辑符号。其中方框内的 R、S 分别表示复位和置位输入，方框外与 R、S 对应的端口命名为 $\overline{R}_D$、$\overline{S}_D$，"非"号以及框沿上的"。"表示输入端低电平有效，下标"D"表示直接（Direct）起作用。

13.1.2 同步触发器

对于基本 RS 触发器，当输入的信号一出现，其输出端的状态就发生变化。在有些情况下需要当输入的信号已经出现时，输出的状态也不发生变化，只有在一个时钟信号 CP（Clock Pulse）到来后，触发器输出端的状态才发生变化。这样的触发器按一定的时间节拍而动作，这种触发器称为时钟触发器或同步触发器，它有两种输入信号：时钟输入和数据输入。前者决定触发器的动作时刻，后者决定触发器的转换方向。

按逻辑功能，同步触发器可分为同步 RS 触发器、同步 JK 触发器、同步 D 触发器、同步 T 触发器等四种。

1. 同步 RS 触发器

（1）电路结构。图 13.4（a）所示为同步 RS 触发器的电路结构，它在基本 RS 触发器的基础上增加了两个与非门 G_3、G_4，另外还增加了 $\overline{S}_D$、$\overline{R}_D$、CP 三个控制端。由 G_3 和 G_4 组成的电路叫引导电路。R 和 S 是置 0 和置 1 信号输入端，高电平有效。

习惯上称 $\overline{R}_D$ 为强制置 0 端（强制复位端），$\overline{S}_D$ 为强制置 1 端（强制置位端），它们不经过 CP 的控制可以对基本触发器置 0 或置 1。常用于触发器的初始化。例如，在刚开始工作时，令 $\overline{S}_D = 0$、$\overline{R}_D = 1$ 可预先将触发器的状态设置为 1。工作过程中一般不使用 $\overline{S}_D$、

$\overline{R}_D$，它们均为 1（高电平），即 $\overline{S}_D = \overline{R}_D = 1$。值得注意的是：$\overline{S}_D = \overline{R}_D = 0$ 禁止使用。

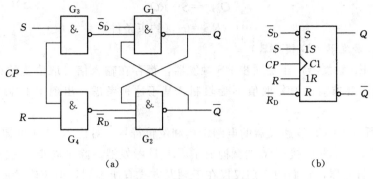

图 13.4　同步 RS 触发器

(a) 电路结构；(b) 逻辑符号

(2) 工作原理。下面分两种情况来分析该电路。

1) 当 $CP = 0$ 时，R、S 被"封锁"，G_3、G_4 的输出均为 1，即基本 RS 触发器的两个输入端均为 1，故基本 RS 触发器的输出 Q、$\overline{Q}$ 保持不变。可见，当 $CP = 0$ 时，同步 RS 触发器处于保持状态。

2) 当 $CP = 1$ 时，解除了对 R、S 的"封锁"，G_3 和 G_4 打开，R、S 分别经过 G_4 和 G_3 后变成了 $\overline{R'}$ 和 $\overline{S'}$，它们正是基本 RS 触发器的输入信号，故可以得到以下结论：

当 $R = 0$，$S = 1$ 时，则 $\overline{R'} = 1$，$\overline{S'} = 0$，它们是基本 RS 触发器的输入，故同步 RS 触发器的输出 $Q = 1$，$\overline{Q} = 0$。

当 $R = 1$，$S = 0$ 时，$\overline{R'} = 0$，$\overline{S'} = 1$，基本 RS 触发器置 0，故 $Q = 0$，$\overline{Q} = 1$。

当 $R = 0$，$S = 0$ 时，$\overline{R'} = 1$，$\overline{S'} = 1$，触发器的输出状态保持不变。

当 $R = 1$，$S = 1$ 时，$\overline{R'} = 0$，$\overline{S'} = 0$，应禁止使用。

同步 RS 触发器的逻辑符号如图 13.4（b）所示。为了表示时钟信号对输入 R 和 S 的这种控制作用，逻辑符号方框内的时钟端用控制字符 C 加标记序号 1 表示，置位端 S 前加标记序号 1 写成 1S，复位端写成 1R，表示它们是受 CP 控制的置位、复位端。方框外对应的端口命名为 R 和 S，表明该触发器输入信号是高电平有效。

(3) 逻辑功能描述。表 13.2 列出了同步 RS 触发器的功能表，需要强调的是，该表是在 $CP = 1$ 时建立起来的。

表 13.2　　　　　　　　　　　　　　　　　同步 RS 触发器的功能表

R	S	Q_n	Q_{n+1}	功　能
0	0	0 1	0 1	保　持
0	1	0 1	1 1	置　1
1	0	0 1	0 0	置　0
1	1	0 1	× ×	禁　用

由表 13.2，通过化简可得同步 RS 触发器的特性方程为

$$Q_{n+1} = S + \overline{R}Q_n$$
$$RS = 0 \quad （约束条件） \tag{13.2}$$

2. 同步 D 触发器（D 锁存器）

无论基本 RS 触发器，还是同步 RS 触发器，都存在输入信号取值受约束的情况。在很多应用场合，要求输入信号取值不受限制，基于这种考虑，出现了 D 触发器和 JK 触发器。

图 13.5 所示为同步 D 触发器的电路结构和逻辑符号。对比图 13.4 可知，同步 RS 触发器的 S 端经由一个非门接至 R 端就构成了同步 D 触发器。除了同步 D 触发器，后面还将介绍边沿 D 触发器，它们的区别仅仅在于触发方式有所不同，但逻辑功能一样。因此，在不考虑时钟信号的情况下，它们的特性方程、功能表以及状态转换图都是一样的。

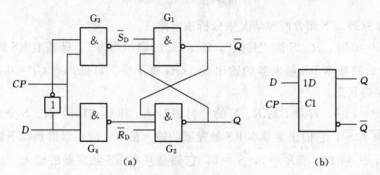

图 13.5　同步 D 触发器
(a) 电路结构；(b) 逻辑符号

将 $S = D$、$R = \overline{D}$ 代入同步 RS 触发器的特性方程，可得 D 触发器的特性方程为

$$Q_{n+1} = S + \overline{R}Q_n = D + \overline{\overline{D}}Q_n = D \tag{13.3}$$

表 13.3 为 D 触发器的功能表，图 13.6 所示为 D 触发器的状态转换图。

表 13.3　　　　　　　　　　　　　　　　D 触发器的功能表

D	Q_n	Q_{n+1}	功能说明
0	0	0	置 0
0	1	0	
1	0	1	置 1
1	1	1	

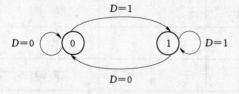

图 13.6　D 触发器的状态转换图

3. 同步触发器的空翻

同步触发器在时钟脉冲信号有效期间都能接收输入信号并影响触发器的状态，这种触发方式称为电平触发。显然，相对于直接触发方式，电平触发方式在一定程度上增强了可控性。但实际应用中经常要求在时钟信号有效期间触发器只动

作一次，电平触发方式显然满足不了这个要求。以图 13.7 所示同步 RS 触发器为例，在 $CP=1$ 期间，由于 R 和 S 的状态发生了多次变化，Q 的状态随之多次变化。这种在时钟脉冲信号有效期间，由于输入信号发生多次变化而导致触发器的状态发生多次翻转的现象叫做空翻。

空翻有可能造成电路系统的误动作，造成空翻现象的原因源于同步触发器自身的结构，下面将讨论的边沿触发器就是从结构上采取措施，从而克服了空翻现象。

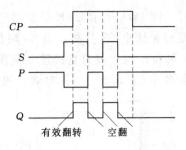

图 13.7　同步触发器空翻

13.1.3　边沿触发器

边沿触发器只在时钟脉冲 CP 的上升沿（或下降沿）时刻接收输入信号并触发，而其他时刻输入信号的变化对触发器状态没有影响，这种触发方式称为边沿触发。从触发方式的角度看，基本 RS 触发器在整个工作期间都可以触发；同步触发器在某些时间段（CP 有效期间）可以触发；而边沿触发器只在某些时刻（CP 的边沿）才可以触发；触发方式的改变带来的是可控性和可靠性的增强。

1. 边沿 JK 触发器

前面已经提到，RS 触发器存在输入信号取值受限的情况，JK 触发器是在 RS 触发器的基础上对电路（图略）进行改进，从而解决了这个问题。表 13.4 为 JK 触发器的功能表。

表 13.4　　　　　　　　　　　　　　JK 触发器的功能表

J	K	Q_n	Q_{n+1}	功　　能
0	0	0 1	0 1	保　持
0	1	0 1	0 0	置　0
1	0	0 1	1 1	置　1
1	1	0 1	1 0	计　数

根据表 13.4 进行化简可得 JK 触发器的特性方程为

$$Q_{n+1}=J\,\overline{Q_n}+\overline{K}Q_n \tag{13.4}$$

图 13.8 所示为 JK 触发器的状态转换图。

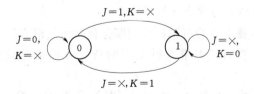

图 13.8　JK 触发器的状态转换图

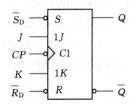

图 13.9　JK 触发器的逻辑符号

图 13.9 所示为 JK 触发器的逻辑符号，下降沿触发。从逻辑符号可知，J 端和 K 端受时钟脉冲 CP 控制，而 $\overline{S}_D$ 端和 $\overline{R}_D$ 端则不受 CP 控制，它们对触发器的控制级别要优于 J 端和 K 端，具有直接置 1 和直接置 0 的功能，称为异步置 1 端和异步置 0 端。图框中时钟脉冲 CP 端加 "＞" 号表示边沿触发，加 "。" 表示下降沿触发。

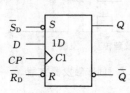

图 13.10　边沿 D 触发器的逻辑符号

2. 边沿 D 触发器

边沿 D 触发器和同步 D 触发器在逻辑功能上是相同的，二者之间的区别在于电路结构的不同所带来的触发方式的不同。图 13.10 所示为边沿 D 触发器的逻辑符号。

由逻辑符号可知，D 端受时钟脉冲 CP 控制，而 S_D 和 $\overline{R}_D$ 则不受 CP 控制，具有直接置 1 和直接置 0 的功能。时钟脉冲 CP 端不带 "。" 表示上升沿触发。

【例 13.1】　已知边沿触发器逻辑电路、输入信号和时钟脉冲的波形如图 13.11 所示，根据图 13.11（a）、（b）分别在图 13.11（c）、（d）上画出输出 Q 的波形图，设初始状态为 0。

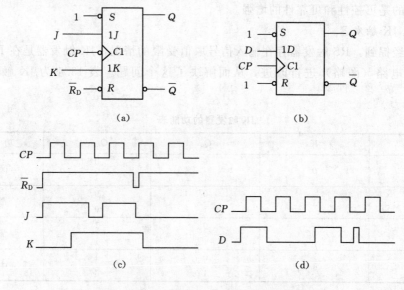

（a）　　　　　　　　　　　　　（b）

（c）　　　　　　　　　　　　　（d）

图 13.11　[例 13.1] 电路图和波形图

（a）JK 触发器逻辑电路图；（b）D 触发器逻辑电路图；（c）JK 触发器输入
信号和时钟的波形；（d）D 触发器输入信号和时钟的波形

【解】　应注意以下三点：

（1）先判断 $\overline{S}_D$ 和 $\overline{R}_D$ 是否有效，若有效，直接置 1 或置 0。

（2）当 $\overline{S}_D$ 端和 $\overline{R}_D$ 端无效时，再根据触发器的逻辑符号判断是何种触发沿有效。

（3）将触发沿到来的那一时刻输入端的状态带入触发器的特性方程求出触发器的状态。

图 13.11（a）所示的 $\overline{S}_D$ 由于接高电平 1 而无效，画波形图时注意考虑 $\overline{R}_D$ 端的置 0 作用；图 13.11（b）所示的 $\overline{S}_D$ 端和 $\overline{R}_D$ 端均接高电平而无效。输出 Q 的波形分别如图 13.12

（a）、（b）所示。

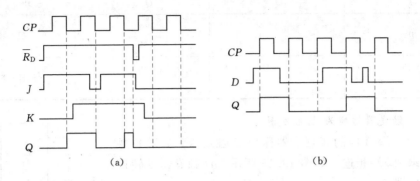

(a)　　　　　　　　　　　　(b)

图 13.12　［例 13.1］波形图

需要说明的是，每种类型的触发器有不同型号的集成芯片产品，例如，常见的边沿 JK 触发器就有 74109（上升沿双 JK 触发器，带置数端和清零端）、74112（下降沿双 JK 触发器，带置数端和清零端）等，使用时可以通过查阅器件手册了解。

13.1.4　触发器逻辑功能的转换

触发器之间可以互相转换。在实际中，常常将某种功能的触发器进行改接或添加一些门电路，转换成另一种触发器。

1. 将 JK 触发器转换为 D 触发器

在 JK 触发器的输入端 J、K 之间连接一个非门，即可实现 D 触发器，如图 13.13 所示。当 $D=1$，即 $J=1$、$K=0$ 时，在 CP 的下降沿触发器翻转为（或保持）1 态；当 $D=0$，即 $J=0$、$K=1$ 时，在 CP 的下降沿触发器翻转为（或保持）0 态。

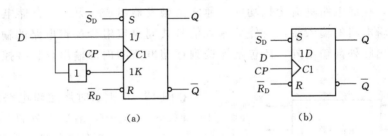

(a)　　　　　　　　　　　　(b)

图 13.13　将 JK 触发器转换为 D 触发器

（a）逻辑图；（b）逻辑符号

2. 将 JK 触发器转换为 T 触发器

将 JK 触发器的两个输入端 J、K 连接在一起并用 T 表示，就实现了 T 触发器，如图 13.14 所示。当 $T=0$ 时，则 $J=K=0$，时钟脉冲作用后触发器状态保持不变；当 $T=1$ 时，则 $J=K=1$，触发器具有计数逻辑功能，即 $Q_{n+1}=\overline{Q}_n$，其功能表见表 13.5。

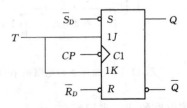

图 13.14　将 JK 触发器为 T 触发器

表 13.5　　　　　　　　　　　T 触 发 器 的 功 能 表

T	Q_n	Q_{n+1}	功　能
0	0 1	0 1	保　持
1	0 1	1 0	计　数

3. 将 D 触发器转换为 T′触发器

习惯上将 $T=1$ 时的 T 触发器称为 T′触发器。如果 D 触发器的 D 端和 $\overline{Q}$ 端相连，如图 13.15 所示，D 触发器就转换成了 T′触发器。

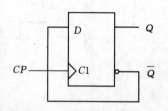

图 13.15　D 触发器就转换成了 T′触发器

T′触发器的逻辑功能是：每来一个 CP 时钟脉冲，Q 就取反，即 $Q_{n+1}=\overline{Q}_n$，触发器的输出状态 Q 发生翻转，且 Q 翻转的次数正是 CP 脉冲的个数。可见，T′触发器具有计数功能。

13.2　时序逻辑电路的分析

13.2.1　时序逻辑电路的基本概念

1. 时序逻辑电路的基本结构及特点

时序逻辑电路简称时序电路，图 13.16 所示为时序逻辑电路的结构图。与组合逻辑电路相比，时序逻辑电路有两大特点：第一，时序逻辑电路包括组合逻辑电路和存储电路两部分，存储电路具有记忆功能，通常由触发器组成；第二，存储电路的状态反馈到组合逻辑电路的输入端，与外部输入信号共同决定组合逻辑电路的输出。组合逻辑电路的输出除外部输出外，还包括连接到存储电路的内部输出，它将控制存储电路状态的转移。

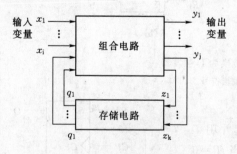

图 13.16　时序逻辑电路的结构图

在图 13.16 所示时序逻辑电路的结构框图中，$x(x_1, x_2, \cdots, x_i)$ 为外部输入信号；$q(q_1, q_2, \cdots, q_l)$ 为存储电路的状态输出，也是组合逻辑电路的内部输入；$y(y_1, y_2, \cdots, y_j)$ 为外部输出信号；$z(z_1, z_2, \cdots, z_k)$ 为存储电路的激励信号，也是组合逻辑电路的内部输出。在存储电路中，每一位输出 $q_i(i=1, 2, \cdots, l)$ 称为一个状态变量，l 个状态变量可以组成 2^l 个不同的状态。通常，时序逻辑电路的状态是由存储电路的状态来记忆和表示。

以上四组信号之间的逻辑关系可用以下三个方程组来描述

$$\begin{cases} y_1 = f_1(x_1, x_2, \cdots, x_i, \ q_1, q_2, \cdots, q_1) \\ y_2 = f_2(x_1, x_2, \cdots, x_i, \ q_1, q_2, \cdots, q_1) \\ \vdots \qquad\qquad \vdots \qquad\qquad \vdots \\ y_j = f_j(x_1, x_2, \cdots, x_i, \ q_1, q_2, \cdots, q_1) \end{cases} \tag{13.5}$$

$$\begin{cases} z_1 = g_1(x_1, x_2, \cdots, x_i, \ q_1, q_2, \cdots, q_1) \\ z_2 = g_2(x_1, x_2, \cdots, x_i, \ q_1, q_2, \cdots, q_1) \\ \vdots \qquad\qquad \vdots \qquad\qquad \vdots \\ z_k = g_k(x_1, x_2, \cdots, x_i, \ q_1, q_2, \cdots, q_1) \end{cases} \tag{13.6}$$

$$\begin{cases} q_1 = h_1(z_1, z_2, \cdots, z_k, \ q_1, q_2, \cdots, q_1) \\ q_2 = h_2(z_1, z_2, \cdots, z_k, \ q_1, q_2, \cdots, q_1) \\ \vdots \qquad\qquad \vdots \qquad\qquad \vdots \\ q_1 = h_1(z_1, z_2, \cdots, z_k, \ q_1, q_2, \cdots, q_1) \end{cases} \tag{13.7}$$

其中，式（13.5）表示输出变量的表达式称为输出方程；式（13.6）表示存储电路输入变量的表达式称为驱动方程（或激励方程）；式（13.7）表示电路次态的表达式称为状态方程。

应当指出的是，并不是任何一个时序逻辑电路都具有图 13.13 所示的完整结构。其中存储电路是必不可少的，而组合电路部分则随具体电路而定。许多实际的时序逻辑电路或者没有组合电路或者没有外部输入信号，但它们仍具有时序电路的基本特性。

2. 时序逻辑电路的分类

根据存储电路中触发器状态变化的特点，可以将时序电路分为两大类：同步时序逻辑电路（Synchronous Sequential Logic Circuit）和异步时序逻辑电路（Asynchronous Sequential Logic Circuit）。在同步时序电路中，所有触发器状态变化都在统一时钟脉冲到达时同时发生，即触发器状态的更新和时钟脉冲信号 CP 同步；而在异步时序电路中，没有统一的时钟脉冲，触发器状态变化由各自的时钟脉冲信号决定。

13.2.2 时序逻辑电路的分析

时序电路的种类很多，它们的逻辑功能各异，但只要掌握了基本分析方法，就能比较方便地分析出电路的逻辑功能。

1. 同步时序逻辑电路的分析

时序逻辑电路的分析是根据给定的逻辑电路图，确定其逻辑功能，即找出电路的状态及输出信号在输入信号和时钟信号作用下的变化规律，从而确定其功能。

方程在本节时序电路的分析中扮演重要角色，它实质上就是表达不同逻辑变量的等式。如本节用到的驱动方程、输出方程、时钟方程以及触发器的状态方程等。分析的一般步骤如下。

（1）写出三个方程式。

1）写出驱动方程及时钟方程。根据逻辑电路图，先写出各触发器的驱动方程。触发器的驱动方程是触发器输入变量的逻辑表达式。由于同步时序电路中，每个触发器的时钟端都接同一时钟脉冲 CP，因此无需写出时钟方程。但异步时序电路的结构与同步时序电路不同，异步时序电路需要另外写时钟方程，分析方法稍微复杂一些。

2）求状态方程。将得到的驱动方程代入触发器的特性方程中，得出每个触发器的状态方程。状态方程实际上是依据触发器的不同连接，将触发器的特性方程具体化。它反映了触发器次态与初态及外部输入之间的逻辑关系。

3）写出输出方程。输出方程表达了电路的外部输出与触发器初态及外部输入之间的逻辑关系。需要特别注意的是输出 y 仅与触发器的初态 Q_n 有关。

（2）列出状态转换表，画出状态转换图和输出波形图。三个方程能够完全描述时序电路的逻辑功能，但电路状态的转换过程不能直观地得到反映，因此常用状态转换表、状态转换图和输出波形图来表示电路的逻辑功能。

1）状态转换表。状态转换表与功能表基本相同，只不过输入变量是外部输入和各触发器的初态，输出变量是外部输出及各触发器的次态。将电路初态的各种取值代入状态方程和输出方程中进行计算，求出相应的次态，从而列出状态转换表，即用列表的方式来描述时序电路输出 y、次态 Q_{n+1} 和外部输入 x、初态 Q_n 之间的逻辑关系。如初态的起始值已给定时，则从给定值开始计算；如没有给定时，则可设定一个初态起始值依次进行计算。

2）画出状态转换图。由状态转换表可以画出状态转换图。在状态转换图中以小圆圈表示电路的各个状态。以箭头表示状态转移的方向，箭头旁注明当前状态时的输入变量 x 和输出变量 y 的值，标明转换的输入条件和相应的电路输出，常以 x/y 的形式来表示。

3）时序图。由状态转换表或状态转换图可以画出时序图，即工作波形图，它以波形的形式描述时序电路的状态 Q、输出 y 随输入信号 x 及时钟脉冲 CP 的变化规律。

（3）说明逻辑功能。根据状态转换表、状态转换图或时序图，通过分析，即可获得电路的逻辑功能。需要指出的是状态转换表、状态转换图及时序图均可体现时序电路的状态转换过程，且可互相转化。将它们一并列出是为了便于初学者对它们有个初步的认识与比较，而在时序电路实际分析中通常只画状态转换图即可。具体画法就是先假定一个初态值（通常取 000，$n=3$ 时），然后代入状态方程和输出方程，得到各个触发器的状态值，即得下一个状态。以此类推，直至出现循环为止。

【例 13.2】 电路如图 13.17 所示，列出状态表，画出状态图，分析逻辑功能。

【解】 图 13.17 所示电路只含有一个下降沿触发的边沿 JK 触发器，没有组合电路的输入和输出信号，是最简单的时序逻辑电路。

（1）写出各类方程。

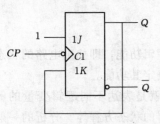

图 13.17　[例 13.2] 电路图

时钟方程：只有一个触发器，可省略不写。

驱动方程：$J=1$，$K=Q_n$。

将驱动方程代入 JK 触发器的特性方程 $Q_{n+1}=J\overline{Q}_n+\overline{K}Q_n$，得到状态方程 $Q_{n+1}=\overline{Q}_n$。

（2）根据状态方程得到状态转换表，见表 13.6，并画出状态转换图，如图 13.18 所示。

表 13.6　　　　　　　　　　　　[例 13.2] 电路状态转换表

Q_n	Q_{n+1}	功能说明
0	1	翻转
1	0	

图 13.18　状态转换图

（3）逻辑功能分析。每收到一个 CP 脉冲，触发器的输出状态就改变一次，电路具有翻转（计数）功能。

对于含有多个触发器的时序逻辑电路，分析过程与简单时序逻辑电路基本类似，下面从同步时序电路和异步时序电路的角度分别加以介绍。

【例 13.3】　试分析图 13.19 所示时序逻辑电路，列出状态表，画出状态图和 Q_1、Q_0 的波形图。设触发器的初始状态均为 0。

【解】　图 13.19 所示电路含有两个下降沿触发的边沿 JK 触发器，由同一个 CP 提供时钟信号，属于同步时序逻辑电路。Y 是输出信号。

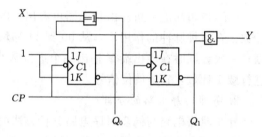

图 13.19　[例 13.3] 电路图

（1）写出各方程。

时钟方程　$CP_0 = CP_1 = CP$（同步时序逻辑电路时钟相同，可省略不写）

驱动方程　$J_0 = K_0 = 1$

$J_1 = K_1 = X \oplus Q_0$（为简化书写，略去 n）

将驱动方程代入 JK 触发器的特性方程 $Q_{n+1} = J\overline{Q} + \overline{K}Q$，得状态方程

$$Q_{0(n+1)} = \overline{Q}_0$$

$$Q_{1(n+1)} = X \oplus Q_0 \oplus Q_1$$

输出方程　　　　　　　　　$Y = Q_1 Q_0$

（2）将 $Q_1 Q_0$ 的四种状态带入状态方程，可得状态表，见表 13.7。

表 13.7　　　　　　　　　　　　[例 13.3] 状态表

现　态		输　入	次　态		输　出
X	$Q_{1(n)}$	$Q_{0(n)}$	$Q_{1(n+1)}$	$Q_{0(n+1)}$	Y
0	0	0	0	1	0
0	0	1	1	0	0
0	1	0	1	1	0
0	1	1	0	0	1
1	0	0	1	1	0
1	0	1	0	0	0
1	1	0	0	1	0
1	1	1	1	0	1

（3）根据状态转换表画出状态转换图及时序图，如图 13.20 所示。

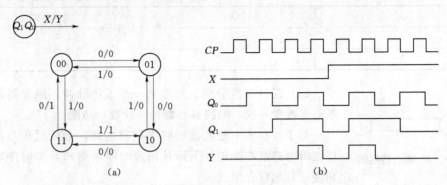

图 13.20　［例 13.3］状态转换图及时序图

(a) 状态转换图；(b) 时序图

（4）逻辑功能分析。由状态图可看出此电路是一个可控计数器。当 $X=0$ 时进行加法计数，在时钟脉冲的作用下，从 00 到 11 递增，每经过四个时钟脉冲作用后，电路的状态循环一次。同时在输出端 Y 输出一个进位脉冲，因此，Y 是进位信号。当 $X=1$ 时，电路进行减 1 计数，Y 是借位信号。

2. 异步时序电路的分析

异步时序电路与同步时序电路分析方法的共同之处在于，在异步时序电路中，同样可以先求出三个方程，而后做出状态转换表等。不过，需要特别注意的是，在异步时序电路中，每个触发器没有使用相同的时钟信号，而触发器翻转的必要条件是时钟端加合适的 CP 信号。所以状态方程所表示的触发器的逻辑功能不是在每一个 CP 到来时都成立，而只是在触发器各自的时钟信号到来时，状态方程才能成立。为了体现这一点，异步时序电路的状态方程中要将时钟信号作为一个逻辑条件，写在状态方程末尾，用（CP_i）来表示在 CP_i 适当边沿状态方程成立。下面通过例子介绍异步时序电路的分析方法。

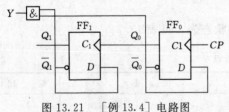

图 13.21　［例 13.4］电路图

【例 13.4】　试分析图 13.21 所示时序电路的逻辑功能。设触发器的初始状态均为 0。

【解】　电路含有两个上升沿触发的边沿 D 触发器，属于异步时序电路，要特别注意状态的变化与时钟一一对应的关系。Y 是输出信号。

（1）写出各方程。

时钟方程　$CP_0=CP$（时钟脉冲上升沿触发）

$CP_1=Q_0$（当 FF$_0$ 的 Q_0 由 0→1 时，相当于为 FF$_1$ 提供了上升沿）

驱动方程　$D_0=\overline{Q}_0$

$D_1=\overline{Q}_1$

将各驱动方程代入 D 触发器的特性方程，得各触发器的状态方程

$$Q_{0(n+1)}=D_0=\overline{Q}_0（CP 由 0→1 时此方程式有效）$$

$$Q_{1(n+1)}=D_1=\overline{Q}_1（Q_0 由 0→1 时此方程式有效）$$

输出方程 $Y=\overline{Q}_1\,\overline{Q}_0$

（2）将 $\overline{Q}_1\,\overline{Q}_0$ 的四种状态带入状态方程，可得状态表，见表 13.8。

表 13.8　　　　　　　　［例 13.4］**电路状态转换表**

时钟脉冲		现　态		次　态		输　出
CP_1	CP_2	$Q_{0(n)}$	$Q_{1(n)}$	$Q_{1(n+1)}$	$Q_{0(n+1)}$	Y
↑	↑	0	0	1	1	1
↓	↑	0	1	0	0	0
↑	↑	1	0	0	1	0
↓	↑	1	1	1	0	0

（3）根据状态转换表可得状态转换图和时序图，如图 13.22 所示。

（4）逻辑功能分析。由状态转换表和状态图可知，$\overline{Q}_1\,\overline{Q}_0$ 按照递减 1 的规律从 $00\rightarrow11\rightarrow10\rightarrow01\rightarrow00$ 循环变化，所以该电路是一个异步四进制减法计数器，Y 是借位输出信号。

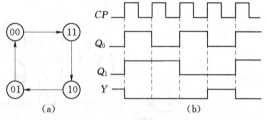

图 13.22　［例 13.4］状态转换图及时序图
（a）状态转换图；（b）时序图

13.3　寄　存　器

具有接收和寄存二进制数码的电路称为寄存器（Register）。寄存器是数字系统中常见的主要部件，它由两个部分组成：一个部分为具有记忆功能的触发器；另一个部分是由门电路组成的控制电路。按照功能的不同，可将寄存器分为数码寄存器和移位寄存器两大类。数码寄存器只能并行输入，并行输出。移位寄存器中的数据可以在移位脉冲作用下逐位右移或左移，数据既可以并行输入、并行输出，也可以串行输入、串行输出，还可以并行输入、串行输出，串行输入、并行输出，十分灵活，用途很广。

寄存器是利用触发器置 0、置 1 和不变的功能，把 0 和 1 数码存入触发器中，以 Q 端的状态代表存入的数码，例如，存入 1，$Q=1$；存入 0，$Q=0$。每个触发器能存放一位二进制码，存放 n 位二进制数码，就应具有 n 个触发器。控制电路的作用是保证寄存器能正常存放数码。

13.3.1　数码寄存器

数码寄存器只有寄存二进制数码和清除原有数码的功能。在接收指令（在计算机中称为写指令）控制下，将数据送入寄存器存放；需要时可在输出指令（读出指令）控制下，将数据由寄存器输出。图 13.23 所示为四位集成数码寄存器 74LS175 的逻辑图、逻辑符号和引脚图。由图 13.23 所示的逻辑图可知，四个 D 触发器共用一个时钟信号，是同步时序逻辑电路。$\overline{CR}$ 是异步清零控制端。当 $\overline{CR}=0$ 时，电路完成异步清零，$Q_3Q_2Q_1Q_0=0000$；当 $\overline{CR}=1$ 时，如果时钟脉冲 CP 上升沿到来，无论寄存器中原来的内容是什么，加

在并行数据输入端 $D_3 D_2 D_1 D_0$ 的数据 $d_3 d_2 d_1 d_0$ 就立即被送入寄存器中，即 $Q_3 Q_2 Q_1 Q_0 = d_3 d_2 d_1 d_0$；其他情况下，寄存器内容将保持不变。74LS175 的功能表见表 13.9。

表 13.9　　　　　　　　　　　　　　**74LS175 的功能表**

$\overline{CR}$	$\overline{CP}$	D_3	D_2	D_1	D_0	$Q_{3(n+1)}$	$Q_{2(n+1)}$	$Q_{1(n+1)}$	$Q_{0(n+1)}$	工作模式
0	×	×	×	×	×	0	0	0	0	异步清零
1	↑	d_3	d_2	d_1	d_0	d_3	d_2	d_1	d_0	寄存
1	1	×	×	×	×	$Q_{3(n)}$	$Q_{2(n)}$	$Q_{1(n)}$	$Q_{0(n)}$	保持
1	0	×	×	×	×	$Q_{3(n)}$	$Q_{2(n)}$	$Q_{1(n)}$	$Q_{0(n)}$	保持

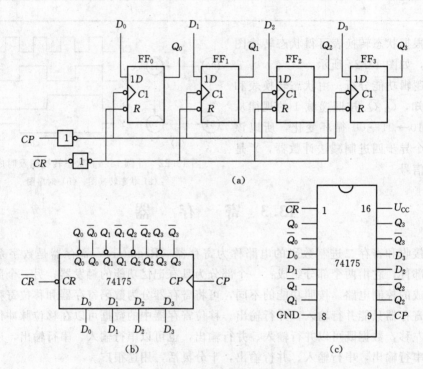

图 13.23　四位集成数码寄存器 74LS175

(a) 逻辑图；(b) 逻辑符号；(c) 引脚图

13.3.2　移位寄存器

移位寄存器（Shift Register）不仅可存放数码，而且在移位脉冲作用下，寄存器中的数码可根据需要向左或向右移位，它在计算机中应用广泛。移位寄存器分为单向移位寄存器（左移或右移）和双向移位寄存器。

1. 单向移位寄存器

图 13.24 所示电路是由四个边沿 D 触发器组成的四位右移移位寄存器。其中第一个触发器 FF_0 的输入端接收输入信号，其余的每个触发器输入端均与前触发器的 Q 端相连。

因为从 CP 上升沿到达开始到输出端新状态的建立需要经过一段传输延迟时间，所以当 CP 的上升沿同时作用于所有的触发器时，它们输入端（D 端）的状态还没有改变。于

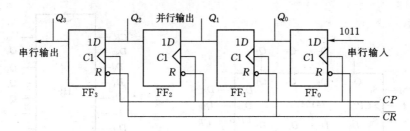

图 13.24　D 触发器构成的移位寄存器

是 FF_1 按 Q_0 原来的状态翻转，FF_2 按 Q_1 原来的状态翻转，FF_3 按 Q_2 原来的状态翻转。同时，加到寄存器输入端 D 的代码存入 FF_0。总的效果相当于移位寄存器里的原有代码依次右移一位。

　　例如，寄存的二进制数为 1011，按移位脉冲（即时钟脉冲）的工作节拍从高位到低位依次串行送到 D_{SR} 端。工作之初先清零，$Q_0Q_1Q_2Q_3=0000$，那么在移位脉冲的作用下，移位寄存器里数码的移位情况见表 13.10。

表 13. 10　　　　　　　　　　　　　　移位寄存器的功能表

CP 的顺序	输入 D_{SR}	寄存器中的数码				移位过程
		Q_0	Q_1	Q_2	Q_3	
0	0	0	0	0	0	清　零
1	1	1	0	0	0	右移 1 位
2	0	0	1	0	0	右移 2 位
3	1	1	0	1	0	右移 3 位
4	1	1	1	0	1	右移 4 位

　　可以看到，经过四个 CP 信号以后，串行输入的四位代码全部移入了移位寄存器中，同时在四个触发器的输出端得到了并行输出的数码。这种输入输出方式称为串行输入—并行输出方式。因此，利用移位寄存器可以实现数码的串行—并行转换。如果继续加入四个时钟脉冲，移位寄存器中的四位数码就依次从串行输出端送出。数据从串行输入端送入，从串行输出端送出的工作方式称作串行输入—串行输出方式。

　　2. 双向移位寄存器

　　图 13.25 所示为 74LS194 型四位双向移位寄存器的逻辑符号和引脚图。各引脚的功能如下：

　　1 为数据清零端 $\overline{CR}$，低电平有效。

　　3～6 为并行数据输入端 $D_3～D_0$。

　　12～15 为数据输出端 $Q_0～Q_3$。

　　2 为右移串行数据输入端 D_{SR}。

　　7 为左移串行数据输入端 D_{SL}。

　　9，10 为工作方式控制端 S_0，S_1，当 $S_1=S_0=1$ 时，数据并行输入；当 $S_1=0$，$S_0=1$ 时，右移数据输入；当 $S_1=1$，$S_0=0$ 时，左移数据输入；当 $S_1=S_0=0$ 时，寄存器处于保持状态。

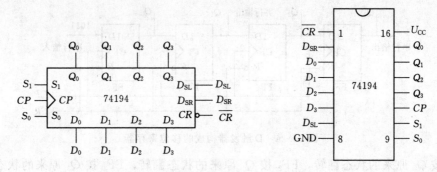

图 13.25　74LS194 型双向移位寄存器

11 为时钟脉冲输入端 CP，上升沿有效（$CP\uparrow$）。

表 13.11 为 74LS194 型移位寄存器的功能表。

表 13.11　　　　　　　　　　　　　　74LS194 型移位寄存器的功能表

输　　入										输　　出				工作模式
清零	时钟	控　制		串行输入		并行输入								
$\overline{CR}$	CP	S_1	S_0	D_{SL}	D_{SR}	D_3	D_2	D_1	D_0	Q_3	Q_2	Q_1	Q_0	
0	×	×	×	×	×	×	×	×	×	0	0	0	0	异步清零
1	×	0	0	×	×	×	×	×	×	Q_{3n}	Q_{2n}	Q_{1n}	Q_{0n}	保持
1	↑	0	1	×	1	×	×	×	×	Q_{2n}	Q_{1n}	Q_{0n}	1	* 右移，D_{SR} 为串行输
1	↑	0	1	×	0	×	×	×	×	Q_{2n}	Q_{1n}	Q_{0n}	0	入，Q_3 为串行输出
1	↑	1	0	1	×	×	×	×	×	1	Q_{3n}	Q_{2n}	Q_{1n}	* 左移，D_{SL} 为串行输
1	↑	1	0	0	×	×	×	×	×	0	Q_{3n}	Q_{2n}	Q_{1n}	入，Q_0 为串行输出
1	↑	1	1	×	×	d_3	d_2	d_1	d_0	d_3	d_2	d_1	d_0	并行置数

注　右移和左移仅仅是用于区分 74LS194 两种串行移位方式而人为给出的说法，并无实质性"右"和"左"的含义。

从表 13.11 可知，74LS194 型移位寄存器具有清零、并行输入、串行输入、数据右移和左移等功能。

13.3.3　寄存器应用举例

利用移位寄存器的移位功能，再通过特定的反馈电路，将一个反馈信号送到串行输入端，则可实现特定的序列信号。序列信号的长度和状态与移位寄存器的位数及反馈电路的逻辑功能有关。图 13.26（a）所示为利用 74LS194 实现的序列信号产生电路，输出 Q_0 接到 D_{SL} 端构成了反馈电路。先将开关 S 拨向 1，由于 $S_1 S_0 = 11$，在 CP 的作用下，实现并行置数操作，$Q_3 Q_2 Q_1 Q_0 = 1000$；然后将开关 S 拨向 0，由于 $S_1 S_0 = 10$，在 CP 的作用下，实现左移操作。分析可知，$Q_3 Q_2 Q_1 Q_0$ 的状态变化过程是 $1000 \rightarrow 0100 \rightarrow 0010 \rightarrow 0001 \rightarrow 1000$，周而复始，波形图如图 13.26（b）所示。

如果将 $Q_3 Q_2 Q_1 Q_0$ 分别接上四个发光二极管，就是一个很简单的彩灯变化电路。通过多个移位寄存器的级联，并设计相应的反馈电路，则可实现更复杂的序列信号发生电路。

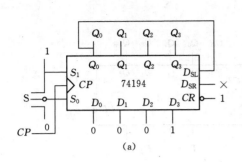
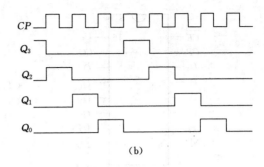

图 13.26 74LS194 构成的序列信号发生电路

13.4 计 数 器

用来统计输入脉冲个数的电路称为计数器（Counter）。计数器除了可以用来计数外，还可以用于定时、分频、产生节拍脉冲及进行数字运算等。几乎每一种数字设备中都有计数器。

计数器种类很多，按所用器件的不同可分为 TTL 型和 CMOS 型。按计数制的不同可分为二进制计数器、十进制计数器和 N 进制计数器。按二进制运算规律进行计数的电路称作二进制计数器；按十进制运算规律进行计数的电路称作十进制计数器；二进制计数器和十进制计数器之外的其他进制计数器统称为 N 进制计数器。根据计数的增减趋势，又分为加法计数器、减法计数器和可逆计数器等。随着计数脉冲的输入作递增计数的电路叫加法计数器，作递减计数的电路叫减法计数器，而可增可减的电路则称为可逆计数器，又称加/减计数器。根据计数器中触发器翻转的次序，可分为同步计数器和异步计数器。计数脉冲同时加到所有触发器的时钟信号输入端，使应翻转的触发器同时翻转的计数器，称作同步计数器；计数脉冲只加到部分触发器的时钟脉冲输入端上，而其他触发器的触发信号则由电路内部提供，应翻转的触发器状态更新有先有后的计数器，称作异步计数器。目前，无论是 TTL 还是 CMOS 集成电路，都有品种较齐全的中规模集成计数器。

13.4.1 二进制计数器

74LS161 是常用的集成同步四位二进制加法计数器，其引脚图和逻辑符号分别如图 13.27 （a）、（b）所示。

各引脚的功能是：

1 为清零端 $\overline{CR}$，低电平有效。

2 为时钟脉冲输入端 CP，上升沿有效（$CP\uparrow$）。

3~6 为数据输入端 $D_0 \sim D_3$，是预置数，可预置任何一个四位二进制数。

7、10 为计数控制端 CT_P、CT_T，当两者或其中之一为低电平时，计数器保持原态；当两者均为高电平时，计数；即高电平有效。

9 为同步并行置数控制端 $\overline{LD}$，低电平有效。

11~14 为计数输出端 $Q_3 \sim Q_0$。

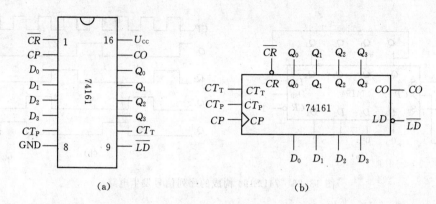

(a)　　　　　　　　　　　　(b)

图 13.27　74LS161 型四位同步二进制计数器
(a) 引脚排列图；(b) 逻辑符号图

15 为进位输出端 CO，高电平有效。

表 13.12 是 74LS161 型四位同步二进制计数器的功能表。

表 13.12　　　　　　　　　74LS161 型同步二进制计数器的功能表

清零	时钟	预置	使能		输入				输出			
$\overline{CR}$	CP	$\overline{LD}$	CT_P	CT_T	D_3	D_2	D_1	D_0	Q_3	Q_2	Q_1	Q_0
0	×	×	×	×	×	×	×	×	0	0	0	0
1	↑	0	×	×	d_3	d_2	d_1	d_0	d_3	d_2	d_1	d_0
1	↑	1	1	1	×	×	×	×	计数			
1	×	1	0	×	×	×	×	×	保持			
1	×	1	×	0	×	×	×	×	保持			

从表 13.12 可看出，74LS161 可以实现：

(1) 异步清零。当 $\overline{CR}=0$ 时，计数器处于异步清零工作方式，这时，不管其他输入端的状态如何，计数器输出将被直接置 0。由于清零信号不受时钟信号控制，所以称为异步清零。

(2) 同步并行置数。当 $\overline{CR}=1$，$\overline{LD}=0$ 时，计数器处于同步并行置数工作方式，在时钟脉冲 CP 的上升沿，D_3、D_2、D_1、D_0 输入端的数据将被 Q_3、Q_2、Q_1、Q_0 所接收。由于置数操作要与 CP 上升沿同步，且 $D_0 \sim D_3$ 的数据同时置入计数器，所以称为同步并行置数。

(3) 计数。当 $\overline{CR}=\overline{LD}=CT_P=CT_T=1$ 时，处于计数工作方式下，在时钟脉冲 CP 的上升沿，实现四位二进制计数器的计数功能，计数过程有 16 个状态，当计数状态为 $Q_3Q_2Q_1Q_0=1111$ 时，进位输出 $CO=1$。

(4) 保持。当 $\overline{CR}=\overline{LD}=1$，$CT_P=CT_T=0$ 时，计数器处于保持工作方式，不管有无 CP 脉冲作用，计数器都保持原有状态不变，即停止计数。此时，如果 $CT_P=0$，$CT_T=1$，进位输出 CO 也保持不变；如果 $CT_T=0$，不管 CT_P 状态如何，进位输出 $CO=0$。

13.4.2 十进制计数器

二进制计数器结构简单，但是读数不习惯，所以在有些场合采用十进制计数器较为方便。十进制计数器是在二进制计数器的基础上得出的，用四位二进制数来代表十进制的每一位数，所以也称为二—十进制计数器。

74LS160 型是常用的同步十进制计数器，它的引脚排列图和功能表与上述的 74LS161 型同步二进制计数器完全相同。

图 13.28 所示为 74LS290 型异步二—五—十进制计数器的引脚图和逻辑符号。$R_{0(1)}$ 和 $R_{0(2)}$ 是清零输入端，由表 13.13 的功能表可见，当两端全为 1 时，计数器输出全为零；$S_{9(1)}$ 和 $S_{9(2)}$ 是置"9"输入端，同样，由功能表可见，当两端全为 1 时，$Q_3 Q_2 Q_1 Q_0 = 1001$，即表示十进制数 9。清零时，$S_{9(1)}$ 和 $S_{9(2)}$ 中至少有一端为 0，不使置 1，以保证清零可靠进行。它有两个时钟脉冲输入端 CP_0 和 CP_1。

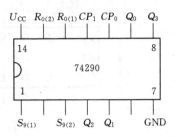

图 13.28 74290 型计数器的
引脚排列图

表 13.13 74LS290 型计数器的功能表

$R_{0(1)}$	$R_{0(2)}$	$S_{9(1)}$	$S_{9(2)}$	Q_3	Q_2	Q_1	Q_0
1	1	0	×	0	0	0	0
		×	0				
×	×	1	1	1	0	0	1
×	×	×	0	计数			
0	×	0	×	计数			
0	×	×	0	计数			
×	0	0	×	计数			

13.4.3 任意进制计数器

目前常用的计数器主要是二进制和十进制，当需要任意一种进制的计数器时，只能将现有的计数器改接而得。通常有清零法（也称复位法）和置数法两种方法，使用这些方法时首先要深入理解集成计数器的功能表，尤其是控制端的控制条件。下面介绍两种改接方法。

1. 清零法

清零法利用反馈电路产生一个控制信号送到集成计数器的清零端，使计数器各输出端清零，从而达到实现任意进制计数器的目的。清零法可得出小于原进制的多种进制的计数器。

【例 13.5】 试用 74LS161 构成九进制计数器。

【解】 74LS161 固有的计数状态进程是 $Q_3 Q_2 Q_1 Q_0$ 从某个初始状态（分析问题时往往将初始状态设为 0000）经过 16 个脉冲又回到该状态。本例要求利用异步清零端（注意：

异步清零不需要时钟脉冲信号的配合）构成九进制计数器，故电路在经过 9 个脉冲应回到 0000。当 $Q_3 Q_2 Q_1 Q_0 = 1001$ 时，使 $\overline{CR} = 0$，强迫清零，故 $\overline{CR} = \overline{Q_3 \, \overline{Q_2} \, \overline{Q_1} \, Q_0} = \overline{Q_3 Q_0}$，逻辑图及状态转换图如图 13.29（a）、（b）所示。

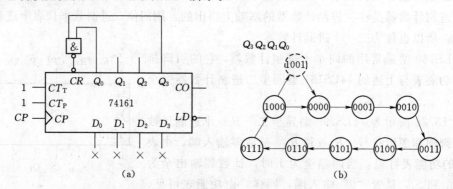

（a）　　　　　　　　　　　　　　　　（b）

图 13.29　［例 13.5］图

（a）逻辑图；（b）状态转换图

【例 13.6】　试用 74LS290 构成六进制和九进制计数器。

【解】　用 74LS290 构成六进制。首先把 Q_0 与 CP_1 相连，计数脉冲由 CP_0 输入，把 74LS290 接成十进制计数器；$S_{9(1)}$、$S_{9(2)}$ 不起作用，直接接地，连线如图 13.30 所示。从初始状态 0000 开始计数，来五个脉冲 CP_0 后，$Q_3 Q_2 Q_1 Q_0$ 变为 0101。当第六个脉冲来到后，$Q_3 Q_2 Q_1 Q_0 = 0110$，此时，强迫清零，0110 这一状态转瞬即逝，显示不出，立即回到 0000。由 74LS290 功能表可知，$R_{0(1)} = R_{0(2)} = 1$ 时清零，因此 Q_2 和 Q_1 端分别接到 $R_{0(1)}$ 和 $R_{0(2)}$ 清零端，立即使计数器清零，重新开始新一轮计数。它经过六个脉冲循环一次故为六进制计数器。

同理，图 13.31 所示为九进制计数器的逻辑电路图。

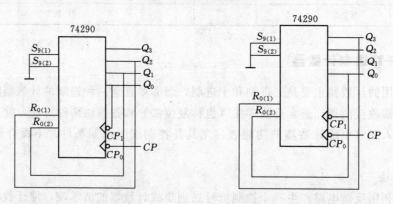

图 13.30　六进制计数器　　　　　图 13.31　九进制计数器

【例 13.7】　数字钟表中的分、秒计数器都是六十进制，试用两片 74LS290 型二—五—十进制计数器构成六十进制电路。

【解】　六十进制计数器由两位组成，个位（1）为十进制，十位（2）为六进制，电路连接如图 13.32 所示。个位的最高位 Q_3 连到十位的 CP_0 端。

个位十进制计数器经过十个脉冲循环一次，每当第十个脉冲来到时，由 1 变为 0，相当于一个下降沿，使十位六进制计数器计数。个位计数器经过第一次十个脉冲，十位计数器计数为 0001；经过 20 个脉冲，计数为 0010；以此类推，经过 60 个脉冲，计数为 0110。接着，立即清零，个位和十位计数器都恢复为 0000。这就是六十进制计数器。

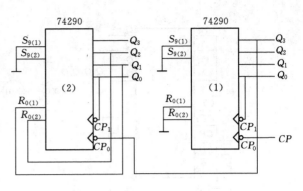

图 13.32 ［例 13.7］图

图 13.33 所示为用两片 74LS290 构成 36 进制 8421 码计数器，自行分析其原理。

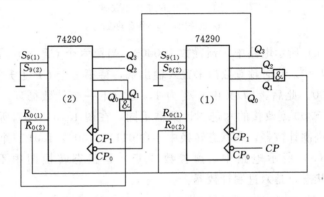

图 13.33 用两片 74LS290 构成三十六进制计数器电路

2. 置数法

置数法是利用反馈电路产生一个控制信号给集成计数器的置数端，使计数器输出端状态等于预置数据，从而达到实现任意进制计数器的目的，此法适用于某些有并行预置数的计数器。图 13.34 所示为七进制计数器，图 13.35 所示为六进制计数器，两者均由 74LS160 型同步十进制计数器改接而得。

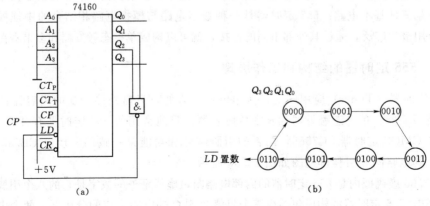

(a)　　　　　　　　　　　　　　(b)

图 13.34 七进制计数器
(a) 电路图；(b) 状态转换图

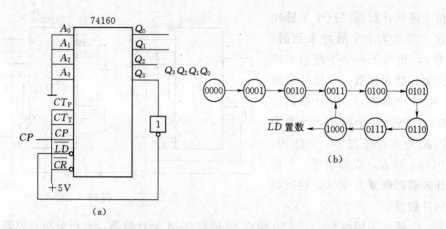

图 13.35 六进制计数器

(a) 电路图;(b) 状态转换图

在图 13.34(a)所示电路中,预置数为 0000。当第六个 CP 上升沿来到时,输出状态为 0110,使 $\overline{LD}=0$。此时预置数尚未置入输出端,待第七个 CP 上升沿来到时才置入,输出状态变为 0000。此后,$\overline{LD}$ 又由 0 变为 1,进行下一个计数循环。可见,这点和图 13.30 所示由 74LS290 型改接的六进制计数器不同,在图 13.34(b)所示状态转换图中含有 0110,是七进制计数器,在状态转换中不含 0111,1000,1001 三个状态。

在图 13.35(a)所示电路中,预置数 0011,其状态转换图中不含 1001,0000,0001,0010 四个状态,是六进制计数器。

13.5　555 定时器及其应用

在数字电路中,常常需要各种矩形脉冲波形,如在前面介绍的触发器、寄存器、计数器电路中用到的时钟信号 CP 以及在一些控制电路中经常用到定时信号等。通常有两种方法可以获得这些脉冲信号:一种是利用脉冲信号发生器直接产生;另一种是通过各种整形电路对已有的信号进行变换得到。在波形的产生与整形电路中,多谐振荡器、单稳态触发器和施密特触发器是三种基本电路。555 定时器是一种数字电路与模拟电路相结合的中规模集成电路,其应用极为广泛,通过其外部不同的连接,就可以构成单稳态触发器和多谐振荡器。

13.5.1　555 定时器的结构和工作原理

555 定时器(Timer)应用广泛,使用灵活、方便,只需外接少量的阻容元件就可以构成多谐振荡器、单稳态触发器和施密特触发器。目前常用的 555 定时器有 TTL 定时器 CB555 和 CMOS 定时器 CC7555,两者的引脚编号和功能是一致的。现以 CB555 为例进行分析,其电路图和引脚排列图如图 13.36 所示。

图 13.36 虚线框内是 555 定时器的内部电路图,虚线框外的数字是它的八个引脚。从图 13.36 可知,555 定时器的构成包括由三个阻值为 $5k\Omega$ 的电阻组成的分压器,两个电压比较器 C_1 和 C_2,以及基本 RS 触发器和放电晶体管 VT。当引脚 5 电压控制端悬空时,比较器

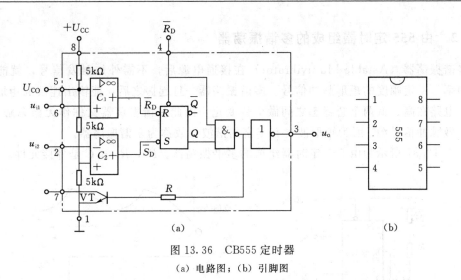

图 13.36　CB555 定时器

(a) 电路图；(b) 引脚图

C_1 的同相端电压值为 $\frac{2}{3}U_{CC}$，比较器 C_2 的反相端电压值为 $\frac{1}{3}U_{CC}$。各引脚的功能如下：

2 为低电平触发端。当输入电压 u_{i2} 高于 $\frac{1}{3}U_{CC}$ 时，C_2 的输出为 1；当输入电压低于 $\frac{1}{3}U_{CC}$ 时，C_2 的输出为 0，使基本 RS 触发器置 1。

6 为高电平触发端。当输入电压 u_{i1} 低于 $\frac{2}{3}U_{CC}$ 时，C_1 的输出为 1；当输入电压高于 $\frac{2}{3}U_{CC}$ 时，C_1 的输出为 0，使触发器置 0。

4 为复位端。由此输入负脉冲（或使其电位低于 0.7V）而使触发器直接复位（置 0）。

5 为电压控制端。在此端可外加一电压以改变比较器的参考电压。不用时，经 0.01μF 的电容接"地"，以防止干扰的引入。

7 为放电端。当与门的输出端为 1 时，放电晶体管 VT 导通，外接电容元件通过 VT 放电。

3 为输出端。输出电流可达 200mA，由此可直接驱动继电器、发光二极管、扬声器、指示灯等。输出高电压约低于电源电压 1～3V。

8 为电源端。可在 5～18V 范围内使用。

1 为接"地"端。

上述 CB555 定时器的工作原理可列表 13.14 来说明。

表 13.14　　　　　　　　　　　　555 定时器的工作原理说明表

$\overline{R}_D'$	U_{i1}	U_{i2}	$\overline{R}_D$	$\overline{S}_D$	Q	u_o	T
0	×	×	×	×	×	低电平电压（0）	导通
1	$>\frac{2}{3}U_{CC}$	$>\frac{1}{3}U_{CC}$	0	1	0	低电平电压（0）	导通
1	$<\frac{2}{3}U_{CC}$	$<\frac{1}{3}U_{CC}$	1	0	1	高电平电压（1）	截止
1	$<\frac{2}{3}U_{CC}$	$>\frac{1}{3}U_{CC}$	1	1	保持	保持	保持

13.5.2　由 555 定时器组成的多谐振荡器

多谐振荡器（Astable Multivibrator）在接通电源后，不需外加触发信号，就能产生一定频率、一定幅度的矩形脉冲信号。多谐振荡器一旦起振之后，能输出连续的矩形脉冲信号，电路在高、低两个暂稳态之间做交替变化，因此多谐振荡器又称作无稳态触发器，常用来做脉冲信号源。因为矩形波含有丰富的谐波，故称为多谐振荡器。

如图 13.37 所示为由 555 定时器组成的多谐振荡器。R_1，R_2 和 C 是外接元件。

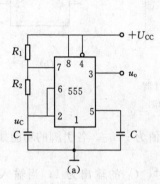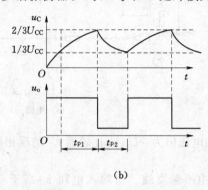

图 13.37　多谐振荡器

(a) 电路图；(b) 波形图

接通电源 U_{CC} 后，它经 R_1 和 R_2 对电容 C 充电，u_C 上升。当 $0 < u_C < \dfrac{1}{3}U_{CC}$ 时，$\overline{S}_D = 0$，$\overline{R}_D = 1$，将触发器置 1，u_o 为高电平电压 (1)。当 $\dfrac{1}{3}U_{CC} < u_C < \dfrac{2}{3}U_{CC}$ 时，$\overline{S}_D = 1$，$\overline{R}_D = 1$，触发器状态保持不变，u_o 仍为高电平电压 (1)。当 u_C 上升略高于 $\dfrac{2}{3}U_{CC}$ 时，比较器 C_1 的输出 $\overline{R}_D$ 为 0，将触发器置 0，u_o 为低电平电压 (0)。这时放电管 VT 导通，电容 C 通过 R_2 和 VT 放电，u_C 下降。当 u_C 下降略低于 $\dfrac{1}{3}U_{CC}$ 时，比较器 C_2 的输出 $\overline{S}_D$ 为 0，将触发器置 1，u_o 又由低电平电压 (0) 变为高电平电压 (1)。这时放电管 VT 截止，U_{CC} 又经 R_1 和 R_2 对电容 C 充电。如此重复上述过程，u_o 为连续的矩形波，如图 13.37 (b) 所示。

第一个暂稳状态的脉冲宽度 t_{p1}，即电容 C 充电的时间为

$$t_{p1} \approx (R_1 + R_2)C\ln 2 = 0.7(R_1 + R_2)C \tag{13.8}$$

第二个暂稳状态的脉冲宽度 t_{p2}，即电容 C 放电的时间为

$$t_{p2} \approx R_2 C\ln 2 = 0.7R_2 C \tag{13.9}$$

振荡周期为

$$T = t_{p1} + t_{p2} = 0.7(R_1 + 2R_2)C \tag{13.10}$$

振荡频率为

$$f = \frac{1}{T} = \frac{1.43}{(R_1 + R_2)C} \tag{13.11}$$

由 555 定时器组成的振荡器，最高工作频率可达 300kHz。

输出波形的占空比为

$$D = \frac{t_{p1}}{t_{p1}+t_{p2}} = \frac{R_1+R_2}{R_1+2R_2} \tag{13.12}$$

图 13.38 所示为占空比可调的多谐振荡器。图中用 VD_1 和 VD_2 两只二极管将电容 C 的充放电电路分开，并接一个电位器 R_P。

充电电路：$U_{CC} \rightarrow R_1' \rightarrow VD_1 \rightarrow C \rightarrow$ "地"。

放电电路：$C \rightarrow VD_2 \rightarrow R_2' \rightarrow T \rightarrow$ "地"。

充电和放电的时间分别为

$$t_{p1} \approx 0.7R_1'C, \quad t_{p2} \approx 0.7R_2'C$$

占空比为

$$D = \frac{t_{p1}}{t_{p1}+t_{p2}} = \frac{R_1'}{R_1'+R_2'}$$

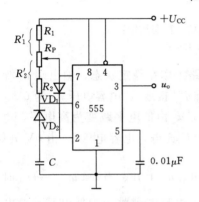

图 13.38　占空比可调的多谐振荡器

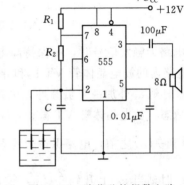

图 13.39　液位监控报警电路

图 13.39 所示为由多谐振荡器构成的液位监控报警电路。电容两端引出的两个探测电极插入液体内。当液位正常时，探测电极被液体短路，电容 C 被短接，扬声器不发声。当液面下降到低于探测电极时，电源通过 R_1、R_2 给电容 C 充电，当电容 C 两端的电压 u_C 升至 $\frac{2}{3}U_{CC}$ 时，多谐振荡器开始工作，扬声器发声。振荡频率由 R_1、R_2 和 C 的值决定，这个频率也决定了扬声器的发声频率。如果 $R_1=5.1\text{k}\Omega$、$R_2=10\text{k}\Omega$、$C=0.1\mu\text{F}$ 则

$$f = \frac{1.43}{(R_1+2R_2)C} = \frac{1.43}{(5.1+2\times10)\times10^3\times0.1\times10^{-6}} \approx 570 \text{（Hz）}$$

13.5.3　由 555 定时器组成的单稳态触发器

单稳态触发器（Monostable Flip-Flop）在数字系统和装置中，一般用于定时（产生一定宽度的矩形波）、整形（把不规则的波形转换成宽度、幅度都相等的波形）以及延时（把输入信号延迟一定时间后输出）等。

单稳态触发器具有下列特点：①电路有一个稳态和一个暂稳态；②在外加触发脉冲作用下，电路由稳态翻转到暂稳态；③电路的暂稳态维持一段时间后，将自动返回到稳态。

555 定时器组成的单稳态触发器电路及工作波形如图 13.40 所示，R 和 C 是外接元件，触发信号 u_i（脉冲）加到引脚 2。工作过程如下：

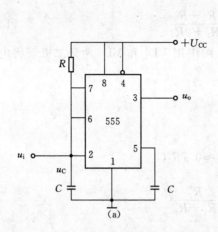

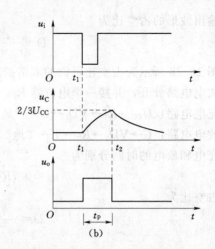

图 13.40　555 定时器组成的单稳态触发器

(a) 电路图；(b) 工作波形

（1）电路无触发信号时，u_i 保持高电平，电路工作在稳定状态，输出端 u_o 保持低电平，555 电路内的放电晶体管 VT 饱和导通，引脚 7 "接地"，电容电压 u_C 为 0V。

（2）t_i 时刻 u_i 外加一个负脉冲，电路被触发，u_o 由低电平跳变为高电平，电路由稳态转入暂稳态。放电晶体管 VT 截止，U_{CC} 经 R 向 C 充电，电容电压 u_C 由 0V 开始增大，在 u_C 上升到 $\frac{2}{3}U_{CC}$ 之前，电路保持暂稳态不变。

（3）t_2 时刻当 u_C 上升到 $\frac{2}{3}U_{CC}$，输出电压 u_o 由高电平跳变为低电平，放电晶体管 VT 由截止转为饱和导通，引脚 7 "接地"，电容 C 经放电晶体管对地放电，电容电压 u_C 由 $\frac{2}{3}U_{CC}$ 迅速降至 0V（放电晶体管的饱和压降），电路由暂稳态重新转入稳态，单稳态触发器又可以接收新的触发信号。整个工作过程的波形如图 13.40 (b) 所示。

单稳态触发器输出脉冲宽度（暂稳态持续时间）为

$$t_p = RC\ln 3 \approx 1.1RC \tag{13.13}$$

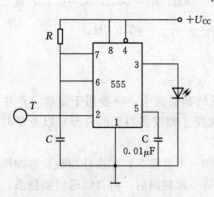

图 13.41　触摸式定时控制开关电路

式 (13.13) 说明，单稳态触发器输出脉冲宽度 t_p 仅决定于定时元件 R、C 的取值，与输入触发信号和电源电压无关，调节 R、C 的取值，即可方便地调节 t_p。

图 13.41 所示为日常生活中经常接触的可控照明电路示意图，其实质是一个利用 555 定时器组成的单稳态触发器电路。通过在 555 定时器的引脚 2 加上一个触发信号 T，则引脚 3 输出一段时间的高电平，发光二极管点亮，当暂稳态时间结束，555 定时器输出端恢复低电平，发光二极管熄灭。点亮时间可由 RC 参数调节。

作为控制条件的可以有声音、触摸压力等，需要通过相应的传感器将其转换为脉冲触发信号，若要驱动 220V 灯源，只需在输出端加上合适的继电控制电路即可实现。此电路稍加改变，即可用作报警器、门铃等。

13.5.4 由 555 定时器组成的施密特触发器

施密特触发器（Schmitt Trigger）是脉冲波形变换中经常使用的一种电路，利用它可以将正弦波、三角波以及其他一些周期性的脉冲波形变换成边沿陡峭的矩形波。施密特触发器抗干扰能力很强，在脉冲的产生和整形电路中应用很广。

施密特触发器不同于前述的各类触发器，它在性能上有两个重要特点：

（1）施密特触发器属于电平触发，对于缓慢变化的信号仍然适用，当输入信号达到某一电压值时，输出电压会发生突变。

（2）输入信号增加和减少时，电路有不同的阈值电压。

施密特触发器具有两个阈值电压，输入电压上升过程中输出状态发生突变对应的输入电压称为正向阈值电压（U_{T+}），输入电压下降过程中输出状态发生突变对应的输入电压称为反向阈值电压（U_{T-}）。根据输出和输入相位是否一致，施密特触发器分为同相和反相两种。555 定时器构成的施密特触发器电路如图 13.42 所示，定时器的两个输入端接在一起作为信号输入端，即输入信号与定时器的两个参考电压进行比较，$U_{T+}=U_{i1}=\dfrac{2}{3}U_{cc}$，$U_{T-}=U_{i2}$

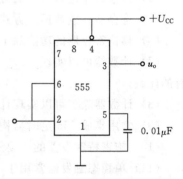

图 13.42 555 定时器组成的施密特触发器

$=\dfrac{1}{3}U_{cc}$。若引脚 5 外接电压 U_{co}，则 $U_{T+}=U_{co}$，$U_{T-}=\dfrac{1}{2}U_{co}$。

【例 13.8】 电路如图 13.42 所示，设 $U_{cc}=6V$，输入波形如图 13.43 所示，试画出经施密特触发器整形后的输出电压波形。

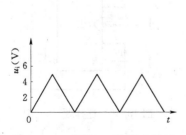

图 13.43 ［例 13.8］ 输入波形

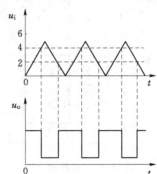

图 13.44 ［例 13.8］ 输出波形

【解】
$$U_{T+}=\frac{2}{3}U_{cc}=4\ (V)$$

$$U_{T-}=\frac{1}{3}U_{cc}=2\ (V)$$

此电路输出与输入反相，输出电压波形如图 13.44 所示。

习　题

1. 填空题

(1) 双稳态触发器应具有两个稳定的状态，分别是＿＿＿＿＿和＿＿＿＿＿，并且能够接收、保存和＿＿＿＿＿信号。

(2) 根据触发器的逻辑功能，触发器可分为＿＿＿＿＿、＿＿＿＿＿、＿＿＿＿＿和 T 触发器。

(3) JK 触发器可以转换为＿＿＿＿＿触发器和＿＿＿＿＿触发器。

(4) 描述时序逻辑电路的方程有＿＿＿＿＿、＿＿＿＿＿和＿＿＿＿＿三种。

(5) 寄存器存放数据的方式有＿＿＿＿＿和＿＿＿＿＿两种。

(6) 移位寄存器的功能除了暂存二进制信息外，还可以进行＿＿＿＿＿操作。

(7) 计数器可以实现＿＿＿＿＿计数，也可以实现＿＿＿＿＿计数，或者可以实现两者兼有的计数。

(8) 计数器除了可以实现计数操作外，还可以用于＿＿＿＿＿、＿＿＿＿＿和＿＿＿＿＿。

(9) 常用集成 555 定时器构成＿＿＿＿＿、＿＿＿＿＿和＿＿＿＿＿。

(10) 施密特触发器的主要用途是＿＿＿＿＿和＿＿＿＿＿。

(11) 单稳态触发器常用于＿＿＿＿＿和＿＿＿＿＿。

(12) 多谐振荡器也称为＿＿＿＿＿，能够自激振荡输出一定频率的＿＿＿＿＿。

2. 选择题

(1) 下列触发器中，具有约束条件的是（　　　）。

A. 主从 JK 触发器　　　B. 同步 RS 触发器　　　C. 同步 D 触发器　　　D. 主从 T 触发器

(2) 若将 D 触发器改造成 T 触发器，则图 13.45 所示电路中虚线框内应是（　　　）。

A. 同或门　　　　　　　B. 与非门　　　　　　　C. 异或门　　　　　　　D. 或非门

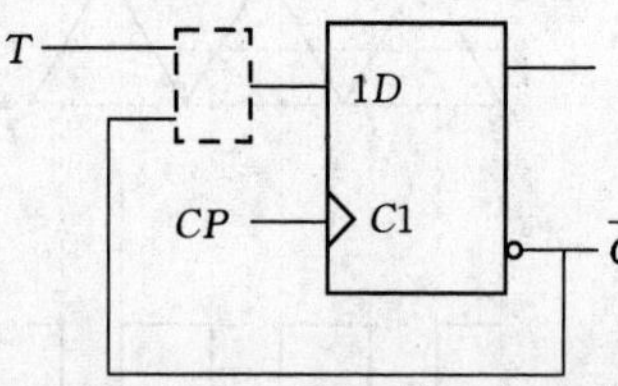

图 13.45　选择题（2）图 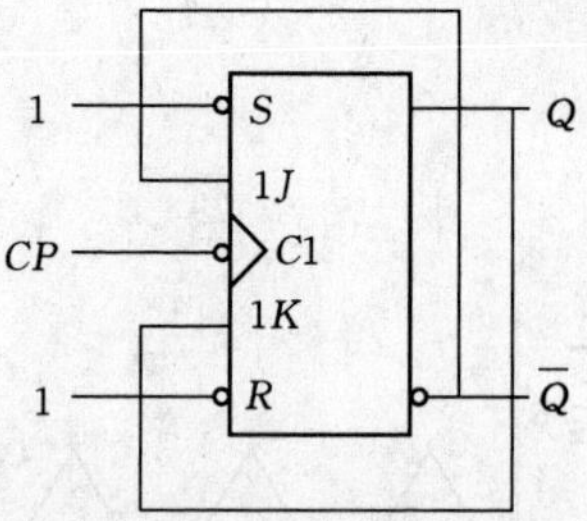　　　　　　　　　　图 13.46　选择题（3）图

(3) 图 13.46 所示触发器具有（　　　）功能。

A. 保持　　　　　　　　B. 计数　　　　　　　　C. 置 1　　　　　　　　D. 清零

(4) 图 13.47 所示电路是（　　　）计数器。

A. 七进制　　　　　　　B. 八进制　　　　　　　C. 九进制　　　　　　　D. 十进制

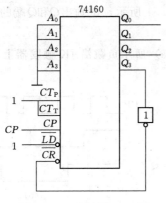
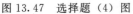
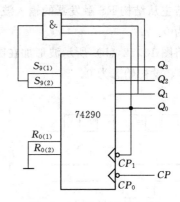

图 13.47　选择题（4）图　　　　　图 13.48　选择题（5）图

（5）图 13.48 所示电路是（　　）计数器。

A. 七进制　　　　　　B. 八进制　　　　　　C. 九进制　　　　　　D. 十进制

（6）对于串行右移寄存器，电路的初始状态为 $Q_1Q_2Q_3Q_4$，现将待输入数据 D 送到串行输入端，经过第（　　）个 CP 作用后，$Q_2=D$。

A.1 个　　　　　　B.2 个　　　　　　C.3 个　　　　　　D.4 个

（7）下述功能属于多谐振荡器的是（　　）。

A. 波形整形　　　　B. 信号甄别　　　　C. 消除干扰　　　　D. 产生方波

3. 综合题

（1）由与非门组成的基本 RS 触发器电路如图 13.49（a）所示，在 $\overline{R}_D$ 和 $\overline{S}_D$ 端加上图 13.49（b）所示的波形时，试画出 Q 和 $\overline{Q}$ 端的输出波形，设初始态为 0。

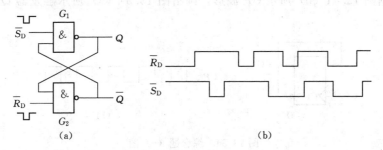

图 13.49　综合题（1）图

（2）在图 13.50（a）所示电路中，若 CP、S、R 的波形如图 13.50（b）所示，试画出 Q 和 $\overline{Q}$ 端的输出波形，设初始态为 0。

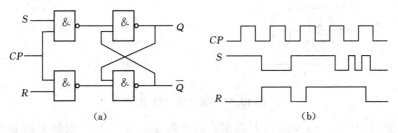

图 13.50　综合题（2）图

（3）若主从结构 RS 触发器的输入波形如图 13.51 所示，试画出 Q 和 $\overline{Q}$ 端的输出波形，设初始态为 0。

（4）将图 13.52（b）所示波形加在图 13.52（a）所示负跳沿 JK 触发器上，试画出 Q 和 $\overline{Q}$ 的波形，设初始态为 0。

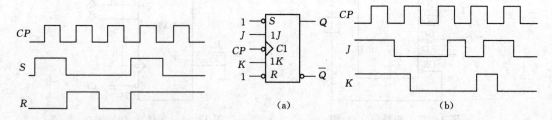

图 13.51　综合题（3）图　　　　　　图 13.52　综合题（4）图

（5）将图 13.53（b）所示波形作用于图 13.53（a）所示正跳沿 JK 触发器上，试画出 Q 和 $\overline{Q}$ 的波形，设初始态为 0。

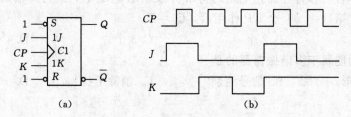

图 13.53　综合题（5）图

（6）根据图 13.54（b）所示 CP 波形，画出图 13.54（a）所示触发器 Q 的波形，设初始态为 0。

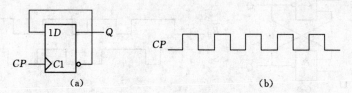

图 13.54　综合题（6）图

（7）根据图 13.55（b）所示 CP 波形，画出图 13.55（a）所示触发器 Q 的波形，设初始态为 0。

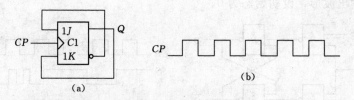

图 13.55　综合题（7）图

（8）根据图 13.56（b）所示 CP 波形，画出图 13.56（a）所示触发器 Q 的波形，设初始态为 0。

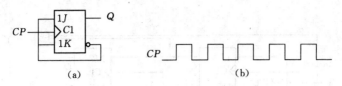

图 13.56　综合题（8）图

（9）根据图 13.57（b）所示 CP 波形，画出图 13.57（a）所示各触发器 Q 端的波形，触发器的初始状态均为 0。

（10）试分析图 13.58（a）所示电路，并根据图 13.58（b）所示 CP 波形画出 Y_1、Y_2、Y_3 的波形，设初始态为 0。

（11）试分析图 13.59（a）所示时序电路，画出状态表和状态图。设电路的初始态为 0，根据图 13.59（b）所示 CP 和 A 的波形，试画出 Q 和 Y 的波形。

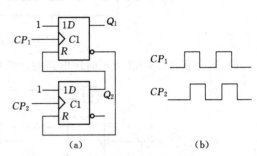

图 13.57　综合题（9）图

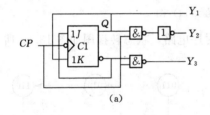

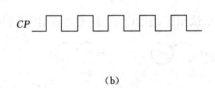

图 13.58　综合题（10）图

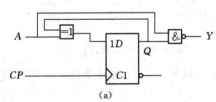

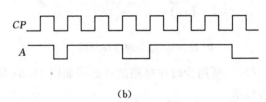

图 13.59　综合题（11）图

（12）试分析图 13.60（a）所示时序电路，画出状态表和状态图。设电路的初始态为 0，根据图 13.60（b）所示 CP 和 A 的波形，试画出 Q 和 Y 的波形。

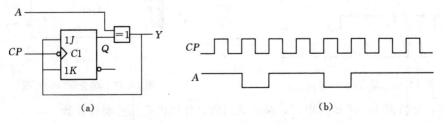

图 13.60　综合题（12）图

（13）分析图 13.61 所示电路，写出他的激励方程、状态方程和输出方程，画出状态表和状态图。

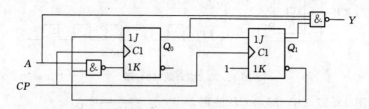

图 13.61　综合题（13）图

（14）分析图 13.62 所示时序电路的逻辑功能。

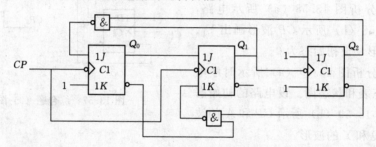

图 13.62　综合题（14）图

（15）试用正跳沿 $\overline{Q}=0$ 触发器设计一同步时序电路，状态转换图如图 13.63 所示。

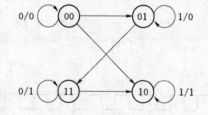

图 13.63　综合题（15）图

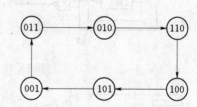

图 13.64　综合题（16）图

（16）某同步时序电路的状态图如图 13.64 所示，试写出应 D 触发器设计时的最简激励方程组。

（17）试用负跳沿 JK 触发器实现图 13.65 所示的 Z_1 和 Z_2 输出波形。

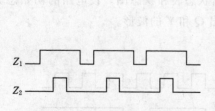

图 13.65　综合题（17）图

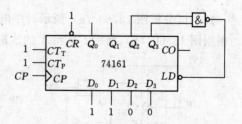

图 13.66　综合题（18）图

（18）分析图 13.66 所示电路，画出状态图，并指出是几进制计数器。

（19）分析图 13.67 所示电路，画出状态图，并指出是几进制计数器。

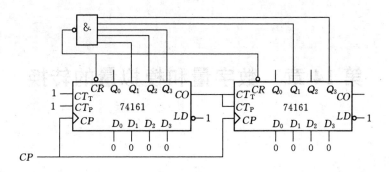

图 13.67　综合题（19）图

（20）图 13.68 所示 555 定时器组成的多谐振荡器中，当 $R_1 = R_2 = 40\Omega$，$C = 1\mu F$ 时，求输出方波的频率。

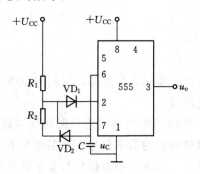

图 13.68　综合题（20）图

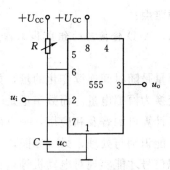

图 13.69　综合题（21）图

（21）图 13.69 所示 555 定时器组成的单稳态触发器中，如果需要输出正脉冲的宽度在 $0.1 \sim 10s$ 可调，试选择可变电阻器，设 $C = 1\mu F$。

（22）已知 555 定时器组成的施密特触发器的输入电压波形如图 13.70 所示，试画出输出电压波形。

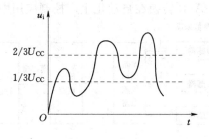

图 13.70　综合题（22）图

第14章　数字量和模拟量的转换

本章要求：

1. 了解 D/A、A/D 转换器常用芯片的使用方法。
2. 熟悉 D/A、A/D 转换器的组成、基本工作原理和主要技术指标。
3. 掌握 D/A、A/D 转换器的基本概念，取样定理，量化与编码。

本章难点：

D/A、A/D 转换器的组成和工作原理。

模拟量是随时间连续变化的量，如温度、压力、流量、位移等，它们可以通过相应的传感器变换为模拟电量。而数字量是不连续变化的量。

随着计算机的普及和应用，一方面，经过传感器采集的模拟信号需转化为数字信号，计算机才能识别与处理；另一方面，经过计算机处理后的数字信号在许多情况下又需要转换成模拟信号才能实现对电动机等被控对象的控制。因此，模拟信号与数字信号的相互转换成为电子技术应用中不可缺少的重要组成部分。

将模拟信号转换成数字信号的过程称为模—数转换（Analog to Digital），或称 A/D 转换；能完成这种转换的电路称为模数转换器（Analog Digital Converter），简称 ADC。将数字信号转换成模拟信号的过程称为数—模转换（Digital to Analog），或称 D/A 转换；能完成这种转换的电路称为数模转换器（Digital Analog Converter），简称 DAC。

图 14.1 所示为 D/A 和 A/D 转换在自动化生产控制应用中的方框图。

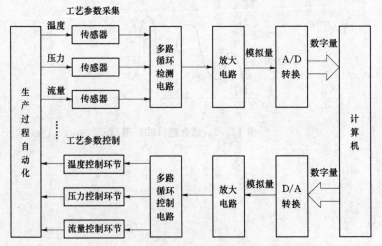

图 14.1　D/A 和 A/D 转换在自动化生产控制应用中的方框图

14.1 D/A 转换器

转换的本质是实现一种对应关系，输入的数字量和输出的模拟量之间应成比例。为了实现这种对应关系，可以将输入数字量的每一位按照其权的大小转换成相应的模拟量，然后将转换得到的所有模拟量相加，即可得到与数字量成正比的总模拟量。

14.1.1 倒 T 形电阻网络 D/A 转换器

实现 D/A 转换的方法很多，常见的是倒 T 形电阻网络转换器，目前生产的 D/A 转换器大多采用这种结构。图 14.2 所示电路为四位倒 T 形电阻网络 D/A 转换器的电路图，它由电阻网络、电子模拟开关和运算放大器等三部分组成，可以将四位二进制数字信号转换成模拟信号。

图 14.2 所示转换器由 $R—2R$ 构成倒 T 形电阻网络，运算放大器接成反相比例运算电路，其输出为模拟电压 U_o，$S_0 \sim S_3$ 这四个电子模拟开关的通断分别由四位二进制数码 d_3、d_2、d_1、d_0 控制。当二进制数码为"1"时，开关接到运算放大器的反相输入端（$u_- \approx 0$）；二进制数码为"0"时接"地"。

图 14.2 所示转换器中的电子模拟开关是用单刀双投开关表示的，实际电路的一种

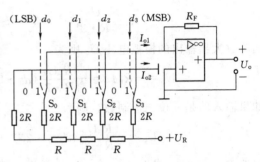

图 14.2 倒 T 形电阻网络 D/A 转换器

如图 14.3 所示，由两个 N 沟道增强型 MOS 管和一个非门组成。当输入数字电路第 i 位 $d_i = 1$ 时，VT_1 导通，VT_2 截止，将该位的 $2R$ 电阻支路与运算放大器的反相输入端接通；当 $d_i = 0$ 时，VT_2 导通，VT_1 截止，则将 $2R$ 电阻接"地"。

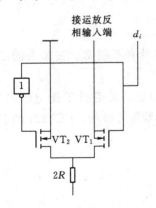

图 14.3 电子模拟开关

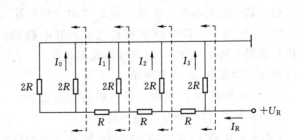

图 14.4 计算倒 T 形电阻网络的输出电流

计算电阻网络的输出电流 I_{o1}。计算时要注意两点：①在图 14.4 中，$00'$、$11'$、$22'$、$33'$ 左边部分电路的等效电阻均为 R；②不论模拟开关接到运算放大器的反相输入端（虚地）或接"地"（也就是不论输入数字信号是 1 或 0），各支路的电流是不变的。因此，从

参考电压端输入的电流为

$$I_R = \frac{U_R}{R}$$

而后根据分流公式得出各支路电流为

$$I_3 = \frac{1}{2} I_R = \frac{U_R}{R \cdot 2^1}$$

$$I_2 = \frac{1}{4} I_R = \frac{U_R}{R \cdot 2^2}$$

$$I_1 = \frac{1}{8} I_R = \frac{U_R}{R \cdot 2^3}$$

$$I_0 = \frac{1}{16} I_R = \frac{U_R}{R \cdot 2^4}$$

由此可得出电阻网络的输出电流为

$$I_{o1} = \frac{U_R}{R \cdot 2^4} (d_3 \cdot 2^3 + d_2 \cdot 2^2 + d_1 \cdot 2^1 + d_0 \cdot 2^0) \tag{14.1}$$

运算放大器输出的模拟电压 U_o 则为

$$U_o = -R_F I_{o1} = -\frac{R_F U_R}{R \cdot 2^4} (d_3 \cdot 2^3 + d_2 \cdot 2^2 + d_1 \cdot 2^1 + d_0 \cdot 2^0) \tag{14.2}$$

如果输入的是 n 位二进制数，则

$$U_o = -\frac{R_F U_R}{R \cdot 2^n} (d_{n-1} \cdot 2^{n-1} + d_{n-2} \cdot 2^{n-2} + \cdots + d_0 \cdot 2^0) \tag{14.3}$$

当取 $R_F = R$ 时，则式（14.3）为

$$U_o = -\frac{U_R}{2^n} (d_{n-1} \cdot 2^{n-1} + d_{n-2} \cdot 2^{n-2} + \cdots + d_0 \cdot 2^0) \tag{14.4}$$

由式（14.4）可知：U_o 的最小值为 $\dfrac{U_R}{2^n}$；最大值为 $\dfrac{(2^n - 1)U_R}{2^n}$。

14.1.2　集成 D/A 转换器

随着集成电路制造技术的发展，D/A 转换器集成电路芯片种类很多。按输入的二进制数的位数分类有八位、十位、十二位和十六位等。

CC7520 是十位 CMOS 数模转换器，其电路和图 14.2 相似，采用倒 T 形电阻网络。模拟开关是 CMOS 型的，也同时集成在芯片上。但运算放大器是外接的。CC7520 的引脚排列及连接电路如图 14.5 所示。

CC7520 共有 16 个引脚，各引脚的功能如下：

4～13 为 10 位数字量的输入端。

1 为模拟电流 I_{o1} 输出端，接到运算放大器的反相输入端。

2 为模拟电流 I_{o2} 输出端，一般接"地"。

3 为接"地"端。

14 为 CMOS 模拟开关的 $+U_{DD}$ 电源接线端。

15 为参考电压电源接线端，U_R 可为正值或负值。

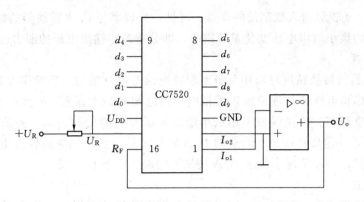

图 14.5 CC7520 的引脚排列及连接电路

16 为芯片内部一个电阻 R 的引出端，该电阻作为运算放大器的反馈电阻 R_F，它的另一端在芯片内部接 I_{o1} 端。

表 14.1 所列的是由式（14.4）得出的 CC7520 输入数字量与输出模拟量的关系，其中 $2^n = 2^{10} = 1024$。

表 14.1 CC7520 输入数字量与输出模拟量的关系

输 入 数 字 量										输出模拟量
d_9	d_8	d_7	d_6	d_5	d_4	d_3	d_2	d_1	d_0	U_o
0	0	0	0	0	0	0	0	0	0	0
0	0	0	0	0	0	0	0	0	1	$-\dfrac{1}{1024}U_R$
⋮										⋮
0	1	1	1	1	1	1	1	1	1	$-\dfrac{511}{1024}U_R$
1	0	0	0	0	0	0	0	0	0	$-\dfrac{512}{1024}U_R$
1	0	0	0	0	0	0	0	0	1	$-\dfrac{513}{1024}U_R$
⋮										⋮
1	1	1	1	1	1	1	1	1	0	$-\dfrac{1022}{1024}U_R$
1	1	1	1	1	1	1	1	1	1	$-\dfrac{1023}{1024}U_R$

14.1.3 D/A 转换器的主要技术指标

1. 分辨率

分辨率是说明 D/A 转换器输出最小电压的能力。它是指 D/A 转换器模拟输出所产生的最小输出电压 U_{LSB}（对应的输入二进制数为 1）与最大输出电压 U_{OM}（对应的输入二进制数的所有位全为 1）之比。

$$\text{分辨率} = \frac{U_{LSB}}{U_{OM}} = \frac{1}{2^n - 1} \tag{14.5}$$

式（14.5）中，n 表示输入数字量的位数。可见，分辨率与 D/A 转换器的位数有关，n 越大，能够分辨的最小输出电压变化量就越小，即分辨最小输出电压的能力也就越强。

2. 转换精度

D/A 转换器的转换精度可以用分辨率和转换误差进行描述。转换误差是指 D/A 转换器实际输出的模拟电压值与理论输出模拟电压值之间的最大误差。显然，这个差值越小，电路的转换精度越高。转换误差可用最小输出电压 U_{LSB} 的倍数表示。要获得较高精度的 D/A 转换结果，一定要正确选用合适的 D/A 转换器的位数，同时还要选用低漂移、高精度的运算放大器。一般情况下要求 D/A 转换器的误差小于 $U_{\text{LSB}}/2$。

3. 转换速度

转换速度通常用建立时间（t_{set}）来描述。建立时间是指当输入数字量变化时，输出电压变化到相应稳定电压值所需的时间。因为输入数字量的变化越大，建立时间就越长。所以一般用 D/A 转换器输入的数字量从全 0 变为全 1 时，输出电压达到规定误差范围时所需的时间表示。目前，像十位或十二位单片集成 D/A 转换器（不包括运算放大器）的转换时间一般不超过 $1\mu s$。

14.2　A／D 转 换 器

常见的 A/D 转换器有直接式和间接式两类，并联比较型 A/D 转换、逐次逼近型 A/D 转换等属于直接式，其特点是转换速度快，但抗干扰能力差；双积分型 A/D 转换、V—F 变换型 A/D 转换则属于间接式，其特点是抗干扰能力强、测量精度高，但转换速度低。

A/D 转换器是将时间连续、幅值也连续的模拟信号转换为时间离散、幅值也离散的数字信号。一般在进行 A/D 转换时，要按一定的时间间隔，对模拟信号进行取样，然后再把取样得到的值转换为数字量。因此，A/D 转换的基本过程由取样、保持、量化及编码组成，一般这四个过程并不是由四个电路来完成，如取样和保持两个过程由采样—保持电路完成，而量化与编码又常常在转换过程中同时完成。

14.2.1　取样和保持

取样是将时间上连续变化的模拟量转换为时间上离散的模拟量，取样过程如图 14.6. 所示。图中 $x(t)$ 为输入模拟信号，$s(t)$ 为取样脉冲，$y(t)$ 为取样后的输出信号。

在取样脉冲作用期内，取样开关接通，使 $y(t)=x(t)$，在其他时间内，输出 $y(t)=0$。因此，每经过一个取样周期，对输入信号取样一次，在输出端便得到输入信号的一个取样值。为了不失真地恢复原来的输入信号，根据取样定理：设取样脉冲 $s(t)$ 的频率为 f_s，

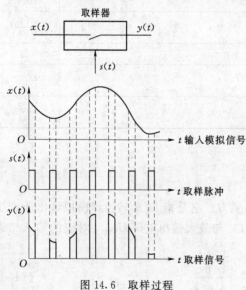

图 14.6　取样过程

输入模拟信号 $x(t)$ 的最高频率为 f_{max} 必须满足

$$f_s \geqslant 2f_{max} \qquad (14.6)$$

$y(t)$ 才可以正确的反映输入信号（从而能不失真地恢复原模拟信号）。

图 14.7 给出了采样—保持电路的原理图，电子开关 VT 受信号 $s(t)$ 控制，当 $s(t)$ 为高电平时，VT 导通，输入信号 u_i 经电阻 R_i 和 VT 向电容 C 充电。若取 $R_i = R_F$，则充电结束后 $u_o = -u_i$

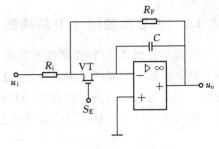

图 14.7　采样—保持电路

$= u_C$。当 $s(t)$ 返回低电平，VT 截止，由于 C 无放电回路，所以 u_o 的数值被保存下来。

14.2.2　量化与编码

数字量不仅在时间上离散，而且在数值上也是离散的。任何一个数字量的大小只能是规定的最小数量单位的整数倍。因此在 A/D 转换过程中，必须将采样—保持电路的输出电压表示为这个最小单位的整数倍，这一转化过程称为量化。

把数字量的最低有效位的 1 所代表的模拟量大小叫做量化单位，用 Δ 表示。对于小于 Δ 的信号有两种量化方法：其一为只舍不入法，即将不够量化单位的值舍掉，只舍不入法的量化误差为 Δ；其二为有舍有入法（四舍五入法），即将小于 $\Delta/2$ 的值舍去，小于 Δ 而大于 $\Delta/2$ 的值视为数字量 Δ，有舍有入法的量化误差为 $\Delta/2$。

量化过程只是把模拟信号按量化单位做了取整处理，只有用代码（可以是二进制，也可以是其他进制）表示量化后的值，才能得到数字量。这一过程称之为编码。常用的编码是二进制编码。

3 位二进制数 ADC 的两种量化方法如图 14.8 所示。输入为 $0 \sim 1V$ 的模拟电压，输出为 3 位二进制代码。图 14.8（a）所示为只舍不入量化法，图 14.8（b）所示为有舍有入量化法。在图 14.8（a）中取量化电平 $\Delta = 1/8V$，最大量化误差可达 Δ，即为 $1/8V$；在图 14.8（b）中取量化电平 $\Delta = 2/15V$，最大量化误差为 $\Delta/2$，即为 $1/15V$。

当输入的模拟电压在正、负范围内变化时，一般要求采用二进制补码的形式编码。

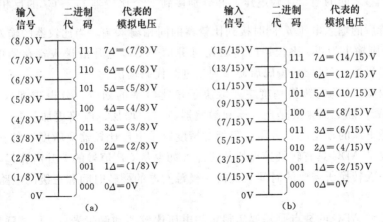

图 14.8　三位标准二进制 ADC 的输出电压特性

（a）只舍不入量化法；（b）有舍有入量化法

14.2.3　并联比较型 A/D 转换器

并联比较型 A/D 转换器属于直接 A/D 转换器，它能将输入的模拟电压直接转换为输出的数字量而不需要经过中间变量。如图 14.9 所示为一并联比较型 A/D 转换器的电路原理图，它由电压比较器、寄存器和代码转换器三部分组成。输入为 $0 \sim U_{\text{REF}}$ 间的模拟电压，输出为三位二进制代码。这里略去了取样—保持电路。

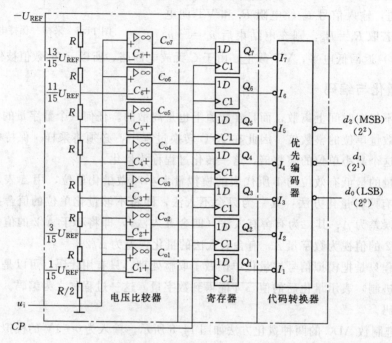

图 14.9　并联比较型 ADC 原理图

此电路采用有舍有入的量化方法。电阻网络按量化单位 $\Delta = \dfrac{2}{15} U_{\text{REF}}$ 把参考电压分成 $\dfrac{1}{15} U_{\text{REF}} \sim \dfrac{13}{15} U_{\text{REF}}$ 之间的七个比较电压。并分别接到七个比较器 $C_1 \sim C_7$ 的反相输入端。将经采样—保持后的输入电压 u_i 同时接到比较器的同相输入端。当比较器的输入 $u_i < u_-$ 时，输出为 0，否则输出为 1，比较器的输出在时钟信号 CP 上升沿送入寄存器中的触发器，然后经优先编码器（74148）编码后便得到二进制代码输出。

并联比较型 ADC 的转换精度主要取决于量化电平的划分，分得越细（即 Δ 取得越小），精度越高，随之而来的是比较器和触发器数目的增加，电路更加复杂。此外，转换精度还受参考电压的稳定度、分压电阻相对精度以及电压比较器灵敏度的影响。

并联比较型 ADC 具有转换速度快的优点。如果从 CP 信号的上升沿算起，图 14.9 所示电路完成一次转换所需要的时间只包括一级触发器的翻转时间和三级门电路的转输延迟时间。

并联比较型 ADC 的缺点是需要用很多的电压比较器和触发器。n 位并联比较型 ADC 需用 $2^n - 1$ 个比较器和 $2^n - 1$ 个触发器，所以位数每增加一位，比较器和触发器的个数就要增加一倍。例如，8 位并联比较型 ADC，需 $2^8-1=255$ 个电压比较器和 255 个 D 触发器，而 10 位的并联比较型 ADC 则需 1023 个比较器和 1023 个触发器。因此，虽然这种方法转换速度快，但所用器件多，电路成本高。

14.2.4 双积分型 A/D 转换器

双积分型 A/D 转换器属于电压—时间变换的间接 A/D 转换器。基本原理是，它对一段时间内的输入电压及参考电压进行两次积分，变换成与输入电压平均值成正比的时间宽度信号；然后在这个时间宽度里对固定频率的时钟脉冲进行计数，计数结果就是正比于输入模拟信号的数字信号。因此，也将这种 ADC 称为电压—时间变换型 ADC。由于该转换电路是对输入电压的平均值进行转换，所以它具有很强的抗干扰能力，在数字测量中得到广泛应用。双积分型 A/D 转换器原理框图如图 14.10 所示。左边的运放构成积分电路，右边的运放由于接成开环形式，实质就是一个比较器。

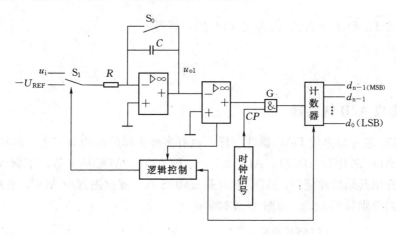

图 14.10 双积分型 A/D 转换器原理框图

转换开始前，先将计数器清零，并使 S_0 闭合，使积分电路的电容 C 完全放电。然后断开 S_0，开始转换，整个转换过程分两个阶段进行。

第一阶段：对输入模拟电压 u_i 积分。将开关 S_1 接到输入信号 u_i 一侧。积分电路对 u_i 进行固定时间 T_1 的积分。由于积分电路输出 u_{o1} 为负值，比较器输出为 1，开通 CP 的控制门 G，计数器开始计数。当计数到 2^n 个脉冲时，计数器输出全 0，同时输出一个信号给逻辑控制电路，由逻辑控制电路将开关 S_1 从 u_i 一侧接到 $-U_{REF}$ 一侧。这样，对输入模拟电压的积分结束，积分时间 $T_1=2^n T_{CP}$，T_{CP} 是时钟脉冲 CP 的周期。这一过程称为转换电路对输入模拟电压的采样过程。积分器的输出为

$$u_{o1} = \frac{1}{C}\int_0^{T_1}\left(-\frac{u_i}{R}\right)dt = -\frac{T_1}{RC}u_i \tag{14.7}$$

从式 (14.7) 可知，u_{o1} 与 u_i 成正比，u_i 越大，则输出 u_{o1} 越大。

第二阶段：对参考电压 $-U_{REF}$ 积分。因为参考电压 $-U_{REF}$ 的极性与 u_i 相反，积分电路开始向反方向积分。在此期间，由于积分电路输出 u_{o1} 仍然为负值，计数器依旧从全 0 开始对脉冲 CP 进行计数。直到经过 T_2 时间，积分电路输出电压回升为零，比较器输出

低电平，关闭 CP 的控制门 G，计数器停止计数，此时 $d_{n-1} \sim d_0$ 就是转换后的数字量。反向积分时间 $T_2 = NT_{CP}$，N 是计数器停止计数时所计的脉冲个数，再通过十进制到二进制的转换，即可求得数字量。

$$u_{o1} = \frac{1}{C}\int_0^{T_2}\left(\frac{U_{REF}}{R}\right)\mathrm{d}t - \frac{T_1}{RC}u_i = 0 \tag{14.8}$$

可推算出

$$\frac{T_2}{RC}U_{REF} = \frac{T_1}{RC}u_i$$

故得到

$$T_2 = \frac{T_1}{U_{REF}}u_i \tag{14.9}$$

将 $T_1 = 2^n T_{CP}$ 和 $T_2 = NT_{CP}$ 代入式 (14.9)，可得

$$N = \frac{2^n}{U_{REF}}u_i \tag{14.10}$$

14.2.5 集成 A/D 转换器

集成 ADC 芯片与集成 DAC 器件一样，也有多种多样的结构和工艺，芯片种类很多。目前常见的 ADC 芯片有 AD571，ADC0801，ADC0804，ADC0809 等。下面以 ADC0809 为例，简单介绍其结构和使用。ADC0809 是 CMOS 八位逐次逼近型 ADC，它的结构方框图和引脚排列分别如图 14.11 和图 14.12 所示。

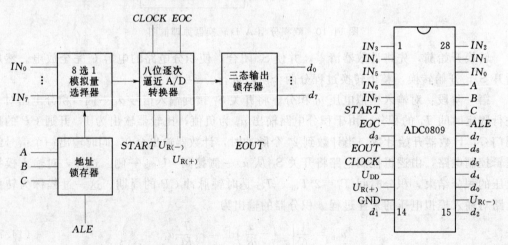

图 14.11 ADC0809 的结构方框图   图 14.12 ADC0809 的引脚排列

ADC0809 共有 28 个引脚，各引脚的功能如下：

$IN_0 \sim IN_7$ 为八通道模拟量输入端。由 8 选 1 选择器选择其中某一通道送往 ADC 的电压比较器进行转换。

A、B、C 为 8 选 1 模拟量选择器的地址选择线输入端。输入的三个地址信号共有八种组合，以便选择相应的输入模拟量，见表 14.2。

表 14.2 　　　　　　　　　　　　　**8 选 1 模拟量选通表**

选　择			输　出
C	B	A	
0	0	0	IN_0
0	0	1	IN_1
0	1	0	IN_2
0	1	1	IN_3
1	0	0	IN_4
1	0	1	IN_5
1	1	0	IN_6
1	1	1	IN_7

　ALE 为地址锁存信号输入端。高电平有效。在该信号的上升沿将 A、B、C 三选择线的状态锁存，8 选 1 选择器开始工作。

　$d_0 \sim d_7$ 为 8 位数字量输出端。

　EOUT 为输出允许端，高电平有效。

　CLOCK 为外部时钟脉冲输入端，典型频率为 640kHz。

　START 为启动信号输入端。在该信号的上升沿将内部所有寄存器清零，而在其下降沿使转换工作开始。

　EOC 为转换结束信号端，高电平有效。当转换结束时，EOC 从低电平转为高电平。

　U_{DD} 为电源端，电压为 +5V。

　GND 为接地端。

　$U_{R(+)}$ 和 $U_{R(-)}$ 为正、负参考电压的输入端。该电压确定输入模拟量的电压范围。一般 $U_{R(+)}$ 接 U_{DD} 端，$U_{R(-)}$ 接 GND 端。当电源电压 U_{DD} 为 +5V 时，模拟量的电压范围为 0～5V。

14.2.6　A/D 转换器的主要技术指标

1. 分辨率

　分辨率是指 A/D 转换器输出数字量的最低位变化一个数码时，对应输入模拟量的变化量。分辨率以输出二进制数的位数表示。在最大输入电压一定时，输出位数越多，量化单位越小，分辨率越高。

　例如 A/D 转换器输入信号最大值为 10V，若用八位 ADC 转换时，则该转换器应能区分输入信号的最小电压，即分辨率为 $10V/2^8 = 39mV$，10 位的 ADC 是 $10V/2^{10} = 9.76mV$，而 12 位的 ADC 为 2.44mV。

2. 转换误差

转换误差是指 A/D 转换器实际输出的数字量与理论上的输出数字量之间的差别。通常以输出误差的最大值形式给出。转换误差也叫相对精度或相对误差。转换误差常用最低有效位的倍数表示。

例如，某 ADC 的相对精度为 $\pm LSB/2$，这说明理论上应输出的数字量与实际输出的数字量之间的误差不大于最低位为 1 的一半。

3. 转换速度

转换速度通常用转换时间来描述，完成一次 A/D 转换所需要的时间叫做转换时间，转换时间越短，则转换速度越快。采用不同的转换电路，其转换速度是不同的。并行型比逐次逼近型要快得多。低速的 ADC 为 $1 \sim 30ms$，中速约为 $50\mu s$，高速约为 50ns，ADC0809 为 $100\mu s$。

无论是 ADC 还是 DAC，对于使用者而言，都可以将其看成是一个双口网络，一端是待转换的量，一端是转换完毕的量。在设计具体的电路时，需要选择适合的转换芯片以满足各项技术参数要求，这可以通过查阅集成芯片手册或通过网络资源来了解。

*14.3　电子系统应用举例

通常将由电子元器件或功能部件组成的能够采集、传输和处理电信号的客观实体称为电子系统，如计算机系统、电子测量系统、飞行器控制系统等。电子系统分为模拟型、数字型和混合型三种，在功能和结构上都具有综合性、层次性和复杂性的特点。下面以大家都很熟悉的电子秤为例简要讲述小型电子系统的应用。

秤是重量的计量器具，在各种生产领域和日常生活中得到广泛应用。数字电子秤直接用数字显示被称物体的重量，具有使用方便、测量准确、性能稳定等优点。

14.3.1　原理框图

用电子秤称重的过程是把被测物体的重量通过传感器转换成电压信号。由于这一信号通常都很小，需要进行放大，放大后的模拟信号经 ADC 转换成数字量，再通过数码显示器显示出重量。由于被测物体的重量相差较大，根据不同的测量范围要求，可由电路自动（或手动）切换量程，同时显示器的小数点数位对应不同量程而变化，即可实现电子秤的要求。电子秤原理框图如图 14.13 所示。

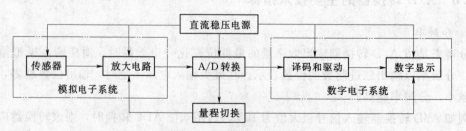

图 14.13　电子秤原理框图

14.3.2 单元电路和总图

1. 传感器电路

为了将被测物体的重量转换为电信号，可使用电阻应变传感器。该传感器的工作原理及具体电路参阅第 1 章相关内容。为了提高灵敏度四个电阻都采用应变片电阻。图 14.18 左下角即是该电路。u_{I+}，u_{I-} 作为电路的输出送至放大电路做进一步处理。

2. 放大电路和量程切换电路

多数情况下，传感器输出的模拟信号都很微弱，必须通过一个模拟放大器对其进行一定倍数的放大，才能满足 ADC 对输入信号电平的要求。电阻应变传感器的输出信号是差模信号，因此采用输入电阻高，输出电阻低，并且精度高的仪用放大器符合电路的要求。放大电路可以用 LM324 集成芯片来实现，如图 14.14 所示。该芯片共有 14 个引脚，其中引脚 4 和引脚 11 分别接公共工作电源 +5V 和 −5V，其余 12 个引脚是四个运放的输入、输出端口。图中 u_{I+} 和 u_{I-} 是电阻应变传感器的输出信号，u_o 是放大后的输出电压信号，$R_1=R_2$、$R_3=R_4$、$R_5=R_6$，通过调节 R_{P1} 可改变放大倍数。分析可得

$$u_o = \frac{R_5}{R_4}\left(1 + \frac{2R_1}{R_{P1}}\right)(u_{I+} - u_{I-}) \tag{14.11}$$

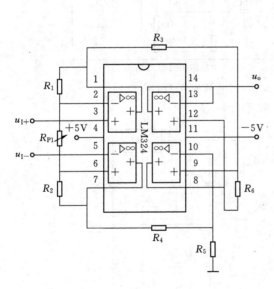

图 14.14 由 LM324 构成的放大电路

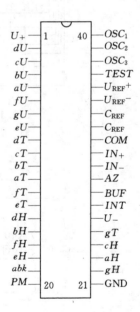

图 14.15 ICL7107 引脚图

3. A/D 转换和数字显示电路

经过放大的电压信号，要通过 ADC 把模拟量转换成数字量。这里使用 ICL7107 芯片，它是美国 Intersil 公司专为数字仪表生产的专用芯片，包含三位半双积分式 ADC 和显示驱动电路，输出可直接驱动共阳极 LED 数码管。ICL7107 芯片的引脚如图 14.15 所示。由 ICL7107 构成的 ADC 转换和数字显示电路如图 14.16 所示，模拟电压信号经 R_{10}

接入引脚 31，该引脚的输入电压范围为 0000～1.999V，输出接四个七段显示数码管，显示范围为 0000～1999。这里小数点在最高位后一直点亮，所以最高显示 1.999。ICL7107 每个引脚的功能可通过查阅集成电路芯片手册或利用网络资源得到，外围器件的参数需要通过相应的计算来确定。

4. 直流稳压电源电路

传感器、放大电路、ADC 和显示电路都需要直流稳压电源来供电，其中 LM324 芯片和 ICL7107 芯片需要 ±5V 电源，传感器需要 5V 电源。直流稳压电源电路如图 14.17 所示，其中 7805 是三端 +5V 稳压芯片，7905 是三端 −5V 稳压芯片。

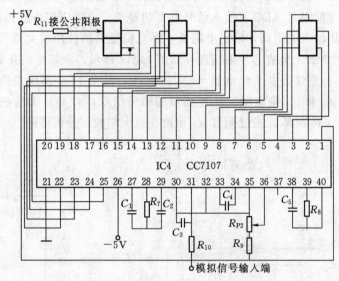

图 14.16　由 ICL7107 构成的 A/D 转换和
数字显示电路

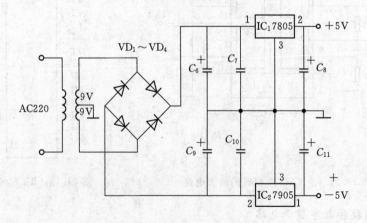

图 14.17　直流稳压电源电路

5. 总电路图

以上是实现各个功能的单元电路图，数字电子秤的总电路图如图 14.18 所示。

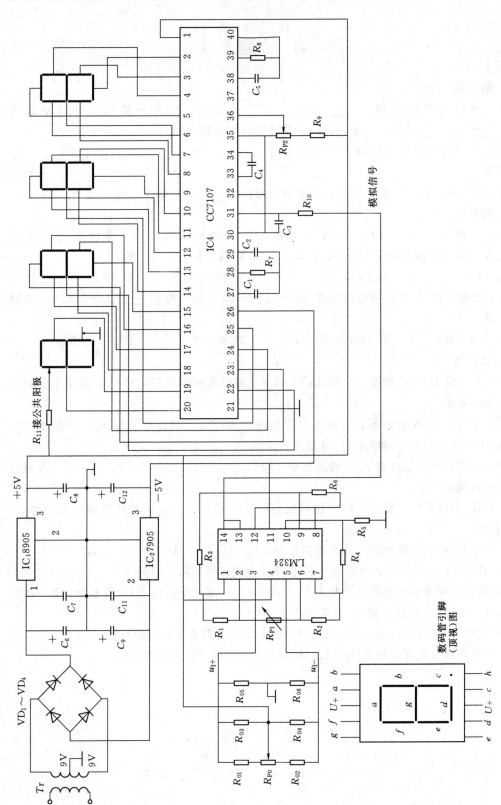

图 14.18 数字电子秤总电路图

习　题

1. 填空题

(1) 转换器可以实现 _____ 到 _____ 的转换，D/A 转换器的分辨率是指 _____ 与 _____ 之比，一个 10 位 D/A 转换器的分辨率为 _____。

(2) A/D 转换器完成转换一般需要经历 _____、_____、_____ 和 _____ 四个过程。

(3) 衡量 D/A 和 A/D 转换器的主要技术指标是 _____ 和 _____。

2. 选择题

(1) 在倒 T 形电阻网络 D/A 转换器中，当输入量为 1 时，输出模拟电压为 4.885mV，而最大输出电压为 10V，试问该 D/A 转换器是（　　）的。

A. 9 位　　　　　　B. 10 位　　　　　　C. 11 位　　　　　　D. 12 位

(2) 已知八位 A/D 转换器的参考电压 $U_R = -5V$，输入模拟电压 $U_I = 3.91V$，则输出数字量为（　　）。

A. 11001000　　　B. 11001001　　　C. 01001000　　　D. 10111100

3. 综合题

(1) 某八位 D/A 转换器，已知其最大满刻度输出模拟电压 $U_{OM} = 5V$，求最小分辨电压 U_{LSB} 和分辨率。

(2) 某八位 D/A 转换器，若最小分辨电压位 0.02V，试计算当输入数字量为全 0、全 1 和 01001101 时，输出电压 U_o 分别是多少？

(3) 在四位逐次逼近型 A/D 转换器中，设 $U_R = -10V$，$U_I = 8.2V$，试说明逐次逼近的过程和转换的结果。

(4) 在 A/D 转换过程中，取样保持电路的作用是什么？应该怎样理解编码的含义，试举例说明。

(5) 双积分 A/D 转换器的计数器位长为 8 位，$U_{REF} = -10V$，$T_{CP} = 2\mu s$。

1) 计算 $U_I = 7.5V$ 时，电路输出状态 D 及完成转换所需的时间 T。

2) 若已知转换后电路的输出状态 $D = 10000110$，求电路的输入 U_I 为多少？第一次积分时间 T_1 和第二次积分时间 T_2 各为多少。

(6) 应用网络资源查阅 DAC0808、DAC0832 的使用功能和引脚安排。

(7) 应用网络资源查阅 AD9012、MC14433 的使用功能和引脚安排。

第 15 章 　 电 力 电 子 技 术 及 应 用

本章要求：

1. 了解晶闸管的基本结构、工作原理、特性和主要参数的意义；单结晶体管及其触发电路的工作原理。

2. 熟悉可控整流电路的工作原理。

3. 掌握电压平均值与控制角的关系，可控整流电路的分析与计算。

本章难点：

可控整流电路的分析与计算。

    电力电子技术是应用于电力领域的以电力为对象的电子技术。它是一门横跨电力、电子和控制的边缘学科，是利用电力电子器件对电能进行变换和控制的一门技术。以普通晶闸管为代表的大功率半导体器件及由它们组成的可控整流、逆变、交流调压、直流斩波、变频器和无触点开关等是电力电子技术研究的主要内容。电力电子技术的应用日益广泛，诸如应用于直流输电、不间断电源、开关型稳压电源、太阳能和风力发电、直流电动机和交流电动机的调速以及调光装置和变频空调等许多方面。

15.1 　 常 见 电 力 电 子 器 件

15.1.1 　 电力电子器件的分类

    根据不同的开关特性，电力电子器件可分为如下三类：

（1）不控器件。这种器件的导通和关断无可控的功能，如整流二极管（VD）等。

（2）半控器件。对这种器件通过控制信号只能控制其导通而不能控制其关断，如普通晶闸管（VT 或 SCR）等。

（3）全控器件。对这种器件通过控制信号既能控制其导通，又能控制其关断，如可关断晶闸管（GTO）、功率晶体管（GTR）、功率场效晶体管（VDMOS）及绝缘栅双极型晶体管（IGBT）等。

15.1.2 　 功率二极管

    功率二极管（Power Diode）也称为电力二极管，是指可以承受高电压、大电流且具有较大耗散功率的二极管，它与其他电力电子器件配合，作为大功率整流、续流、电压隔离、嵌位或保护元件，在各种变流电路中起着重要作用。

    功率二极管与小功率二极管的结构、工作原理和伏安特性相似，但它的 PN 结面积较大。由于它的功耗较大，发热多，使用时必须十分注意管子的散热。它的外形有螺旋式和平板式两种。螺旋式二极管的阳极螺旋紧紧拴在散热器上。平板式又分为风冷和水冷式两种，它的阳极和阴极分别由两个彼此绝缘的散热器紧紧夹住。

使用功率二极管应该注意：

（1）必须保证规定的冷却条件，如强迫风冷或水冷。如不能满足规定的冷却条件，必须降低容量使用。平板型元件的散热器一般不允许自行拆卸。

（2）如果工作在频率较高的环境中，应该选用快速恢复二极管（又称为开关二极管）。

15.1.3　晶闸管

晶体闸流管简称晶闸管（Thyristor），原名可控硅整流器（SCR），简称可控硅。晶闸管的出现使半导体器件从弱电领域进入了强电领域。它具有容量大、效率高、控制特性好、寿命长、体积小等优点，应用有可控整流、逆变与变频、交流调压、直流斩波调压、无触点开关等方面。

1. 基本结构

晶闸管的外形结构如图 15.1 所示。它有三个电极：阳极 A、阴极 K 和门极 G（又称控制极）。塑封形的一般额定电流在 10A 以下；螺旋形晶闸管中，螺栓是阳极 A 的引出端，并利用它与散热器紧固，它的额定电流为 10～200A。平板形则由两个彼此绝缘的散热器把晶闸管紧夹在中间，由于两面都能散热，因而它的额定电流在 200A 以上。

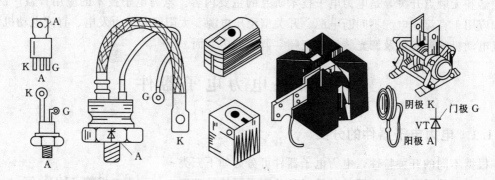

图 15.1　晶闸管的外形

晶闸管内部是由 PNPN 四层半导体构成的，所以有三个 PN 结，阳极 A 从 P_1 层引出，阴极 K 由 N_2 层引出，门极 G 由 P_2 层引出。普通晶闸管的内部结构和符号如图 15.2 所示。普通晶闸管的型号是 KP 型。

2. 工作原理

下面通过图 15.3 所示的实验电路说明晶闸管的工作原理。

（1）晶闸管阳极接直流电源的正端，阴极经白炽灯接电源的负端，此时晶闸管承受正向电压。门极电路中开关 S 断开（不加电压），如图 15.3（a）所示。这时灯不亮，说明晶闸管不导通。

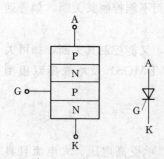

图 15.2　晶闸管的内部
结构和符号

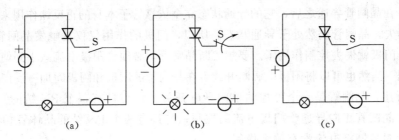

图 15.3　晶闸管导通实验电路图

（2）晶闸管的阳极和阴极间加正向电压，门极相对于阴极也加正向电压，如图 15.3（b）所示。这时灯亮，说明晶闸管导通。

（3）晶闸管导通后，如果去掉门极上的电压［将图 15.3（b）中的开关 S 断开］，灯仍然亮。这表明晶闸管继续导通，即晶闸管一旦导通后，门极就失去了控制作用。

（4）晶闸管的阳极和阴极间加反向电压，如图 15.5（c）所示，无论门极加不加电压，灯都不亮，晶闸管截止。

（5）如果门极加反向电压，晶闸管阳极回路无论加正向电压还是反向电压，晶闸管都不导通。

从上述实验可以看出，晶闸管导通必须同时具备两个条件：①晶闸管阳极和阴极间加正向电压；②门极电路加适当的正向电压（实际工作中，门极加正触发脉冲信号）。

晶闸管可以看成是由 PNP 型和 NPN 型两个晶体管连接而成，每一个晶体管的基极与另一个晶体管的集电极相连，如图 15.4（a）所示。如果晶闸管阳极加正向电压，门极也加正向电压，如图 15.4（b）所示，则有电流 I_G 从门极流入 NPN 管 VT_2 的基极，经 VT_2 放大后的电流 I_{C2} 就是 PNP 管 VT_1 的基极电流 I_{B1}，再经 VT_1 放大，它的集电极电流 I_{C1} 又流入 VT_2 的基极，如此循环，产生强烈的正反馈，即

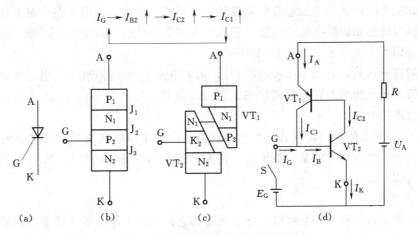

图 15.4　晶闸管的结构及工作原理图

两个晶体管很快饱和导通，这时流过晶闸管的电流 I_A 取决于外加电源 U_A 和主回路电阻 R 的大小。导通后，其电压降很小，电源电压几乎全部加在负载上，晶闸管中就流过负载电流。

此外，在晶闸管导通之后，它的导通状态完全依靠管子本身的正反馈作用来维持，即使门极电流消失，晶闸管仍然处于导通状态。所以，门极的作用仅仅是触发晶闸管使其导通，导通之后，门极就失去控制作用了。要想关断晶闸管，必须将阳极电流减小到使之不能维持正反馈过程。当然也可以将阳极电源断开或者在晶闸管的阳极和阴极间加一反向电压。

综上所述，晶闸管是一个可控的单向导电开关。它与具有一个 PN 结的二极管相比，其差别在于晶闸管正向导通受门极电流的控制；与具有两个 PN 结的晶体管相比，其差别在于晶闸管对控制极电流没有放大作用。

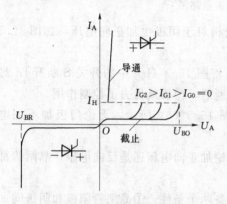

图 15.5 晶闸管的伏安特性曲线

3. 伏安特性

晶闸管的导通与阻断（截止）是由阳极电流 I_A、阳极与阴极之间电压 U_A 及控制极电流 I_G 等决定的，常用实验曲线来表示它们之间的关系，这就是晶闸管的伏安特性曲线 $I_A = f(U_A)$，它是在不同 I_G 值的条件下作出的，如图 15.5 所示。

从正向特性看，当 $I_G = I_{G0} = 0$，且 $U_A < U_{BO}$ 时，晶闸管处于阻断状态，只有很小的正向漏电流通过。当 U_A 增大到某一数值时，晶闸管由阻断状态突然导通，所对应的电压称为正向转折电压 U_{BO}。$I_G = 0$ 时的这种导通很容易造成晶闸管的不可恢复性击穿而使管子损坏。晶闸管的正常导通是受门极电流 I_G 控制的。I_G 愈大，使晶闸管导通所加的阳极电压 U_A 就愈低。晶闸管导通后，就有较大电流通过，但管压降只有 1V 左右。

实际规定，当晶闸管的阳极与阴极之间加上 6V 直流电压，能使器件导通的门极最小电流（电压）称为触发电流（电压）。由于制造工艺上的问题，同一型号的晶闸管的触发电压和触发电流也不尽相同。如果触发电压太低，则晶闸管容易受干扰电压的作用而造成误触发；如果太高，又会造成触发电路设计上的困难。因此，规定了在常温下各种规格的晶闸管的触发电压和触发电流的范围。例如对 KP50（3CT107）型的晶闸管，触发电压和触发电流分别为不大于 3.5V 和 8～150mA。

当晶闸管导通后，若减小阳极电压 U_A，阳极电流 I_A 就逐渐减小。当它小到某一数值时，晶闸管又从导通状态转为阻断状态。当门极断开（$I_G = 0$）时，维持晶闸管导通的最小电流称为维持电流 I_H。

从图 15.5 所示的反向特性看（$I_G = 0$），晶闸管处于阻断状态，只有很小的反向漏电流通过。当反向电压增大到某一数值时，使晶闸管反向导通（击穿），所对应的电压称为反向转折电压 U_{BR}。

4. 主要参数

为了正确地选择和使用晶闸管，还必须了解它的电压、电流等主要参数的意义。晶闸管的主要参数有：

（1）额定电压 U_{TN}。在选用晶闸管的额定电压时，应该使 U_{TN} 为电路中最大瞬时电压的 2～3 倍，才能保证安全。

（2）额定电流 $I_{T(AV)}$。额定电流 $I_{T(AV)}$ 亦称额定通态平均电流。限制晶闸管电流的是温度，因此必须严格按照散热冷却的规定选用散热器，才能保证晶闸管的温升被限制在允许的范围内。

（3）门极触发电流 I_{GT} 与门极触发电压 U_{GT}。室温下，在阳极施加＋6V 电压，使管子完全导通所必需的最小门极电流和门极电压。

（4）通态平均电压 $U_{T(AV)}$。在标准散热和规定的温度下，晶闸管流过额定正弦半波电流时，阳极、阴极之间的平均电压，即管压降。$U_{T(AV)}$ 愈小，则管子功率损耗愈小。

（5）维持电流 I_H。在室温下，门极断开时，管子从较大通态电流降到刚能保持导通的最小阳极电流。

5．型号

目前我国生产的晶闸管的型号由五部分组成，具体含义如下：

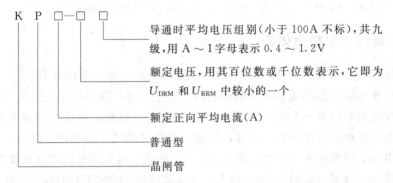

例如，KP5-7 表示额定正向平均电流为 5A、额定电压为 700V 的晶闸管。

近年来，晶闸管制造技术已有很大提高，在电流、电压等指标上有了重大突破，已制造出电流在千安以上、电压达到上万伏的晶闸管，工作频率也已高达几十千赫。

除了以上介绍的晶闸管外，还有可关断晶闸管、双向晶闸管等。

门极可关断晶闸管（Gate Turn off Thyristor）简称可关断晶闸管（GTO），是一种可以通过门极来控制器件导通和关断的电力半导体器件。它既有普通晶闸管的优点，即耐压高、电流大、价格便宜等，又具有自关断能力，使用方便。它是应用于高压、大容量场合中的大功率开关器件，可关断晶闸管的符号如图 15.6（a）所示。

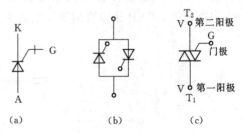

图 15.6　可关断晶闸管和双向晶闸管
（a）可关断晶闸管的符号；（b）双向晶闸管的
等效电路；（c）双向晶闸管的符号

双向晶闸管（Bidirectional Thyristor）可以等效为一组反向并联的普通晶闸管，它的等效电路如图 15.6（b）所示，符号如图 15.6（c）所示。双向晶闸管在正反两个方向都能导通，门极加正负信号都能触发，因此常用于交流调压和交流电力控制等场合。

15.1.4　功率场效应晶体管

功率场效应晶体管（P−MOSFET）简称功率 MOSFET，它是一种单极型电压控制器

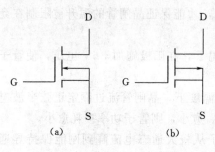

图 15.7 功率 MOSFET 的符号

(a) N 沟道；(b) P 沟道

件。功率 MOSFET 分为 VVMOSFET 和 VDMOSFET 两种，它的符号如图 15.7 所示。使用较多的是 N 沟道增强型 VD-MOSFET，它的工作原理与传统的 MOS 器件基本相同，当栅源极加正向电压 $U_{GS}>0$ 时，MOSFET 内沟道出现，器件导通，反之关断。功率 MOSFET 是电压控制型器件，驱动功率较小，电路简单。但是在使用功率 MOSFET 时要注意采取措施防止静电击穿。

功率 MOSFET 具有自关断能力，输入阻抗高、驱动功率小，开关速度快，工作频率可以达到 1MHz，安全工作区宽，但它的电流和电压容量不能做得很大，因此只是在高频中小功率的电子装置中应用较多。

15.1.5 绝缘门极双极晶体管

绝缘门极双极晶体管（Insulated Gate Bipolar Transistor）简称 IGBT，是新型的复合器件，它集功率场效应晶体管和功率晶体管的优点于一身，既具有输入阻抗高、工作速度快、热稳定性能好和驱动电路简单的特点，又有通态电压低、耐压高和承受电流大等优点。在中频和开关电源、电机控制等要求快速、低损耗的场合得到广泛应用。

N 沟道 IGBT 的简化等效电路如图 15.8（a）所示。可见它是以双极型高反压的 PNP 型功率晶体管为主导元件，以 N 沟道功率场效应晶体管 MOSFET 为驱动元件，直接耦合而成的器件。它的图形符号如图 15.8（b）所示。P 沟道 IGBT 图形符号中的箭头方向与之相反。

IGBT 的开通和关断是由栅极电压来控制的。栅极施以正向电压时，MOSFET 内形成沟道，并为 PNP 晶体管提供基极电流，从而使 IGBT 导通。在栅极施加反向电压时，导电沟道消失，PNP 晶体管的基极电流为零，IGBT 关断。

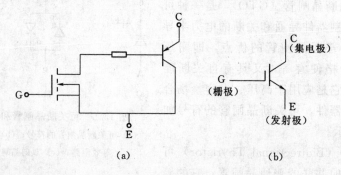

图 15.8 N 沟道 IGBT 的等效电路及图形符号

(a) 简化等效电路；(b) 图形符号

IGBT 有专用的驱动模块，可以方便地组成电路。另外，还有将 IGBT 芯片、驱动电路、保护电路等封装在一个模块内的智能型器件 IPM（Intelligent Power Module）出现，它不但便于使用，而且非常有利于装置的小型化、高性能化和高频化。

15.2 晶闸管可控整流电路

利用晶闸管的单向导电性和可控特性，把交流电变换成大小可控的直流电就是可控整流。可控整流电路分为两个主要组成部分：主电路和触发电路。主电路有单相、三相之分。单相可控整流中最简单的是半波可控整流，常用的是桥式可控整流电路。触发电路有应用分立元件的，如单结晶体管触发电路，还可以采用集成触发电路。

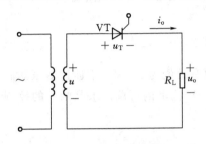

图 15.9 接电阻性负载的单相半波可控整流电路

15.2.1 单相半波可控整流电路

把不可控的单相半波整流电路中的二极管用晶闸管代替，就成为单相半波可控整流电路。下面将分析这种可控整流电路在接电阻性负载和电感性负载时的工作情况。

1. 电阻性负载

单相半波可控整流电路的主电路如图 15.9 所示。接通电源后，如果没有在门极加正向（触发）电压，晶闸管在电源正负半周都处于关断状态，负载 R_L 上没有电压输出。如果在电压 u 正半周开始后 t_1 时刻，如图 15.10（a）所示，给门极加上触发脉冲，如图 15.10（b）所示，晶闸管导通，负载 R_L 上有电流通过，在负载两端有电压 u_o 输出，晶闸管导通期间它的管压降近似为零。当交流电压 u 下降到接近于零值时，晶闸管正向电流小于维持电流而关断。在电压 u 的负半周时，晶闸管承受反向电压而关断，所以，$u_o = 0$，$i_o = 0$。在第二个正半周内，再在相应的 t_2 时刻加入触发脉冲，晶闸管再行导通。这样，在负载 R_L 上就可以得到如图 15.10（c）所示的电压波形。图 15.10（d）所示波形的斜线部分为晶闸管关断时所承受的正向和反向电压，其最高正向和反向电压均为输入交流电压的幅值 $\sqrt{2}U$。

显然，在晶闸管承受正向电压的时间内，改变门极触发脉冲的输入时刻（移相），负载上得到的电压波形就随着改变，这样就控制了负载上输出电压的大小。图 15.10 所示为接电阻性负载时单相半波可控整流电路的电压与电流的波形。

晶闸管在正向电压下不导通的范围称为控制角（Controlling Angle）（又称移相角），即晶闸管阳极从开始承受正向电压到外加触发电压 u_G 使其刚导通时这期间所对应的电角度，用 α 表示，改变 α 角，即改变触发脉冲发出的时间，就能调节输出的平均电压的大小。

晶闸管导通的角度称为导通角（Turn-On Angle），用 θ

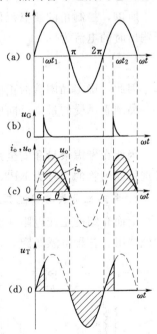

图 15.10 接电阻性负载时单相半波可控整流电路的电压与电流的波形

419

表示，如图 15.10（c）所示，可见 $\theta=\pi-\alpha$。很显然，导通角 θ 愈大，输出电压愈高。

当变压器二次侧电压 $u=\sqrt{2}\sin\omega t$ 时，负载电阻 R_L 上的直流平均电压可以用控制角表示，即

$$U_{\circ}=\frac{1}{2\pi}\int_{\alpha}^{\pi}\sqrt{2}U\sin\omega t\,\mathrm{d}(\omega t)=\frac{\sqrt{2}}{2\pi}U(1+\cos\alpha)=0.45U\frac{1+\cos\alpha}{2} \tag{15.1}$$

由式（15.1）可见，当 $\alpha=0$ 时（$\theta=\pi$），晶闸管在正半周期全导通，$U_{\circ}=0.45U$，相当于二极管半波整流，输出电压最高。如果 $\alpha=\pi$，$U_{\circ}=0$，这时 $\theta=0$，晶闸管全关断。

根据欧姆定律，负载电阻 R_L 上的平均直流电流为

$$I_{\circ}=\frac{U_{\circ}}{R_L}=0.45\frac{U}{R_L}\frac{1+\cos\alpha}{2} \tag{15.2}$$

【例 15.1】　在单相半波可控整流电路中，交流电源有效值为 220V，不通过变压器而是直接接入。负载电阻 $R_L=8\Omega$，要求输出电压在 $0\sim75\mathrm{V}$ 范围内可调。求晶闸管的控制角 α 和晶闸管的主要参数。

【解】　当 $\alpha=\pi$ 时，$U_{\circ}=0$。

当输出电压最大时，有

$$U_{\circ}=75=0.45U\frac{1+\cos\alpha}{2}$$

$$\cos\alpha=\frac{75\times2}{0.45\times220}-1=0.51$$

$$\alpha\approx60°$$

所以，控制角的调节范围为 $0\sim60°$。晶闸管流过的电流即负载电流，负载在最高电压输出时的电流为

$$I_{\circ}=\frac{U_{\circ}}{R_L}=\frac{75}{8}=9.4\ (\mathrm{A})$$

因此，确定晶闸管的正向平均电流额定值为 20A。

晶闸管承受的最高反向电压即电源电压最大值，为

$$U_m=\sqrt{2}U=\sqrt{2}\times220=310\ (\mathrm{V})$$

因此在考虑余量和安全系数 $2\sim3$ 倍的情况下，可选用额定电压 600V 的晶闸管，即可选用晶闸管的型号为 KP20—6G。

2. 电感性负载与续流二极管

上面介绍的是接电阻性负载的情况，实际上遇到较多的是电感性负载，如各种电机的励磁绕组、各种电感线圈等，它们既含有电感，又含有电阻。有时负载虽然是纯电阻的，但串了电感滤波器后，也变为电感性负载。整流电路接电感性负载和接电阻性负载的情况大不相同。

电感性负载可用串联的电感元件 L 和电阻元件 R 表示，如图 15.11 所示。当晶闸管刚触发导通时，电感元件中产生阻碍电流变化的感应电动势（其极性在图 15.11 中为上正下负），电路中电流不能跃变，将由零逐渐上升，如图 15.12（a）所示。当电流到达

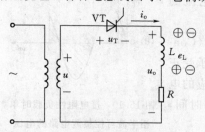

图 15.11　接电感性负载的可控整流电路

最大值时，感应电动势为零，而后电流减小，电
动势 e_L 也就改变极性（在图 15.11 中为下正上
负）。此后，在交流电压 u 到达零值之前，e_L 和 u
极性相同，晶闸管导通。即使电压 u 经过零值变
负之后，只要 e_L 大于 u，晶闸管继续承受正向电
压，电流仍将继续流通，如图 15.12（a）所示。
只要电流大于维持电流时，晶闸管不能关断，负
载上出现了负电压。当电流下降到维持电流以下
时，晶闸管才能关断，并且立即承受反向电压，
如图 15.12（b）所示。

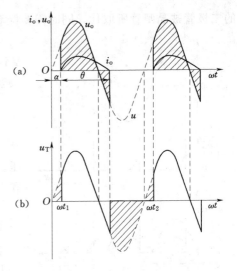

图 15.12　接电感性负载时可控整流
电路的电压与电流的波形

　　综上可见，在单相半波可控整流电路接电感
性负载时，晶闸管导通角 θ 将大于（$\pi - \alpha$）。负载
电感愈大，导通角 θ 愈大，在一个周期中负载上
负电压所占的比重就愈大，整流输出电压和电流
的平均值就愈小。为了使晶闸管在电源电压 u 降
到零值时能及时关断，使负载上不出现负电压，必须采取相应措施。

　　可以在电感性负载两端并联一个二极管 VD，如图 15.13 所示，来解决上述出现的问
题。当交流电压 u 过零值变负后，二极管因承受正向电压而导通，于是负载上由感应电动
势 e_L 产生的电流经过这个二极管形成回路。因此这个二极管称为续流二极管。这时负载
两端电压近似为零，晶闸管因承受反向电压而关断。负载电阻上消耗的能量是电感元件释
放的能量。

　　因为电路中电感元件 L 的作用，使负载电流 i_o 不能跃变，而是连续的。特别当 $\omega L \gg R$ 时，且电路工作于稳态情况下，i_o 可近似认为恒定。此时负载电压 u_o 的波形与电阻性
负载时相同，如图，15.10（c）所示。

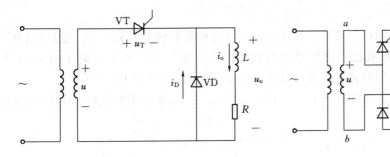

图 15.13　电感性负载并联续流二极管　　　　图 15.14　接电阻性负载的单相桥式
半控整流电路

15.2.2　单相桥式可控整流电路

　　单相半波可控整流电路虽然有电路简单、调整方便、使用元器件少的优点，但却有整
流电压脉动大、输出整流电流小的缺点。较常用的是单相桥式半控整流电路（简称半控
桥），其电路如图 15.14 所示。电路与单相不可控桥式整流电路相似，只是其中两个臂中

的二极管被晶闸管所取代，同时需要配套的触发电路。

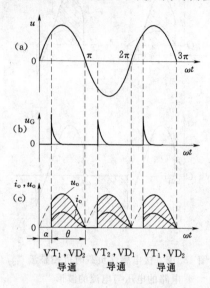

图 15.15 接电阻性负载时单相桥式半控整流电路的电压与电流的波形

在变压器二次电压 u 的正半周（a 端为正）时，VT_1 和 VD_2 承受正向电压。这时如对晶闸管 VT_1 引入触发信号，则 VT_1 和 VD_2 导通，电流的通路为

$$a \rightarrow VT_1 \rightarrow R_L \rightarrow VD_2 \rightarrow b$$

这时 VT_2 和 VD_1 都因承受反向电压而截止。同样，在电压 u 的负半周时，VT_2 和 VD_1 承受正向电压。这时，如对晶闸管 VT_2 引入触发信号，则 VT_2 和 VD_1 导通，电流的通路为

$$b \rightarrow VT_2 \rightarrow R_L \rightarrow VD_1 \rightarrow a$$

这时 VT_1 和 VD_2 处于截止状态。

当整流电路接电阻性负载时，单相半控桥的电压 u_o 与电流 i_o 的波形如图 15.15（c）所示。显然，与单相半波可控整流［图 15.10（c）］相比，桥式可控整流电路的输出电压的平均值要大一倍，即

$$U_o = 0.9U \frac{1 + \cos\alpha}{2} \tag{15.3}$$

输出电流的平均值为

$$I_o = \frac{U_o}{R_L} = 0.9 \frac{U}{R_L} \frac{1 + \cos\alpha}{2}$$

【例 15.2】 有一纯电阻负载，需要可调的直流电源：电压 U_o 是 0～180V，电流 I_o 是 0～6A，采用单相半控桥式整流电路（图 15.14），试求交流电压的有效值，并选择整流器件。

【解】 设晶闸管导通角 $\theta = \pi(\alpha = 0)$ 时，$U_o = 180V$，$I_o = 6A$，则交流电压有效值为

$$U = \frac{U_o}{0.9} = \frac{180}{0.9} = 200 \text{（V）}$$

实际上还要考虑电网电压波动、管压降以及导通角常常到不了 180°（一般只有160°～170°）等因素，交流电压要比上述计算而得到的值适当加大 10% 左右，即大约为 220V。因此，在本例中可以不用整流变压器，直接接到 220V 的交流电源上。

晶闸管所承受的最高正向电压 U_{FM}、最高反向电压 U_{RM} 和二极管所承受的最高反向电压为

$$U_{FM} = U_{RM} = \sqrt{2}U = 1.41 \times 220 = 310 \text{（V）}$$

流过晶闸管和二极管的平均电流为

$$I_T = I_D = \frac{1}{2}I_o = \frac{6}{2} = 3 \text{（A）}$$

为了保证晶闸管在出现瞬时过电压时不致损坏，通常根据下式选取晶闸管的 U_{DRM} 和 U_{RRM}

$$U_{DRM} \geqslant (2 \sim 3)U_{FM} = (2 \sim 3) \times 310 = 620 \sim 930 \text{（V）}$$

$$U_{RRM} \geqslant (2 \sim 3)U_{RM} = (2 \sim 3) \times 310 = 620 \sim 930 \text{（V）}$$

根据上面的计算，晶闸管可选用 KP5—7 型，二极管可选用 2CZ5/300 型。因为二极管的反向工作峰值电压一般是取反向击穿电压的一半，已有较大余量，所以选 300V 已足够。

如在图 15.14 所示的单相桥式半控整流电路中接的是电感性负载，则亦应与负载并联续流二极管。输出电压 u_o 的波形与接电阻性负载时相同，但输出电流 i_o 在电压 u 的正负半周基本恒定。

15.2.3 触发电路

要使晶闸管导通，除了加正向阳极电压外，在门极与阴极之间还必须加触发电压。产生触发电压的电路称为晶闸管的触发电路。晶闸管需要触发电路提供符合要求的触发电压和电流。晶闸管触发导通后门极不再有控制作用，为了减小门极的损耗并确保触发时刻的准确性，门极电压、电流大多采用脉冲形式。对晶闸管触发电路的要求是：触发信号要有合适的幅度；脉冲宽度要保证能够使之顺利导通；要保证触发脉冲的同步及一定的移相范围，并可防止干扰和误触发。

触发电路的集成化和模块化是电力电子技术的发展方向，其优点是体积小、功率损耗低，接线与调试方便、性能稳定可靠。集成触发器主要有 KC、KJ 两大系列，如常用的 KC04、KC09 或 KJ004、KJ009 等属于模拟量控制电路。另外，近年来发展的数字式触发电路在触发精度、抗干扰能力上得到很大提高。

对于单相可控整流电路和要求不高的三相整流电路，多采用单结晶体管触发电路，具有简单、易调整，产生的触发脉冲前沿陡等优点。

1. 单结晶体管

单结晶体管（Uni Junction Transistor）又称为双基极二极管，它的符号和等效电路如图15.16 所示。其中，B_1 称为第一基极，B_2 称为第二基极，发射极 E 和 B_1、B_2 之间的 PN 结具有单向导电性。当 E 和 B_1 之间电压小于峰值电压 U_P时，它们之间呈高电阻状态，如果达到 U_P，E 和B_1 之间的电阻会突然变小。当 E 和 B_1 之间电压小于谷点电压 U_V 时，单结晶体管自行关断。

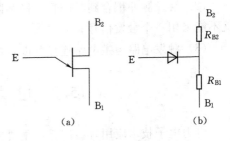

图 15.16 单结晶体管
(a) 单结晶体管的符号；(b) 等效电路

2. 单结晶体管触发电路

由单结晶体管组成的触发电路如图 15.17（a）所示。图中 R_1、R_2、R_P 和 C 以及 R_3、R_4 均为外接元件。通电以后，电源通过 R_2+R_P 给电容 C 充电，u_C 按指数规律上升，上升的速度取决于 $(R_2+R_P)C$ 的数值。当 $u_C<U_P$ 时，单结晶体管 E 和 B_1 之间呈高电阻状态。当 $u_C=U_P$ 时，E 和 B_1 之间的电阻突然变小，电容 C 就通过 R_4 放电，由于充电通路的电阻是 R_2+R_P，而 $R_4<R_2+R_P$，所以放电速度比充电速度快。放电电流在 R_4 上形成尖脉冲 u_G，就是所需要的触发脉冲。当 u_C 降低到谷点电压 U_V 时，单结晶体管关断。此后电容 C 又开始新的一次充电，并重复前述放电过程，周而复始，形成振荡，在电容 C上形成锯齿波电压 u_C，在 R_4 上形成一系列尖脉冲 u_G，如图 15.17（b）所示。第一个尖脉冲 u_G 出现的时间与电容 C 充电的快慢有关，电阻 R_2+R_P 越大，电容 C 充电越慢，u_C

达到峰点电压 U_P 的时间越迟，尖脉冲出现的时间也就随之推迟。可见改变电阻 R_P 就可以控制触发脉冲出现的时间，因此可以用电位器 R_P 调节控制角。

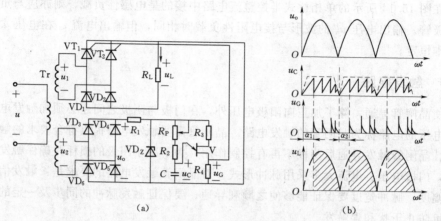

图 15.17　单相半波可控整流电路实例

(a) 原理图；(b) 波形图

3. 触发电路与主电路的连接

触发电路与主电路连接时要注意以下几方面：

（1）触发电路应与主电路"同步"，也就是说需要两者的电源应该同时过零，才能保证控制角 α 为定值。

（2）触发脉冲耦合到晶闸管门极和阴极之间要注意极性。如果两个晶闸管不是共阴极就不能采用一个触发信号。

（3）触发电路与主电路连接可以直接相连，也可以通过脉冲变压器耦合。

15.3　电力电子技术应用

电力电子技术应用日益广泛，主要体现在以下几个方面：

（1）可控整流（AC—DC 变换，可控）。

（2）逆变（DC—AC 变换）。

（3）直流斩波（DC—DC 变换）。

（4）交流调压与变频（AC—AC 变换）。

以上四种变换功能统称为变流。

电力电子技术在生产与生活中的具体应用主要有直流可调电源、电镀、电解、照明控制与节能照明、不停电电源（UPS）与开关电源、充电器、电磁开关、励磁、电焊、电力牵引、直流电动机调速、交流电动机变频调速、汽车电气、各类家用电器等。下面举几个简单的应用实例。

15.3.1　舞台灯光调节电路

30 年前舞台灯光的调节还是靠串联一排大功率电阻，逐个切换改变分压来进行控制的，这种控制方式有两个非常大的缺点：设备笨重和能耗很大。采用晶闸管进行控制就解决了这些问题。如图 15.18 所示为一个简单的舞台灯光调节控制电路。LD 代表一路（或一组）需要同时控制的灯，需要对几路（几组）进行控制，就需要几组相同的电路。主电路由 EL、Tr 和开关 S、熔断器 FU 组成，直接与 220V 交流电源相连。晶闸管右侧部分是单结晶体管触发电路。其中晶闸管 VT 的参数和熔断器 FU 的熔丝额定值要根据 LD 的大小来确定。图中 R_5、C_2 组成的是晶闸管 VT 的过电压保护电路。

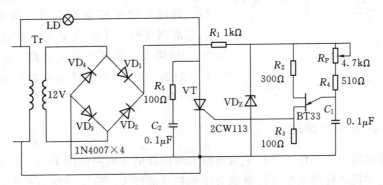

图 15.18　舞台灯光调节控制电路

15.3.2　电动缝纫机电路

家用缝纫机可以去掉脚踏机构，装上电动机及一套控制系统，改造为电动缝纫机。对电动缝纫机的要求是：在缝制直缝长料时需要 500～1000 针/min，刺绣、锁扣眼时为 200 针/min 左右。因此要求电动机转速可调。这里使用的是功率 50～80W、额定电压 220V 的单相交流电动机，一般采用交流调压调速。电动缝纫机电子调速器原理图如图 15.19 所示。

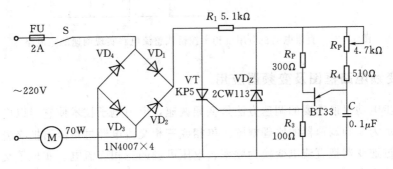

图 15.19　电动缝纫机电子调速器原理图

由图 15.19 可见，触发电路与舞台灯光调节控制电路基本相同，而作为控制对象的交流电动机接在了桥式整流之前的交流侧，因此它的电压就是正负半周缺角的交流电，改变晶闸管的控制角就改变了电动机电压的有效值，就调节了电动机的转速。由此可见，负载（控制对象）接在整流电路后的直流侧，就得到直流电压，如果接在整流之前的交流侧，就可以控制交流电压，因此给使用带来了方便。

15.3.3　双向晶闸管和台灯调光电路

交流调压采用双向晶闸管也很方便，如图 15.20 所示为台灯调光电路，双向晶闸管

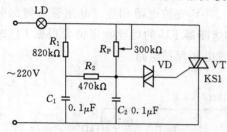

图 15.20　用双向晶闸管的台灯调光电路

VT 的触发电路的主要元件是双向触发二极管 VD，双向触发二极管两端电压低于某值时截止，呈高阻状态。当它两端电压超过触发电压后，通过它的电流急剧上升，两端电压下降，就给晶闸管提供了触发电压。通过调节电位器 R_P，就调节了晶闸管的导通角，从而调节了电灯 LD 的亮度。LD 只能采用白炽灯，不能使用节能灯泡。

15.3.4　直流电动机调速

直流电动机应用三相桥式半控整流电路实现调速的主电路如图 15.21 所示。对于功率较大的直流电动机，应用单相可控整流会使单相电流过大，造成三相不平衡，所以采用三相可控整流。图 15.21 中三相变压器 Tr 一次绕组为三角形连接，二次绕组是星形连接。L_d 是电动机串接的电抗器，总负载呈感性，因此也接有续流二极管 VD。它的触发电路可以采用集成触发电路 KC04 等。

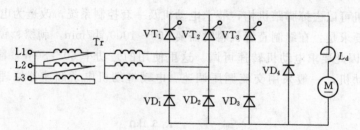

图 15.21　直流电动机应用三相半控桥式整流电路实现调速的主电路

15.3.5　变频电路框图及变频器应用

三相异步电动机最重要的调速方法是变频调速，电力电子技术使它得以广泛应用。如图 15.22 所示为变频调速器的原理框图。单相或三相交流电经过整流器把交流电变换为直流电，再经过逆变器把直流电变换为频率、电压可调的三相交流电。实现了交—直—交的变换。由于输出电压频率连续可调，异步电动机的转速就连续可调，称为"无级调速"，减少了机械机构和齿轮箱，控制也非常方便。这里无论是整流还是逆变都需要使用电力电子器件。

15.3.6　无触点开关及应用

常规的电磁开关（接触器、继电器等）为有触点开关，在接通或断开负载时会有电弧产生，触点易损坏，动作时间长，有噪声等现象存在，机械电器寿命受到限制。由电力电

图 15.22　交流电动机变频调速器原理框图

子器件组成的交、直流开关具有动作速度快、使用寿命长等优点，属于无触点开关，得到广泛应用。

1. 光电耦合交流开关应用电路

如图 15.23 所示为光电耦合交流开关应用实例。图中从 L1、L2 端引入 380V 交流电压（与负载 R_L 额定电压匹配），主电路由晶闸管 VT_1、VD_2 和 VT_2、VD_1 组成。控制电压信号由端子 1、端子 2 接入。在没有控制信号时，光耦中光敏管处于高电阻状态，它的集电极为高电位，使得晶体管饱和导通，输出给晶闸管门极的是低电平，VT_1、VT_2 截止，负载 R_L 不工作。当端子 1、端子 2 接入控制信号时，光耦合器（简称光耦）VL 中，发光二极管 VD 发光，光电管 VT_P 受光照射呈低电阻，晶体管 VT 截止，输出高电平，给晶闸管触发信号。

在交流电源的正半周（例如 L1 为＋，L2 为－）电流通路为：L1→VT_1→VD_2→R_L→L2；负半周（L2 为＋，L1 为－）时电流通路为：L2→VT_2→VD_1→R_L→L1，负载上得到交流电压。因而只要控制光电耦合器的通断（低电压、小电流），就可以方便地控制主电路（高电压、大电流）的通断。

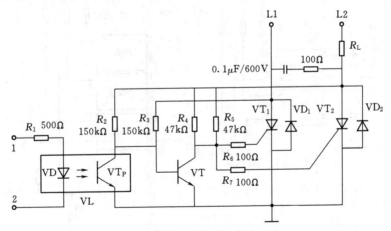

图 15.23　光电耦合交流开关电路

2. 固态继电器应用电路

固态继电器是一种以双向晶闸管为基础构成的无触点通断器件。它的内部电路如图 15.24 所示。它是一种四端器件，其中端子 1、端子 2 为输入控制端，相当于继电器或接触器的线圈功能；另外两个端子 3、4 为输出控制端，相当于继电器的触点。

图 15.24 所示为固态继电器内部电路。在端子 1、端子 2 接控制电压，使光耦中发光二极管发光，光电管电阻值变小，使原来导通的晶体管 VT 截止，VT 输出高电平，将晶

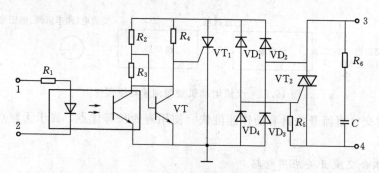

图 15.24　固态继电器内部电路

闸管 VT_1 触发导通。由于端子 3、端子 4 外串接了交流电源和负载，电源通过负载→端子 3→二极管 VD_2→晶闸管 VT_1→VD_4→R_5→端子 4 构成通路，在 R_5 上产生的压降作为双向晶闸管 VT_2 触发信号，VT_2 导通，负载得电。

图 15.25（a）所示为三相异步电动机的控制电路。用两个固态继电器输入端串联连接，加一个直流控制信号即可。

图 15.25（b）所示为三相电热炉的控制电路。三个固态继电器控制端可以串联共同控制，也可以分别单独控制。控制信号可以来自直流电源，也可以由检测电路通过单片机进行控制，实现调温或恒温控制。

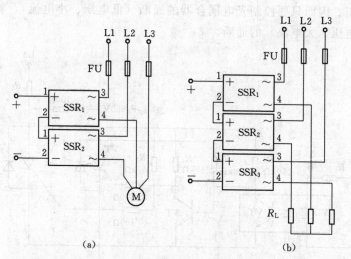

图 15.25　固态继电器应用电路
(a) 三相异步电动机控制电路；(b) 电热炉控制电路

习　题

1. 填空题

（1）请在空格内标出下面元件的简称。电力晶体管 ＿＿＿＿＿＿＿；可关断晶闸管 ＿＿＿＿＿＿＿；功率场效应晶体管 ＿＿＿＿＿＿＿；绝缘栅双极型晶体管 ＿＿＿＿＿＿＿；IGBT 是

_____和_____的复合管。

（2）电力电子技术对电力的_____和_____的功率可达到数百甚至数千兆瓦。

（3）常用的电力电子器件有_____、_____、_____、_____。

2. 综合题

（1）电力电子器件在使用中的散热为什么非常重要？常用散热器有哪些形式？

（2）二极管和晶闸管有哪些相同点和不同点？各用在什么场合？

（3）单向晶闸管门极 G 与阴极 K 之间如果加上反向电压晶闸管能否导通？双向晶闸管能否导通？

（4）IGBT 的全称是什么？它有什么特点？

（5）某一电阻性负载，需要直流电压 60V，电流 30A。今采用单相半波可控整流电路，直接由 220V 电网供电。试计算晶闸管的导通角、电流的有效值，并选用晶闸管。

（6）有一单相半波可控整流电路，负载电阻 $R_L=10\Omega$，直接由 220V 电网供电，控制角 $\alpha=60°$。试计算整流电压的平均值、整流电流的平均值和电流的有效值，并选用晶闸管。

（7）有一电阻性负载，它需要可调的直流电压 $U_o=0\sim60V$，电流 $I_o=0\sim10A$。现在采用单相半控桥式整流电路，试计算变压器二次侧的电压，并选用整流元件。

（8）在综合题（7）题中，如果不用变压器，而将整流电路的输入端直接接在 220V 的交流电源上，试计算输入电流的有效值，并选用整流元件。

（9）闸管导通及维持晶闸管导通的条件分别是什么？怎样才能使晶闸管由导通变为关断？

（10）说明 IGBT、GTR、GTO 各自的优缺点。

（11）试述图 15.26 所示可控整流电路的工作情况。

（12）绘制出应用无触点交流开关——固态继电器控制三相照明的电路图。

（13）电路如图 15.27 所示。试着说明：

1）图 15.27（a）、（b）、（c）所示三个电路中哪个是直流电动机，哪个是交流电动机？

2）图 15.27（b）、（c）所示两电路有没有区别？

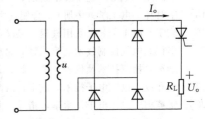

图 15.26　综合题（11）图

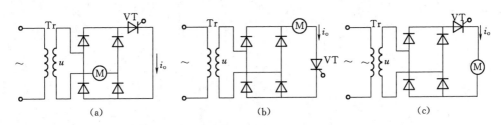

(a)　　　　　　　　　(b)　　　　　　　　　(c)

图 15.27　综合题（13）图

参 考 文 献

[1] 邱关源. 电路. 第五版. 北京：高等教育出版社，2006.

[2] 李瀚荪. 电路分析基础（上册）. 第四版. 北京：高等教育出版社，2006.

[3] 陈希有. 电路理论基础. 第三版. 北京：高等教育出版社，2004.

[4] 康华光. 电子技术基础. 第五版. 北京：高等教育出版社，2006.

[5] 华成英，童诗白. 模拟电子技术基础. 第四版. 北京：高等教育出版社，2006.

[6] 阎石. 数字电子技术基础. 第五版. 北京：高等教育出版社，2006.

[7] 秦曾煌. 电工学（上、下册）. 第七版. 北京：高等教育出版社，2008.

[8] 曾建唐. 电工电子技术简明教程. 北京：高等教育出版社，2009.

[9] 唐介. 电工学. 第二版. 北京：高等教育出版社，2005.

[10] 刘颖. 模拟电子技术. 北京：清华大学出版社，2008.

[11] 侯建军. 数字电子技术基础. 第二版. 北京：高等教育出版社，2008.

[12] 周良权，方向乔. 数字电子技术基础. 第三版. 北京：高等教育出版社，2009.

[13] 王金矿. 电路与电子技术基础. 北京：机械工业出版社，2009.

[14] 王成华. 电子线路基础. 北京：清华大学出版社，2008.

[15] 董毅. 电路与电子技术. 北京：机械工业出版社，2008.

[16] 孙梅. 电工学. 北京：清华大学出版社，2007.

[17] 毕淑娥. 电工与电子技术基础. 哈尔滨：哈尔滨工业大学出版社，2004.

[18] 华君玮. 电工学（中册）. 合肥：中国科学技术大学出版社，2008.

[19] 陈宁. 电工学基础实用教程. 武汉：华中科技大学出版社，2008.

[20] 李仁. 电气控制技术. 第三版. 北京：机械工业出版社，2008.

[21] 李军. 检测技术及仪表. 第二版. 北京：中国轻工业出版社，2006.

[22] 李守成. 电工电子技术. 成都：西南交通大学出版社，2002.

[23] 张英梅. 电工电子技术学习指导. 北京：高等教育出版社，2004.

[24] 渠云田. 电工电子技术（下册）. 北京：高等教育出版社，2008.

[25] 叶挺秀. 电工电子学. 第三版. 北京：高等教育出版社，2008.

[26] 张南. 电工学. 第三版. 北京：高等教育出版社，2007.